# 铝合金阳极氧化及其表面处理

U0287985

杨丁　杨崛　编著

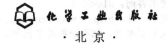
化学工业出版社
· 北京 ·

本书详细介绍了铝合金表面处理的前处理技术、化学氧化技术、阳极氧化与染色技术、化学镀与电镀技术、水洗技术及清洁生产等。同时也对铝合金纹理蚀刻、电解抛光技术、工艺基本知识、宽温阳极氧化以及化学镀前的预浸技术等进行了详细介绍并列出具有可操作性的相关工艺规范。书中内容不管是对初学者还是有一定工作经历的读者都是一本不可多得的参考书或工具书。

　　本书文字简练、深入浅出、通俗易懂、实用性强，适合于具有中等文化程度的技术人员阅读使用，更适合于初次接触铝合金表面处理的读者作为培训教材。同样也适用于与铝合金产品设计相关的人员阅读使用，使设计人员在设计之始就能对整个铝合金表面处理有一个全面的认识并对产品加工过程做出全面考虑，以达到产品设计和表面处理加工的完美结合。

**图书在版编目（CIP）数据**

铝合金阳极氧化及其表面处理/杨丁，杨崛编著．
—北京：化学工业出版社，2019.6
ISBN 978-7-122-34037-5

Ⅰ．①铝…　Ⅱ．①杨…②杨…　Ⅲ．①铝合金-阳极氧化②铝合金-金属表面处理　Ⅳ．①TG178.2

中国版本图书馆 CIP 数据核字（2019）第 042939 号

责任编辑：成荣霞　　　　　　　　　　　文字编辑：向　东
责任校对：杜杏然　　　　　　　　　　　装帧设计：王晓宇

出版发行：化学工业出版社（北京市东城区青年湖南街 13 号　邮政编码 100011）
印　　装：北京盛通数码印刷有限公司
787mm×1092mm　1/16　印张 21　字数 518 千字　　2019 年 9 月北京第 1 版第 1 次印刷

购书咨询：010-64518888　　　　　　　　售后服务：010-64518899
网　　址：http://www.cip.com.cn
凡购买本书，如有缺损质量问题，本社销售中心负责调换。

定　　价：128.00 元

# 前 言
PREFACE

　　铝合金表面处理的目的是给各种铝合金工件提供一个功能或装饰的表面，以满足产品的某些特殊功能或提供一个精美的外观。铝合金表面处理技术最为常用的是各种阳极氧化，至今已有近百年的历史，而化学镀和电镀技术在铝合金表面处理中的应用则要晚一些。本书主要讨论铝合金阳极氧化及常用的化学镀和电镀加工方法，并结合编著者在这方面的研究成果及工作实践对一些关键工序进行了详细讨论，特别对以前介绍较少的丝纹蚀刻技术、不腐蚀钛的雾面蚀刻技术、铝合金酸性浸锌或酸性浸锌合金技术都给出了详细的工艺规范供读者直接使用。同时也对碱蚀、电解抛光技术、化学抛光技术进行了深入探讨，详细介绍了碱蚀工序的使用原则及获得高质量抛光效果的工艺方法。本书中未介绍的铝合金纹理蚀刻技术可参阅编著者在 2007 年出版的《铝合金纹理蚀刻技术》一书，需要这方面技术的读者可参阅其中的相关内容。对于铝合金表面的图文蚀刻技术及所涉及的防蚀层制作技术可参阅《铝合金纹理蚀刻技术》《金属蚀刻技术》《金属蚀刻工艺及实例》或其他相关资料。

　　全书共分十章。第一章主要介绍铝的特点、铝合金分类及工艺简介。第二章主要介绍铝合金的物理处理技术，包括机械抛光、喷砂及拉丝等，讨论这些加工技术的方法及应用原则。第三章主要介绍铝合金清洗、碱蚀及水洗技术。对于铝合金表面处理而言，如果这一步工作做好了，产品的质量就有了基本保证，否则产品质量的稳定性就会受到严重影响。这一章中涉及的内容主要有除油、碱蚀、酸蚀、水洗技术等，详尽介绍了这些工艺的原理、使用方法以及使用原则。第四章主要介绍铝合金纹理蚀刻技术。第五章主要介绍铝合金化学抛光、电解抛光技术。铝合金的抛光技术是整个表面处理过程中最为重要的部分，很多质量问题由此而来。这一章对化学抛光和电解抛光的原理、在生产中容易出现的问题都进行了详细讨论。第六章主要介绍铝合金化学氧化技术，包括弱碱性化学氧化、弱酸性化学氧化及黑化处理方法等。第七章主要介绍铝合金各种阳极氧化技术，其中主要介绍应用得最多的硫酸阳极氧化的工艺方法及操作注意事项，并详细介绍了经编著者多年实验的宽温硫酸阳极氧化工艺配方及操作方法和相关实验数据，供读者参考。第八章主要介绍铝合金氧化膜层的染色技术及获得良好染色效果的加工工艺方法。第九章主要介绍铝合金的化学镀和电镀技术，在本章主要针对化学镀镍、化学镀钴、电镀镍、电镀铬等展开讨论；对化学镀和电镀前的预浸处理溶液的配制方法及加工工艺规范，进行了实用性讨论并列出了可直接应用于生产的工艺配方；最后还简要介绍了电泳的原理及工艺方法和干燥技术。第十章主要讨论了书中所涉及的各种加工工序的清洁生产方案，虽然介绍较为简单，但能使广大读者对清洁生产有一个初步的认识并能结合现有的条件在自己的企业中逐步展开，为可持续发展做出应有的贡献。

　　书中内容真实详尽，通俗易懂，不仅对相关工艺的加工原理进行了讨论，更多的是对这些工艺的加工方法及在生产中的应用和选择的原则都毫无保留地进行了详细介绍，是编著者最近几年来结合国内外大量学者的相关著作，在前人对铝合金表面处理领域的相关研究成果基础之上，对铝合金表面处理技术中的相关工艺进行了更进一步的探讨，对一些实用工艺在生产中进行了成功的应用并获得了一定的效益，在此通过化学工业出版社将这些加工工艺介绍给铝合金表面处理行业的从业人员，互相学习，为发展和完善铝合金表面处理技术而携手共进。并希望广大读者提出宝贵意见及新的工艺要求，在此表示最真诚的感谢！

**编著者**

# 目 录
Contents

# 第一章
# 绪　　论

对于铝合金表面处理从业人员，除需要精深研习其常用的几大工艺板块外，对铝合金材质的特点及相关工艺知识也需要有较多了解。

# 第一节　铝的概述

铝是地壳中含量最丰富的金属元素之一，其蕴藏量在金属中居第二位，在自然界中主要存在于铝硅酸盐矿石中，如正长石（$K_2O \cdot Al_2O_3 \cdot 6SiO_2$）、白云母（$K_2O \cdot 3Al_2O_3 \cdot 6SiO_2 \cdot 2H_2O$）、铝矾土（$Al_2O_3 \cdot 2H_2O$）、高岭土等。

远在史前时代，人们就已经使用含铝的矿物质黏土来制作陶器。到了 18 世纪初，有人利用氧化铝作原料，用碱金属作还原剂，想把铝从它的氧化物中还原成单质金属，但并未取得成功。直到 19 世纪 20 年代才由丹麦人 H. C. Oeisted 将 $Cl_2$ 通入红热的 $Al_2O_3$ 和木炭的混合物中，制备了 $AlCl_3$，再用钾汞齐将铝还原出来，第一次制备出了低纯度的铝的金属粉末。后来 F. Wohler 用钾代替汞合金，还原 $AlCl_3$ 得到了较纯的金属铝粉末，并取得了许多铝的物理和化学性质的数据。

到了 19 世纪 50 年代，法国化学家 Henri Sainte-Dlaier Deville 改进了以前的制备方法，用钠还原 $AlCl_3$，使铝的产率和纯度都有较大提高。之后，铝的生产才进入商业化，只不过在当时铝的价格如今天的黄金一样昂贵。

同年 Deville 和德国的 R. Bunsun 提出了利用铝矿石，以电解方法来大量制取金属铝，并在各自的实验室获得成功后，铝的生产才受到了新的刺激和推动，从而进入了技术革命的新时代。

1886 年，Charles Martin Hall 在美国俄亥俄州，Paul-Louis Heroa 在法国，他们各自独立地将熔解在熔融冰晶石中的氧化铝（$Al_2O_3$）电解还原技术开发成功，并获得专利，从此铝的生产进入工业化时代，电解还原法仍是今天工业化提取铝的唯一方法。

## 一、铝的物理性质及主要特点

### ▶ 1. 铝的物理性质

铝是银白色而具有光泽的金属，质轻，20℃时密度为 2.6989g/cm³。没有毒性和磁性，撞击时不产生火花。延展性好,其延性在金属中居第六位,展性居第二位。纯铝很软,莫氏硬度只有2.9,但它能与铜、镁、锰、硅、锌等多种金属形成强度高而重量轻的铝基合金。

铝具有高的电导率、高的热导率和高的反射率。铝对可见光和紫外线的反射率在普通金属中是最高的。铝可以用作近似黑体的物质,在红外区,铝的反射性仅次于金和银。

铝的主要物理性质见表1-1。

表1-1　铝的主要物理性质

| | |
|---|---|
| 铝在地壳中的丰度(质量分数)/% | 8.8 |
| （原子分数）/% | 6.6 |
| 铝在海水中的丰度/(g/t) | 0.16～0.19 |
| 原子量 | 26.98154 |
| 沸点/℃ | 2467 |
| 熔点/℃ | 660.37 |
| 热导率/[W/(m·K)] | 234.46 |
| 密度(20℃)/(g/cm³) | 2.6989 |
| 熔点时密度(液体)/(g/cm³) | 2.37 |
| 硬度(莫氏硬度) | 2.75 |
| 电阻率/$\mu\Omega \cdot cm$ | 2.62(0℃),2.6548(20℃) |
| 反射率/% | 85～90 |
| 标准电极电位 $Al^{3+}+3e^- \longrightarrow Al$ | −1.66 |
| 抗拉强度/(kg/mm) | 1.27(20℃退火状态) |

铝在空气中有高的稳定性,即使在无任何保护的情况下亦具有较强的抗蚀能力。这是由于铝的活泼性较高,铝暴露于大气中,其表面会立即自然地生成一层薄而透明且坚韧的氧化膜层。这一天然的氧化膜层达到一定厚度就会自动停止生长,其厚度由环境和暴露时间而定。在干燥空气中和室温下约为50Å(1Å=0.1nm),最厚亦可达100Å。

铝是两性金属,在碱性环境中会很快被腐蚀,在浓硝酸和浓硫酸中会被钝化,而不被进一步腐蚀,对大多数有机酸亦显惰性。因此铝容器可以用来贮藏浓硝酸、浓硫酸、有机酸和许多其他化学试剂。但卤素对铝有极强的浸蚀力,因此铝容器不能用于这类物质的贮藏、包装、运输等。

### ➋ 2. 铝的主要特点

(1) 密度小　铝合金的一个显著特点就是密度小,纯铝密度接近2.7g/cm³,约为铁或铜的1/3。铝合金根据合金成分不同,密度有一定变化,主要取决于添加元素的密度。在铝中添加镁、锂、硅等合金元素,尤其是锂使合金密度减小。在铝中添加铬、铜、铁、锰、镍、锌等合金元素则使合金密度增大。轧制能提高合金密度,冷加工使合金密度降低,位错增加,但若经过退火,则位错消失,密度增加。常见合金元素对铝密度的影响见图1-1。

(2) 可强化　纯铝强度不高,但可通过冷加工或添加镁、铜、锰、硅、锂等元素合金化,再通过热处理进一步强化,可得到很高的强度。在工业上应用的铝合金都要掺入一些旨在改善铝合金强度的合金元素,常见的添加元素主要有镁、硅、铜、锌、锰、镍等。这些元素能与铝形成固溶体,改变合金的性能。某些特定用途,可以在铝合金中添加少量其他元素,如铬、钒、铅和铋等。制作精细浇铸件常加入钛,在合金中掺入银,可改善合金的延展性,并可取得光滑的外表。

(3) 易加工性　铝的塑性好,加工速度快,可以挤压成各种复杂断面的型材,并可进行

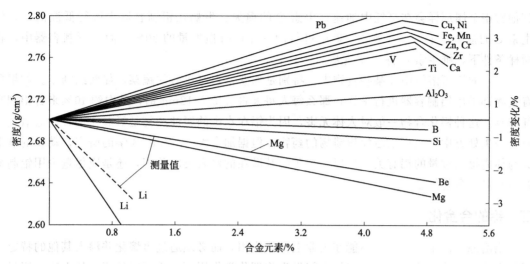

图1-1　常见合金元素对铝密度的影响

车、铣、镗、刨等机械加工。对于冲压加工所需机床，冲压力比其他金属小，模具寿命长，并可采用任何一种铸造方法进行铸造加工。

（4）耐蚀性　铝合金表面极易生成一层致密牢固的氧化物保护膜，这层保护膜只有在卤素离子和碱性情况下才容易被破坏，因此铝有很好的耐大气腐蚀和耐水腐蚀的能力。

（5）无低温脆性　铝在0℃以下，随着温度的降低，强度和塑性不仅不会降低，反而还会提高。

（6）导电、导热性好　铝的导电、导热性能仅次于银、铜和金。室温时，电工铝的等体积电导率可达62%IACS。若按单位质量导电能力计算，其导电能力为铜的一倍。但任何合金元素都会使铝的电导率下降。

（7）反射性强　铝的抛光表面对白光的反射率达80%以上，纯度越高，反射率越高。同时，铝对红外线、紫外线、电磁波、热辐射等都有良好的反射性能。

（8）无磁性　冲击不产生火花，这对某些特殊用途十分可贵。可用作仪器仪表、电气设备的屏蔽材料，以及易燃易爆物的生产器材等。

（9）吸音性好　对室内装饰有利，也可配制成减震合金。这一特性用于高档铝合金音箱制作，特别是经纹理蚀刻后，其内部真实面积大大提高，将更进一步提高音响综合性能。

（10）耐核辐射　铝对高能中子具有与其他金属相同程度的中子吸收截面。对低能范围内的中子，其吸收截面仅次于铍、镁、锆等金属。而铝耐核辐射的最大优点是对照射产生的感应放射能衰减快。

（11）美观　铝合金由于反射能力强，表面呈银白色光泽，经加工后可达到很高的光洁度和光亮度。如经特殊前处理、阳极氧化、染色或丝网印刷等加工方法处理，不仅具有高的抗蚀性能，而且还有美丽的外观。还可通过电镀、化学镀等加工手段进一步提高其装饰性、功能性用途。特别是现在，随着物质生活水平的提高，人们对居室装修也有了更高的要求。经纹理蚀刻后的铝材，这一优点将更为凸显。应用于室内装修，为室内装修业引入了一种新的高档材料，使居室更显高贵、典雅。

## 二、铝的生物特性

据相关资料显示，人体摄入少量的铝，对健康无不良影响。进一步的实验表明，铝不像其他常用金属那样会在烹饪中加速维生素 C 的损失。牛奶在铝制容器中进行低温消毒，维生素 C 的损失量不超过在玻璃容器中进行同一操作时损失量的 30％，而在铜制容器中，在同样条件下，维生素 C 将全部损失。

少量的铝可溶解中在某些食物中，特别是那些富含有机酸的蔬菜，如西红柿中。如果所有食物都采用铝制容器进行烹饪，那么每人每天将会摄入 12mg 铝，其中约 40％来自铝制烹饪器具。这种铝化合物一般对人体无害，因为铝在水中的腐蚀产物是氢氧化铝，而氢氧化铝正是医生处方中广泛用来治疗胃溃疡的药物。但据加拿大 Toronto 大学的研究，动物的衰老又与体内摄入过量的铝有关，所以，为预防其潜在的对人类的危害，还是应尽量少用铝制烹饪器具进行食物加工。

## 三、铝的合金化

铝冶炼厂出来的铝锭并不能在工业上直接应用，而必须通过再熔化并渗入其他的特定元素再次冶炼，渗入的合金元素和铝之间发生物理化学作用而形成不同的相，从而改变铝材的组织结构以得到不同性能、功能和用途的新材料，这个过程就是铝的合金化过程。

### 1. 铝的合金化提高力学强度的方式

铝的合金化提高铝材力学强度的方式有以下两种：

（1）固溶强化　是通过加入合金元素提高铝基体固溶体浓度而获得强化的方式，这要求所加合金元素在铝中有较大的固溶度。在元素周期表中，固溶度超过 1％的金属元素有 8 种，即锌、银、镓、镁、锗、铜、锂、硅等，其中银、镓、锗等属于贵金属或稀有金属，少有采用，其余 5 种是目前铝合金的主要添加元素。

在合金中除加入上述元素外，在工业合金中还常添加其他少量元素，以改善合金的综合性能。主要包括锰、铬、锆、钛等，在元素周期表中它们属于过渡元素，在铝中的固溶度较小，扩散速度慢，在提高铝合金再结晶温度、细化晶粒、调整时效沉淀过程及补充强化等方面，均能发挥积极作用。表 1-2 中列出了这 9 种合金元素的固溶度及第二相组态。

表 1-2　合金元素的固溶度及第二相组态

| 序号 | 元素名称 | 元素符号 | 反应类型 | 反应温度/℃ | 极限固溶度 %（质量分数） | 极限固溶度 %（原子分数） | 第二相 |
|------|----------|----------|----------|------------|------------|------------|--------|
| 1 | 锌 | Zn | 共晶 | 382 | 82.8 | 66.4 | Zn |
| 2 | 镁 | Mg | 共晶 | 451 | 14.9 | 16.26 | $Mg_2Al_3$ |
| 3 | 铜 | Cu | 共晶 | 548 | 5.65 | 2.40 | $CuAl_2$ |
| 4 | 锂 | Li | 共晶 | 600 | 4.2 | 14.0 | $AlLi$ |
| 5 | 硅 | Si | 共晶 | 577 | 1.65 | 1.59 | Si |
| 6 | 锰 | Mn | 共晶 | 658 | 1.82 | 0.90 | $MnAl_6$ |
| 7 | 铬 | Cr | 包晶 | 661 | 0.77 | 0.40 | $CrAl_7$ |
| 8 | 锆 | Zr | 包晶 | 660.5 | 0.28 | 0.085 | $ZrAl_3$ |
| 9 | 钛 | Ti | 包晶 | 665 | 1.30 | 0.57 | $TiAl_3$ |

注：共晶指一定成分的液体合金，在一定温度下，同时结晶出成分和晶格都不相同的两种晶体的反应，也即一种液相在恒温下生成两种固相的反应；包晶指一定成分的固相与一定成分的液相作用，生成另外一种固相的反应过程，也即一种固相与一种液相在恒温下生成另一种固相的反应。

（2）沉淀硬化　用于沉淀硬化的合金元素应满足两个条件：首先，合金元素在铝中的固溶度随温度下降而减小；其次，铝基过饱和固溶体在时效处理时通过脱溶析出能造成固溶体基体的强烈应变，且第二相呈高度弥散分布，由此就能取得显著的沉淀硬化效果，表中的铜、镁、锌、锂、硅在二元或多元铝合金中具有此种性质，锰、铬、锆、钛等元素一般不直接参与时效硬化。

### ▶ 2. 合金元素的功能简介

下面对表 1-2 中所列出的九种合金元素的功能做简要介绍。

① 锌　锌是铝中固溶度最高的元素，但锌自身的固溶强化和沉淀硬化能力并不显著，同时还存在应力开裂腐蚀倾向，故铝-锌二元合金不宜采用，因而限制了锌单独加入铝中的应用。当锌-镁或锌-镁-铜等元素与铝构成多元合金时，因形成新的强化相 $MgZn_2$，可明显增加抗拉强度和屈服强度，当镁的含量超过形成 $MgZn_2$ 相所需的量时，还会产生补充强化作用。在添加铜时还会形成铝-锌-镁-铜合金，是现有铝合金中强度最高的超硬铝系合金的发展基础，同时也是航天、航空、电力等工业上重要的铝合金材料。铝合金中锌的添加量一般不超过 8%。

② 镁　镁是铝合金中另一重要的合金元素，由于它在铝中有较高的固溶度，共晶温度下可达 14.9%，故有比较显著的固溶强化效果，当镁含量小于 6% 且硅含量也低时，具有良好的抗蚀性能。因此，铝-镁二元合金是当今防锈铝合金的主要品种，这类合金不能热处理强化，但可焊性良好，具有中等强度。

铝-镁二元合金无明显的沉淀硬化效应，但与铜、硅、锌等合金元素构成多元合金时，由于形成了新的强化相 $Mg_2Si$ 或 $Al_2CuMg$ 等，从而大大增强其时效硬化能力。

③ 铜　铜是铝合金中重要的合金元素之一，固溶强化和沉淀硬化作用十分显著，热稳定性好，是高强度和耐热铝合金中的必要组分。此外，经时效析出的 $CuAl_2$ 相有着明显的时效强化效果。

变形铝合金中铜的含量不会超过其极限固溶度，通常含量在 2.5%～5%，铜含量在 4%～6.8% 时强化效果最好，这也是大部分硬铝合金含铜的范围。

合金中铜的加入会增加合金的晶间腐蚀倾向以及降低铸造工艺性。

④ 锂　锂是金属元素中最轻的一种，在铝中有较高的固溶度，共晶温度下为 4.2%。铝中加锂不仅可以降低合金的密度（每增加 1% 的锂，密度降低 3%），而且还可以增加合金的弹性模量和沉淀硬化能力，故多元铝-锂合金的比刚度及比强度均明显高于其他铝合金，在航天航空领域具有重要的应用价值。但锂化学活性极强，冶炼质量不易控制，在一定程度上妨碍了它的应用和发展，我国尚处于研究开发阶段。

⑤ 硅　硅是铝合金中的常存元素，但在铝合金中的固溶度较低，在共晶温度下硅在固溶体中的最大溶解度为 1.65%。二元铝-硅合金的固溶强化和沉淀硬化能力较弱，一般不能通过热处理强化。但铝-硅合金具有极好的铸造性能和良好的抗蚀性能。

当在合金中加入镁时，形成的强化合金相 $Mg_2Si$ 可显著提高时效硬化能力，故铝-镁-硅系是构成锻铝的主要合金系。有时为提高强度会加入适量的铜，同时，也加入少量的铬抵消铜对抗蚀性能的不利影响。

硅单独加入铝中一般只用焊接材料。

⑥ 锰　锰也是铝合金中的常存元素，其极限固溶度为 1.82%，第二相为 $MnAl_6$，合金强度随溶解度增加而增加。锰含量达到 0.8% 时（锰在合金中的含量一般为 0.2%～0.6%，

只有少数合金达到 1％），伸长率达到最大值，铝-锰合金是非时效硬化合金，即不可热处理强化。锰在合金中的添加量虽不多，但其作用是多方面的：它能显著提高合金的强度和耐热性，提高再结晶温度，细化晶粒，并能溶解铁杂质形成（Fe·Mn）$Al_6$，以减少铁的有害作用。

锰可以单独加入形成铝-锰二元合金系，但这个系列的牌号不多，更多的是和其他合金元素一同加入，因此大多数合金中都有锰的存在。

⑦ 铬 铬是 5 系、6 系和 7 系合金中常见的添加元素，在合金中主要以（Cr·Fe）$Al_7$、（CrMn）$Al_{12}$ 等化合物的形式存在，这些相能阻碍晶粒的成核和长大过程，对合金有一定的强化作用，并能改善合金的韧性和降低应力腐蚀敏感性，但会增加淬火的敏感性。

铬的极限固溶度为 0.8％，在合金中的含量一般不会超过 0.35％。

⑧ 锆 锆和铝形成 $ZrAl_3$ 化合物，可阻碍再结晶过程，细化再结晶晶粒。有锆存在时，会降低钛和硼细化晶粒的效果。在铝-锌-镁-铜系合金中，由于锆对淬水敏感性的影响比铬和锰小，因此宜用锆来代替铬和锰细化再结晶组织。锆在合金中的添加量一般为 0.1％～0.3％。

⑨ 钛 钛是铝合金中的常用添加元素，以铝-钛或铝-钛-硼中间合金的形式加入，钛与铝形成 $TiAl_2$ 相，成为结晶时的非自发核心，起细化晶粒组织和焊缝组织的作用。

铝中的杂质元素主要是铁和硅，铁、硅之间的比例会对合金的组织性能产生影响。其中铁的含量对铝合金氧化后的表面光亮度有很大影响。

# 第二节　铝合金分类

纯铝比较软，富有延展性，易于塑性加工。但其强度不高，且不适于切削加工。在其中添加合金元素后可制造出满足各种性能和功能要求的铝合金。目前，用于添加的合金元素可分为主元素（如硅、铜、镁、锌、锰等）和辅助元素（如铬、钛、锆等）两类。主元素一般具有高的溶解度，能起显著强化作用，辅助元素则主要用于改善铝合金的某些工艺性能（如细化晶粒、改善热处理性能等）。铝与主元素的二元相图如图 1-2 所示。根据该相图上最大溶解度 B 点，把铝合金分为变形铝合金和铸造铝合金。

在变形铝合金中，合金元素一般不会超过极限溶解度 B 点的成分。即图 1-2 中成分在 B 点以左的合金，当加热到固溶线以上时，可得到单相固溶体，其塑性很好，易于进行压力加工，称为变形铝合金。变形铝合金又可分为两类：成分在 D 点以左的合金，其 α 固溶体成分不随温度而变化，故不能用热处理使之强化，属于热处理不可强化铝合金；成分在 D、E 点之间的铝合金，其 α 固溶体成分随温度而变化，可用热处理强化，属于热处理可强化铝合金。

铸造铝合金具有与变形铝合金相同的合金系和强化机理（除应变硬化外），同样可分为热处理强化型和非热处理强化型两大类。铸造铝合金与变形铝合金的主要差别在于，铸造铝合金中硅的最大含量超过几乎所有变形铝合金中硅的含量。即图 1-2 中成分位于 E 点右边的合金。该类合金中足够共晶元素（通常是硅）的存在，使合金具有相当的流动性，利于填充铸造时铸件的收缩缝，易于铸造，称之为铸造铝合金。更直观的分类见图 1-3。

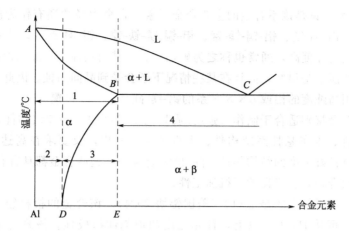

图 1-2　铝与主元素的二元相图

1—变形铝合金；2—不可热处理强化铝合金；

3—可热处理强化铝合金；4—铸造铝合金

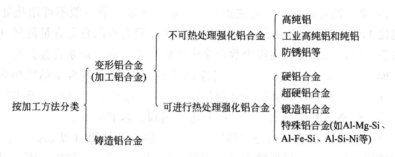

图 1-3　铝合金的分类

## 一、变形铝合金的分类

变形铝合金是指采用铸锭冶金法熔铸成铸锭后，通过锻造、轧制、挤压等塑性变形工艺方法生产的铝合金。变形铝合金具有优良的再加工和成型性能。耐久性、可靠性和可维修性高，制造成本低。由于采用微合金化技术和热处理控制技术，变形铝合金具有与比强度、比刚度以及耐腐蚀、抗疲劳、导热、导电等特殊要求性能的良好配合，适于制造结构件，在航空、航天、船舶、核工业及兵器工业等领域都有着广泛的应用。

（1）1×××系　该系列产品是纯铝系列。其特征是具有优良的抗腐蚀性能、高电导率、高热导率、低力学性能及优良的拉伸性能，但车、铣加工性能差。通过应变硬化，可使其强度有中等程度增加的效果。典型用途包括化工设备、反射器、热交换器、导电体、电容器、包装用箔片、建筑和装饰镶边等。

纯铝的纹理蚀刻性能都比较好，不管是用单一的酸性或者是碱性蚀刻体系都能得到较好的纹理效果。对于需要粗糙度大的表面效果，用酸-碱二步法亦能做到很不错的效果。特别是 1050 和 1010，经酸-碱二步法蚀刻后纹理均匀性极好。在常用材料中，韩国材料纹理细，中国台湾材料纹理细且具有匀细的丝纹。日本住友公司的高光纯铝，经蚀刻后表面容易有明显的丝纹效果。能做到丝纹效果的纯铝还有德国和国产材料。

纯铝具有良好的化学/电解抛光性能，经阳极氧化后能获得光亮度很好的表面效果。

（2）2×××系　铜是该系合金的主要合金元素，合金中经常还有作为次要添加剂的镁和锰。主要包括：铝-铜-镁、铝-铜-镁-锰、铝-铜-镁-铁-镍、铝-铜-锰等，该系合金属热处理可强化型。其特点是强度高，通常也称之为硬铝合金。其耐热性能和加工性能良好，但该系列中的合金抗蚀性能不是很好，而且在某些情况下还会受到晶间腐蚀。因此，呈薄板形式的这类合金通常要用高纯度的铝或6×××系的铝-镁-硅合金予以包覆。

该系列中的合金特别适合于制作对强度/质量比要求高的部件和结构件，常用来制造卡车与飞机轮子构件、卡车悬挂系统构件、飞机机身与蒙皮，及要求在高达150℃（300℉）的温度下仍需具有良好强度的结构部件。除2219合金外，这些合金都具有有限的可焊接性。但这个系列中多数合金具有优良的可机加工性。

该系合金中使用得较多的是2A12（美国铝协2024）。该合金的板材经单一碱性纹理蚀刻后其表面粗糙度可达 Ra 1.5 以上，且光亮度和均匀性都极佳。该系合金的氧化性能不佳，当氧化膜厚时，偏黄，同时亦不太适合于染浅色调。对于航空用途，经除油后最好不要采用碱性蚀刻而采用酸性方式来脱除表面钝化层，其阳极氧化应采用硼-硫酸阳极氧化或铬酸阳极氧化，并用稀铬酸封闭，需要染浅色调的场合可采用改良的硼-硫酸阳极氧化。

（3）3×××系　锰是该系合金的主要合金元素。该系合金一般不可用热处理方法进行强化处理，但比1×××系合金强度高20%以上。由于只有有限百分含量的锰（1.5%左右）可有效地添加进铝中，因此锰仅在很少数合金中用作主要元素。该系合金只有三种被广泛用于通用合金，即3003、3004、3105，国产对应牌号为3A21。该系合金的机械强度比1×××系高，塑性好，焊接性能好，其抗蚀性能仅比1×××系略低。故可用于饮料罐头、炊事用具、热交换器、贮槽、遮篷、家具、公路标志、屋顶、幕墙板等。

该系合金经纹理蚀刻后的表面是"砂"和"丝"的双重效果（以3A21为例）。经单一碱性纹理蚀刻后用于铭牌、面板丝网印刷前的底层处理，有很好的装饰性能。对于表面粗糙度要求较高的纹理，用酸-碱二步法蚀刻后，一般都是"砂""丝"双重效果，由于不同加工商的加工工艺的差别，部分同类合金经酸-碱二步法蚀刻处理后表面只是"砂"的效果，而"丝"的效果几乎没有。

（4）4×××系　硅是该系合金的主要合金元素，硅能较大量地（12%）加到铝中。这个系的合金一般不可热处理强化。该系合金可用作焊接铝用的焊丝和钎料。这类合金在阳极氧化时，表面呈深灰至炭黑色。4032合金具有低的热膨胀系数和高的耐磨性，适合于生产锻造的引擎活塞。

（5）5×××系　镁是该系合金的主要合金元素。当镁用作主要合金元素或与锰一起使用时，能形成一种具有中等强度或高强度的可加工硬化合金。这个系列的合金具有良好的焊接性能和耐疲劳性能，并在海洋空气中具有良好的抗蚀性能。该系合金属于不可热处理强化合金，但强度比1×××和3×××系高。该系合金的用途包括建筑材料、装饰和装饰镶边、罐头和罐头盖、家用电器、街灯标准件、船舶、低温燃料箱组、吊车部件及汽车结构件等。

该系合金的纹理蚀刻性能和3×××相近，该系合金都有较好阳极氧化性能，个别牌号合金能获得光亮如镜的表面效果（如5252、5457、5657等），可用于汽车装饰零件。

（6）6×××系　该系合金含有硅与镁，属可热处理强化合金。该系合金具有中等强度，但不如多数的2×××和7×××合金强度高。该系合金具有良好的可成型性、可焊接性、可机加工性和抗蚀性。可用于建筑材料、自行车车架、运输设备、桥梁栏杆和焊接结构件等，该系合金应用得最广泛的是6061和6063。为汽车挤压装饰件、数码和电视机外框开发的 6463 经阳极氧化后能获得光亮如镜的表面效果，但应注意合金中铁杂质含量应控制在最低范围，否则经阳极氧化后失光较大。

（7）7×××系　锌是该系合金的主要合金元素，添加量为 1％～8％。属具有中等强度至很高强度的可热处理强化合金。可用于制作飞机机体结构件、移动式设备及其他高应力部件。

## 二、铸造铝合金的分类

为了获得各种形状与规格的优质精密铸件，用于铸造的铝合金应具有如下优良特性，其中最关键的是流动性和可填充性，其主要特性如下：

① 填充狭窄部分的良好流动性；

② 适应其他许多金属所要求的低熔点；

③ 熔融铝的热量可快速向铸模传递，铸造周期较短；

④ 氢是合金中唯一具有较好溶解性的气体，且铝中氢的可溶性可通过处理得到时效控制；

⑤ 铝合金铸造时没有热脆开裂和撕裂倾向；

⑥ 化学稳定性好，有高的抗蚀性能；

⑦ 良好的铸造表面光洁度，铸件表面光泽，很少或没有表面缺陷。

铸造铝合金具有与变形铝合金相同的合金系。铸造铝合金同样可分为不可热处理强化和可热处理强化两大类。除含有相应的强化元素外，还必须含有足够量的共晶形元素（主要是硅）使合金具有相当的流动性，并易于填充铸造时铸件的收缩。所以铸造铝合金中硅元素的最大含量超过多数变形铝合金中硅元素的含量，这也是变形铝合金和铸造铝合金的主要差别。

铝-硅成分相图示出了单一的共晶形系统的状况，该共晶系统使多数高硅铝铸件能大量生产。硅含量范围大约从 4％到共晶点 12％时，可减少废料损失，能生产形状复杂多变的铸件，并使铸件具有较好的表面和内在质量。具有这些优点是因为硅增强了熔融铝的流动性，减少了裂纹，把收缩孔隙降到最低程度。

### ➡ 1. 铝-硅系铸造铝合金（相当于 4×××系）

硅是该系合金的主要合金元素。如在合金中添加铜和镁元素，可使合金通过热处理强化。特别是铜含量较高的合金，不但具有较高的强度，而且还具有较好的铸造性能和耐热性能，但抗蚀性能较差。合金中的铁杂质可降低合金强度、塑性和抗蚀性，常向合金中添加锰来消除。钛能使铸件晶粒细化，改善铸造性能。

该系合金抗蚀性、焊接性、流动性均好，膨胀系数、收缩率小，适于铸造复杂零件。

### ➡ 2. 铝-铜系铸造铝合金（相当于 2×××系）

铜是该系合金的主要合金元素，含量在 4％～5％。合金中铁和硅等有害杂质元素能降低合金的强度和塑性。该系合金可经热处理强化，获得相当高的强度和韧性，特别是用铁含量低于 0.15％的铸锭来制造则更是如此。该系合金如能以特定的工艺减少凝固时产生的应力，就能成功地用于生产高强度、高韧性的铸件。

含铜量在 9％～10％的该系合金，由于受其高温强度和耐磨性的限制，只少量用于飞机汽缸盖、某些汽车活塞和缸体。

该系合金强度高，热处理效果好，热稳定性好，密度高，但其抗蚀性能差，铸造性能差，热裂纹倾向大。

### 3. 铝-铜-硅系铸造铝合金（相当于3×××系）

该系合金是应用最为广泛的一种铸造合金系。在该系合金中，铜对合金的强度起作用。硅能改善合金的铸造性能并降低铸件的热脆性（特别是对那些形状复杂的工件，硅的较高含量很重要）。由于镁能提高合金对热处理的敏感性，所以含镁的该系列合金还可用热处理进行强化。

### 4. 铝-镁系铸造铝合金（相当于5×××系）

该系合金具有中到高的强度和韧性，对海水和海洋气氛来说，有高耐蚀性是该系合金的主要优点。该系合金具有良好的切削性能和低的粗糙表面，通过阳极氧化处理后具有很漂亮的外观。但其铸造性能不如铝-硅系合金，在合金中降低镁的含量，并添加少量锌、钛等合金元素，能提高合金的铸造性能。

### 5. 铝-锌系铸造铝合金

该系合金铸造性能良好，并有良好的切削性、焊接性、抗蚀性和尺寸稳定性。有时显示时效硬化能力，密度高，铸造性能好。但用金型铸造时易产生热裂纹。

### 6. 铝-锌-镁系铸造铝合金（相当于7×××系）

该系合金可用自然时效或人工时效来强化。在铸造状态下，具有中到优良的拉伸性能，良好的尺寸稳定性，良好的机加工性和一般抗蚀性。该系合金有高的共晶熔点，可采用硬钎接装配铸件。该系合金虽然铸造性能不佳，但若采用良好的铸造工艺及精密控制操作过程，用砂模亦可生产相当复杂的铸件。

### 7. 铝-锡系铸造铝合金（相当于8×××系）

该系合金具有极好的润滑性能，对于轴承制造，该系合金优于其他许多材料。但铸造方法将十分明显地影响其耐磨性能。合金中锡的细小树枝状晶形分布对获得最佳耐磨性能非常重要，这种树枝状分布状态需要细小的枝状晶间隙，这种细小的间隙可用快速冷却的方法获得。

铝-钴和铝-镁-锰系铸造铝合金可获得银色的阳极氧化效果。

常见铝合金的性能和用途请参阅其他相关资料。

## 三、铝的用途

铝合金以其优良的力学性能、电气性能、电化学性能和可加工性能，被广泛用于建筑、交通、电力、化工、食品包装、机械制造和日用工业。民用建筑业用铝量最大，近年来室内装修方面铝合金的需求占有较大比例，并在不断增长中。

铝合金作为一种战略金属，在军事上广泛用于制造飞机、舰船、装甲、坦克部件、导弹弹体等，人造卫星等各种太空飞行器也都大量使用铝合金。

高纯铝具有优良的导电性、可塑性、反光性和抗蚀性，其中最具有价值的是它的抗蚀性能。铝的纯度越高，氧化膜层越牢固、越致密，其抗蚀性能也越高。这些赋予高纯铝以特殊性能，广泛用于天线器件、天文望远镜的反射镜、电力输送等。

在以上领域，所使用的铝件有些是功能用途，有些是装饰用途，或兼而有之。单就对民用装饰用铝合金材料而言，随着社会经济的发展和物质生活水平的提高，人们今天所追求的已从过去的有与没有到今天的好与不好、美与不美。而目前铝合金表面装饰技术相对单一，这就需要去研究更多更好的装饰工艺技术，使铝合金材料的装饰效果更为丰富、更加多样化，同时也为室内装饰提供更大的选择性。

# 第三节　工　艺　简　介

## 一、工艺

在开篇之前，有必要来讨论一下什么是工艺这个问题。工艺一词的英文单词是 process，也可以说是规范、流程、过程、方法等。工艺也可以说是一种手段，通过该手段可以把人、设备、规程、方法、原料以及工具等进行集成，以产生一种设计者所期望的结果。说得更明白些就是将设计人员设计出来的产品由图纸变成实实在在的实物产品的过程的总和。而工艺人员就需通过大量的实验工作，来完善和总结出最佳的方法和途径，并适合于自己现有生产条件下的工作流程。

在谈到工艺时有必要把加工技术和加工工艺作一对比，目前，很多人都是采用加工技术这一称谓，在加工行业，一提到加工往往都是说"某某加工技术"，或者"某某加工方法"，而很少有人提到"加工工艺"这一称谓。那么这两者之间有没有区别呢？加工技术和加工工艺之间有区别但又不可分割。加工技术更多的是指是否有这个加工能力，也就是说能不能做得到，如果能做到才有加工工艺。从这也可看出，所谓加工技术就是有这个加工手段，而加工工艺是能否利用所拥有的加工手段生产出质量一致性好的产品。因为不论拥有再多再好的加工手段，也不论所掌握的加工手段有多先进等，能批量生产出质量一致性的产品才是最为关键的。做过生产的读者都应该明白，客户虽然会要求你尽可能地把产品做得更完美，但在进行产品验收时，更注意的是产品质量的一致性，因为只有把批量产品的质量做到稳定一致才能给客户以信心，而只是样品的高质量客户并不满足。客户的高要求是无穷尽的，但批量产品质量的稳定性才是客户最需要的！实现产品质量的稳定性的必要条件之一就是在全过程中对加工工艺过程的有效控制。

对产品的生产而言，加工技术是手段，加工工艺是保障这一手段能带来效益的一种方法。如果说只有加工技术，而不具备对整个加工过程中各个工序之间有效控制的方法，同样不能加工出质量稳定的批量产品，那么所掌握的技术并不能创造效益。比如说，几个铝合金氧化厂，使用同样的材料，同样的加工方法，但他们所做出的产品质量的一致性是不同的，在这里很大程度上就是工艺控制得好与不好的差别造成的。

说到这里，究竟什么是铝合金表面处理工艺呢？铝合金表面处理工艺就是把整个铝合金表面处理过程分成若干个可以控制的点，使其在进行铝合金表面处理加工时可以进行准确的工序控制进而达到全程控制。从这个意义上讲，铝合金表面处理工艺其实就是一种可以控制的加工流程，也可称之为工艺流程，这个流程由多个工序或过程按照加工的需要组合而成。这个工艺流程一旦确定下来，并形成一个标准，在进行铝合金表面处理时就要遵守这个工艺流程的各项要求，并严格按照工艺流程进行生产，这样就能做到批量产品质量的一致性。

## 二、工艺流程

说到加工工艺必然就会有工艺流程,在这里又引入了流程这个概念,那么什么是流程呢?流程是一个所指很广泛的词,对"流程"的解释虽然有多种,但基本上都大同小异,在这里列几种解释。其一:流程是指一个或一系列连续有规律的行动,这些行动以确定的方式发生或执行,导致特定结果的实现;其二:国际标准化组织在 ISO 9001、ISO 2000 质量管理体系标准中给出的定义是:"一组将输入转化为输出的相互关联或相互作用的活动。""流程"从其字义上也可理解成某一事物从其开始到结束所经过的过程。对工业而言,流程是从原料到制成成品的全过程,是这一全过程中各项工序安排的先后次序所组成的一组程序。对于任何一个产品,从原料到制成成品之间都会有两个或两个以上的加工步骤及配套的设备与相关人员的参与,否则这个产品将无法完成加工过程。

显然任何一个加工流程都是由多个人和多个过程有机组合而成的集合体。任何一个流程的基本特点都必有输入、中间过程和输出。通常情况下,流程有六个要素:资源、过程、过程中的相互作用(即结构)、结果、对象和价值。以上所说只是对流程的基本解释,并不能与所要讨论的铝合金表面处理工艺流程相连接,如果在流程的前面加上定语,如生产流程、工艺流程、设计流程等,就给流程赋予了特殊的意义,或者说给流程规定了用途,只有规定了用途的流程才具有生命力。在这里只对与生产有关的工艺流程进行讨论。

细心的读者也许会发现,在上面提到了生产流程和工艺流程,那么这两者有什么区别呢?在这里就来简要讨论一下生产流程和工艺流程的差别。生产流程和工艺流程在定义上也许有很多读者分不清楚。就定义而言,生产流程是指从来料到成品的生产安排。它针对的不是某一型号的产品,而是指整个工厂所要加工的产品,是一种对众多产品中谁先谁后的安排。在同一产品中也会有很多的编号,每一个编号代表组成这个产品的某一个或一组部件。而在产品的生产过程中,每一个部件所经过的加工过程是不同的,同时加工的先后顺序也是不同的,所以生产流程也可以认为是一种对某种工件的加工开始时间及完成时间的规定,也可以认为是某一工件要进行什么样的加工工序及经过这些工序的时间安排。行文至此,对于生产流程就有两个层面的含义:一是对众多产品谁先谁后以及当两种以上的产品加工到某一工序时,谁前谁后的综合安排;二是对某一个产品从什么时间开始生产到什么时候完成以及整个生产过程中要经过的加工工序的安排。制订生产流程所要保证的是产品的加工周期。而工艺流程所强调的是这些工序怎样来完成,在完成过程中要注意的事项及控制的参数。

到此,有疑问的读者应该明白了工艺流程与生产流程的区别,生产流程所关注的是产品什么时间开始加工,什么时间加工完成,更细一点就包括加工所要经过的主要工序。而工艺流程所关注是产品加工过程中各加工步骤的加工方法及参数控制和要达到的目标,并为检查人员提供可以检查的手段和方法。同时也为采购部门提出所需采购物资的技术要求等,而采购数量是根据生产部门所下达的生产数量及工艺提出的备份要求来决定的。

前面讨论了流程,那么流程的作用又是什么呢?首先要知道,流程并不是为解决为什么而做,或者说为什么这样做而不那样做的问题。流程的目的是解决怎么做的问题。由此延伸,工艺流程也就是解决怎么样来利用现有的资源生产出符合设计要求的合格产品的过程。它更多的是从可操作的层面将公司的各种资源进行有机整合,并为这个制定的流程服务,而不是流程去服务于组织或个人。也就是说流程一旦制定,接下来就是都要按流程所规定的方法去执行。

　　工艺流程又是什么呢？工艺流程在英文中是"process flow"。也可以理解为是某一加工工艺从第一步到最后一步的全部加工步骤的集合。某一产品加工工艺的设计其实就是针对某一产品的技术要求及加工者自身条件进行工艺流程的设计过程。要设计某一产品的加工工艺流程，首先得先搞清楚工艺流程是怎么组成的，为此，在产品加工工艺流程中又会引入"加工工序"和"加工过程"这两个概念。

　　什么是加工工序呢？加工工序是指由两个或两个以上的步骤所组成的加工集合。而加工过程是指单一的加工步骤，在这里又引入了步骤这个概念，步骤和过程有什么不同呢？步骤是指加工工艺流程中的某一步，比如水洗步骤。而过程是指形象化的步骤，它不仅有步骤的意思，同时还给这个步骤规定了具体的方法。比如水洗步骤和水洗过程的含义就不完全一样，它们虽然同是指工件在同一容器中进行水洗，但步骤并不指出采用什么样的方法进行水洗，也没有规定水洗的时间和温度等。但水洗过程，就规定了水洗的详细内容，比如，水洗的时间，水洗的温度，是浸泡式水洗或是喷淋式水洗，是单级水洗还是多级水洗等。从步骤与过程的关系来看，也可以认为过程是对步骤的详解，或是对步骤提出的要求。几个步骤或过程可以组成一个工序，一个或多个工序组成一个工艺流程，工艺流程所包含的工序越多，这个工艺流程也就越复杂，相应地，其工艺控制难度就会越大。当然，工序本身也可以是一个工艺流程。而工艺过程是指完成整个工艺所要经过的步骤的总和及对各步骤提出必要的要求。

　　从上面可以看出，工艺流程由多个工序组成，而工序又由多个加工步骤组成，在设计工艺流程时，可以先以工序的方式进行设计，设计出所需要的工序有多少个，然后再来对工序进行展开，这样就便于分析，减轻工作量，并且以工序的形式进行初期设计也可使工作简化，防止出错。

## 三、典型工艺

　　在进行工艺制定时，是先设计出工艺路线，然后再根据实际情况编制出可行的工艺规程。任何一个工艺流程都是由很多的步骤来完成的，少的几十步，多的上百步，很明显，在制定工艺流程时，不可能以这种方式去进行，这样做，一则容易遗漏一些细节，同时如此多的内容也给编制带来不便。这时就要引入典型工艺。什么是典型工艺呢？典型工艺就是指一些相对比较固定的加工方法，比较通用的加工方法，同时在实际生产中变化较少的某一组加工工序，用通用工艺的方式把它固定下来，使其在生产中遇到同类加工时都可以参照执行。

　　典型工艺的编制就要引入工艺实验的概念，工艺实验也可称之为可行性验证，是对某一个预先确定的工艺方法或某一种添加剂、溶液配方等是否能用于量产的工艺验证，经过工艺验证并通过一定批量的生产后就可以形成典型工艺。典型工艺属于企业内部的工艺规范，通过审核企业内部制定的典型工艺的完善程度与是否具有可执行性可以看出这个企业的技术力量及工艺水平。这里所说的典型工艺并不是指企业制定的作业指导书、工艺指引等。

　　对于具有代表性的典型工艺，在经过同行业至少 30 个不在同一个省及地区的大中型企业（特殊行业除外）试用并提出相关意见，进一步完善后即可申请评审而成为行业标准，如有必要再经同样程序即可申请成为国家标准。不管是行业标准还是国家标准，在其标准所指的范围内都具有可操作性和一定的权威性，有些标准甚至可作为某些方面的仲裁手段。

　　对铝合金表面处理而言，典型工艺有哪些呢？可总结出以下几种，抛光/喷砂/拉丝工艺、除油/除蜡工艺、碱蚀工艺、纹理蚀刻工艺、化学/电解抛光工艺、阳极氧化工艺、染色/封闭工艺、预浸工艺、电镀/化学镀工艺等。

可以这样说，任何产品的加工工艺流程都由这些预先制定好的典型工艺及其本身所特有的加工方法所组成。从这也可以看出，工艺规程的编写就好比是用积木来拼接七巧板，事实也正是如此。在制定工艺规程之前，先制定好典型工艺是非常重要的，只要预先制定好了典型工艺，后面针对每一种产品来制定其生产工艺流程就变得容易。

## 四、工艺设计的必要性

虽然现在的绝大多数私企都是采用样板加作业指导书的形式进行产品加工，而对产品的加工工艺并不重视，但从企业的发展来看，笔者认为，在一个企业内部建立起完善的工艺保证制度，并使这个制度能真正地得以实施，对一个企业向高标准发展是必要的。而工艺制度的建立可能在开始的阶段并不能给企业带来多少效益，有时甚至需要投入一定量的人力和物力，但这个投入对一个企业向正规化、现代化的发展来说是值得的，并且这个投入最终会给企业带来更大的物质利益和社会效益。

工艺设计其实就是工艺流程的设计，工艺设计的目的是什么呢？可以想象一下，如果对某一个产品要进行喷砂氧化加工，只告诉操作工人一个加工数量及要求，然后交给不同的工人去进行加工，很难想象由不同的工人都按自己的习惯加工出来的产品其质量的一致性会保持得很好。而产品质量的一致性对一个企业来讲比加工几个能达到高质量的样品要重要得多。产品质量的一致性并不是由几个技术好的工人或几个高水平的管理人员完成的，靠的是合理的工艺设计，当然也离不开技术好的工人和高水平的管理人员。只有将二者有机结合才能完成产品的量产，并使产品质量保持高度的一致性。对产品的质量要求越高，产量越大，越需要进行工艺设计。现在最为流行的工艺作业指导书并不是具有全局性的工艺文件，甚至都不能称其为工艺文件，只能称为操作指令。而工艺设计的基本要求是有全局性和针对性，操作人员可以通过工艺规程了解到所加工产品的前后关系，同时在工艺规程中都会根据产品的质量要求，针对性地对加工过程进行规定。可能有些读者会认为，做了多年的工厂，就算没有进行过工艺设计，一样可以做产品，甚至还能做要求高的产品，这个没有错，目前这种类型的工厂比较多，特别是一些中、小型民营企业都认为有了工作指引就是程序化了。大家有没有想过一个问题，这样的工厂是靠操作人员的经验在进行生产，作为企业主就形成了对人的过分依赖性，如果操作人员更换，又要有一个适应过程。同时，若真想做高质量的产品，并能保证其产品质量的一致性，工艺的设计是必须要有的。不光要设计工艺，同时还必须要求操作人员及现场工艺员要随时跟踪设计的工艺在生产中的适用性，如发现有不适合的地方要及时经过实验进行修改，使工艺不断得到完善。进行工艺设计的目的就是要让生产全过程都可以处于受控状态，且这个受控状态并不因为其操作者的更换而发生变化，它可以将在长期的生产中所总结出来的经验及试验的新工艺、新方法用文字的方式记录下来，并形成具有一定代表性的工艺规程，从而使生产及企业得以更好地延续。

## 五、工艺设计的流程简介

对一个产品的加工，要根据其产品的设计要求来制订一个程序化的加工方法，即生产工艺流程。而对一个工艺流程的设计同样要经过一个程序化的设计过程，即工艺流程的设计流程。

对一套完整的铝合金表面处理加工工艺流程的设计，主要包括以下几个方面：

## 1. 公司基本条件及所能达到的基本要求

公司基本条件及所能达到的基本要求是先决条件，知道能做什么，知道自己能做到什么样的程度，对一个加工企业来说至关重要。这里包括公司的规模、公司现有的加工能力，这个能力包括加工方法所能达到的质量标准及班次加工量。如果现有加工能力及加工质量达不到设计要求，要看是否有这个能力去对现有设备及加工方法进行升级改造。当收集到这些资料后就可以进行下一步的工艺设计了。

## 2. 工艺流程设计

工艺流程设计是整个过程中最为重要的一步，他要求所设计的工艺流程能保证加工出满足设计要求的产品，其整个工艺流程总体设计应合理、层次分明、可靠、可调。对关键工序要制订出明确的工艺控制措施及方法，比如，铝合金表面处理的前处理工序，对阳极氧化来说是非常重要的工序，这时，在工艺中就会明确规定其详细的操作方法以及在操作中遇到问题应该采取的处置方式，并在前处理过程中设置质量控制点，因为不能等到全部制作完成后才来进行质量检查。过程检查，预先防范才是最好的做法，这些控制点包括清洁质量检查、抛光质量检查、抛光后处理质量检查等。

## 3. 设备的升级改造

如果所要加工的产品在现有的条件下并不能满足产品设计要求，仅有工艺流程也是没用的，这时就要对加工设备进行升级改造，在这里升级和改造是有区别的，改造是对现有的设备通过企业内部来完成（不排除外购部件），是对整个生产线某一部分的改善，比如增大工作缸的物理尺寸或增加工作缸数量等。而升级是针对整个生产线而言，这时要通过和现有生产线的生产商进行协商解决，这里可能包括对整个生产线的大改，比如，生产线整体扩容，控制系统的改进等。对生产设备的改造是对现有生产设备进行量变的过程，而升级是对现有生产设备进行质变的过程。对降低生产成本而言，一般都不轻易采取升级的做法而是采用改造的方式。

## 4. 加工方法的改进或引进

加工方法的改进和引进同样是有区别的，改进是在不改变现有工艺基本配方的大前提下改变溶液中的某些成分（也包括成分的增减）来满足设计要求的方法。而引进是从外面引入更能符合产品生产要求的新的工艺配方，当然这一过程也可以通过企业内部的工艺人员进行有针对性的工艺试验来寻找更好的加工工艺配方，但这要求从事这一工作的工艺人员对化学及金属材料，铝合金表面处理的原理有比较全面的了解，这一工作的进行，可以参考现有资料介绍的新方法进行试验，也可以根据其产品需要重新设计出新的配方进行试验。

## 5. 完善的质量体系

这一步是对产品经加工完成后的质量检查制定出标准，而这个标准是指采用所设计的工艺加工一批产品，并根据在加工过程中出现的问题对工艺参数进行调整，经调整后的定型参数所加工产品的平均质量水平就是这一工艺方法加工产品的质量验收技术标准。在制定这一标准时，切不可好高骛远把标准定得过高，在实际生产中就会发现过高的产品技术标准会使产品的合格率下降，表现为产品质量不稳定。当然这一标准很多时候是由设计方给出的，但在进行试样加工时，必须和产品设计方进行认真研究，并对其过高的要求进行改进。在这里请大家注意，所谓对过高的技术标准进行修改并不是不注重质量，不追求更高的要求！在生产中，尽量满足客户的要求，以公司的实际情况为主才是至关重要的！

# 第四节　工艺设计的基本要求

做任何事情都会有一个要求，这个要求其实也可以理解为做事情的一个标准或者说是一个应该遵循的原则，工艺设计也不例外，也有它自身所要遵循的原则，在进行工艺设计时要注意以下几个方面的内容：

## 一、工艺设计的全局性及成本要求

在进行工艺设计时一定要有全局观念，所进行的每一工艺过程都是上一个加工过程的延续，同时又是下一个加工过程的开始。因此，可以认为，每一个加工过程都是一个承上启下的中间环节。在实际生产中，各个加工工艺很可能不是由同一个工厂来完成，但是它们相互之间一旦形成加工协作关系就是一个不可分割的有机整体，这样才不会导致相互推诿责任。虽然做事的过程中责任一定要明确，但是在明确责任的同时更为重要的是怎么样联合起来把事情做好，使各个环节都把风险减到最小，这就需要相互之间在技术要求上和在现阶段能达到的技术水平上经常交流，做到相互了解。比如，设计部门在设计某一产品时，就需要首先了解在加工行业中可以做到的平均水平，并且做到这个要求的费用即工艺费用是多少，这时就要和协作加工厂的工艺工程师进行商讨，并对所能满足的工艺要求做出明确表态。在这里就存在着两个方面的改变，一是设计部门根据在规定加工费用前提下所能达到的工艺要求更改设计；二是加工承担者根据设计要求更改加工工艺方案，这里就存在增加设备或试验新的工艺方案。当然，这同样是在一定加工费用的前提下进行的。全局性不光表现在工厂与工厂之间，在内部更需要有全局性，因为任何一个产品的加工过程都是由好几个生产班组完成的，每个生产班组都负责某一个工序的加工，而各个工序的加工工艺水平有可能并不在同一个层次，所以在设计工艺流程时既要发挥其自身的优势，更要兼顾到自身的不足之处。

在编制工艺时应做到层次分明，切不可把一个工艺流程写得主次不分，杂乱无章。

工艺的成本问题其实也就是经济问题。这个经济性包括生产线设备投入、生产成本、管理成本等。在这三种之中，生产线属于预先投入的固定资产，而工艺的设计也是以现有的生产线为参照对象，所以这是一个相对不变的部分。而可变的是生产成本及管理成本。生产成本主要包括物料消耗成本、水电成本及相关操作人员的配置等。这属于显性成本，在工艺设计时可以通过低成本的溶液配制及低消耗、合理工艺分配、减少人员配置等来实现其生产成本的降低。管理成本主要包括质量管理、工艺管理、物料管理等。这属于隐性成本，在进行工艺设计时往往容易被忽略，设计得再好的工艺方案都需要有合适的专业管理人员来管控，否则会使加工的产品质量波动很大，甚至不能进行正常生产，所以在进行工艺设计时就应按工艺要求配置其相关的管理人员及其管理职责范围，并有其监管机制以保证工艺过程能正常进行并带来更大的效益。

## 二、工艺设计的可靠性要求

工艺的可靠性是指所设计的工艺对产品的加工是否能保证其每一批次的质量都相对稳定，也就是说使用这一工艺加工出的不同批次产品的质量的一致性，这就是通过合理的工艺设计来达到产品质量的可靠性要求。这就要求所设计的工艺必须是稳定的，这个稳定主要反映在加工过程中所使用的各种配方中溶液成分的相对稳定（不包括由设备及人为因素所产生的不稳定）。保持溶液的稳定性有两个层面的概念，一是高成本稳定，二是可接受成本稳定。

高成本稳定是指就目前而言还找不到更好更稳定的溶液配方及控制方法所采取的暂时性措施，这时的溶液稳定性通过对溶液使用一段时间后废弃再配新液的方法来实现。这一方法的缺点一是溶液需要更换，溶液的使用成本高；二是由于会经常排弃高浓度的废液，会加重污水处理的负担并对环境造成更大的潜在危害。

可接受成本稳定是指在生产中所使用的溶液，经使用一段时间后并不需要废弃，而是通过对溶液的调整来恢复其原有性能，这是目前工艺设计中的标准方法。虽然这一方法可以通过人工调整使溶液达到稳定，但对这个稳定也是有要求的，因为不能在一个班次的加工中经常对某一溶液进行调整，同时，这个调整的方法必须是简单易行的，这就要求溶液各成分易于分析，原料易于购买。这一方案的影响因素主要表现在以下几个方面：

一是溶液各成分在使用过程中变化的可控性。随着加工过程的进行，溶液的成分也会跟着发生变化，但变化后的成分应该是可以通过分析来进行调整的，否则这个溶液的稳定性就差，这时就需要更换溶液，同时配制新的溶液。

二是溶液成分在使用过程中所产生的副产物是否易于除去，或是否会对使用过程产生副作用。在加工过程中，溶液的原始成分和金属发生反应会产生副产物，对于一个性能良好的溶液组成，要求其副产物易于去除而不大量积蓄在溶液中对生产产生不良影响。比如，在铝合金碱性蚀刻工艺中，溶液中的氢氧化钠和铝反应，在这个反应过程中，氢氧化钠溶液中的氢氧根离子充当氧化剂，铝是还原剂，在蚀刻过程中发生氧化还原反应，生成氢气逸出，同时生成氢氧化铝，氢氧化铝溶于过量的碱中生成游离态的偏铝酸盐，这时铝离子就残留在溶液中，但是一定量的铝离子并不会对铝的碱性蚀刻产生负面影响，反应有利于提高铝蚀刻后的表面质量，当铝离子积蓄到较高浓度时才会对铝的蚀刻产生负面影响，但过高的铝离子可采用化学沉淀或蒸发浓缩的方法而除去，除去多余铝离子的蚀刻液经分析调整后又可以重新用于铝的碱性蚀刻，而生产中消耗的氢氧化钠可以通过分析添加而得到补充。这就能通过人为的方法来使溶液中各种成分的含量保持相对稳定，从而使铝的蚀刻质量得到稳定。

## 三、工艺设计的环保要求

只要有人类的活动，就会对环境造成不同程度的污染，人类活动对环境污染按其产生的原因分为工业污染、交通污染、农业污染、生活污染。在这几种污染中对环境污染影响最大同时也最难消除的就是工业污染。从环境保护的角度及生存需要的角度考虑，每一个加工企业在进行工艺设计时，把防止污染、保护环境放在首位是非常重要的。从工艺设计的角度出发，对环境保护的贡献主要从以下几个方面来考虑：

一是溶液的组成对环境的影响。溶液的组成包括溶液的浓度及溶液的组成成分，从控制源头减量的角度出发，降低溶液的浓度是有效的方法。溶液浓度的降低，一则使配制的成本降低，二则使带出的量减少。对环境保护的贡献主要体现在随着溶液浓度的降低带出量减少，但溶液浓度的降低必须要和实际生产过程相适应，因为过低的浓度一则影响正常使用，或使处理时间延长过多造成生产效率降低；二则溶液浓度过低，溶液在使用过程中变化快，调整的频率增加，给生产带来极大的不便，同时频繁的分析也给生产带来不便。溶液的组成成分即所使用的化工原料，在满足产品质量的前提下尽可能地选用低毒或无毒的原料。

二是处理这些化学成分的难易程度及处理成本。环境保护固然重要，但企业的目的是获得利益，如果一种配方中的化学成分处理成本过高，不管其效果如何，显然都是不适合采用的。

三是生产过程中的控制。生产过程中的控制主要表现在对溶液的回收，而不是直接排放。具体做法是在工作缸的附近增加一个回收缸，然后再进行水洗等后续加工。

四是对清洗水及废液的处理。对铝合金表面处理加工来说，必要的废水处理设施是必需的，不能因为自身的利益而危害环境。如果有新增加的工序，应对新增工序所用化学品产生的废液有完善的处理方法，如果现有的废水处理设施不能对其进行处理则必须要新增相应的处理设施，以保证从铝合金表面处理生产线所排放的废水达标排放或回用。

## 四、工艺设计的可操作性要求

操作性是根据可观察、可测量、可操作的特征来界定其操作过程中某些变量含义的方法。即从具体的行为、特征、指标上对变量的操作进行描述，将抽象的概念转换成可观测、可检验的项目。对铝合金表面处理而言，在各个工序的加工过程中，都一定会要求每个加工工序要达到一定的指标，否则这个工序就没有存在的必要。而这些指标必须可以通过目测或特定的工具或方法检测得到，并且这种检测方法要易于操作，重复性好。只有符合这些基本条件的工艺才具有可操作性。

同时在工艺文件中切不可采用无法定量的语言或非法定的单位来描述，对生产来说这是不允许的，描述工艺的语言必须是通俗易懂，不带任何理论和非通用的语言。比如，对于工件除油，在工艺中要规定其成分组成、成分浓度范围、除油温度、除油时间等，对这些参数不可能采用文字的方式进行描述，这里就会采用分析方法、温度计测量方法及秒表测量方法等对溶液中的成分浓度、温度、时间进行测量、观察，如不满足工艺规定的范围，可以通过调整的方式来使其得到满足。而在检查经除油处理的工件的效果时，在生产线极少采用测量仪器进行检查，这时就可采用目视的方法进行检测，其检测依据的原理是，经过除油，干净的工件表面是亲水的，于是，在工艺中就规定一个目视检查方法，即工件表面的水膜连续30s不破裂为合格。对铝合金表面处理后的尺寸检查，用目测的方式显然是不允许的（除非有特殊规定），这时就要用卡尺或显微镜进行检测。

工艺流程的设计除了上述的几点要求外，语言表达准确、文字简练、通俗易懂更为重要，并且在实际编制过程中切不可采用一些不可量化的语句，以免使操作者在理解上与工艺本身出现差错而造成对方法及检测上的误解。比如，对于有光度要求的工件，经化学抛光或电解抛光后的质量检查就不可以出现"光度合适""光度与样板相符"等不可量化的词句，从语言上看，好像与样板光度相符就已经界定了光度的要求，那么样板的光度是多少度呢？如果仅从肉眼来判断，一个样板由不同的人来判断其光度并不只有一个值，同时，相符也有一个接近度，从负方向和正方向的接近度是多少？因为双方在进行正式加工前由于对产品技术条件的描述不清而发生的纠纷并不少见，显然这时在工艺文件上就应该规定光度的范围并采用光度仪来进行检测。如果对光度要求不严或工件难以用光度仪测试，也不能采用上面所述的表述方法，这时可以采用光哑度板（即最亮板、标准板、最哑板）来进行对照检测。

## 五、工艺设计的可管理性

可管理性是相对于不可管理性而言的，这里的不可管理性并非人们想象中的无政府状态，而是针对一些抽象的且难以定量的管理项目。可管理性是指对一些可以量化的指标通过组织而进行一种有序的活动的过程。工艺管理是企业重要的基础管理，一个完善的工艺管理制度所要达到的目的是稳定产品质量、提高生产效率、保证安全生产、保障生产周期。企业员工遵守工艺纪律，严格执行根据企业自身的实际情况制定的工艺标准，是实现以上目标的基本保证，同时这对培养一个企业员工的责任心也是非常重要的。

工艺管理作为企业众多管理项目中的重要一环，其管理的细度和力度对产品质量的稳定性有直接影响，工艺设计的可管理性在这里有工艺设计过程的可管理性和工艺流程在执行过程中的可管理性两个方面。

工艺设计过程的可管理性：工艺设计过程的可管理性也可以理解为是工艺在编制方面的可管理性，在这个层次同样存在着两个方面的内容，一是进行工艺编制时，即对工艺语言层面的可管理性，工艺在进行设计时首先要考虑的就是在设计的工艺流程中所要控制的点或指标必须是可以量化的，或者通过文字可以将其与不相符合的项目进行清晰地描述，而不允许有模糊的、不可量化的描述方法。二是在编制工艺文件时，特别是对一些技术标准，是否是结合本企业的实际情况而定，是否是以本企业所能达到的平均水平而定，如果所定的技术标准和工艺流程超出了本企业所能达到的水平，那么这个工艺连执行的起码条件都不够，就更谈不上具有可管理性。

执行过程中的可管理性：是指已经完成设计的工艺流程在执行过程中的可管理性，再完善的工艺流程都需要操作者的参与才能进行，在这里，工艺中的各步骤与操作者之间就建立起了一种对应关系，不同的操作者对应着不同的加工步骤。这时操作者的责任心、操作者的技术熟练程度对工艺流程的正常进行来说至关重要，这时工艺流程的可管理性就延伸到了对操作人员的技术培训和责任心教育。操作技术属于技能层面的问题，责任心属于操作者个人素质和对工作的态度问题。前者主要通过各种培训获得，这种培训既包括实际操作技能，也包括基础理论的培训，而基础理论培训是从根本上提高员工技术水平的捷径。后者主要通过企业文化的建设，使员工建立起对企业的信任，这是员工素质培养的基本前提。一个没有企业文化只是把员工当成赚钱的机器的企业很难让员工建立起对企业的责任感和认同感，也就谈不上对生产工艺的管理。

综上所述，工艺的可管理性对一个企业来说是一个综合性的系统工程，它不仅仅限于工艺流程本身，更重要的是工艺流程的执行者是否严格按照工艺流程的要求来进行操作和执行、是否能有效地组织操作者进行有效的活动，并能对这个活动进行有效的管理。

## 六、工艺质量控制方法

工艺对产品质量控制的要求主要表现在控制的方法上，其控制的方法主要有可量化控制描述和不可量化控制描述。在设计工艺时，应该尽可能地选择前者，因为只有量化的方法才是最为直观的方法，同时也最容易被操作者所理解，也容易被质量监督员采用测量工具进行量化检查。比如：深度的变化可以用卡尺或其他更精密的仪器进行测量；粗糙度可以采用粗糙度测试仪进行测量；光度的变化可以采用光度仪来进行测量；对于工件表面的砂眼，可以用砂眼直径、深度及单位面积的个数来检查；经表面处理后的工件力学性能的变化同样也可通过仪器来测量。对加工过程中的质量控制，可以采用温度计、pH 计、各种分析方法等来对整个加工过程中的关键工序进行测量，以确保其整个加工过程的各个变量都在工艺规定的范围之内。以上是一些可量化的质量控制。但是在实际生产过程中，有些工序或有些表面效果由于受条件的限制无法或不能由各种工具或仪器进行测量，这时就会出现一些用语言来描述的质量控制及判别方法等。

# 第二章
# 铝合金表面物理加工技术

    铝合金制品的外观质量在很大程度上取决于物理预加工技术的合理选用，常用的物理预加工技术包括磨光、抛光、刷光、滚光、震光、喷砂、拉丝等，通过这些预加工技术的处理可以使原先粗糙的表面获得平整或光亮的表面，也可以使原先平整的表面获得砂状、丝状等表面效果，通过对铝合金工件表面状态的改变赋予其更高的表面装饰效果，这也是铝合金表面处理的宗旨之所在。

    当然，并不是所有铝合金工件都要经过这些物理预加工技术的处理，只有两种情况才会采用物理加工方法：一是为了获得平整或光滑如镜的表面；二是为了获得粗糙化的表面（指砂或丝的效果）。前者是为了消除铝合金材料或铝合金工件在加工过程中所形成的各种表面缺陷，为后续加工提供一个合格的基准表面。后者可以通过粗糙化处理来赋予其新的表面效果或掩盖一些轻微的缺陷而得到一个可用于装饰或功能用途的更易被消费者所接受的外观。

    铝合金制品加工所用的材料可分为铸造材料、锻造材料及各种板材、型材、棒材等。其加工方法有铸造法、压铸法、冲压法、拉伸法、剪切法、铣及车加工等。在这些加工方法中以各种板材的冲压、拉伸、冷挤和各种挤压的型材应用最为普遍。取其原材料可按设计要求进行批量生产，加工过程容易，加工成本低，易于进行低成本大批量生产。

    冲压法、拉伸法和剪切法对铝合金的表面状态影响较小（拉伸法对材料物理性质的影响除外），同时用于冲压加工的铝合金板材都有保护胶膜层，可有效防止在冲压加工过程中对铝合金表面的损伤。冲压法及拉伸法对铝合金材质表面的质量影响主要集中在模具及与之相配合的冲压或拉伸工艺。

    各种铝合金挤压型材的表面质量主要受以下几方面因素的影响：一是模具的影响，表现在模具的设计不合理，或模具加工质量粗糙，使成型时型材表面机械纹理严重；二是加工过程的影响；三是材料的影响。挤压型材常见的表面质量缺陷主要有条纹和粗糙面，现简要介绍如下：

    条纹是一种平行于挤压方向的缺陷，种类较多，其中主要有以下几种：

    (1) 组织条纹　这种条纹的产生主要有三种因素：一是挤压速度过快；二是铝锭组织本身不均匀发生成分偏析；三是铝锭在挤压之前表面的硬皮没有预先去除，在挤压过程中导致材料表面成分不均匀而形成组织条纹。经过化学处理或阳极氧化后型材表面出现亮线、灰线或暗线等。

（2）焊合条纹　这是分流模挤压型材常见的条纹。这种条纹主要是模具设计得不合理和焊接加工不良所致。在挤压型材时选择合适的润滑处理可获得一定程度的改善。

（3）金属亮线　这也是组织条纹的一种形式，大多都是由于在型材挤压过程中金属流动的不均匀而出现局部晶粒粗大区，呈现出平直且宽度不等的条纹。这种缺陷的产生与型材结构有很大关系，如型材厚薄交替处、型材直角或尖角处、型材筋肋处等，型材的基材越厚，由型材结构所造成的这种缺陷就越低。有这种缺陷的型材经化学处理或阳极氧化后出现亮线或浅色条纹。

（4）摩擦条纹　这种条纹并不是每次都会出现，且有轻有重，位置不固定。这种缺陷的产生一般都是由模具设计不合理和挤压加工工艺控制不良所致。

条纹的类型除以上几种以外还有一种由模具制造粗糙所致的一种纯机械条纹，这种条纹往往较深，肉眼就能明显观察到。

粗糙面是指在型材表面出现连续的片状、点状且深度不同的明显或潜在的粗化面，经化学处理或阳极氧化后这种现象会变得更加明显。这种缺陷主要是因为挤压温度过高，挤压速度过快，使型材表面温度过高而粘接金属所致。这种缺陷在一些压铸成型的工件表面时有发生。

车、铣加工对铝合金表面质量的影响：铝合金材料经车、铣后会在表面留下深浅不一的加工痕迹，这些加工痕迹与加工过程中的要求有关，精车或精铣的工件表面的加工痕迹很轻，特别是经过精车的工件可达到较高的加工表面水平。但精铣却难以提供一个可直接用于表面处理的平滑表面，这些工件在进行表面处理前需要事先通过磨光或抛光的方式进行预加工（如果对表面没有特别要求除外）。

对于经过机械加工成型的铝合金工件，为了达到某一特定的表面效果，在进行化学处理之前都需进行适当的物理加工处理，在进行化学加工前为铝合金工件提供一个基准表面。这个基准表面可以是光泽面也可以是粗糙面。并由此而派生出光面和粗化面两大表面状态要求完全不同的加工方法。对铝合金工件的物理处理和加工所必需经过的流程并没有一个统一的规定。在实际加工过程中主要取决于工件材料、形状、表面初始状态、使用场合及最终表面状态要求等。

# 第一节　铝的光滑面加工

这里的光滑面加工是相对于粗糙面加工而言的，也即机械抛光，这是一种古老而具有实用价值的抛光方法。古时候，在玻璃镜子发明之前，我们的祖先就是用手工的方法将铜盘抛光到镜面效果。随着生产技术的发展，现在的抛光技术已实现了机械化与自动化。

对机械抛光的称谓在行业内比较混乱，常用的有研磨、增艳、刷磨、初磨、粗磨、磨光、出色磨光等，同时对这些称谓的解释也含糊不清。这种现象的出现和各国所采用的表述差异及译者的习惯用语有关。在这里为了统一叙述，采用我国习惯用语，分为磨光和抛光两种方法。磨光是一种可达到平整而光滑的表面效果的加工方法，而同时又出现的抛光是指对工件表面进行一种更高平滑度和光泽度的加工处理——镜面光泽。磨光和抛光之间在加工程序上有先后顺序之分，同时磨光可以单独作为一个加工效果独立使用，而抛光则是要求在磨光的基础之上再进行的一种更精密的"磨光"。

# 一、磨光

磨光根据其加工顺序的先后可分为粗磨、中磨和精磨三种，在对铝合金工件进行磨光时并不特别要求经过三个工序的磨光，而是根据工件表面的初始状态、材料特性及最终要求而定。

在铝制品的磨光中一般都只有两个过程，即粗磨和中磨，粗磨所用的磨光轮上粘接着各种磨料，其磨料的粒度以表面的初始状态而定（现在的抛光人员已很少有人会在磨光轮上粘接磨料，而是在麻轮上面套上一层砂带，同样根据铝件表面的初始状态而选用一定粒度的砂带），在粗磨时也可根据工艺要求按从粗到细的顺序更换不同的砂带进行研磨，以便获得更好的粗磨效果。在其后进行的中磨或精磨都是在无磨料的麻轮上反复研磨以获得平滑的表面。有磨料和没有磨料的磨光过程其整平原理有所不同。

粗磨是借助于粘有磨料的特制磨光轮的旋转以磨削铝合金工件表面的加工过程，其原理是通过粘在磨轮工作面上的磨料颗粒所具有的锋利无规则密集排列如刀刃一般的棱面，随着磨轮高速旋转，无数次和无数个刀刃的切削，将金属表面切去一薄层，从而使工件变得平整。通过粗磨可以除去工件表面上粗大的毛刺、砂眼、焊疤、深的划痕等各种宏观缺陷以提高工件表面的平整度和降低表面粗糙度，为下一步的磨光做准备。

而没有磨料的磨光过程，其整平原理主要靠工件与磨光轮之间的高速运转，这种高速运转所产生的摩擦力一方面使铝表面的凸出部分被削去，另一方面铝表面会产生塑性变形，凸起部位被压入或移动一段距离后填入凹陷部位。这种"以凸填凹"的整平过程，以高速度大规模地反复进行，加上抛光膏的润滑作用，结果是使其原来不平滑的表面变得平滑，同时也为需要更高平滑与光亮度的镜面抛光做准备。

**1. 粗磨**

粗磨适用于工件表面颗粒较粗大、划伤较深以及加工痕迹严重的工件。比如砂铸工件、表面模印粗大的型材等。压铸工件与车、铣加工表面特别粗糙或有其他严重的伤痕时才进行粗磨工序。粗磨常用 20～40 目的磨料，磨轮采用帆布或厚布缝制而成，且表面粘有类似于砂纸表面效果的磨料，磨料厚度及粒度依工件的大小及要求而定，减磨剂可采用石蜡、动物脂等。磨光时磨轮的线速度以 15～30m/s 为宜。随着铝合金成型加工工艺的进步，已很少会采用粗磨工艺，即便是材料表面质量较差也大多由砂带磨削的方式所取代。因为砂带磨削具有更高的效率和更具优势的加工成本。

**2. 中磨**

中磨适用于表面伤痕不重的工件，如经车、铣后的工件及表面质量一般的型材等。其加工方法与粗磨相同，只是所使用的磨料更细，一般都在 100～180 目，磨轮可用呢绒、棉布或麻布缝合制作，也即我们现在大量采用的各种麻轮。磨料可采用一单位的硬脂或蜡加3～4单位的氧化铝，也可用其他磨料或直接购买成品磨轮。

中磨是目前采用得最多的铝合金机械抛光工艺，并且对非镜面要求的工件经中磨后即可进行高目数喷砂或拉丝处理。

**3. 精磨**

精磨用于经过中磨的工件进行更进一步的精加工，也可用于工件表面初始状态较好的情况，比如对普通型材的磨光等。精磨所用的磨料在 200～360 目。磨光轮可用呢绒、棉布等制作。精磨的操作难度较粗磨和中磨大，操作者需要经常训练才能掌握正确的方法。对于表面状态要求不是太高的工件，经精磨后即可转入化学抛光、电解抛光或其他化学前处理工序进行更进一步的处理。

### 4. 磨轮与磨粒对磨光的影响

磨轮圆周速度与磨光效果有密切关系，其圆周速度的选择与工件的复杂程度、工件表面的粗糙度及工件材质的硬度有关。对铝合金而言，一般选择 $10\sim30\text{m/s}$，铝合金工件磨光时不同直径磨轮参考速度见表 2-1。

表 2-1　不同直径磨轮与转速对照表

| 磨轮直径/mm | 200 | 250 | 300 | 350 | 400 |
|---|---|---|---|---|---|
| 允许转速/(r/min) | 1900~2000 | 1500~1600 | 1200~1300 | 1000~1100 | 900~1000 |

磨料的选择同样是依据工件的表面粗糙度及工件材质的硬度，由于铝合金较软，所用磨料的目数相对于各种钢类而言要高一些，磨料粒度的选择可参考表 2-2。

表 2-2　磨料粒度的选择

| 分类 | 粒度/目 | 用途 |
|---|---|---|
| 粗磨 | 20~40 | 磨削量大，用于除去工件表面的老皮和严重蚀斑 |
| | 50~70 | 磨削量大，用于磨去很粗的表面、氧化皮、毛刺等 |
| 中磨 | 80~120 | 磨削量中等，磨去粗磨后的磨痕 |
| | 130~180 | 磨削量较小，为精磨做准备 |
| 精磨 | 180~240 | 磨削量很小，可磨得比较平滑的表面 |
| | 280~360 | 磨削量很小，为镜面抛光做准备 |

## 二、抛光

抛光轮高速旋转，被抛光表面与抛光轮之间摩擦产生高温，使被抛光金属表面塑性提高，在抛光压力的作用下，金属表面产生塑性变形，凸起的部分被压入并流动，凹进的部分被填平，从而使细微不平的表面进一步得到改善。另一种解释是在高温作用下，铝表面极易生成氧化膜，在抛光时，抛光膏会把凸出部分的氧化膜优先抛掉而凹入部分却未必抛掉。被抛掉氧化膜的部位又会立即生成新的氧化膜，如此反复进行而获得光亮的效果。在抛光过程中这两种过程同时在起作用，谁主谁次主要受抛光时工件与抛光轮的压力影响，压力大时以塑性变形"以凸填凹"为主，反之则是以氧化膜的生成与抛掉为主。压力大时短时间抛光就能得到一个光亮如镜的表面，但是"以凸填凹"会掩盖工件表面的微观缺陷，在后续的化学处理时，这些缺陷又将会重新出现。压力适中需要较长的抛光时间才能得一个光亮如镜的表面，并且在后续的化学处理中极少会出现没有抛到的缺陷。慢工出细活是有一定道理的，精美的东西往往都是价值不菲的。

抛光过程中抛光膏高温熔化，同时作用于被抛光表面改善抛光时的摩擦系数，对防止工件表面烧伤起着非常重要的作用。

抛光主要用于需要高度平滑及光泽表面要求的工件加工，抛光也可分为普通抛光和精抛光，普通抛光和精磨之间的差距不是太大。工件经精磨后就拥有较高的平滑度及光泽性，在要求不是很高的情况下，再经过普通抛光抛去精磨时留下的磨痕，同时更进一步增加平滑度和光泽度就能满足大多数情况的需要。只有要求镜面光泽的工件才会采用精抛光这一加工方法。

对精磨来说，普通抛光操作控制更难，它是连接精磨和精抛光的"桥梁"，同时也是对需要进行精抛光工件的预抛光。抛光轮可用缝纫用的棉布即我们常说的布轮。抛光轮线速度比磨光要高，需要 28～32m/s。在进行抛光时要非常小心，以防止磨料微粒嵌入到金属表层之中。如采用市面出售的抛光膏，应注意其中不能含有氧化铁的杂质，否则即使在含量极微的情况下，亦会引起阳极氧化后氧化膜层浑浊使光泽性降低，同时还会出现污点现象。精抛光是整个光面处理的最后一道工序，其目的是取得如镜面一般的光泽面和反射比，同时金属表面有色彩出现，经精抛光后金属表面并无被磨去的现象。精抛光抛光轮可使用软的棉纱或兰绒，线速度为 25～28m/s，采用更细腻的抛光膏，抛光膏中同样不能有氧化铁杂质存在。

## 三、磁力震光

磁力震光是利用其独特的磁场分布，产生强劲平稳的磁感效应，使钢针在磁力带动下在震光液中对工件进行全方位、多角度的充分研磨，达到快速除毛刺、批锋、除去氧化薄膜等目的，并能使表面获得光亮的效果。这对形状复杂，同时对表面平滑度要求不高且难以采用机械抛光的小工件来说是很有应用价值的，铸铝经磁力震光后可获得不错的表面效果。对手机外壳，为了快速去除加工毛刺及表面擦伤，并为喷砂提供一个较为光洁的表面，也会采用磁力震光来代替磨光。

震光后的表面效果与不锈钢针的粗细有关，钢针粗大可以去掉大的毛刺、结瘤等表面缺陷，但经震光后的表面粗糙度较高，当然这些较高的粗糙度也可以掩盖一些砂眼、划伤等。钢针细虽能获得粗糙度更低的表面效果，但对较大的毛刺及砂眼、划伤等的处理及掩盖效果不好。也就是说震光后的工件表面只能获得增光的效果，不能获得镜面效果，磁力震光并不能起到和磨光、抛光一样的整平作用，而是带有光亮的砂的效果。

对于表面只有无手感擦伤的工件采用最细的旧的不锈钢针进行震光后，可获得光泽性好的细绒面的效果，经阳极氧化后有较强的装饰功能。

磁力震光的最大优点就是效率高，一次可对数十甚至数百个工件同时进行加工，每次时间约 5min。同时批量加工一致性好。

## 四、磨光及抛光设备

不管是磨光或抛光都需要磨料及相应的设备。磨光或抛光常用的磨料有以下几种：

（1）金刚砂　主要成分是氧化铝，是磨光中常用的磨料。

（2）硅藻土　主要成分是二氧化硅，也是铝合金常用的磨光材料。

（3）铁丹　孟加拉铁丹较软，用于铝合金磨光容易形成高的光泽表面。

（4）三氧化二铬　用于铝合金抛光时用硬脂酸和正二氯苯混合剂调制，能快速出光。

（5）抛光石灰　以维也纳石灰为最好，通过白云石煅烧而成，是镁与钙的混合物，是最为常用的铝合金抛光磨料。

磨光轮常用棉布、细毛毡、呢绒、皮革等材料制作。根据制作方法的不同分为硬磨轮和软磨轮，硬磨轮适用于材质硬度及强度高、形状简单的工件。软磨轮适用于材质较软同时强度低、形状复杂的工件。磨光轮与磨料的黏结剂大都为骨胶或皮胶，其黏结方法如下：

① 将皮胶压碎，用水浸泡 12h 左右，使胶膨胀，然后在水浴中加热至 60～70℃，持续约 4h 使皮胶完全溶解；

② 将磨轮、磨料在黏结前预加热至 60～80℃，用涂胶机或手工涂刷胶液，然后立即滚压所需型号的磨料，且要黏结均匀并压紧；

③ 在 30～40℃的温度下干燥或晾干 24h 以上。

磨料粒度、胶与水的比例关系见表 2-3。

**表 2-3　磨料粒度、胶与水的比例关系**

| 粒度/目<br>成分 | 24～36 | 46～60 | 60～100 | 120～150 | 180～280 |
|---|---|---|---|---|---|
| 胶（质量分数）/% | 50 | 45～40 | 35～33 | 33～30 | 30～23 |
| 水（质量分数）/% | 50 | 55～60 | 65～67 | 67～70 | 70～77 |

抛光轮常用棉布、细毛毡、皮革等制作，按其结构形式有缝合式、非缝合式和皱褶式。铝合金常用白色抛光膏，如自行配制可采用抛光石灰和氧化镁的混合物加硬脂酸、石蜡等进行调制。

在进行设备安装时应牢固，使其在抛光过程中不能引起振动，否则会在研磨面产生钝化凹凸。为了改善作业效率，应注意研磨体的装配、黏结剂、研磨剂等的选择。研磨剂要求黏度均匀，研磨能力大。研磨体转速的选择应十分注意，往往要通过多次试验才能找到最佳转速。需要进行精密研磨时采用较高的转速能得到良好的研磨效果。如是车床切削的条痕，砂模铸造表面有较深的凹凸时宜采用较慢的转速。铝合金由于材质较软，在进行加工时摩擦系数通常很大，研磨时的发热量较大，相对于钢铁材料而言宜采用较慢的转速，且应不断地施加润滑脂或减磨剂等。

通过非冲压成型的铝合金都会存在加工痕迹，只是这个痕迹依据加工时所采用方法的不同而呈现出一定的差异，如果没有特别要求，这种加工痕迹是不能留在工件上就进行氧化、电镀、化学镀等表面处理的。这种痕迹的去除，加工委托商出于成本考虑都希望不进行磨光或抛光加工而直接用化学处理的方式来消除，采用粗糙度较高的纹理蚀刻或喷砂、拉丝的方法可以消除不严重的加工痕迹，但如果需要平滑的表面或细致的粗糙面，则必须要经过磨光或抛光处理。

## 五、质量检查

经研磨后的工件在进行后续加工之前要进行质量验收，采用全检或抽检应根据产品数量及表面要求而定。

验收的方法分两种：对于要求不是很高的产品，直接对工件表面进行验收合格即可；对于表面效果要求严格的产品，还需要抽出部分验收合格的工件进行清洗、化学或电解研磨后再检查。

检查的内容包括：表面有无砂眼、抛光线的粗细、表面有无划伤、表面平滑及光亮度等，具体检查内容以工艺规定的条款为准。

抛光后的表面有砂眼、划伤、材料纹等缺陷应根据具体情况具体分析，不可一概而论。比如深的砂眼或材料内部的砂坑、深的材料纹等，这是材料自身的质量问题，在一个规定的加工尺寸范围内很难满足表面平滑度的要求。对这种情况，一则降低标准，二则更换材料。

如果不是属于上述材料原因，就应该从以下几个方面着手分析：初磨时老皮没有磨掉，砂眼、划伤、材料纹没有磨掉等。其原因可能是：初磨时间短，压力不够；或者是磨料太细，达不到初磨的质量要求；在磨光和抛光时时间不够，压力不足；如果是经化学处理后发现有砂眼，则可能是材料原因，或是在磨光和抛光时压力太大，时间短，"以凸填凹"效果明显。

抛光烧伤大多是抛磨光压力太大，抛光膏不足所致。

要求检查场地整洁，光照度好，60cm距离应用两支40W日光灯的照度。经检出后的不合格品应根据不合格状态分开存放，同时要分析不合格原因防止再次发生。质量检验的目的不是为了挑出质量不合格品而是为了通过检验、分析、改善来防止同类质量问题再次出现。

## 六、铝光滑面加工的应用范围

在表面质量要求越来越高的今天，抛光是产品加工的第一步，一切都由抛光开始这句话并不为过。不管是喷砂还是拉丝或是有镜面要求的产品都需要进行抛光，只是依表面要求不同而对抛光工艺的规定有较大差异。

喷砂、拉丝或碱蚀、纹理蚀刻、化学/电解抛光等加工，都会对工件表面有一个基本要求，这个要求可以称之为加工前的基准要求。虽然喷砂、拉丝、纹理蚀刻都可以不同程度地改善工件表面状态，消除一些轻微的缺陷，但是这个消除是有一定限度的，同时也与客户的要求密切相关。客户的要求即客户想要达到的加工标准，标准越高，对工件加工前的基准要求也就越高，相应的加工成本及最终费用也越高。铝制品光滑面加工的主要应用领域有以下几个方面：

### ➊ 1. 全光亮平滑效果

这是一种最终需要获得光亮如镜的表面效果，比如，化妆品包装、各种反射镜、汽车装饰件及其他需要镜面光亮的场合。

镜面光亮的表面，具有光彩照人、绚丽多姿和望而生辉的效果。在铝表面要获得镜面光亮的效果，通常有两种方法：一是经过普通磨光，然后再通过光亮电镀的方式来完成，其工件表面的不平通过电镀的整平作用来填平凹陷处，但这种填平是有限的，同时也需要很厚的镀层，这在经济上很不合算，并且光亮镀层的光亮度也难以达到全镜面的光亮效果。二是通过精密抛光，使其经抛光后的工件表面有镜面的光亮效果，再通过电解研磨后进行阳极处理，这是在铝合金表面获得镜面光亮效果最经济同时也是效率最高的方法（也可在电解研磨后进行薄层的光亮电镀加工）。

在经过阳极氧化后采用二次抛光或打蜡的方式同样也可以在并不是太光亮的表面获得光亮的效果，这也是氧化行业中经常采用的权宜之法。一般来说，有两种情况会采二次抛光：一是氧化厂并不具有精密机抛和电解研磨的加工手段，只能通过二次抛光来弥补；二是铝材本身能通过化学或电解抛到镜面效果，但阳极氧化后失光，或者是化学或电解不能抛到镜面效果，而客户又不愿意更换新的材料，也只能通过二次抛光来弥补光亮度的不足。

对于镜面光亮的表面效果，机械抛光是很关键的一步，不管是手动抛光还是自动抛光，至少要用到三种抛光轮。其一，采用粘有磨料的磨光轮打掉铝件表面的老皮、毛刺、肉眼可见的凹凸不平，以获得一个初始的平整面；其二，采用较细的磨光轮进行中磨和精磨，这是抛光过程中最重要的部分，经过这一步的细致研磨，工件表面的微观凹凸已被整平并获得镜面要求的平滑效果；其三，采用布轮进行清光处理，这一步属于精加工，主要是清除前面的抛光纹理，并对更细微的凹凸进行再次整平，使其获得平滑而光亮如镜的效果，这一步并不能对工件表面的砂眼、划伤等有实质的整平作用。

### ➋ 2. 普通光面效果

这种表面效果用于对光亮度要求不高的场合，在阳极氧化中占有较大的比例，其中也包括一些不要求镜面光亮的化妆品包装盒，或非喷砂、拉丝要求的工件在成型过程中有影响表面效果的划伤、砂眼、压痕等，要消除这些缺陷采用化学抛光或电解抛光并不可取，机械抛光就成了首选。对于这类要求的工件，只需要磨掉表面的物理缺陷即可，一般经过初磨和中磨即可满足工艺要求，也可以经磨光后再用布轮清光，但操作的精细度低于镜面光亮效果。磨到整个表面均匀一致是必须的。

### ➋ 3. 为喷砂、拉丝做准备的初加工

初加工的目的消除材料表面的各种宏观的或微观的缺陷，为后续喷砂或拉丝提供一个优质的基准表面，用于各种机电产品配件、家用电子产品外壳等，在这些产品中以手机的外壳要求最为严格，也可算是精雕细琢了。

第三种用途在铝氧化行业是采用得最为普遍的，现在的消费者对产品外观的要求越来越高，在购买产品时对外观的挑剔程度往往超过产品本身的使用功能。因为在消费者眼里，外观是最直观的，从消费心理学的角度来讲，如果外观都不能保证让顾客满意，那么这个产品的内在质量在消费者心里就会大打折扣。

对这一用途的铝件在进行抛光时根据其最终要求不同而有较大差异：一般要求的产品在喷砂和拉丝前只需进行粗磨去掉表面老皮及较大的砂眼、划伤等，这些产品都是喷较粗的砂和拉较粗的丝；中等程度要求的产品都会喷较细的砂和拉较细的丝，如果只采用粗磨是达不到产品要求的，这时都要经过粗磨和精磨加工；最高要求的产品不管是喷多少目数的砂或拉多少目数的丝都会有一个共同要求，即工件表面不能有任何瑕疵。这就决定了在进行机械研磨时要经过包括粗磨、中磨、精磨、清光等在内的所有过程，其机抛后的表面要求都不会低于镜面光亮的表面效果。下面以手机壳的要求为例来简要介绍其加工过程（忽略手机镜面LOG制作过程）。

（1）材料选择　手机外壳需要有较好的强度，易于阳极氧化，有较好的耐蚀性能，大多选用 6063 或 6063A。当然也有选用 5 系或 7 系合金的。都是先挤压成型材再根据要求进行后续加工。

（2）成型加工　成型加工根据手机的结构及要求有不同的方法。一种被用得较多方法：内腔体精加工→纳米成型加工→外形精加工。机加工成型的手机壳还不能直接进行喷砂或拉丝，需要经过下一步的机械研磨加工。

（3）机械研磨　使用不同的磨光材料和磨光轮，进行 4～6 次的反复研磨（大多采用专门设计的自动抛光机进行），最后除去磨光痕迹并获得更加平滑的表面，再通过经验丰富的抛光师进行 2～3 次手工清光，清光时间不得低于 120s。

（4）除蜡清洗　除蜡应采用对铝不腐蚀的中性或弱碱性除蜡工艺。

（5）纹理处理　通过化学或喷砂的方式进行，使铝材表面形成独特的闪烁扩散光效果的砂状纹理，为了保证喷砂质量，砂应勤换或采用质量更好的锆砂，在进行喷砂时为了获得更稳定的质量，可采用二次喷砂方式，即第一次采用较粗砂，第二次采用较细的砂。

（6）化学或电解研磨　对上一步的纹理表面增光使其散光的光芒更加明显，一般都采用磷酸-硫酸或磷酸-缓蚀剂工艺进行，如果采用电解研磨能更好地控制其表面光度的一致性，但投资较大。

（7）增白处理（可选）　为了使这种耀眼的散光更加柔和，经化学或电解研磨后可在pH=5.5左右的氟化物溶液中处理45～120s使表面耀眼的光芒不刺眼，这种柔软的效果是女性比较钟爱的。

（8）阳极氧化　采用硫酸阳极氧化或改良的硼硫酸阳极氧化进行，膜层厚度应在10μm左右。

（9）染色与封闭　染色时要严格控制溶液的温度和pH值，采用水解盐封闭（最好采用无镍封闭），染色的质量应用分光光度计检查。

（10）二次研磨（可选）　为了提高膜层的质感并使其更加光滑，需要对氧化膜层进行第二次抛光或用粉碎的核桃壳进行滚磨（滚磨时工件应固定）。

对于有LOG的手机壳，在进行研磨后用感光法制作图形，然后再进行喷砂、氧化等加工过程。阳极氧化可采用一次氧化也可采用二次氧化，根据工艺要求而定。如果镜面LOG与机壳的颜色不一样，或需要进行增白处理，则只能采用二次氧化的方式。

以上工艺是针对砂面效果的工艺步骤，对于精细要求的拉丝效果也应采用同样的加工程序，只是在化学研磨时有所不同。

# 第二节　铝的粗糙面加工技术

粗糙化处理也是铝合金加工中常用的方法，根据粗糙面的状态不同可分为喷砂面和拉丝面，也就有了与之相对应的加工方法：喷砂和拉丝。喷砂和拉丝相比，喷砂的历史更长。金属的喷砂有两个目的，一是为了消除工件表面的锈蚀、焊渣、毛刺、污渍等表面缺陷，在满足这些要求的同时也对金属表面进行了消光处理；二是通过喷砂在金属表面得到一定粗糙度的砂纹效果，这种砂状的效果既可以是功能性的也可以是装饰性的。典型的功能用途是复印机和激光打印机硒鼓的表面喷砂加工，更多的是用于装饰用途，特别是在铝合金表面装饰上喷砂加工用得非常普遍。采用喷砂进行装饰处理时还可以掩盖金属表面的轻度擦伤或划伤，其前提是擦伤或划伤的物理深度不应大于喷砂所形成的物理粗糙度的1/2，同时也不允许有规则的长的划伤或大面积擦伤（如表面要求不高则不受这些因素的限制）。在这里主要讨论铝合金喷砂的装饰性用途。

## 一、喷砂

通过喷砂处理可在铝件表面获得一定的清洁度和不同的粗糙度，使工件表面的力学性能得到改善，提高工件的抗疲劳性，增加它和涂层之间的附着力，延长涂膜的耐久性，也有利于涂料的流平和装饰。

喷砂采用净化的压缩空气或高压水，将砂强烈地喷向金属表面，利用砂粒的冲击作用使金属表面粗糙化，从而达到消光和美观的目的。喷砂根据所采用的送砂介质不同分为干喷砂和湿喷砂。湿喷砂是在砂料中加入一定量的水，使之成为水-砂混合物，在铝合金喷砂中湿喷砂可减少工作环境粉尘污染。同时湿喷砂减少了砂粒对材料的冲击作用，所以金属材料的去除量较少，并能使金属表面更加清洁。但湿喷砂在铝合金表面处理中应用得并不多，在此亦不作详细介绍。

铝合金喷砂常用的砂料为石英砂（也称为玻璃砂）、氧化铝砂、铁砂、锆砂等，其中以石英砂用得最多，所用石英砂应保持干燥，砂中不得混入其他杂质，一则是为了保证喷砂质量的需要，二则也是为了防止堵塞喷嘴。其粒度根据粗糙度的要求而定，喷砂的压力为50～100kPa。经喷砂后的工件切不可用手触摸，并尽快进行表面处理。在进行干喷时，压缩空气要经过油水分离器进行除油脱水处理，切不可有水分及油污混入。喷砂用的砂粒使用一段时间后要进行过滤除去杂质及烘干处理，并注意更换使用次数较多的砂料以保证喷砂粗糙度及均匀度的一致性。工件在进行喷砂前应对工件表面进行检查，如发现工件表面有擦伤及划伤、砂眼等有可能影响喷砂后砂面的均匀度及美观程度的缺陷，应事先通过磨光、抛光或用细砂纸打磨后才能进行喷砂，工件在喷砂前是否需要进行清洗要看客户的要求，对于要求较高的产品，在进行喷砂前应进行预先清洗，然后再进行喷砂。

由于高压气流及砂料的冲击作用，喷砂时厚度较薄的工件易于发生形变，这会影响产品的装配，这时可以采用专用工装防止工件在喷砂时发生变形，也可采用双面喷砂的方式使变形程度降到最低。

为了实现喷砂加工过程，配备必要的喷砂设备是必需的，在铝合金表面处理中主要采用干喷。根据操作方式可分为手动喷砂和自动喷砂，目前大多数铝合金表面处理厂都采用手动喷砂方式。手动干式喷砂机根据砂料的输送方式不同主要分为吸入式和压入式两种。

吸入式的特点是结构简单，但空气消耗量大，生产效率低，只适用于小型工件的喷砂。

压入式的特点是生产效率高，但设备比较复杂，适用于大、中型工件的喷砂处理。

## 二、拉丝

金属表面拉丝处理是在外力作用下使金属工件强行通过砂带或其他磨料或专用切削工具使横截面积被压缩，并获得所要求的横截面积形状和尺寸的加工方法；经过拉丝加工的铝表面可以清晰显现每一根细微丝痕，从而使金属哑光中泛出细密的发丝光泽，使产品兼具时尚感和科技感。

相比其他表面处理，拉丝处理可使金属表面获得非镜面般的金属光泽，就像丝绸，缎面具有非常强的装饰效果，犹如给普通金属赋予了新的生机和生命，所以目前拉丝处理获得越来越多的市场认可和广泛应用。

拉丝处理没有统一的分类和叫法。拉丝可根据装饰需要，制成直纹、乱纹、螺纹、波纹和旋纹等。丝纹效果由于变化多样，通常很难描述和具体界定，而是通过确定拉丝的加工方式、所用的研磨产品、工艺参数等方法来确定拉丝线纹的效果。拉丝一般可分为长拉丝、短拉丝、雪花丝等。丝纹类型的好与不好具有很大的主观性。每个用户对表面线纹的要求不同，对线纹的喜好不同，所以对于需要拉丝的产品，客户都会在加工委托书中注明。

拉丝可以消除铝合金表面的擦伤、划伤、加工刀痕迹等。其消除的程度与拉丝的深度有关，一般情况而言，拉丝的深度越大，消除铝合金表面的物理缺陷的能力越强。但对于要求高的拉丝处理，在进行拉丝前需要采用磨光或抛光等预处理措施预先消除工件的表面缺陷。特别是进行浅的细丝加工时更应如此。拉丝除了上面提到的可以消除铝合金工件表面缺陷外，更重要的一个作用是拉丝能提高金属材料的质感，为其提供一种很强的装饰效果以增加产品外观的美观度，这也是目前常用的一种装饰方法。近年来拉丝大量用于多种电子产品的壳体装饰，如笔记本电脑的面板、键盘、手机面板及其他数码产品相关部件等。

　　铝合金表面拉丝采用拉丝机进行，小型的平面工件可采用平压式砂带拉丝机，这种拉丝方式根据产品的表面要求不同，可以选择粗粒度的砂带加工出粗犷的、有明显手感的丝纹，也可以选用细粒度砂带加工出较为细腻的丝纹。对于小型工件也可采用一种结构更为简单的擦纹机来进行，其丝的粗细同样可以根据磨块粒度的粗细来控制。对于大型工件或板材也可采用辊刷拉丝或宽砂带拉丝等。关于拉丝的具体操作方法可参阅拉丝设备的操作手册。

　　以上所讨论的喷砂或拉丝在提供装饰的同时都起到了掩盖铝合金工件表面缺陷的功能。对喷砂和拉丝来讲，拉丝更容易掩盖铝合金工件的表面缺陷，深度较大的拉丝纹甚至允许工件表面有较明显的划伤、擦伤及其他机械加工痕迹，而喷砂则只允许有轻微的划伤、擦伤等。机械加工痕迹明显的工件则应预先磨光或抛光后再进行喷砂处理。

　　经过拉丝的工件在进行碱蚀时有可能会出现阴阳面（即工件在一定角度的光照下表面有深浅不一的花斑），这主要是由材料原因所致，在拉丝之前预先采用碱蚀或酸蚀可以减轻或防止此类现象的发生。

### 三、物理加工方法的选择要点

　　以上讨论了有关铝合金的机械抛光及喷砂拉丝等过程，接下来对铝合金工件采用什么样的机械处理方法或是否需要采用这些机械加工来进行分析。首先要分析客户的加工要求；其次是检查工件表面状态，如果工件表面加工痕迹明显或有其他的物理损伤或化学烧伤较重，则需要考虑采用磨光或抛光的方式进行预处理以保证工件表面状态符合后续加工的需要。

　　在客户的要求中有三种机械加工是在加工要求上必须标识明确的，它们是：抛光、喷砂、拉丝。在机械加工中各种磨光和抛光是通用方法，不管是喷砂、拉丝或其他加工都可能会采用到。这就需要我们预先对加工方法做出一个判断，这个判断基于三点：一是客户的要求；二是工件的表面状态；三是加工方法对工件上物理或化学损伤的掩盖程度有多大。根据以上三点得出是否需要预先进行磨光或抛光处理，并与客户协商磨光或抛光等相关加工对工件材料厚度及形变程度的影响，其中也包括加工费用的增加。如果客户不能接受因磨光或抛光所带来的不利影响，则只能改变后续加工方法或客户接受工件表面可能的物理缺陷。如果工件表面的基准状态不影响喷砂、拉丝，则需要考虑工件表面的清洁程度对喷砂或拉丝的影响，特别是喷砂，如果工件表面油污较重，会严重影响喷砂后的表面质量。喷砂前的清洗可以采用溶剂清洗，也可采用碱性除油清洗，甚至还要采用碱蚀或酸蚀处理后方可进行喷砂加工，这要具体情况具体分析，尽可能地满足客户要求的同时也不能超越自己现有的加工能力及工艺水平的限制。

# 第三节　装挂及加工前验收技术条件

## 一、装挂

　　铝合金工件在进行表面处理前必须要进行装挂，装挂的目的是通过采用合适的挂具，将一些单个的工件按一定的方式统一安装固定在挂具上。装挂要求：保证工件与工件之间有一定的间隔，装挂距离大，有利于溶液在工件间的流动，防止浓差极化现象的发生，同时也有利于在进行阳极氧化时电流的分布均匀。但单挂可装挂数量少，生产效率低，会增加生产成本。装挂距离小，虽然单挂可装挂量增多，提高生产效率，但过密的工件易造成溶液在工件之间的流动困难，在进行化学处理时易发生同挂工件表面效果不一致，同时在进行阳极氧化时易使电流分布不均匀造成氧化膜厚度不均匀而产生明显色差，同时也使溶液的温度升高快。

在装挂工序中挂具的选择很重要，挂具选择的条件与工件的形状、大小及数量密切相关。挂具材料大多数情况是采用钛材，也可采用铝材。这两种材料相比，钛材使用寿命长，强度高，工件装挂紧密。但钛材料价格高，同时导电性能差，电压损失较大，难以自制；铝材材料易得，价格比钛材要低得多，导电性能好，电压损失低，选材方便，易于自制，但铝材强度低，消耗快，更换勤。

在钛挂具中多齿蝶状挂具是通用挂具，能用于常见的各种矩形工件的装挂。工件在装挂过程中一个最重要的问题就是挂位选择，工件在装挂时通过拉力或压力将工件固定在挂具上，如果挂位选择不合理，一则易使工件变形，二则有可能破坏工件的边缘或边口。工件在装挂时为了减轻每个装挂点的外力，往往都会采用多个挂点来进行装挂，以将外力分散在多个点上。这样可以防止工件变形和边口的损伤，同时又能保证装挂的稳定。

装挂的稳定性并不是装挂后工件掉不下来就可以，而是要能承受在整个处理过程中不发生位移及脱落，铝合金在碱蚀或抛光溶液中的反应都很剧烈，反应过程中产生的大量气体会对工件有一个强大的冲击作用。氧化时压缩空气的搅拌都会有较大的外力作用于工件，如果装挂不牢固，很容易在加工过程中发生脱落。检查装挂好的工件是否稳定可抖动或摇晃几下看工件是否脱落或晃动。

装挂时的另一个问题就是保证导电性能，防止局部电流过大而造成工件装挂位的烧毁，小型工件一般不会发生这种情况，对于大面积工件，如果装挂不合理，挂点太小，可能使挂点位电流过大，很容易发生烧伤事故。这时就必须采用多点装挂的方式进行。也可以在工件合适的地方加装分流条以提高工件表面电流的接触面积。在硬质氧化中，由于氧化膜的厚度要求高，氧化溶液温度低，电压高，特别是到了氧化后期，电压更高，如果装挂不合理，很容易造成挂位电流密度过于集中而发生烧伤事故。

对于装挂，一是要根据工件的形状及强度选择合适的挂具，二是要根据班次生产量准备一定数量的挂具。很多人可能会觉得装挂并不重要，但这种想法是非常错误的。首先，装挂是保证工件顺利完成加工的先决条件；其次，装挂决定后续工序的加工内容，即后续加工是根据装挂的产品来进行的，这就要求负责装挂工序的管理人员有一个全局的观念，怎样用有限的挂具来完成最大的生产任务，并对当班次所生产的各种货品进行合理搭配以确保生产线的加工效率。

在装挂时还应特别注意一个问题，如果是非染色工件或要求不高的染色小工件，在进行装挂时，可使工件围绕挂具进行装挂；如果是染色工件，则要求在装挂时工件重要面尽可能和阴极保持平行，否则在批量生产中容易使染色工件的质量不稳定。

铝合金在装挂过程可能会发生的质量事故包括：挂具划伤工件表面，碰伤工件，在工件表面沾染上手印、油污等，装挂时产生的压力或张力过大造成工件发生永久性变形。防止这些事故的发生，一方面要加强过程控制，提高操作人员的质量意识及技能水平；另一方面在装配挂具时要根据工件材料的强度调整好上下或左右挂点间的距离，保持合适的张力或压力，这个力的大小以不超过工件本身的记忆强度为限。当然，在低于这个强度的情况下进行装挂，如果长时间不处理、不卸挂也会造成工件挂位的永久变形，这就要求在装挂时要合理安排，并综合考虑装挂后的生产情况，及时调整装挂产品。

## 二、铝合金表面处理前质量验收技术条件

### 1. 范围

（1）主题内容　本标准规定了铝合金表面处理前的技术要求、验收内容、检验规则、包装、运输及贮存等。

（2）适用范围　本标准适用于铝合金表面处理前的质量验收。

### 2. 技术要求

（1）工件数量应符合产品交接单，附有上道工序的质量卡片，并签署产品交接手续。

（2）来料应附有金属材料的牌号、热处理状态及成型方法。对于表面效果要求高的工件，每批来料应提供与工件材料及加工方式完全一致的样件（数量由双方商定）。

（3）工件所需加工方法应有明确规定（如抛光、喷砂、拉丝应有明确规定及所要达到的要求），如预先做过样板，则应以样板的加工工艺为准并签署完整的工艺文件，如有更改，则需经重新打样后方可确定新的工艺方法。

（4）工件表面应无油漆、印迹、严重锈蚀及其他脏物，如锈蚀严重应另附文件说明原因和处理方法。

（5）如加工后的成品没有现成的验收标准，则应在来料之前会同双方工艺人员共同协商，并签署双方认可的制成品验收技术条件，并作为以后产品质量是否合格的判定依据。

（6）工件表面不允许有制成品验收标准所规定的划痕、碰伤、压坑；不允许有影响加工后表面质量的擦伤、压伤及金属或非金属压入物、针孔、裂纹、轧痕等。对于低要求工件，如允许有上述表面缺陷，应在交接工艺文件上注明允许缺陷的内容及程度。

（7）工件需装夹、吊挂的部位应留有加工余量，如是已完成外形加工的工件，应标明在工件上可以装夹、吊挂的位置，如不标明则允许加工商根据情况自行选择挂位。

（8）工件上的机加工边缘应无毛刺、锐边应倒圆角、无焊接飞溅物等。

（9）工件如有焊接，应注明焊接位置及焊接方式。

（10）需要喷砂和拉丝的工件，如不需要预先清洗，应在工件加工说明书中注明。

（11）需要进行图文蚀刻的工件应附图文胶片，或委托加工商制作胶片的书面说明，并注明图文形状大小及在工件上的位置要求等，如胶片需要确认，应在说明书上注明。

### 3. 检验规则

（1）对于高要求工件，应按第二章规定的相关内容100％地进行检验，不合格时应予拒收。

（2）对于批量一般要求工件，可抽样按第二章规定的相关内容进行检验，如发现两次抽样不合格应拒收。抽样检查可按 GB 2828 抽样标准执行（也可采用其他抽样标准进行）。

（3）对所有类型的产品数量都要进行100％清点，如数量不足必须在产品交接单上注明。

### 4. 包装、运输、贮存

（1）凡送交待加工工件，可根据需要，使用与之配套的木质、塑胶或特制的专用包装箱进行包装。对于小型工件允许用吸塑包装材料。

（2）运输和贮存时，应防止碰伤、受潮或接触腐蚀性物品。

# 第三章
# 铝合金表面预处理与水洗技术

铝合金表面化学/电化学等前处理技术在铝合金表面处理中占有非常重要的地位，可以说铝合金表面处理后的效果在很大程度上是由铝合金的前处理技术所决定的。由前处理得到的表面效果的合格程度决定生产有无进行下去的必要。同时在整个铝合金表面处理中化学前处理也是最难控制的，可变因素也是最大的。化学前处理的水平和能力决定一个氧化厂的加工水平同时也决定了它的生存能力。相信从事过或正在从事铝合金表面处理加工的读者对此都不会提出异议。关于铝合金的前处理技术本书准备用三章来进行讨论。即预处理技术、纹理蚀刻技术和化学/电化学抛光技术。

铝合金的预处理主要包括清洗、碱蚀、酸蚀、酸洗等工艺，以下将对这些内容进行逐次讨论。

## 第一节　铝合金清洗技术

铝合金清洗技术主要是指对铝合金的除油处理，除油是表面处理中的一个重要过程，如果铝合金表面除油不干净，则以后的加工工作将难以进行。所以在进行后续加工之前，除油工作非常重要。

工件表面需要除去的污染物包括：铝合金在冲压、车、铣等加工过程中沾染的各种油污、残余抛光膏、手印迹、油封、表面蜡质等。污染物的清除是整个表面加工过程中的关键，它直接影响以后工序的加工质量。要想取得理想的表面质量效果，在第一步的除油中，就要尽可能得到圆满的成绩。

除油方法可分为溶剂除油、除蜡、化学除油、电化学除油等。

### 一、溶剂除油

有机溶剂对皂化油和非皂化油都有很强的溶解作用，并能除去工件表面的标记符号、残余抛光膏等。溶剂清洗最主要的针对对象是非皂化油污类的污染，其特点是除油速度快，一般不会腐蚀金属，但除油不彻底，经有机溶剂清洗过的工件还不能在工件表面形成亲水层，还不能算是完成了清洁处理，这时还要经过化学或电解的方法来进行更进一步的清洁处理。

#### 1. 有机溶剂除油的方法

有机溶剂除油的方法有：擦洗法、浸洗法、喷淋法、超声波清洗法等。对于油污重的工件也可先用干棉纱或碎布将工件表面的油污预先擦除，这样可以减少有机溶剂的消耗量。

（1）擦洗法　用干净的碎布或棉纱，蘸上新的或经过再生的溶剂擦洗工件表面二到三次，汽油是常用的擦洗溶剂。

（2）浸洗法　将工件浸泡在有机溶剂中并加以搅拌，使油污溶解在有机溶剂中同时也带走工件表面的不溶性污物。在进行浸泡清洗时，可采用两个清洗工作槽，进行两级清洗，工件分两级清洗有利于除油干净。各种有机溶剂都可用于浸泡清洗。

（3）喷淋法　是一种将有机溶剂喷淋于工件表面使油污不断溶解的方法，这种方法为保证油污能完全溶解需反复喷淋。对于低沸腾的有机溶剂不易使用喷淋除油，且除油过程需在密闭的条件下进行。这种方法目前已很少有采用，大都被超声波清洗机所代替。

（4）超声波清洗法　有机溶剂超声波清洗设备由换能器、清洗槽、加热器、冷凝器及控制器等组成。这种方法是将高频电信号通过换能器的作用转化为超声波振荡，超声波振荡的机械能可使溶剂（或溶液）内产生许多零真空的空穴，这些空穴在形成和闭合时产生强烈的振荡，对工件表面的污物产生强大的冲击作用。这种冲击作用有助于油污及其他不溶杂质脱离工件表面，从而加速除油过程并使除油更为彻底。

超声波清洗效率高、油污清除效果好，特别是对一些形状复杂、有细孔、盲孔和除油要求高的工件更为有效，是目前常用的有机溶剂清洗方法。但超声波清洗不适用于大型工件的清洗。超声波清洗常用的溶剂有三氯乙烯、三氯乙烷等不燃性卤代烃。

三氯甲烷、四氯化碳、二氯乙烯、三氯乙烯、四氯乙烯等都是常用溶剂除油剂。四氯化碳较早用为液体脱油脂剂，但有毒性，工业上已较少使用。四氯化碳由于沸点低，易渗透，一般不宜用于蒸气脱油脂。

二氯乙烯、三氯乙烯、四氯乙烯都适用于蒸气脱油脂。在动物试验中，二氯乙烯毒性比其他氯乙烯低，沸点高，密度大，故最为优秀。

有机溶剂清洗除上面几种方法外还有一种联合处理法，即浸洗-蒸气、浸洗-喷淋或浸洗-蒸气-喷淋等多级联合清洗方法。这种方法集单纯的浸泡或喷淋、蒸气除油组合成一体化的联合除油，这种方法提高了除油效率及生产效率，但设备投资大，只宜用于专业厂及高要求的大型工件除油。

#### 2. 有机溶剂清洗应注意的问题

除油所用的有机溶剂大部分都易燃易爆，且多数有机溶剂的蒸气有毒，特别是卤代烃，毒性更大，所以在使用这些有机溶剂时要采取必要的通风、防火、防爆等安全措施。

当采用三氯乙烯除油时应特别注意：

① 设备密闭性要好，防止蒸气泄漏，除油设备的贮液池要有足量的三氯乙烯，其最佳用量是既保证淹没加热器而又不高于工件托架高度。

② 三氯乙烯在紫外线照射下受光、热（>120℃）、氧、水的作用会分解，并释放出有剧毒的碳酰氯（即光气）和强腐蚀的氯化氢。在铝、镁金属的催化下这种作用更为剧烈，因此采用三氯乙烯除油时，应避免日光直接照射和带水入槽，及时捞出掉入槽中的铝、镁工件。

$$CCl_2 = CHCl + O_2 \xrightarrow{\text{光}} COCl_2 + HCl + CO \tag{3-1}$$

③ 三氯乙烯要避免与氢氧化钠等碱类物质接触，因为碱类物质与三氯乙烯一起加热时会产生二氯乙炔，有发生爆炸的危险。

$$CCl_2=CHCl+NaOH\xrightarrow{\triangle}C_2Cl_2+NaCl+H_2O \tag{3-2}$$

④ 三氯乙烯毒性大，有强烈的麻醉作用，在操作现场严禁吸烟！同时应戴好防护手套及防护面具，以防吸入蒸气或接触皮肤。

⑤ 工件进出槽的速度不宜快，避免产生"活塞效应"，把三氯乙烯蒸气挤出或带出设备之外。进出速度一般不超过 3m/min。

不管采用什么样的有机溶剂清洗都能除去工件表面的各种油性污物及不溶性的杂质（某些印迹和标识需要专用有机溶剂），为下一步继续清洗提供一个基础表面，并有利于更进一步的清洁工作。经溶剂清洗后的工件化学或电解清洗将变得更加容易，这主要表现在：一则容易清洗干净，使化学清洁时间缩短，提高清洁效率；二则也使化学清洗剂的寿命延长。

在实际生产中，并不是所有的工件都需要进行溶剂清洗，对于非油封的板材及切割加工的型材，表面油污轻可直接进行化学除油或碱蚀。近年来一些新的除油工艺和乳化性能更优良的清洗剂的出现，使一些非皂化油类污染不太严重且要求表面质量中等的工件可不经过有机溶剂清洗而直接进行化学清洗成为可能。不采用有机溶剂清洗，一方面节约有机溶剂，降低成本，同时也使工序简化，有利于提高生产效率；另一方面也减少了有机溶剂对环境的污染以及对操作人员的危害。

在使用溶剂时要注意安全。由于绝大多数有机溶剂闪点低、易于点燃，在使用现场要严禁烟火，远离火源，操作人员应做好防护措施。

常用于除油的有机溶剂的理化性能见表 3-1。

表 3-1　常用于除油的有机溶剂的理化性能

| 名称 | 化学式 | 分子量 | 密度/(g/cm³) | 沸点/℃ | 蒸气密度/(g/cm³) | 燃烧性 | 爆炸性 | 毒性 |
|---|---|---|---|---|---|---|---|---|
| 汽油 | | 85~140 | 0.69~0.74 | — | | 易 | 易 | — |
| 乙醇 | $C_2H_5OH$ | 46 | 0.789 | 78.5 | — | 易 | 易 | — |
| 二氯甲烷 | $CH_2Cl_2$ | 84.94 | 1.316 | 39.8 | 2.93 | 不 | 易 | 有 |
| 四氯化碳 | $CCl_4$ | 153.8 | 1.585 | 76.7 | 5.3 | 不 | 不 | 有 |
| 三氯乙烯 | $C_2HCl_3$ | 131.4 | 1.456 | 86.9 | 4.54 | 不 | 不 | 有 |
| 三氯乙烷 | $C_2H_3Cl_3$ | 133.42 | 1.322 | 74.1 | 4.56 | 不 | 不 | 无 |
| 四氯乙烯 | $C_2Cl_4$ | 165.85 | 1.613 | 121 | 5.83 | 不 | 不 | 无 |
| 丙酮 | $C_3H_6O$ | 58.08 | 0.79 | 56 | 1.93 | 易 | 易 | 无 |

## 二、除蜡

经抛光后的铝合金工件除蜡就成为表面加工的第一道工序，其速度的快慢、除蜡的彻底性对后续加工具有重要意义。因此，选择良好的除蜡剂可以提高除蜡性能，从而带来良好的经济效益。

铝合金表面的蜡垢主要由石蜡、脂肪酸、松香皂、无机固体抛磨小颗粒、抛磨的金属基体粉末及氧化物等组成。蜡垢与基体金属的结合主要以机械黏附、分子间力黏附、静电力黏附等黏附方式附着于工件表面。

出于环保及安全的考虑对铝表面蜡垢的清除已很少采用有机溶剂来进行，都已被性能更优良且对环境更友好的水性除蜡剂所取代。水性除蜡的原理是通过对表面活性剂、助剂、缓蚀剂等的合理配制，降低表面张力，改善润湿渗透性能和乳化、增溶、溶解等作用，使蜡垢溶解或溶胀，进而从工件表面脱落，从而完成除蜡的过程。在蜡垢除去过程中提高温度和外加机械力（比如超声波）将更有利于蜡垢的清除。

作为除蜡剂应具有良好的综合性能，主要包括以下几方面的指标：

### 1. 基本性能

（1）防锈性　要求产品清洗后，具有工序间防锈的能力。

（2）低泡性　由于目前普遍采用的除蜡工艺为超声波清洗，因此要求除蜡水必须有较低的泡沫高度，防止因过多的泡沫影响产品的使用效果。

（3）稳定性　要求除蜡剂在高温下使用时不产生沉淀、絮凝、分层等不利因素。同时除蜡剂要具备较强的蜡垢除去能力。

（4）无腐蚀性　由于抛光工件多为高光产品，对表面的腐蚀及光泽度要求较高，因此，除蜡剂必须具备对各类金属工件无腐蚀、不使工件变色的效能。

### 2. 使用性能

（1）除蜡速度快，并能在较长时间内维持稳定的除蜡效果（比如一天或一个班次只需调整一次）。

（2）易于调整连续使用以实现使用过程的低成本。

（3）所用原材料必须对环境及操作现场友好。

（4）原料易得，价格适中，最好能在中温或更低温度下进行以降低能耗。

### 3. 除蜡剂配方组成的选择

除蜡剂各组分的选择包括：阴离子表面活性剂的选择、非离子表面活性剂的选择、有机溶剂的选择、渗透剂的选择、无机助剂的选择。

（1）阴离子表面活性剂的选择　抛光蜡中有较多的硬脂酸和油脂，油酸的醇胺化合物的油酸基可以吸附、溶解这些基团，而醇氨基为亲水基团，可将蜡垢从基体中剥离出来。所以油酸和醇胺类化合而成的阴离子表面活性剂是除蜡剂的重要组成部分。与油酸反应的常用醇胺类物质有一乙醇胺、二乙醇胺、三乙醇胺。根据相关研究资料，不同醇胺分别与油酸按一定比例反应后的除蜡效果见表 3-2。

表 3-2　油酸与不同醇胺在不同摩尔比时所得产物的除蜡能力

| $n$（油酸）：$n$（醇胺） | 除蜡能力/% | | |
| --- | --- | --- | --- |
| | 一乙醇胺 | 二乙醇胺 | 三乙醇胺 |
| 1∶1 | 33.4 | 37.3 | 42.5 |
| 1∶2 | 41.5 | 88.8 | 35.5 |
| 1∶3 | 58.6 | 83.9 | 35.2 |
| 1∶4 | 50.3 | 63.7 | 30.6 |

表 3-2 表明，油酸与二乙醇胺的摩尔比为 1∶2 的化合物除蜡性能最好，故除蜡剂多以摩尔比为 1∶2 的油酸二乙醇胺为主成分再辅以其他助剂进行配制。

异构醇油酸皂和乙二胺油酸酯是更为优良的用于除蜡的阴离子表面活性剂，其中以乙二胺油酸酯效果最优。

（2）非离子表面活性剂的选择 为了提高除蜡效果，通常还需要非离子表面活性剂与上述的阴离子表面活性剂配合使用。研究表明，作为非离子表面活性剂的高级脂肪基醇酰胺如6501、6502，具有除蜡垢、防蜡垢再沉淀的能力。不同非离子表面活性剂的除蜡能力比较见表3-3。

表3-3 不同非离子表面活性剂及其复配的除蜡能力比较

| 表面活性剂类型 | 6501 | 6502 | 6501+6502（质量比1∶1） |
|---|---|---|---|
| 除蜡能力/% | 60.5 | 90.7 | 73.4 |

由此可见，单独使用6502时的除蜡效果最好。

6503对一般性抛光蜡，特别是黄蜡具有良好的溶解力，也常用于配制除蜡水的活性中间体。

6508也是一种新型的用于除蜡的非离子表面活性剂，当与乙二胺油酸酯配合时即是最好的除蜡水基础配方。

（3）有机溶剂的选择 有机溶剂具有对蜡垢油污的溶解能力，同时可以调节除蜡剂的黏度，增加除蜡剂在水中的溶解能力。不同有机溶剂对除蜡能力的影响见表3-4。

表3-4 不同有机溶剂的除蜡能力比较

| 有机溶剂 | 除蜡能力/% | 黏度变化状况 |
|---|---|---|
| 单乙醇胺 | 60 | 不变 |
| 乙二醇单丁醚 | 75.2 | 明显下降 |
| 二乙烯三胺 | 89 | 略微下降 |

多乙烯多胺的加入在高温的条件下容易对铝表面产生腐蚀作用，一般采用乙二醇单丁醚或其他性能更好的溶剂。

（4）渗透剂的选择 渗透剂为小分子的表面活性剂，容易接近基体，吸附在基体和蜡垢间，协同非离子和阴离子表面活性剂，达到润湿、渗透、乳化、除去蜡垢的效果。市售的渗透剂有多种，经常以代号表示，几种常见的渗透剂的除蜡能力见表3-5。

表3-5 几种常见的渗透剂的除蜡能力比较

| 渗透剂 | JFC脂肪醇聚氧乙烯醚 | OT | T-75 |
|---|---|---|---|
| 除蜡能力/% | 95.1 | 88.4 | 94.6 |

表中以JFC渗透剂的效果最好。目前有一种传统JFC的升级换代产品——超速JFC渗透剂B，是在传统JFC结构基础上修枝与嫁接而成的，渗透更快，渗透力是传统JFC的四倍，渗透速度快于传统JFC的四倍；其优良的渗透性能可与高渗透性有机溶剂相媲美；渗透力持久，渗透辐射面大，可快速携带功能助剂，快速渗透到被渗透物体表面或内部，充分发挥各助剂的潜在功能；特别适用于中性、弱碱性体系中。与传统JFC渗透剂的渗透能力比较见表3-6。

**表 3-6　传统 JFC 和超速 JFC 渗透剂 B 渗透能力对比**

| 渗透剂浓度 | 超速 JFC 渗透剂 B | 传统 JFC 渗透剂 |
|---|---|---|
| 1%水溶液 | 2s | 3s |
| 0.5%水溶液 | 3s | 5s |
| 0.2%水溶液 | 4s | 10s |
| 0.1%水溶液 | 5s | 20s |

在配制除蜡剂时当以超速 JFC 渗透剂 B 为首选，其次是 JFC。

需要指出的是，并非同类型的表面活性剂和渗透剂就具有相同的除蜡效果。如要做到更好的除蜡效果，还需要对不同厂家的产品进行更进一步的实验。

（5）其他成分的选择　为了提高除蜡效果，必要的无机添加剂是很有必要的。常用的有偏硅酸钠、工业磷酸钠、EDTA-2Na、少量的氢氧化钠等。

通过对以上资料的分析我们可以得出以下除蜡剂的基本配方，见表 3-7。

**表 3-7　除蜡工艺配方及操作条件**

| | 材料名称 | 化学式 | 含量/(g/L) | | | | |
|---|---|---|---|---|---|---|---|
| | | | 配方 1 | 配方 2 | 配方 3 | 配方 4 | 配方 5 |
| 溶液成分 | 油酸三乙醇胺 | $C_{24}H_{49}NO_5$ | 4～5 | — | — | — | — |
| | 三乙醇胺 | $C_6H_{15}NO_3$ | — | — | — | — | — |
| | 二乙醇胺 | $C_4H_{11}NO_2$ | 1～2 | — | 200～250 | 200～250 | 150～200 |
| | 油酸 | $CH_3(CH_2)_7CH{=\!=}CH(CH_2)_7COOH$ | — | — | 250～300 | 250～300 | 200～250 |
| | 乙二醇单丁醚 | $C_6H_{14}O_2$ | — | — | 30～80 | 30～80 | — |
| | JFC | — | — | — | 30～80 | — | — |
| | 超速 JFC 渗透剂 B | — | — | 0～5 | — | 30～60 | — |
| | 6502 | — | — | — | 120～180 | 120～180 | 50～100 |
| | 6503 | — | — | — | — | — | 50～100 |
| | 组合添加剂 | — | — | 0～5 | — | — | — |
| | 乙二胺油酸酯 | — | — | 4～8 | — | — | — |
| | 6508 | — | — | 3～6 | — | — | — |
| | TX-10 | — | 3～5 | — | — | — | 20～50 |
| | 九水偏硅酸钠 | $Na_2SiO_3 \cdot 9H_2O$ | 2.5～3.5 | — | 20～50 | 30～60 | 50～100 |
| | 磷酸钠 | $Na_3PO_4 \cdot 12H_2O$ | 2.5～3.5 | — | — | — | 50～100 |
| | EDTA-2Na | $C_{10}H_{14}O_8N_2Na_2 \cdot 2H_2O$ | 0.1～0.2 | — | 2～4 | 2～4 | 2～4 |
| 操作条件 | 温度/℃ | | 80～90 | 60～90 | 80～90 | 80～90 | 80～90 |
| | 时间/s | | 120～240 | 120～240 | 120～240 | 120～240 | 120～240 |
| | 搅拌方式 | | 可采用工件上下移动的方式（采用超声波时效果更佳） | | | | |

表中配方 1 和配方 2 都是经编著者小批量使用过的，效果较好，对铝件不腐蚀。表中组合添加剂由硅酸钠、二乙醇胺、磷酸钠等组成。其余三种配方为浓缩剂，在配制时可按1%～2%进行添加。抛光膏的组分不同，其除蜡剂的配制方法也不尽相同，要配制一种所谓

万能的除蜡剂是很难的，这需要操作者根据不同的抛光膏组成及对工件表面质量的要求通过实验来确定最佳的工艺配方和操作条件。作为表面处理的从业人员切不可有拿来主义的思想！

以上所介绍的除蜡方式都是在弱碱性条件下进行，对环境友好，是应用得比较多的方式，但相对成本较高。在这里再介绍一种酸性的除蜡工艺。是用硫酸添加硝酸来进行，这种方法成本低，除蜡速度快，不需要搅拌，同时对工件表面无不良影响，很多做化妆品要求光亮表面效果的氧化厂采用得比较多。其配比如下：

$$
\begin{array}{ll}
硫酸（98\%） & 1\%（体积分数） \\
硝酸（68\%） & 0.2\%\sim0.4\%（体积分数） \\
水 & 2\%\sim4\%（体积分数） \\
温度 & 80\sim90℃ \\
时间 & 30\sim60s
\end{array}
$$

硫酸比例高，除蜡速度快，硝酸用于防止铝表面腐蚀。在操作时除蜡后的工件应快速水洗，水洗温度不能高，否则表面易出现蚀点。

用这种方法配制时应特别注意以防止意外事故发生，同时这种方法也不适宜采用自动生产线的方式进行。

## 三、化学除油

化学除油用于除去看不见的油污、表面灰尘、微量的防锈层以及一些在转运或生产过程中所形成的少量污染物。化学除油包括弱碱化学除油和酸性化学除油。

### 1. 弱碱化学除油

弱碱化学除油是一种最为常用的方法，这主要在于它的成本低、易于管理、溶液基本无毒、除油效果好、设备简单。其除油原理是借助于碱液对可皂化性油污的皂化作用和表面活性剂对非皂化油污的乳化作用，来达到除去这两类油污的目的。

由于铝具有两性，而不同于其他金属，所以在除油溶液中，碱的加入量受到限制。同时还需要一种能在表面形成具有抑制作用的薄膜，以防止铝表面受到过多浸蚀。在碱性除油溶液中硅酸钠由于具有较好的抑制作用同时又有优良的渗透性而被广泛使用。但硅酸钠用量不宜太大，以避免过分抑制清洗剂对铝合金表面的除油作用，同时除油液中硅酸钠含量过高也会增加水洗难度。

碱性除油剂一般由氢氧化钠、碳酸钠、磷酸三钠、硅酸钠、表面活性剂及其他添加剂组成。这些组分的作用主要表现在：

① 氢氧化钠 氢氧化钠是强碱，具有很强的皂化能力，但润湿性、乳化作用及水洗性均较差。由于氢氧化钠对铝合金有强烈的腐蚀作用，用量较少，一般在 $3\sim6g/L$，也可根据情况不添加氢氧化钠。

② 碳酸钠 碳酸钠呈弱碱性，有一定的皂化能力，但水洗性较差。碳酸钠容易吸收空气中的二氧化碳，并发生水解反应生成碳酸氢钠：

$$Na_2CO_3 + CO_2 + H_2O \longrightarrow 2NaHCO_3$$

生成的碳酸氢钠对溶液的 pH 值有一定的缓冲作用，pH<8.5 时皂化反应不能进行，pH>10.2 则肥皂发生水解。碳酸钠对铝的腐蚀作用轻微，可用于配制铝合金类除油剂的主盐。使用碳酸钠时要注意硅酸钠的用量不可高，否则易生成碳酸氢钠而使除油效能降低。

③ 磷酸三钠　磷酸三钠呈弱碱性，有一定的皂化能力和缓冲 pH 值的作用。同时，磷酸三钠还具有乳化作用，在水中溶解度大，水洗性好并能使硅酸钠容易从工件表面洗去，是一种性能较好的无机除油剂。

氢氧化钠、碳酸钠、磷酸三钠是常用的三种用于化学除油的碱类物质，这三种碱类物质的除油性能比较见表 3-8。

表 3-8　氢氧化钠、碳酸钠、磷酸三钠除油性能比较

| 材料名称 | 化学式 | 表面张力 /(N/m) | 1%溶液 的 pH 值 | 增加表面 活性的能力 | 乳化分 散能力 | 防止污垢 再吸附能力 | 除去 $Ca^{2+}$、$Mg^{2+}$ 性能 | 皂化 性能 | 防锈 性能 | 水洗 性能 |
|---|---|---|---|---|---|---|---|---|---|---|
| 氢氧化钠 | NaOH | $46.2\times10^{-3}$ | 12.8 | + | − | + | − | +++ | + | − |
| 碳酸钠 | $Na_2CO_3$ | $48.7\times10^{-3}$ | 11.2 | + | − | ++ | − | +++ | + | − |
| 磷酸三钠 | $Na_3PO_4$ | $60.9\times10^{-3}$ | 12.0 | ++ | ++ | +++ | +++ | ++ | + | + |

④ 硅酸钠　硅酸钠呈弱碱性，有较强的乳化能力和一定的皂化能力。在化学除油中常用的有正硅酸钠、偏硅酸钠和液体水玻璃。在铝合金工件除油剂的配制中常用偏硅酸钠。偏硅酸钠本身具有较好的表面活性作用，当它与其他表面活性剂组合时，便形成了碱类化合物中最佳的润湿剂、乳化剂和分散剂。同时偏硅酸钠对有色金属还具有缓蚀作用。但偏硅酸钠的水洗性不是很好，因此在配制时用量不宜过多，且应与磷酸钠配合使用以增强其水洗性。采用偏硅酸钠的除油剂在水洗时最好采用热水并适当延长水洗时间，否则容易在后续的酸性介质处理工序中生成难溶性的硅胶膜，影响后续加工的正常进行。

⑤ 乳化剂　乳化剂在除油溶液中主要起促进乳化、加速除油进程的作用。在碱性除油液中加入乳化剂，可以除去非皂化油污。常用的乳化剂有 OP-10、TX-10、平平加、油酸三乙醇胺皂、6501、6503、磺酸等。油酸三乙醇胺皂用于黑色金属或铝合金的除油效果好，清洗容易，但易被硬水中的钙、镁离子沉淀出来。OP-10 是一种良好的乳化剂，除油效果良好，但不易从工件表面洗掉。平平加对皂化油和非皂化油均有良好的乳化作用和分散作用，同时净洗能力强。6501、6503 有良好的乳化发泡性能，用于硬水及盐类溶液中，性能稳定，不会被钙、镁离子沉淀，但用量比 OP-10 大。

除油剂除了上述的主要成分外还需要加入适量的钙、镁离子络合剂，以提高其除油效能，常用的络合剂有柠檬酸三钠、EDTA-2Na 等。铝合金类除油剂在配制时还可添加适量的硼酸钠以改善碱对铝合金的腐蚀性。

就目前技术而言，良好的碱性除油剂应能满足下面要求：

① 除油剂各组分能快速而完全溶解，同时应具有稳定而良好的洗涤性能。在洗涤过程中不产生对洗涤效果有影响的副产物。

② 除油液碱度适中，不能对金属产生明显的腐蚀行为。对于铝合金，pH 值最好在 9～12。同时亦要有较强的缓冲能力以维持除油剂的稳定活性。

③ 必须具有优良的润湿能力和很高的乳化能力来除去或分散油脂等表面附着物。

④ 除油液必须具有很好的抗污物再沉淀能力。

⑤ 除油剂必须能抑制对基体金属的浸蚀到最小限度。

⑥ 必须对皮肤无刺激和完全无毒。

⑦ 除油剂中应有软水剂，以防止在金属表面上形成不溶性硬水盐沉积。

⑧ 必须经济适用。

　　碱性除油处理所用工作缸的材料根据情况而定。在室温情况下使用的除油剂可用 PP 或硬 PVC 制作。对需要加温的除油剂应采用优质 PP 或不锈钢板制作，并有保温措施。碱性除油液的加温可用不锈钢加热器进行加热。

　　下面介绍几种常用碱性除油剂的配方供参考，见表 3-9。

**表 3-9　常用碱性除油剂的配方及加工条件**

| | 材料名称 | 化学式 | 含量/(g/L) | | |
| --- | --- | --- | --- | --- | --- |
| | | | 配方 1 | 配方 2 | 配方 3 |
| 溶液成分 | 氢氧化钠 | NaOH | 8~12 | — | — |
| | 无水碳酸钠 | $Na_2CO_3$ | — | 40~50 | — |
| | 十二水合磷酸钠 | $Na_3PO_4 \cdot 12H_2O$ | 40~60 | 40~60 | 40~60 |
| | 柠檬酸钠 | $Na_3C_6H_5O_7 \cdot 2H_2O$ | 5~10 | 5~10 | — |
| | 平平加 | — | 适量 | | |
| | 硅酸钠 | $Na_2SiO_3 \cdot 9H_2O$ | 1~2 | 2~5 | 1~2 |
| | EDTA-2Na | $C_{10}H_{14}O_8N_2Na_2 \cdot 2H_2O$ | — | — | 3~5 |
| | 十二烷基苯磺酸钠 | | — | — | 3~6 |
| | TX-10(优质) | | — | — | 0.2~0.4 |
| | 石油磺酸 | — | — | 3~5 | — |
| 加工条件 | | 温度/℃ | 50~60 | 60~70 | 25~60 |
| | | 时间/min | 3~5 | 3~15 | 2~6 |
| | | 搅拌方式 | 可用机械搅拌 | | 可用超声波 |

　　表 3-10 是几种在生产中广泛使用的碱性无磷除油剂的配方及加工方法。

**表 3-10　碱性无磷除油剂的配方及加工条件**

| | 材料名称 | 化学式 | 含量/(g/L) | | | |
| --- | --- | --- | --- | --- | --- | --- |
| | | | 配方 1 | 配方 2 | 配方 3 | 配方 4 |
| 溶液成分 | 氢氧化钠 | NaOH | 1~2 | — | 4~6 | — |
| | 无水碳酸钠 | $Na_2CO_3$ | 4~8 | — | 5~8 | — |
| | 柠檬酸钠 | $Na_3C_6H_5O_7 \cdot 2H_2O$ | 5~7 | 5~7 | 5~7 | 3~5 |
| | 硅酸钠 | $Na_2SiO_3 \cdot 9H_2O$ | 1~2 | 1~2 | 1~2 | 1 |
| | 油酸三乙醇胺 | — | 20~25 | 20~25 | 20~25 | — |
| | 十二烷基苯磺酸钾 | | — | 3~4 | 3~5 | — |
| | 十二烷基苯磺酸 | | 3~4 | — | — | — |
| | 三乙醇胺 | $C_6H_{15}NO_3$ | — | — | — | 15~35 |
| | TX-10(优质) | | — | — | — | 0.2~0.4 |
| 加工条件 | | pH 值 | 11~13 | 10~12 | — | 9~11 |
| | | 温度/℃ | 30~50 | 30~50 | 常温 | 25~35 |
| | | 时间/min | 2~5 | 2~5 | 2~4 | 3~6 |
| | | 搅拌方式 | | 可用机械搅拌 | | |

　　注：配方 4 在常温条件下除油效果好，同时对铝不会有腐蚀现象。特别适用于高光铝件及铸铝件的除油处理。

在配制溶液时，应先将柠檬酸钠或 EDTA-2Na 溶解在所需体积 2/3 的水中，再加入其他成分。对于配方 1，十二烷基苯磺酸应和氢氧化钠反应完全后再加入。

除油剂化学成分应进行定期分析，批量生产应每天一次，同时需补充被消耗的添加物质。当使用一段时间后，由于除油液内油污类污染物增加，溶液除油作用会降低。当除油剂工作时间过长除油能力显著下降，或者除油剂被严重污染时，溶液必须更新，同时要彻底清理工作缸。

铝合金碱性除油常见故障的产生原因和排除方法见表 3-11。

**表 3-11　铝合金碱性除油常见故障的产生原因和排除方法**

| 故障现象 | 产生原因 | 排除方法 |
| --- | --- | --- |
| 腐蚀过度 | 抑制剂浓度过低<br>溶液 pH 值太高 | 添加抑制剂<br>调整 pH 值 |
| 工件表面有蚀点 | 水洗不彻底，工件表面有残余碱 | 加强酸洗前的水洗工作，适当延长在 $HNO_3$ 中的酸洗时间 |
| 无法对工件表面进行正常除油 | 工件表面太多污物 | 于碱性除油前进行蒸气溶剂洗涤或用相应的有机溶剂擦洗 |
| 工件在除油过程中生成暗斑或光斑 | pH 值过高时发生于含铜合金 | 降低 pH 值，避免使用强碱，使用足够的抑制剂 |
| 除油液中过多絮凝物形成 | 铜、镁等金属离子的多价螯合剂缺乏。除油液吸收燃炉产生的 $CO_2$ 生成碳酸盐（使用燃油加热）。使用过多的碳酸盐。除油液中有酸混入 | 补充消耗的多价螯合剂<br>防止燃炉 $CO_2$ 吸入<br>少量或不使用碳酸盐<br>防止酸的混入 |
| 形成不溶性的膜层，影响后续工序的正常进行 | 太高的抑制浓度<br>除油和洗涤之间太多的传递时间 | 选择适当数量的抑制剂，并选择含有润湿剂的除油液以改良除油剂的洗涤性能<br>减少传递时间，除油后马上进行水洗 |
| 清洗不良造成后工序质量缺陷 | 清洗不充分<br>抑制膜黏滞性太高造成抑制膜层、氧化膜层不能充分去除 | 洗涤清洗水槽，增加水流速度<br>使用易于除去的正常含量的抑制剂，选取易除去表面膜层的溶液 |

### ● 2. 酸性除油

酸性除油处理也是一种被广泛采用的除油方法。酸性除油剂的主要特点是对铝合金表面浸蚀少，除油速度快。这种除油剂最经济的配制方法，是在硫酸溶液中添加少量氟化氢铵和 OP 乳化剂。也可以直接到市场上去购买酸性除油剂来使用。

酸性除油剂一般由无机酸或有机酸、表面活性剂、缓蚀剂及渗透剂等组成。酸性除油也是金属表面常用的除油方法，酸性除油的特点是不需要加温，在常温情况下即可有良好的除油效果。近年来一些酸性除油添加剂的开发使酸性除油得到了广泛应用，同时酸性除油还具有除锈功能。选用酸性除油时，酸的浓度不应过高，以免造成对工件的腐蚀及对设备的腐蚀。酸性除油剂常用的酸类有：硫酸、磷酸、硝酸、柠檬酸等。表面活性剂常用 OP、平平加、磺酸等。对于铝合金不能采用盐酸等含卤酸。在酸性除油剂中添加磷酸有利于清洗过程的进行。在除油剂还应加入缓蚀剂，常用的缓蚀剂有乌洛托品、硫脲等。氟化物是酸性除油剂中最常用的渗透剂，氟化物的加入能明显加强其除油效果，还可降低酸浓度，提高除油效率。在铝合金工件的酸性除油配方中氟化物加入量不能过多，否则会腐蚀钛挂具，同时过高的氟化物也会使铝合金表面经除油后光泽降低。氟化物在铝合金的酸性除油配方中一般以氟化氢铵的形式加入，加入量以 1g/L 左右为宜。同时还应加入适量的硼酸、硝酸盐以防止对钛的蚀刻，并可减缓对铝合金的腐蚀。

酸性除油一般都是在常温的情况下进行，如果加温到 40℃ 左右可明显提高除油效果，常温除油时工作缸可采用硬 PVC，加温除油时应采用 PP 制作。酸性除油溶液的加温应用特氟龙加热器。

表 3-12 是几种常用的酸性清洗剂配方。

**表 3-12　几种常用的酸性清洗剂配方**

| | 材料名称 | 化学式 | 含量/(g/L) |
|---|---|---|---|
| 溶液成分 | 硫酸 | $H_2SO_4$ | 100～200 |
| | 磷酸 | $H_3PO_4$ | 0～100 |
| | 氟化氢铵 | $NH_4HF_2$ | 0.1～1 |
| | 硼酸 | $H_3BO_3$ | 1～2 |
| | 硝酸 | $HNO_3$ | 10～40 |
| | OP-10(CP)或 TX-10 | — | 0.3～0.6 |
| 操作条件 | 温度/℃ | | 25～35 |
| | 时间/min | | 1～5 |

表中介绍的酸性除油剂中氟化氢铵含量不能太高，否则会腐蚀钛挂具，并影响铝表面性状。铝离子浓度太高会影响低温除油效果，但可以通过提高氟化物或硝酸的浓度来得到改善。

铝合金酸性除油可以采用硫酸阳极氧化、化学抛光等的废酸来配制，以做到废物利用，也可降低成本。如不考虑对废酸的再利用，酸性除油也可采用磺酸加少量氟化氢铵来配制，这样可以使除油溶液的酸度较低，对工件或设备的腐蚀性都会很小。

## 四、操作条件对除油效果的影响

操作条件对除油效果的影响主要包括以下几个方面：

### ➡ 1. 温度对除油效果的影响

不管是酸性还是碱性除油，提高温度都可以提高除油效率及除油效果，但就现实中的加工而言，大多都会选择可以在较低温度下工作的除油工艺，一则可以节约能源降低生产成本；二则因免去了升温所需的时间，班次生产量提高；三则较低温度的除油工艺对设备的要求相对较低，可减少设备资金投入。如果采用较低温度进行除油，则除油时间及溶液浓度应适当延长和提高。对普通铝合金而言，目前大多是采用室温或略高的温度进行操作，但应注意除油时间和浓度之间的配比要协调。

在碱性除油工艺中如温度高会使铝的腐蚀加快，同时产生大量的氢气，这些氢气会带出碱，在工作环境中形成碱雾，恶化工作环境，这时应加强工作间的排风量以减少工作环境碱雾的残留浓度。

总的来说，不管是什么样的除油工艺，适当提高温度都有利于获得更加洁净的表面，同时也可提高生产效率。对铝合金而言，酸性除油温度宜控制在 25～35℃；碱性除油温度宜控制在 25～65℃。

### ▶ 2. 时间对除油效果的影响

时间对除油效果的影响主要在于除油溶液对各种污物的皂化或乳化作用的速度。当工件放入除油溶液中后，除油溶液即通过皂化或乳化作用使各种污渍从铝表面清理下来，并随着时间的延长，其清理的量亦不断增加，直至将铝表面的污物全部清理而得到洁净的表面。在这里就有个清理的时间问题，在其他条件一定的情况下，时间越长，清理越彻底，但也不能无限制地延长时间，这就存在一个最佳时间问题。从理论上讲，铝表面的各种污物全部清理干清的那一刻即为最佳时间，低于这个时间不能达到清洁的目的，高于这个时间则存在资源的浪费，这一最佳时间很难用公式给予计算，一般都是通过试验来进行验证。即配制一除油溶液，在一定温度条件下，采用不同的除油时间进行试验，以达到除油效果的最短时间为基准，再延长 30%～60% 即为最佳除油时间。比如，某一除油剂 120s 为最低时间，这时的最佳除油时间则为 156～190s。在这里要注意一个问题，最佳除油时间和理论除油时间是有区别的，理论除油时间即在某一特定条件下的最短除油时间，对上例来说，120s 可以认为是理论除油时间，而 156～190s 则为最佳除油时间。

不管是采用哪种方法进行脱污染物处理，都要保证经过处理后的工件表面除油彻底。常用检验方法是：将经过除油处理并经过酸洗、水洗后的工件从清水中提出，工件表面应有一层连续不断的水膜，且这层水膜以保持 30s 不断为合格。如达不到这个要求，应重新进行除油处理。

## 五、浓缩酸性、弱碱性除油配方介绍

下面介绍几种编著者曾较大量使用过的酸性和弱碱性除油配方。

### ▶ 1. 酸性脱脂

铝合金酸性脱脂溶液里大都含有氟化物，且除油效果和速度基本也与氟化物成正比，这就存在对钛挂具的腐蚀问题。编著者经多方实验采用下表的配方即可在一个确定的条件下既能满足除油的要求又能对钛挂具不腐蚀。

（1）浓缩液配方　酸性脱脂浓缩液配方见表 3-13。

**表 3-13　酸性脱脂浓缩液配方**（按 1L 浓缩液配制）

| 序号 | 材料名称 | 化学式 | 含量/(g/L) |
|------|----------|--------|------------|
| 1 | 氟化氢铵 | $NH_4HF_2$ | 60 |
| 2 | 硼酸 | $H_3BO_3$ | 30 |
| 3 | 过氧化氢(50%) | $H_2O_2$ | 15mL(30%过氧化氢加 24.5mL) |
| 4 | TX-10 | | 22 |

表中配方是经过多次实验得到的，除过氧化氢可以小范围改变、TX-10 可根据情况增加或减少用量外，氟化氢铵与硼酸的比例不可更改，必须经过计算后准确称量。

（2）浓缩液配制方法

① 将 60g 氟化氢铵和 30g 硼酸混合，用塑胶棒搅拌均匀（搅拌工具最好不用玻璃棒），放置 10min 后加净水 500mL，搅拌至反应完全；

② 将 22g TX-10 溶于 300mL 40℃左右的热水中；

③ 将①和②混合并搅拌均匀，然后加入 15mL 50% 的过氧化氢，搅拌均匀；

④ 加净水到 1L 备用。

（3）使用方法 酸性脱脂工艺配方及操作条件见表 3-14。

表 3-14 酸性脱脂工艺配方及操作条件

| | 材料名称 | 化学式 | 含量/(mL/L) |
|---|---|---|---|
| 溶液成分 | 酸性脱脂浓缩液 | — | 15～25 |
| | 磷酸(85%) | $H_3PO_4$ | 2～6 |
| 操作条件 | 温度/℃ | | 20～30 |
| | 时间/s | | 30～180 |

添加磷酸的目的是提高反应速度并改善除油效果，2‰即可明显提高反应速度，当磷酸含量超过 10‰时对钛挂具有腐蚀现象，一般控制在 2‰～6‰即可。

表中所示的酸性脱脂用于手机喷砂后化抛之前的酸性脱脂对其氧化后的品质有较大改善。用于型材和其他铝件的除油同样也有很不错的效果。添加硫酸、盐酸或硝酸对钛挂具反应明显。

### 2. 弱碱性脱脂

铝合金的弱碱性脱脂市场上有很多类似商品，并都有不错的效果。在此，向广大读者介绍两种曾经小批量使用过的弱碱性除油剂供大家配制使用，且对铝不反应。

（1）浓缩液配方 弱碱性脱脂浓缩液配方见表 3-15。

表 3-15 弱碱性脱脂浓缩液除油剂配方

| 序号 | 材料名称 | 化学式 | 含量/g | |
|---|---|---|---|---|
| | | | 1# 除油剂(按 1L 配制) | 2# 除油剂(按 1kg 配制) |
| 1 | 油酸三乙醇胺 | $C_{24}H_{49}NO_5$ | 25 | 120 |
| 2 | 三乙醇胺(或二乙醇胺) | $C_6H_{15}NO_3$ | 25 | — |
| 3 | TX-10 | — | 25 | 120 |
| 4 | EDTA-2Na | $C_{10}H_{14}O_8N_2Na_2 \cdot 2H_2O$ | 10 | 360 |
| 5 | 九水合偏硅酸钠 | $Na_2SiO_3 \cdot 9H_2O$ | 30 | 360 |
| 6 | 磷酸钠 | $Na_3PO_4 \cdot 12H_2O$ | — | 40 |

表中配方虽具有良好的效果，但读者可进行更多的实验，以调配到一个更好的配比范围。同时表中配方都具有一定的除蜡效果。

表中 TX-10 也可用 JFC 或超速 JFC 渗透剂 B 代替，并可适当降低用量。

（2）配方 1 浓缩液配制方法

① 将 25g 油酸三乙醇胺、25g TX-10 置于 1L 的容器中，搅拌均匀，在 80℃左右的条件下反应 10～20min 后冷却备用；

② 向冷却后的①中加入 300mL 40℃的净水，搅拌均匀；

③ 将 10g EDTA-2Na 和 30g 九水合偏硅酸钠分别用 200mL 40℃左右的热水溶解，待溶解完全后将两者混合在一起；

④ 然后将 25g 三乙醇胺加入③中；

⑤ 将②和④混合并加水到 1L 备用。

配方 2 除油剂配制更简单，同样是将油酸三乙醇胺和 TX-10 混合反应后，再将其他成分混合加入并搅拌均匀即可。

（3）使用方法　弱碱性除油工艺配方及操作条件见表 3-16。

表 3-16　弱碱性除油工艺配方及操作条件

| 溶液成分 | 材料名称 | 化学式 | 含量/(g/L) | | |
|---|---|---|---|---|---|
| | | | 配方 1 | 配方 2 | 配方 3 |
| | 1#除油剂 | — | 40～80mL/L | — | — |
| | 2#除油剂 | — | — | 10～15 | 3～5 |
| 操作条件 | 温度/℃ | | 50～70 | 60～80 | 50～70 |
| | 时间/s | | 60～180 | 60～180 | 60～180 |

表中配方 1 对铝无腐蚀，特别适用于经过高光处理后的工件除油；配方 2 可用于不锈钢的除油和除蜡，同时也可用于铝表面的除油和轻度除蜡；配方 3 用于铝合金的除油，对铝反应很轻微。

## 六、电解除油

对于铝合金除油处理，较少使用碱性电解除油，这是由于这种类型的处理对金属有较大浸蚀作用，同时设备投入也较大。

电解除油的优点在于它有较大的活性和纯净作用。使用电压为 6～12V，电流密度 4～10A/dm²，溶液一般都是在室温下操作。工作缸都是采用优质耐蚀钢板或优质耐蚀不锈钢板制作，对应电极采用钢板或镀镍钢板或不锈钢板制作，但切不可采用槽体本身作为对应电极。在进行电解除油时会产生大量的气体，这些气体会将溶液中的碱带出，在局部形成较高的碱雾或碱性气溶胶，对操作人员和工件环境造成危害，所以在除油槽周边及上方需加上排风装置。

电解除油分为阴极除油和阳极除油。多数采用阴极除油，但应注意不可由于氢脆原因而影响到工件力学性能，特别是电流密度较大时，这种现象更易发生。所以最好的方法是阴极除油时使用转换开关来不断改变电流方向，以防止氢脆发生。电解除油的溶液组成及操作条件见表 3-17。

表 3-17　电解除油的溶液组成及操作条件

| 溶液成分 | 材料名称 | 化学式 | 含量/(g/L) | |
|---|---|---|---|---|
| | | | 配方 1 | 配方 2 |
| | 磷酸钠 | $Na_3PO_4 \cdot 12H_2O$ | 30～40 | 40～60 |
| | 碳酸钠 | $Na_2CO_3$ | 30～40 | — |
| | 硅酸钠 | $Na_2SiO_3$ | — | 1～2 |
| | OP-10 | — | 0.1～0.2 | 0.1～0.2 |
| | EDTA-2Na | $C_{10}H_{14}O_8N_2Na_2 \cdot 2H_2O$ | 3～5 | 3～5 |
| 操作条件 | 电流密度/(A/dm²) | | 1～2 | 1～2 |
| | 温度/℃ | | 30～40 | 30～40 |
| | 时间/min | | 1～3 | 1～3 |

表中的 OP-10 是表面活性剂，添加量不能太多，否则会使溶面产生大量泡沫而影响除油工作的进行，其添加量以覆盖溶面为度，其目的，一则增加溶液的除油能力，二则使产生的泡沫可以封闭溶面以减少碱雾的产生，也可采用其他性能更好的低泡表面活性剂。

## 七、铝合金化学除油工艺规范

### 1. 范围

（1）主题内容　本规范规定了铝及合金化学除油的通用工艺方法。

（2）适用范围　本规范适用于各种铝材在进行表面处理前的化学除油加工。

### 2. 引用文件

铝合金表面处理前质量验收技术条件。

其他文件：略。

### 3. 要求

（1）铝合金除油工艺流程　工件验收→清洁处理→装挂→超声波溶剂清洗→化学除油→热水洗→水洗→光化处理→水洗→除油质量检查→转后续加工。工艺流程见图 3-1。

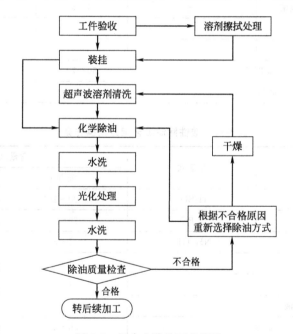

图 3-1　铝合金除油工艺流程

（2）主要工序说明

① 工件验收　按铝合金表面处理前质量验收技术条件的相关规定进行。

② 清洁处理　用软布或棉纱擦净工件表面上的残余油污和标记。难以擦除的油漆印迹允许用细砂纸打磨（砂纸的粒度以不影响后续加工为宜），但打磨后仍需用有机溶剂擦洗干净。

这一步的清洗只适用于大型工件的清洁处理，对于小型工件可不进行这一步的有机溶剂清洗，直接进行装挂。

③ 装挂　挂具一般用铝合金或钛材制造，工件装挂时应牢固，保证工件不相互贴合、

碰撞。装挂位置应当尽量避免在化学处理时产生气囊，保证各工序处理的均匀性。

④ 超声波溶剂清洗　超声波溶剂清洗可用三氯乙烯或其他卤代烃，操作方法按设备提供的参数进行。

⑤ 化学除油　化学除油溶液配方及操作条件按表3-18、表3-19进行，也可采用其他除油配方。

表 3-18　碱性除油工艺配方及操作条件

| 溶液成分 | 材料名称 | 化学式 | 含量/(g/L) | | |
|---|---|---|---|---|---|
| | | | 配方 1 | 配方 2 | 配方 3 |
| | 氢氧化钠 | NaOH | 2～5 | — | — |
| | 磷酸钠 | $Na_3PO_4 \cdot 12H_2O$ | 40～50 | — | — |
| | 无水碳酸钠 | $Na_2CO_3$ | 20～30 | — | — |
| | 九水合偏硅酸钠 | $Na_2SiO_3 \cdot 9H_2O$ | 1～5 | — | — |
| | EDTA-2Na | $C_{10}H_{14}O_8N_2Na_2 \cdot 2H_2O$ | 3～5 | — | — |
| | TX-10 | — | 0.2～1 | — | — |
| | 十二烷基苯磺酸钠 | — | 4～6 | — | — |
| | 1# 除油剂 | — | — | 40～80mL | — |
| | 2# 除油剂 | — | — | — | 4～8 |
| 操作条件 | 温度/℃ | | 50～70 | 60～80 | 50～70 |
| | 时间/min | | 1～2 | 2～4 | 2～4 |

表 3-19　酸性除油工艺配方及操作条件

| 溶液成分 | 材料名称 | 化学式 | 含量/(g/L) | |
|---|---|---|---|---|
| | | | 配方 1 | 配方 2 |
| | 硫酸 | $H_2SO_4$ | 100～150 | — |
| | 磷酸 | $H_3PO_4$ | 30～60 | 5～10 |
| | 氟化氢铵 | $NH_4HF_2$ | 1～3 | — |
| | TX-10 | — | 0.1～0.2 | — |
| | 磺酸 | — | 1～5 | — |
| | 酸性脱脂浓缩液 | — | — | 15～25 |
| 操作条件 | 温度/℃ | | 30～40 | 20～30 |
| | 时间/min | | 2～4 | 0.5～3 |

表中配方1对铝的除油速度快，但对铝的腐蚀作用强，是一种除油与碱蚀同时进行的处理方法。

表中1#除油剂和2#除油剂的配制方法见表3-15。

表中酸性脱脂浓缩液的配制方法见表3-13。

⑥ 热水洗　热水洗时应保持水温在50～70℃，时间20～40s。

⑦ 水洗　采用多级水洗，温度为室温，时间20～40s。

⑧ 光化处理　光化处理溶液配方及操作条件按表3-20进行。

表 3-20　光化处理工艺配方及操作条件

| | 材料名称 | 化学式 | 含量/(g/L) | | |
| --- | --- | --- | --- | --- | --- |
| | | | 配方 1 | 配方 2 | 配方 3 |
| 溶液成分 | 硝酸 | $HNO_3$ | 300～500 | 600～900 | — |
| | 铬酐 | $CrO_3$ | 0～5 | — | — |
| | 氨基磺酸 | $H_2NSO_3H$ | — | — | 100～150 |
| | 氟化氢铵 | $NH_4HF_2$ | — | 40～150 | — |
| 操作条件 | 温度/℃ | | 室温 | | |
| | 时间/min | | 1～3 | | |

表中配方 2 适用于铸铝的光化处理。

⑨ 除油质量检查　除油合格的工件表面应有保持 30s 不断裂的连续水膜，否则应重新进行除油。

### 4. 溶液的配制与调整

(1) 溶液的配制　溶液的配制略。

(2) 溶液成分分析项目及分析周期　见表 3-21。

表 3-21　溶液成分分析项目及分析周期

| 溶液名称 | 分析项目 | | 分析周期（连续生产） | 说明 |
| --- | --- | --- | --- | --- |
| | 项目名称 | 化学式 | | |
| 碱性除油 | 磷酸钠 | $Na_3PO_4 \cdot 12H_2O$ | 1～3 天 | 按 QJ/Z 105 执行 |
| | 碳酸钠 | $Na_2CO_3$ | | |
| | 硅酸钠 | $Na_2SiO_3 \cdot 9H_2O$ | | |
| | 氢氧化钠 | $NaOH$ | | |
| 酸性除油 | 硫酸 | $H_2SO_4$ | 3～7 天 | |
| | 磷酸 | $H_3PO_4$ | | |
| | 氟化氢铵 | $NH_4HF_2$ | | |
| 光化溶液 | 硝酸 | $HNO_3$ | 3～7 天 | 按 QJ/Z 108 执行 |

### 5. 除油常见故障

除油常见故障产生原因及排除方法见表 3-22。

表 3-22　除油常见故障产生原因及排除方法

| 故障特征 | 产生原因 | 预防及排除方法 |
| --- | --- | --- |
| 除油不尽 | 有机溶剂预先清洗不净 | 加强有机溶剂清洗工作 |
| | 除油溶液温度低,时间短 | 将温度升到工艺规定的范围,并适当延长除油时间 |
| | 除油溶液浓度低 | 分析溶液并调整到工艺规定的浓度范围 |
| 工件表面挂灰 | 光化处理不良 | 延长光化处理时间;分析光化溶液补充硝酸至工艺规定的浓度范围 |
| 工件过腐蚀 | 溶液中氢氧化钠浓度太高 | 稀释溶液,降低氢氧化钠浓度 |
| | 温度太高 | 把温度控制在工艺规定的范围 |
| | 时间太长 | 适当缩短处理时间 |

### 6. 辅助材料

辅助材料应符合表 3-23 的规定。

**表 3-23　辅助材料化学式及规格**

| 序号 | 材料名称 | 化学式 | 材料规格 |
|------|---------|--------|----------|
| 1 | 洗涤汽油 | — | 工业纯 |
| 2 | 三氯乙烯 | $C_2HCl_3$ | 工业纯 |
| 3 | 氢氧化钠 | NaOH | 电镀级 |
| 4 | 磷酸钠 | $Na_3PO_4 \cdot 12H_2O$ | 电镀级 |
| 5 | 无水碳酸钠 | $Na_2CO_3$ | 电镀级 |
| 6 | 九水合偏硅酸钠 | $Na_2SiO_3 \cdot 9H_2O$ | 电镀级 |
| 7 | OP-10 | — | CP |
| 8 | 十二烷基磺酸钠 | — | 电镀级 |
| 9 | 磺酸 | — | 电镀级 |
| 10 | 硫酸 | $H_2SO_4$ | 电镀级 |
| 11 | 磷酸 | $H_3PO_4$ | 电镀级 |
| 12 | 氟化氢铵 | $NH_4HF_2$ | 电镀级 |
| 13 | EDTA-2Na | $C_{10}H_{14}O_8N_2Na_2 \cdot 2H_2O$ | 电镀级 |
| 14 | 铬酐 | $CrO_3$ | 电镀级 |
| 15 | 硝酸 | $HNO_3$ | 工业级 |

# 第二节　碱蚀与酸蚀

对于碱蚀需要说明的是，要和铝合金纹理蚀刻区别开来，纹理蚀刻是通过一种粗糙化蚀刻工艺在尽可能少的蚀刻量的前提下再现铝合金本身的晶纹组织。碱蚀则是要求经蚀刻后能尽可能地忠实于蚀刻前的表面状态而并不要求表面有粗化现象的发生。并且在生产中也不能寄于采用碱蚀的方法来完成铝合金表面的粗糙化蚀刻。对铝材本身而言，如果因氧化质量问题返工次数过多，也会导致铝表面的粗糙化程度增加，这时为了得到表面一致的效果，经脱除氧化膜后还需要进行化学抛光处理以满足对表面状态的要求。

## 一、碱蚀的原理和目的

### 1. 碱蚀的化学原理

碱蚀是指铝材在碱性溶液中进行蚀刻的过程，这个碱性溶液可以是氢氧化钠或氢氧化钾溶液，也可以是碳酸钠或磷酸钠溶液等。其基本前提是这种碱性溶液能对铝合金表面产生强有力的腐蚀作用以除掉铝合金表面的钝化层、锈迹或其他夹杂物而获得一个更加清洁的表面。在此以氢氧化钠溶液为例来讨论。铝合金材料放入氢氧化钠溶液中有两个腐蚀过程，即对铝材表面自然氧化膜的溶解［反应式(3-3)］和对铝基体的腐蚀溶解过程［反应式(3-4)］，其反应式如下：

$$Al_2O_3 + 2NaOH \longrightarrow 2NaAlO_2 + H_2O \tag{3-3}$$

$$2Al + 2NaOH + 2H_2O \longrightarrow 2NaAlO_2 + 3H_2 \uparrow \tag{3-4}$$

随着溶液中铝离子浓度的增高，偏铝酸钠会水解生成氢氧化铝沉淀，反应式如下：

$$2NaAlO_2 + 4H_2O \longrightarrow 2Al(OH)_3 \downarrow + 2NaOH \tag{3-5}$$

这个水解反应的进行受铝离子浓度、氢氧化钠浓度、温度及添加物质的影响。在溶液成分一定的情况下，温度越低，水解越易于发生，由此可以对铝离子浓度较高的溶液采用冷却的方式促使碱蚀溶液中偏铝酸钠的水解，以清除多余的铝离子而使碱得到再生。

当碱液中没有添加剂时，铝离子浓度在 30g/L 以上时就会有氢氧化铝生成，而且氢氧化铝在一定温度下逐渐脱水而生成水合三氧化二铝，这些三氧化二铝会在槽壁、加热管上沉积结成坚硬的石块，称为铝石，且难以除去。为了防止这一现象的发生，需要在碱蚀溶液中添加旨在防止铝石产生的添加物质，这些添加物质主要是一些多价金属螯合剂，常用的有柠檬酸盐、EDTA-2Na、葡萄糖酸钠等，这些添加剂的加入会防止铝石的产生，当碱蚀溶液中铝离子浓度达到一定量时，溶液带出量和溶解量将达到一个动态平衡，而使溶液可以长期使用。

### 2. 碱蚀的目的和作用

碱蚀是铝合金表面处理中最为常用的操作步骤，在铝合金的表面处理中不采用碱蚀的情况是很少的。碱蚀的目的和作用主要有以下五个方面：

其一是对铝合金表面进行更进一步的清洗，以清除渗入铝基体表层的油污等。这种清洗一是对经过除油后的表面进行更进一步的处理，二是对一些未经除油处理的工件进行表面污渍的清除处理。

其二是通过碱蚀去除铝合金表面的钝化层，裸露出新鲜的铝基体以利于后续加工的正常进行。

其三在碱蚀时铝的腐蚀很剧烈，在腐蚀过程中会产生大量的氢气，有利于清除铝合金的不溶性杂质，如喷砂后残留在铝合金表面的砂料及拉丝后残留在铝合金表面的铝屑，同时还可以去除铝合金因切割加工形成的毛刺等。

其四可以除去铝材表面的变质合金层及铝合金表层夹杂物。

其五通过碱蚀可以在一定程度上改变铝合金的表面质地，同时可调节铝合金表面的光泽性以达到装饰功能的目的。

在实际生产中这几种作用并不是孤立的，而是同时发生，其中前四种往往是铝合金工件进行再处理的预加工过程，其目的是提供一个更加清洁及活化的表面。最后一种具有最终效果的处理功能，对于很多工件特别是拉丝件及具有表面保护膜的冲压或剪切成型工件，采用碱蚀来再现铝合金表面的基本纹理及对光泽度的调节作为最终效果处理。

### 3. 碱蚀溶液的基本组成

碱蚀有两种类型的配方组成，一是以氢氧化钠为主体的配方，二是以碳酸钠为主体的配方。以碳酸钠为主体的配方和中温碱性除油相似，事实上中温碱性除油在对铝合金工件进行除油的同时也完成了对铝合金工件的碱蚀作用，在这种情况下一般都不会再进行单独的碱蚀处理。只是现在的大多数中小企业一则对污染不重的铝合金工件不进行除油；二则采用一些不需加温的中性或弱碱性除油配方或酸性除油配方，所以会专门有一个碱蚀过程。

在碱蚀过程中一个需要控制的因素就是对铝合金的蚀刻量，特别是建筑及装饰用铝型材对铝的蚀刻量控制得更严。采用碳酸钠为主体的配方,单位时间对铝合金腐蚀量少,但需要较长的蚀刻时间;采用氢氧化钠为主体的配方,与碳酸钠相比单位时间对铝的腐蚀量大,但可以缩短蚀刻时间以提高生产效率,这也是目前采用得最多的碱蚀工艺方法。

在碱蚀配方中除了氢氧化钠或碳酸钠等主要物质外,还需要向溶液中添加一些旨在改善碱蚀性能的添加剂,这些添加剂除上面所提到的防止铝石产生的羟基羧酸盐外还有一些可以改善光度的醇和醇胺类物质,过硫酸盐也能改善光度。为了防止碱雾的大量产生,在碱蚀液中常加入一些表面活性剂以封闭液面,但不能添加过多以免影响正常生产。

在这里要提到两种添加物质,一是硼酸,二是尿素,这两种物质的添加并不能使蚀刻速度明显减慢,但能延长碱蚀后工件在空间的留空时间,在一定程度上可以防止碱蚀后由于留空时间长而产生难以清除的印迹,这一作用可以使碱蚀后的工件在碱蚀槽上的停留时间适当延长,这对于减少碱液的带出量是很重要的。

在碱蚀溶液中还有一种物质的添加对改善碱蚀后的可洗性很有帮助,这就是磷酸钠,当然磷酸钠并非必要成分。其添加量一般在 5～20g/L。

少量的硝酸盐和亚硝酸盐可以提高碱蚀后的表面光度,但不能加得太多,否则会使铝合金表面粗化。硫酸钠、醋酸钠也是常用的添加物质。

## 二、影响碱蚀的因素

### ▶ 1. 氢氧化钠浓度对碱蚀的影响

碱蚀中氢氧化钠浓度高,蚀刻速度快,同时蚀刻后的光度有所提高,但氢氧化钠浓度高,要注意对蚀刻温度及时间的控制,防止过腐蚀的发生。过高的氢氧浓度将使碱蚀过程难以控制,同时也使氢氧化钠的带出量增大,生产成本增加。氢氧化钠浓度低,蚀刻速度慢,光度适中,蚀刻过程易于控制,但过低的氢氧化钠浓度会使碱蚀不能正常进行,同时溶液调整周期短,会给生产带来不便。最适氢氧化钠浓度为 30～40g/L。在这个浓度范围内,当温度在 50℃时,1050 的蚀刻速度约为 $2\mu m/min$,5052 和 6061 约为 $3\mu m/min$。氢氧化钠浓度对蚀刻速度的影响见图 3-2。

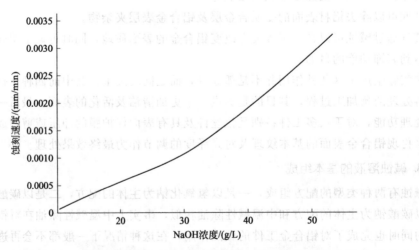

图 3-2  NaOH 浓度对蚀刻速度的影响

蚀刻条件  温度:50℃;时间:10min;材料:纯铝1050;材料厚度:1.05mm

### 2. 铝离子浓度对碱蚀的影响

碱蚀溶液中铝离子对蚀刻速度的控制及光度都有一定的影响。新配的溶液由于溶液中没有铝离子，在这时可以认为对铝蚀刻控制较难，这个较难一则表现在蚀刻速度上，二则表现在经蚀刻后的表面状态上。但这是基于在蚀刻过程中铝离子不会累积增加这一假说才成立的，并且这一假说的成立在对铝合金进行无控蚀刻时才会发生，或对个别铝材成型过程中有明显工艺缺陷的工件才会发生，而加工性能良好的铝合金材料在新配的碱蚀溶液中很少会有不可控的情况发生。而实际的情况是随着生产的进行，铝离子会迅速在溶液中累积，当然一个不可否认的事实是，溶液中一定浓度的铝离子对改善铝合金碱蚀后的表面状态确有一定的积极作用，仅从改善而言，5g/L左右即有效。但铝离子浓度过高也会影响碱蚀的正常进行，这主要表现在经碱蚀后的表面平滑度及光度。对于需要保持铝本身纹理与光度的生产而言，铝离子以不超过60g/L为宜，只有那些需要处理成哑光效果的表面才需要较高浓度的铝离子，但过高的铝离子浓度会增加碱蚀后的清洗性。在铝合金的表面处理中，其哑光效果也不应依赖于碱蚀溶液中的高浓度铝离子来达到，而应采用更易控制的专用哑光处理方法来进行。

碱蚀的主要任务是使铝合金表面获得更加清洁的表面，其蚀刻量是很少的，不管是碱的浓度还是蚀刻温度都与需要有一定深度的铝合金碱性蚀刻有本质的区别。所以对于新配溶液也不必过分在乎铝离子浓度低会对铝合金产生过腐蚀（建筑型材例外），但这时应注意温度和时间的配合，新配的溶液应当采用比旧液低的温度，同时碱蚀时间也应适当缩短。当然对于一些本身有质量缺陷的铝材，新配的溶液则必须用铝屑经过事先老化。

### 3. 碳酸钠浓度对碱蚀的影响

在以碳酸钠为主的碱蚀溶液中，碱蚀后的工件表面光度较氢氧化钠为低，但蚀刻量与氢氧化钠相比要低得多。在以碳酸钠为主体的碱蚀溶液中，碳酸钠浓度的变化对碱蚀速度的影响并不十分明显，在$50\sim100$g/L的浓度范围内其蚀刻速度相差不大。当碳酸钠浓度在60g/L，温度在60℃时，对1050、5052和6061的蚀刻速度都在$1\mu$m/min以下。在以碳酸钠为主的碱蚀溶液中，为了防止碳酸钠吸收空气中的二氧化碳而生成溶解度较低的碳酸氢钠沉淀，可在溶液中添加少量氢氧化钠，其添加量为$1\sim2$g/L。

### 4. 操作条件对碱蚀的影响

碱蚀操作条件对蚀刻过程的影响主要集中在温度和时间。一般情况下温度高，蚀刻速度快，加工周期短，蚀刻后工件表面光度较高，但过高的温度将使蚀刻速度过快而影响蚀刻质量，甚至造成工件报废。反之，如温度过低，蚀刻速度慢，时间长，光度低，甚至会产生蚀刻不均匀。以氢氧化钠为主体的配方温度在$40\sim55$℃为宜。以碳酸钠为主体的配方温度在$45\sim65$℃为宜。

蚀刻时间的控制主要与三种情况有关，一是碱蚀浓度；二是碱蚀温度；三是对工件的蚀刻要求。对工件表面蚀刻要求的不同往往会使蚀刻时间相差甚大，通常情况下，以氢氧化钠为主的碱蚀工艺碱蚀刻时间在$20\sim120$s变化；以碳酸钠为主体的碱蚀工艺碱蚀时间在$30\sim180$s变化。

### 5. 关于碱蚀的整平效应

在碱蚀中还应注意的一个问题就是整平效果。一些铝合金型材由于加工工艺的缺陷会在材料表面留下轻重不同的加工纹路，在进行表面处理时都希望能通过前处理工序消除这些加工纹路。碱蚀的整平可以通过添加一些能使溶液稠密度增高的物质来获得一定的满足，这些添加物质有磷酸盐、糊精、阿拉伯树胶、硅藻土等，其中以硅藻土的效果最好，当然高浓度的铝离子其整平效果亦是优良的，所以这些添加剂只对新配溶液才有意义。但碱蚀的整平作用是有限的，同时高浓度铝离子的整平作用其实是通过对铝表面的粗糙化处理来实现的。实验证明，碱蚀溶液中高浓度的铝离子能使经过蚀刻后的铝表面呈现哑光，随铝离子浓度的增高其表面粗糙度也会随之增高，这时所谓的整平作用其实是哑光和粗糙化的表面掩盖了材料表面的纹路，并没有达到真正的整平作用。虽然有资料介绍用高浓度铝离子来实现哑光及消除铝材挤压纹，但编著者认为这种作用是很有限的，并不具有抛光效果的整平作用，只对要求不高、大批量铝型材的加工才是有一定意义的。除此之外并不能指望通过碱蚀来达到真正意义上的整平效果。

## 三、碱蚀的控制

### 1. 蚀刻量的控制

碱蚀中一个重要的控制点就是对铝合金的蚀刻量，在碱蚀过程中要求：一清除铝合金表面的杂物及钝化层；二对铝合金表面的蚀刻最少，特别是对型材的加工更是如此。对于型材的加工，每天以吨计，以材料厚度为 1mm 计，则有效总面积达 740m²/t。如果蚀刻 5μm，则被蚀刻的铝高达 10kg。而对型材的表面处理其总蚀刻量以不超过 5μm 为限，单面蚀刻就要求低于 2.5μm。一般的碱蚀大多都会超过这个蚀刻量，这还不包括碱蚀后的表面装饰性蚀刻。这样算下来，在碱蚀过程中其蚀刻量就不能超过 1.5μm。这就要求对碱蚀溶液中氢氧化钠的浓度及蚀刻温度进行严密控制，同时还需要加入能有效阻止铝蚀刻的添加物质，在这里较高浓度的铝离子就会显得很有必要。

对蚀刻量的控制并不仅限于型材的蚀刻，所有需要进行表面处理的铝合金工件都希望在蚀刻过程中有尽可能少的蚀刻量。蚀刻量的控制主要从以下几个方面来考虑：

(1) 配方的选择　在没有特殊要求的情况下，尽可能选择蚀刻速度不高的工艺配方，比如，可以选择以碳酸钠为主体的配方或选择氢氧化钠浓度不高的配方。

(2) 温度的选择　以氢氧化钠为主体的碱蚀，蚀刻温度控制在 40~55℃ 为宜。以碳酸钠为主体的碱蚀，蚀刻温度控制在 50~65℃ 为宜。

(3) 蚀刻时间的选择　蚀刻时间可通过试验来确定，一般以碱蚀所要达到的表面质量要求的最低时间为基准，然后再在这个时间基准上适当延长 5~20s。对于碱蚀时间要求短的工件，在实际操作中也可将碱蚀时间分为两个段来进行，即碱蚀（1/2 时间）→水洗→碱蚀（1/2 时间）→水洗。

### 2. 碱蚀后的质地与光度

碱蚀中的另一个控制点就是蚀刻后表面的状态，这个状态包括两个方面：

(1) 表面质地　要求碱蚀后的铝合金表面质地均匀，无机械纹和材料纹，不管是板材还是型材，经碱蚀后都有可能显现出不可接受的各种纹理，机械纹可以通过机械磨光、抛光或砂纸打磨的方式除去，但材料纹是铝合金在成型过程中由于工艺控制不当或材料中杂质或合金元素分布不均匀所致，有些材料纹可以通过热处理的方式来解决。但不管怎么说，遇到这种情况时试图纯粹通过碱蚀的配方或操作条件的重选来消除材料纹是困难的，这时可以通过后面所介绍的纹理蚀刻或抛光的加工过程使材料纹消失或减轻到可以让客户接受的程度。

（2）光度　经碱蚀后的铝合金工件有两个出路，一是接着进行更进一步的处理，如纹理蚀刻、抛光等；二是直接进行阳极氧化或电镀、化学镀等。对于抛光，碱蚀只是一个可选方案的预处理，它并不为抛光提供基准光度，只是为了得到一个更加洁净的表面以利于抛光的均匀性。对于纹理蚀刻，碱蚀一则提供一个洁净的无钝化层的表面，二则也提供一个基准光度，但这个光度并不是非常重要的，因为必需的基准光度需由抛光来提供。对于电镀、化学镀，碱蚀只是提供一个清洁的表面，而光度主要由电镀或化学镀层来提供。

对于经碱蚀后直接进行阳极氧化的工件，碱蚀一方面要提供一个清洁且质地均匀的表面，另一方面还要提供一个光度，且这个光度是一个重要的控制指标，它决定工件经碱蚀后是否符合客户要求。对于这种情况，碱蚀后的工件都要和客户认可的样板进行比对，当然在比对时应注意氧化后的铝表面光度会随氧化膜的厚度不同而发生变化。在材料相同时（材料型号不同，其光度经氧化后的变化程度有差异），氧化膜厚度越厚，其光度降低越多，如果客户提供了光度偏差板，可以中间值或中间值约偏高的光度作为氧化前的判断准则。

表面质地在规定的配方及工艺条件下一般不会有什么变化，其最终状态取决于材料的性质。碱蚀后工件表面如有黑线一般由两方面的原因引起，一是材料本身的原因，比如铝合金在压延时没有将铝锭表面的硬皮清理干净；二是碱蚀溶液中杂质锌离子浓度较高。对于一些拉丝型材，工件经碱蚀后在暗箱中有阴阳色主要是拉丝过程中将铝表面烧伤所致（如不经拉丝也有阴阳色或花斑则是材料自身缺陷），可采用二次拉丝处理或调整碱蚀溶液的配方组成来解决，也可在拉丝前预先进行碱蚀处理（有时需要进行酸蚀处理）。在规定的配方条件下改变工艺条件光度会有一定的差别，一般情况下，氢氧化钠浓度高，温度高，时间长，其光度增加，但当达到与配方相适应的光度时，延长时间并不能使光度继续增加，所以在进行碱蚀时对光度的控制要注意与时间的关联关系，否则容易使工件蚀刻过度。

### ➡ 3. 碱蚀异常的后果

在碱蚀过程中容易发生的不可逆质量问题主要是碱蚀过度，使工件严重变薄，改变工件本身固有的机械强度，这种质量问题一是由氢氧化钠浓度过高、温度过高、时间过长、返工次数过多造成的，发生这种质量问题的工件应做报废处理。二是经碱蚀后的工件表面有非材料原因所导致的花斑、印迹等，这是工件在进行碱蚀前除油不彻底所致，或者是工件经除油后在工作间放置时间过长造成第二次污染或沾染一些顽固性印迹，工件表面有蚀斑在进行碱蚀前没有预先磨掉也会产生花斑或印迹。

### ➡ 4. 碱蚀的成本

碱蚀在铝合金的阳极氧化中占有较大的成本比例，特别是对于只经碱蚀后就进行阳极氧化的工件，其碱蚀成本将占到1/4甚至更高。在碱蚀过程中的消耗主要来自两个方面，一是在碱蚀过程中对铝腐蚀的消耗，二是随工件带出的消耗。碱蚀过程反应很激烈，当工件离开溶液后反应还在剧烈进行，且这时所生成的反应产物很容易附着在工件表面而难以在酸洗中清洗干净，很可能会留下印迹。在将工件从碱蚀溶液中取出时都会采用快速的方式使其离开碱蚀溶液并放入清水中。所以工件的带出量和碱蚀时的消耗量相比占有较大的比例，如果是工件复杂或碱蚀时间短，其带出量将比蚀刻消耗量还多。减少碱蚀成本的方法主要有以下几种：

其一是在碱蚀槽旁边放一回收槽，由于碱蚀是在 $50\sim60℃$ 的条件下进行，溶液的挥发较快，每天都需要对碱蚀溶液进行补充，如果有回收槽可直接用回收槽里的溶液进行补充，同时也减少了带出量，减轻废水处理压力。

其二是在碱蚀前做好除油工作及打磨工作，防止因除油不净或二次打磨所引起的多次碱蚀，多次碱蚀一则使碱蚀成本增加，同时也使工件的蚀刻量增加，使工件尺寸变化增大甚至造成工件报废。

根据铝在碱蚀溶液中的化学式计算，溶解 1g 铝在理论上需要 1.482g 氢氧化钠，但在实际生产中至少需要 2.5g 氢氧化钠。在生产中根据工件的形状及实际面积，再结合所选择的碱蚀工艺配方及操作条件就可以概算出一个工件的氢氧化钠消耗量，这个消耗量应包括蚀刻过程中的消耗量和溶液带出时的消耗量。

## 四、碱蚀工艺的选择

以上对铝合金的碱蚀进行了较为详尽的讨论，那么作为铝合金表面处理中一个非常通用的工序其配制的原则又是什么呢？在这里，首先要明确所加工工件的具体要求，这些要求主要有碱蚀后的光度、平滑度、蚀刻量等。编著者对铝合金在碱蚀过程的蚀刻速度进行了必要的试验，并在这些试验的基础之上总结出了两种关于碱蚀工艺配方供参考。这两种配方一种以氢氧化钠为主体，另一种则以碳酸钠为主体，现将这两种工艺配方列于表 3-24 中。

表 3-24　碱蚀工艺配方及操作条件

| | 材料名称 | 化学式 | 含量/(g/L) | | | | | |
| --- | --- | --- | --- | --- | --- | --- | --- | --- |
| | | | 配方 1 | 配方 2 | 配方 3 | 配方 4 | 配方 5 | 配方 6 |
| 溶液成分 | 氢氧化钠 | NaOH | 30~40 | 1~2 | 30~40 | 1~2 | 30~40 | 1~2 |
| | 无水碳酸钠 | $Na_2CO_3$ | — | 60~70 | — | 60~70 | — | 60~70 |
| | 磷酸钠 | $Na_3PO_4$ | 0~20 | 0~20 | 0~20 | 0~20 | 0~20 | 0~20 |
| | 葡萄糖酸钠 | $C_6H_{11}O_7Na$ | 5 | 5 | 2~4 | 2~4 | — | — |
| | 二水合柠檬酸钠 | $Na_3C_6H_5O_7 \cdot 2H_2O$ | 3 | 3 | 2 | 2 | — | — |
| | 甘油 | $C_3H_8O_3$ | 5 | 5 | 5 | 5 | — | — |
| | 三乙醇胺 | $N(CH_2CH_2OH)_3$ | 5 | 5 | — | — | — | — |
| | 硼酸 | $H_3BO_3$ | 5 | — | 5 | — | — | — |
| | 偏硼酸钠 | $NaBO_2 \cdot 4H_2O$ | — | 0~5 | — | 5 | — | — |
| | 尿素 | $CO(NH_2)_2$ | 0~5 | 0~5 | — | — | — | — |
| | 表面活性剂 | — | 适量 | 适量 | 适量 | 适量 | 适量 | 适量 |
| 操作条件 | 温度/℃ | | 40~55 | 50~65 | 40~55 | 50~65 | 40~55 | 50~65 |
| | 时间/s | | 20~120 | 40~180 | 20~120 | 40~180 | 20~120 | 40~180 |

表中配方 2 有很少的铝蚀刻量，可用于铝型材的蚀刻。表中表面活性剂的使用量以溶液表面积而定，少加勤添为宜。配方 2 中的氢氧化钠一方面提高溶液对铝的蚀刻速度，同时也防止碳酸钠水解生成碳酸氢钠沉淀而影响碱蚀效果。在以上几个配方中，配方 1，每分钟的单面蚀刻量约 2μm（50℃，氢氧化钠 30~40g/L）；配方 2，每分钟单面蚀刻小于 1μm（氢氧化钠 1g/L，55~60℃）。

在这里还需注意一个问题，碱蚀不是除油，它代替不了除油工序，目前有很多的氧化厂都把碱蚀作为除油工序来使用，这对于无油封且表面无污染的铝材从节约成本考虑也有可取之处，但不能认为这是一种正确的做法。随着一些新的除油工艺配方的出现，除油并不增加多少成本，但的确可以为碱蚀提供一个清洁的表面，使碱蚀过程容易控制，也为产品批量生产提供基本保障。

在一个产品的加工过程中，任何一个加工工序都有一个表面状态的基本要求，这个要求有表面清洁度、表面平滑度、表面光亮度等，这些基本要求我们可以称之为基准。比如说，化学除油需要工件表面无浮油、印迹等，如果工件表面达不到这个要求就要在化学除油之前再增加一个工序来满足化学除油的表面要求。碱蚀要求工件表面清洁无油污，而材料本身的缺陷不在要求之列。

对于碱蚀工艺配方的选择，可由两方面来考虑，一是采用以氢氧化钠为主的碱蚀工艺，这种方法碱蚀速度快，加工周期短，易于快速批量处理，同时这种方法对铝表面的腐蚀能力强。但这种方法对铝材基体腐蚀速度快，铝材损失量较大，对于薄材工件，如果出现返工，易使工件厚度变化超出客户要求而报废。二是采用以碳酸钠或磷酸钠为主体的碱蚀工艺，这种方法腐蚀速度慢，达到同样的表面效果较氢氧化钠法蚀刻时间约长，不易于进行快速批量处理，这种方法对铝材的蚀刻量少，工件尺寸保真度高，在对加工速度没有特别要求的情况下这应该是优先采用的方法。不管采用何种碱蚀方法都要求工件必须经过预先除油处理。

## 五、酸蚀

酸蚀是相对于碱蚀而言的，同时这里所讨论的酸蚀与下面所讨论的酸洗是不相同的，这里酸蚀具有代替碱蚀的功能，同时不会有碱蚀所产生的大量铝石。可用于酸蚀的酸包括硫酸、磷酸、氨基磺酸、硝酸等无机酸，有机酸用于酸蚀的不多。在酸蚀中除以上所提到的无机酸外，还需添加旨在改善酸蚀性能的表面活性剂、浸蚀剂、缓蚀剂、络合剂等。

酸蚀虽然对铝合金的蚀刻量少，同时也不会产生坚硬而难以除去的铝石，但并不是所有的铝合金工件都可以采用酸蚀，只有那些表面状态良好的铝合金工件才可以采用酸蚀的加工方法，而更多的还是采用碱蚀。酸蚀配方及操作条件见表3-25。

表 3-25 酸蚀配方及操作条件

| | 材料名称 | 化学式 | 含量/(mL/L) | | | |
|---|---|---|---|---|---|---|
| | | | 配方 1 | 配方 2 | 配方 3 | 配方 4 |
| 溶液成分 | 磷酸 | $H_3PO_4$ | 50～100 | — | — | — |
| | 硫酸 | $H_2SO_4$ | 50～100 | 150～300 | 200～300 | 150～200 |
| | 硝酸 | $HNO_3$ | 0～20 | — | 40～60 | 5～10 |
| | 过氧化氢 | $H_2O_2$ | — | 10～20 | — | — |
| | 氟化氢铵 | $NH_4HF_2$ | — | — | — | 10～15 |
| | 硼酸 | $H_3BO_3$ | — | — | — | 5～10 |
| 操作条件 | 温度/℃ | | 40～60 | 40～70 | 25～40 | 25～35 |
| | 时间/s | | 30～120 | 30～120 | 30～120 | 60～180 |

有些资料把铝合金的各种图文蚀刻也列入酸蚀，编著者认为这种做法并不妥当。酸蚀与金属蚀刻不管是在配方组成上还是工艺管理上都存在较大的差别，酸蚀的目的和碱蚀一样都是为后工序加工提供一个更加清洁和尽量再现铝合金表面本来面目的一个加工方法，而不去

对铝合金工件进行深度蚀刻或完全改变其表面状态。

## 六、酸性脱氧化膜

对于航空部件所用 2A12 之类的硬合金在进行铬酸阳极氧化或硼硫酸阳极氧化之前的清洁处理如果采用传统的碱蚀处理，不管是耐疲劳性能还是膜层的抗蚀性能都不是太理想。这时可采用表 3-26 所示的酸性脱氧化层工艺进行。

表 3-26　酸性脱氧化层工艺配方及操作条件

| | 材料名称 | 化学式 | 含量 | |
|---|---|---|---|---|
| | | | 配方 1 | 配方 2 |
| 溶液成分 | 铬酐/(g/L) | CrO$_3$ | 40～50 | — |
| | 氢氟酸(60%～70%)/(mL/L) | HF | 8～10 | — |
| | 硝酸(68%)/(mL/L) | HNO$_3$ | 90～120 | 80～120 |
| | 氟硼酸(40%)/(mL/L) | HBF$_4$ | — | 10～20 |
| 操作条件 | 温度 | | 室温 | |
| | 时间/min | | 1～3 | |

表中配方 2 不含铬酐，在使用上不受限制，编著者曾用配方 2 进行过小批生产，其脱氧化膜效果很好。酸性脱氧化膜并不能代替除油，所以，工件在进行酸脱之前需要进行除油处理，对于航空用 2A12 之类的硬铝部件，其除油可采用腐蚀性低的酸性除油或对铝不腐蚀的弱碱性除油工艺。

## 七、光化处理

光化处理是光亮化学处理的简称，只是这里所指的光亮并非化学抛光后光亮效果，而是指金属表面洁净并保有本底光亮度的表面效果（本底光亮度指通过某一工序加工后所具有或所能达到的光亮度）。铝合金工件在进行除油、抛光、碱蚀及纹理蚀刻时会在工件表面形成一不溶性的氧化物层，这层氧化物只是附着在工件表面上的一层疏松组织，必须采用光化处理的方法将其清除。这里所指的光化处理不能对铝合金基体表面有腐蚀行为，只能溶解工件表面的不溶性氧化物。光化处理也可称为酸出光，在很多行业标准中都是采用酸出光这一称谓。即将铝合金工件表面的腐蚀残余物用硝酸清除以露出光亮的基体金属表面。在行业内也被称为除灰、除渍、中和、剥黑膜等，当然称呼只是一个符号，其目的都是获得洁净而保有光泽的表面效果。

被经常采用的方法是在一定浓度的硝酸溶液中进行，也可根据需要加入适量的铬酐，如果是含硅量较高的铸铝合金则需要在硝酸溶液中加入适量的氢氟酸或氟化氢铵。

在铝合金光化处理中，除硝酸外，硫酸和磷酸也可采用，但需要添加强氧化剂。有机酸在铝合金光化处理中实用意义不大。氨基磺酸对多种铝合金的光化处理效果较好，但采用氨基磺酸进行光化处理时，不可在氨基磺酸溶液中添加氧化性物质。氨基磺酸对一些难溶的金属氧化物可通过络合作用溶解，而在硝酸及添加氧化剂的硫酸溶液中对一些难溶金属氧化物则是通过氧化作用使其从难溶的低价态变为易溶的高价态。

光化处理也是铝合金表面处理中应用得最多的一个工序，几乎在整个前处理过程中每个工序后都会经过光化处理，其应用频率仅次于水洗。在实际生产中，如果光化处理质量达不到预期的要求，会给后续加工带来极大的影响。对阳极氧化而言，如果光化处理质量不合格，会直接导致氧化膜质量劣化。光化处理一般都是在室温条件下进行，光化处理时间根据溶液的浓度及铝合金材料表面的膜层性质来决定，检验光化处理质量是否合格一般采用目视法，如果不能确定，则采用洁白的纸巾或洁白的布块、脱脂棉等，用清水润湿后擦拭工件表面，如无杂色即可认为光化处理质量合格。光化处理的常用配方及操作条件见表 3-27。

表 3-27　光化处理常用配方及操作条件

| | 材料名称 | 化学式 | 配方 1 | 配方 2 | 配方 3 | 配方 4 | 配方 5 | 配方 6 | 配方 7 |
|---|---|---|---|---|---|---|---|---|---|
| 溶液成分含量 | 硝酸(68%)/(mL/L) | $HNO_3$ | 400～550 | — | 50～200 | — | 700～900 | — | — |
| | 硫酸($d$=1.84,98%)/(mL/L) | $H_2SO_4$ | — | — | — | 100～200 | — | — | — |
| | 高锰酸钾/(g/L) | $KMnO_4$ | — | — | 5～15 | — | — | — | — |
| | 磷酸(或其他稳定剂)/(mL/L) | $H_3PO_4$ | — | — | — | 12～20 | — | — | — |
| | 氢氟酸(40%)/(mL/L) | HF | — | — | — | — | 30～100 | — | — |
| | 过氧化氢(50%)/(mL/L) | $H_2O_2$ | — | — | — | 10～20 | — | 100～150 | — |
| | 氨基磺酸/(g/L) | $H_2NSO_3H$ | — | 100～150 | — | — | — | — | — |
| | 氟化氢铵/(g/L) | $NH_4HF_2$ | — | — | — | — | — | 150～260 | — |
| | 乙酸铵/(g/L) | $NH_4Ac$ | — | — | — | — | — | 10～25 | — |
| | 三乙醇胺/(g/L) | $N(CH_2CH_2OH)_3$ | — | — | — | — | — | 10～20 | — |
| | 过硫酸铵/(g/L) | $(NH_4)_2S_2O_8$ | 0～50 | — | — | — | — | — | 100～200 |
| 操作条件 | 温度 | | 室温 | | | | | | |
| | 时间/s | | 20～60 | | | | | | |

注：表中过硫酸铵就目前而言是一种可以代替硝酸的光化处理剂，可实现无硝酸、无有机添加剂光化处理。如用过硫酸氢钠做除灰剂就可完全实现无氮、无有机添加剂的真正环保光化处理，但过硫酸氢钠价格比过硫酸铵高，同时稳定性比过硫酸铵差。

关于光化处理从环保的角度出发以硫酸-过氧化氢为首选，其次是氨基磺酸，再次是采用硝酸；其光化处理效果及稳定顺序：硝酸＞硫酸-过氧化氢＞氨基磺酸。

对铸造铝合金的光化处理也可采用硝酸、磷酸、硫酸、硼酸、过氧化氢、氟化氢铵、冰乙酸或乙酸铵进行复配，冰乙酸或乙酸铵具有表面脱硅作用。

# 第三节　水 洗 技 术

水洗看起来是一个很简单的过程，但其内容却是很丰富的，在表面处理过程中是采用频率最高的一个工序。为保证产品质量的稳定做好水洗工作更为重要，闭路循环生产中在保证产品质量的前提下将水洗的用水量降到最低是一项极其重要的工作，同时也是最容易被大家忽视的一个工序。本节将对水洗的作用及节水方案进行详细讨论。

## 一、水洗的目的

水洗在本质上是一种稀释的过程，其目的是稀释工件表面附着的已溶解的化学药品液膜层使之达到极低的浓度，从而成为清洁表面。选择合适的水洗方式不仅是为了产品质量的稳定，更多的是为了减少废水的排放量。然而水洗技术却少有人关心，在普遍的认识中，认为水洗只是一个简单的过程，并不需要进行过多的了解。这种认识肯定是错误的，且不讲技术层面的东西，只就成本而言，水洗技术也是一个值得去认真思考的问题。铝合金表面处理过程所产生的各种废水都要先进行无害化处理，然后才能排放到自然水体中，且铝合金表面处理工艺的用水量是很大的，特别是铝合金阳极氧化处理所涉及的工序很多，且每个工序都要进行水洗操作，其用水量远大于一般的电镀或化学镀工艺。如果在加工过程中不注意对水的节约使用势必会增加废水处理量，必然会导致成本的上升。从经济的角度来看，多了解一些有关水洗的技术问题是很有必要的，同时清洗水的减少也为清洁生产的实现创造了先机，特别是对零排放而言，尽可能少的清洗水是非常关键的。可以毫不夸张地说，只有先解决了水洗的技术问题，零排放才有实现的可能。

这一节所讨论的水洗技术以最小的用水量来达到最大的水洗质量要求为目的，特别是对于闭路循环系统或再循环系统，如何在保证清洗质量的前提下使清洗水量减少到最少的操作方法是一个非常关键的课题。因为清洗水的减少，直接看只是节约了用水，而间接中则关系到整个系统所用设备大小和效率的高低，对整个系统的经济性有很大的影响。

在水洗过程中如何去判别水洗质量呢？在这里需要设立一个可以人为控制的指标，这个指标就是水洗槽中的溶质浓度。水洗槽中的溶质来自两个方面：一是水本身的溶质浓度，水越纯，其溶质浓度越低，这是水的基础溶质，对于要求不高的场合，自来水的基础溶质可以不计；二是工件从化学溶液中的带出，这是清洗水中溶质的主要来源，单位时间生产面积越大，带出量就越多，水洗槽中的溶质浓度就会逐渐升高，最终达到一个所设定的最大值。从水洗的质量要求来看，清洗水中溶质浓度越低，水洗质量越好。

一槽新的清洗水，随着生产的进行，工件带出累计量增加，当增加到一定浓度时，可以认为清洗水质量已不合格，需要更换或连续补加以维持清洗水的水质。同时在清洗过程中为了使工件带入的溶液与清洗水能快速地完全混合，需要采取搅拌措施来完成，在本节中将详细讨论水洗的方式及要求。

水洗技术按给水的方式可分为连续给水清洗方式和间歇式逆流给水清洗方式。连续给水清洗又分为单级和多级给水方式，而间歇式都为多级式。下面分别对这几种方式进行讨论。

## 二、单级连续清洗技术

这是一种最简单的清洗方法，也是一种很古老的清洗方法，这种方法是在工作槽的边上设一个清洗槽，一边连续给水一边操作。采用这种方式进行水洗，水洗槽中的溶质浓度会很快上升，这时为了维持水洗槽中的溶质浓度在控制范围内，就需要不断地给水，同时从排水口中将水排出使水洗槽中的水得到不断更新。采用这种方式的水洗其水的消耗非常大，现在已没有工厂采用这种方法。如图3-3所示。

## 三、多级连续清洗技术

多级清洗就是采用多个水洗槽组合在一起，工件按顺序从第一个水洗槽到最后一个水洗槽的清洗过程。多级清洗又根据水洗槽间的关系分为并列多级连续清洗和串联多级连续清洗。

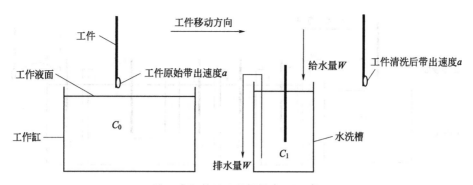

图 3-3 单级连续清洗示意图

$a$—工件带出速度（L/h）；$W$—给、排水量（L/h）；

$C_0$—工作溶液浓度（g/L）；$C_1$—清洗水浓度（g/L）

### 1. 并列多级连续清洗技术

并列多级清洗是将多个同样的清洗槽并联设置，在各个清洗槽中分别给水与排水的清洗方法。图 3-4 是一个 $n$ 级并列清洗示意图。

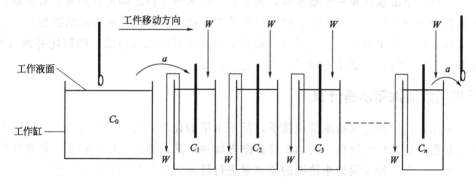

图 3-4 $n$ 级并列清洗示意图

$a$—表示工件带出量，L/h；$W$—给、排水量，L/h；$C_0$—工作缸中溶质浓度，g/L；

$C_1$—第一清洗槽中溶质浓度，g/L；$C_2$—第二清洗槽中溶质浓度，g/L；

$C_3$—第三清洗槽中溶质浓度，g/L；$C_n$—第 $n$ 清洗槽中溶质浓度，g/L

并列多级清洗和单级清洗相比用水量要省得多，当对清洗水的要求相同时，二级并列清洗用水量只相当于单级清洗的 1/15 左右；三级并列清洗用水量只相当于单级清洗的 1/60 左右。

在 20 世纪 80 年代的工厂中经常看到并列多级清洗技术，这种方法虽然对节水已经跨出了很大一步，但仍然存在水耗量大的问题而被淘汰，现在已不被采用而用下述的串联多级清洗技术所代替。并列多级清洗技术各槽之间的给排水是独立的，所以各清洗槽之间不需要有水位差。

### 2. 串联多级连续清洗技术

串联多级清洗即多级逆流连续清洗。如图 3-5 所示。

把 $n$ 个清洗槽排列在一起，同时把前一个清洗槽的入水口和后一个清洗槽的出水口串联起来的给水方式称为串联多级清洗。这种清洗方法与上面所介绍的并列多级清洗的不同点在于并列多级清洗的每个清洗槽都分别设置有进水口和出水口，而串联多级清洗只在最后一个清洗槽设有给水口和在第一级清洗槽设有一个排水口。此时在最后一个槽给水的水流方向与工件的移动方向相反，依次通过前面一级的清洗槽，直到最后由第一个清洗槽排出。这种

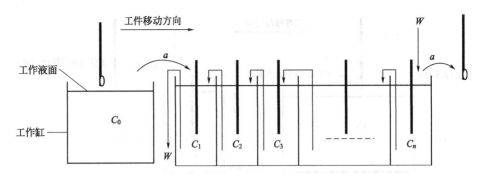

图 3-5　多级逆流连续清洗示意图

$a$—表示工件带出量，L/h；$W$—给、排水量，L/h；$C_0$—工作缸中溶质浓度，g/L；

$C_1$—第一清洗槽中溶质浓度，g/L；$C_2$—第二清洗槽中溶质浓度，g/L；

$C_3$—第三清洗槽中溶质浓度，g/L；$C_n$—第 $n$ 清洗槽中溶质浓度，g/L

串联多级清洗由于清洗水与工件的移动方向存在逆流的关系，一般又称之为多级逆流清洗。这一清洗方式和上面介绍的并列多级清洗的最大不同之处在于各清洗槽之间通过给水和排水口串联，只有一个出水口和一个给水口，为了使清洗水与工件之间能以逆流方式流动，各槽之间需要有一定的水位差。由于给、排水口的减少，这种方式比并列多级清洗更省水，也是目前大多数工厂所采用的方式。在同等水质要求的前提下，二级清洗，串联比并列可省 1/2 的清洗水；三级清洗，串联比并列可省 1/3 的清洗水。

## 四、连续给水清洗用水量计算

不管采用什么样的连续给水清洗技术，其用水量的计算公式都是很复杂的，同时公式中的关键数据都是通过相关资料中的 AR 计算图查询的，其计算结果带有很大的估算性质。在此举一个例子，对三种连续给水清洗的用水量进行计算并比较其用水量的多少。关于给水量的计算方法读者也可参照其他计算公式进行计算，但所有计算都只能提供一个参考值，因为在实际生产中变数很大，不是用几个公式就可以解决的，最好的做法是通过计算再结合化学分析来进行对清洗质量的评估。

在进行计算之前，会用到带出量这个数据，带出量即工件从溶液中提出时附着在工件表面的溶液。带出量的多少主要受两个因素的影响：一是工件形状，工件形状越复杂，带出量就越多，反之则越少；二是工件从溶液中提出的速度，提出速度越快，带出量越多，工件的提出速度也受工件在溶液中进行化学反应剧烈程度的影响，在化学反应剧烈程度允许的情况下（反应速度慢），减慢提出速度或将工件从溶液中提出后在工作槽上略微停留都可以减少带出量。带出量的取值范围一般在 $50 \sim 100 \text{mL/m}^2$。化学抛光和碱蚀的带出量会更多一些。

### 1. 计算方法

【例 1】　现有氢氧化钠溶液，浓度为 100g/L，在清洗中，要求最后清洗槽中的氢氧化钠浓度为 60mg/L，当采用下列清洗方式时，各种方式中所需要的总给水量分别是多少？

① 一级清洗所需的总给水量；

② 二级并列清洗所需的总给水量；

③ 二级串联清洗所需的总给水量；

④ 三级并列清洗所需的总给水量；

⑤ 三级串联清洗所需的总给水量。

设工件带出速度 $a=3L/h$

**解**　①一级清洗所需的总给水量 $W$ 的计算方法：

$C_0=100g/L$；

$C_1=60mg/L=0.06g/L$；

$R=C_0/C_1=100/0.06=1667=1.667\times10^3$

近似计算公式：$R=1+W/a$；$W=(R-1)\times a$

$W=(1667-1)\times3L/h=4998L/h$。

② 二级并列清洗所需的总给水量 $W$ 的计算方法：

在 AR 计算图中，由 $n=2$ 的虚线相对应于 $R=1.667\times10^3$ 查出 $A$ 值；

$A=59$，$W=A\times a=59\times3L/h=177L/h$。

此时的总排水量 $=2W=2\times177L/h=354L/h$。

③ 二级串联清洗所需的总给水量 $W$ 的计算方法：

在 AR 计算图中，由 $n=2$ 的实线部分对应于 $R=1.667\times10^3$ 查出 $A$ 值；

$A=63$，$W=A\times a=63\times3L/h=189L/h$。

④ 三级并列清洗所需的总给水量 $W$ 的计算方法：

在 AR 计算图中，由 $n=3$ 的虚线部分对应于 $R=1.667\times10^3$ 查出 $A$ 值；

$A=9$，$W=A\times a=9\times3L/h=27L/h$。

此时的总排水量 $=3W=3\times27L/h=81L/h$。

⑤ 三级串联清洗所需的总给水量 $W$ 的计算方法：

在 AR 计算图中，由 $n=3$ 的实线部分对应于 $R=1.667\times10^3$ 查出 $A$ 值；

$A=11$，$W=A\times a=11\times3L/h=33L/h$。

将以上结果归纳于表 3-28 中，计算结果的图示表示见图 3-6。

**表 3-28　五种连续清洗方法总给水量表**

| 清洗方式 | 给水总量/(L/h) |
| --- | --- |
| 一级连续清洗 | 4998 |
| 二级并列连续清洗 | 354 |
| 二级串联连续清洗 | 189 |
| 三级并列连续清洗 | 81 |
| 三级串联连续清洗 | 33 |

### ➋ 2. 计算结果分析

从表中数据可以看出，在同等清洗质量的要求下，一级连续清洗给水总量最大每小时近 4998L；

二级并列连续清洗给水总量约每小时 354L，只相当于一级连续清洗给水量的 1/14；

二级串联连续清洗给水总量约每小时 189L，比二级并列连续清洗给水量降低了近一半，只相当于一级连续清洗给水量的 1/26；

三级并列连续清洗给水总量约每小时 81L，比二级串联连续清洗给水量降低了一半多，只相当于二级并列连续清洗给水量的 1/4；

三级串联连续清洗给水总量约每小时 33L，是三级并列连续清洗给水量的 2/5，只相当

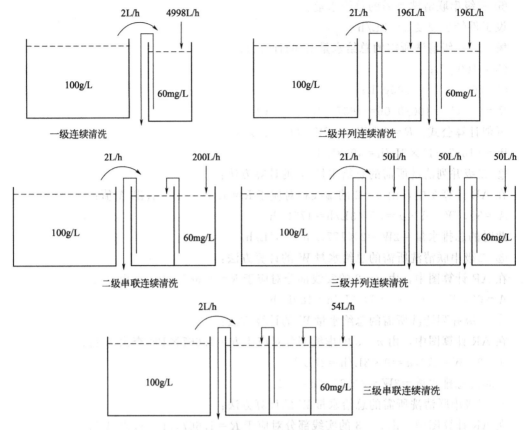

图 3-6 各种连续清洗给水总量比较示意图

于二级串联连续清洗给水量的 1/6。

从以上的对比可以看出，以三级串联连续清洗所消耗的清洗水最少，这也是目前各生产厂采用得最多的一种方法，只是很少有生产厂会对这种方式采用计算的方式来衡量清洗质量。例 1 中的计算是通过查 AR 计算图进行的，由于图的准确性待考，所以其计算结果只是一个参考值，也就没有将 AR 计算图列出。在实际生产中完全可以借助溶液分析技术来制定一个清洗计划，这个工作实际操作起来会比较麻烦，但从长远计，还是值得的。其具体方法可从以下几个方面来考虑：

（1）根据产品的质量要求，预先规定一个清洗水质量要求，即规定最后一个清洗槽或最前面的清洗槽中的最高溶质浓度。

（2）订购一套三级并联式清洗槽，也可以根据要求进行自制。

（3）通过周或月产量计算出每天平均生产量（换算成平方米）。

（4）在给水处安装一水表，并预先确定一个给水流量（水表流量根据清洗水体积及每小时生产量而定）。

（5）在饱和生产的情况下每半天分析一次清洗水中的溶质浓度，并做好记录。

（6）在连续生产的情况下，以两天的分析结果对照给水处水表的流量进行调整。在流量一定的情况下，如果最后一个清洗槽中的溶质浓度高于预先规定值，需要增大给水处的给水流量，反之则减少给水处的给水流量。

（7）将以上的分析结果及流量调节作图，经过多次实验以后即可得到一个每小时加工单位面积的经验给水量。

连续给水式逆流清洗法对清洗水水质的控制也可以通过对电导率的测试来进行，清洗水的电导率随溶质浓度的提高电导率也随之升高。比如对于三级串联式清洗方式，在最后一个清洗槽中加装一个可以测试电导率的传感器，再通过电源控制装置与给水管的电磁阀相连，当清洗槽中的溶质浓度高于预定值后其电导率必高于预先设定值，这时控制器打开电磁阀开始给水直至清洗槽中的电导率降到预先规定值，关闭电磁阀停止给水，如图 3-7 所示。同样对于间隙式逆流清洗技术，也可采用电导法来对最后一级清洗水进行控制。

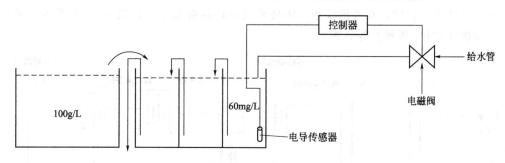

图 3-7　电导率控制给水方式示意图

## 五、间隙式多级逆流清洗技术

上一部分介绍的多级串联清洗方法是一种以最少的用水量来提高清洗效果的有效方法，一般称为多级逆流清洗法，其原则是连续向最后一级清洗槽给水，所以又称为连续式多级逆流清洗法。在这里所说的间隙式多级逆流清洗法，是断续地给水，每隔一定时间进行给水的方式。间隙式逆流清洗也是采用多个清洗槽来进行，各清洗槽之间的清洗水不能自由流动，需采用输水泵来使清洗水在槽与槽之间流动。$n$ 级间隙式逆流清洗见图 3-8。

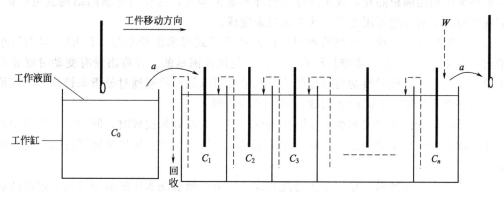

图 3-8　$n$ 级间隙式逆流清洗示意图

$a$—工件带出量，L/h；$W$—给、排水量，L/h；$C_0$—工作缸中溶质浓度，g/L；
$C_1$—第一清洗槽中溶质浓度，g/L；$C_2$—第二清洗槽中溶质浓度，g/L；
$C_3$—第三清洗槽中溶质浓度，g/L；$C_n$—第 $n$ 清洗槽中溶质浓度，g/L

图中虚线箭头表示间隙给水和排水。

### 1. 间隙式逆流清洗的优点

间隙式逆流清洗改变了过去"长流水清洗"的方法，与连续多级式清洗相比，有如下优点：

（1）水不再是长流式　用连续给水，即使在生产中出现生产暂停，清洗水还是照样继续长流。由于在生产中带出量的变动，给水总是在安全指标以上，也就是说水总是要多用的。而间隙式给水由于操作中停止给水，只有当最后一个清洗槽水中溶质含量达到一定浓度时才会依次将清洗水往前交换，并在最后一个清洗槽中放满清水，所以清洗槽的水得以有效利用，而没有白白浪费。

（2）结构简单　间隙式多级逆流清洗只需要将清洗槽隔开即可，而连续串联给水时，为了达到多级清洗的目的，在各清洗槽内需要增设两块隔板隔开［如图 3-9（a）所示］或用虹吸管［如图 3-9（b）所示］等装置。

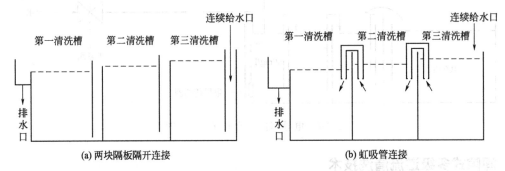

图 3-9　三级连续串联给水逆流清洗方式连接示意图

从图 3-9 中可以看出，各清洗槽间需要有液位差。用这样的连接方式，如果液位差不大，有时会产生液位差倒过来的现象（如第一清洗槽的液面较第二清洗槽的液面高），清洗水就会倒流。尤其是用虹吸管的方式时，当停止操作而不及时切断虹吸管时，各槽间的清洗水由于浓差扩散作用有可能混合起来，为了防止倒流现象，还需要安装止回阀。而间隙式给水只要将清洗槽用隔板隔开，或用同样的槽并列起来即可，这样清洗槽的结构就可以简化。各清洗槽间的清水移送可用电动泵或手摇泵来完成。

（3）不需要调节水量　连续给水时，即使从计算式可求出给水量（L/h），但当每小时的给水量在 100L 以下时，要维持给水量的恒定是比较困难的。在带出量有变动时就要调节给水量，而间隙式清洗时最初与最后的清洗水浓度可以凭经验或通过分析来控制，间隙给水周期没有必要严格按一定时间或天数，可以灵活掌握。

（4）总给水量比连续式的少　在同样条件下进行清洗效果比较时，间隙式清洗所用的给水量比连续式的给水量要少得多，间隙式给水基本上没有浪费，所以实际清洗效果比计算值还好。

（5）清洗水回收容易　在间隙式清洗方式中，第一槽清洗水中的溶质浓度通过清洗量的增多可自动富集，使其浓度增高，这时可方便地采用某些方法进行处理（如电解、浓缩等）。回收或去除有害杂质时，在相同清洗效果下，间隙式清洗比连续式清洗能得到浓度更高且水量少并容易处理的第一清洗槽液，使回收或处理效率大大提高。

（6）可延长离子交换树脂的再生周期　用离子交换法使多级清洗的最后清洗水循环回用时，在相同的清洗效果下，间隙清洗法减轻了对离子交换树脂的负荷，因此延长了离子交换树脂的再生周期。

### 2. 间隙式清洗的操作

间隙式清洗在操作过程中一个最重要的问题就是何时应该给水。给水时间受多方面因素的影响，概括起来主要有以下三方面的因素：

（1）带入量 先统计出每天生产的平均面积，根据生产面积就可以估算出将溶液带入到清洗槽中的带入量。当生产面积是个确定值时，影响带入量的因素有两个：

一是工件的形状复杂程度，带有形腔、盲孔、折边以及溶液不易排空的各种孔都会使溶液的带出量增大，相应地往清洗槽中的带入量也增大。

二是工件从溶液中的提出速度，速度越快，从溶液中的带出量就越多，相应地清洗槽带入量就越多。对于形状复杂的工件，在装挂时要考虑溶液排空问题，减少溶液的带出量；在实际操作时且工艺允许的情况下，工件提出速度不宜过快，工件离开液面后稍停留片刻使工件上的溶液流回工作槽，减少带出量。在生产面积不变的情况下，从工作槽中溶液带出量的减少，必然使清洗槽中带入量减少，也就延长了给水间隔时间。

（2）清洗槽的体积及级数 清洗槽的体积越大，负荷量就越大，在浓度要求不变的情况下，可以接纳更多的带入量，但清洗槽体积越大，给生产带来的困难也就越多。同时清洗槽的体积也受清洗槽的级数影响，级数越多，在清洗质量要求不变的情况下，清洗槽的体积也就越小。在级数不变的情况下，增大清洗槽的体积只是延长了给水间隔时间，但并没有减少给水量与排水量。在体积不变的情况下，级数越多，给水间隔时间就越长，同时给水量也越少，且第一清洗槽的溶质浓度随级数的增多浓度越高，越利于回收利用。

清洗槽的体积受工件大小及生产量的影响，其中主要是工件大小。在通常情况下（即不考虑工件尺寸的变化）清洗槽以 300～400L 为宜。清洗槽数一般采用三级，如果要增大第一清洗槽浓度以利于回收或处理可采用四级或五级，级数的确定是在最后一个清洗槽溶质浓度不变情况下对第一清洗槽的溶质浓度要求。如果要求第一清洗槽溶质浓度高则可用采用更多级数，反之则可以减少级数。在多级清洗槽的最后一级之后还可再增加一级与前面不相连接的离子交换清洗槽，根据每小时的交换流量可以把工件表面清洗水的溶质浓度控制在 0.0001g/L 以下，这对高质量要求的工件来说是非常重要的。

（3）最后一级清洗槽中的溶质浓度要求 在体积和级数不变的情况下，最后一级清洗槽中溶质浓度要求越低，给水间隔时间就越短。最后一级清洗槽的溶质浓度与带出溶液的成分对工件及环境的影响有关，一般取 0.01～0.05g/L。给水间隔也可以第一清洗槽的浓度上限值来确定。

间隙式给水清洗时，给水方式是将第一清洗槽的清洗水排入回收或处理系统，然后将第二槽的清洗水排入第一槽，以此类推，最后一级清洗水排出到前面清洗槽后，放入新的清洗水，这就完成了一个给水周期。在第一个清洗槽的底部可用安装水阀来完成排水过程，后面清洗槽的水往前面清洗槽排放时采用手摇泵或电动泵来完成。

以上讲的是完全排空情况下的间隙给水，在更多的情况下，由于工作槽溶液的蒸发，特别是很多工作槽都是在加温的情况下进行加工，所以其溶液蒸发更快，为了维持液面高度，需要补加水到工作槽，这时就可以直接将第一清洗槽的清洗水补加到工作槽内，其补加量与工作槽溶液的蒸发量相等。然后再从第二清洗槽排入同体积的清洗水到第一清洗槽，依此类推，最后一个清洗槽排出的水用新的清洗水补加。

## 六、间隙式多级逆流清洗给水量的计算

【例 2】 某碱性处理槽，氢氧化钠浓度为 $C_0=100g/L$，从工作溶液中的带出速度 $a=3L/h$。清洗槽体积 $V=600L$，清洗级数 $n=3$，第四清洗槽采用离子交换循环（1000L/h）。

试计算：

　　① 为了使 $C_3 = 0.06g/L$，给水周期应为多少小时？

　　② 这时的 $C_1$、$C_2$、$C_3$ 分别是多少？

　　③ 离子交换清洗水的平均浓度 $C_I$ 是多少？

　　④ 换算成每天的给水量是多少？

　　**解**　① 为了使 $C_3 = 0.06g/L$，给水周期的计算：

$B = C_0/100 = 100/100 = 1$

$C_3 = C_3^* B$

$C_3^* = C_3/B = 0.06g/L/1 = 0.06g/L$

通过查表 3-29 可知，相当于 $C_3^* = 0.06g/L$ 的给水周期是 14h，其 $C_3^* = 0.057g/L$。

$a/V = 3/600 = 0.005$

$0.01/0.005 = 2$，因此给水周期为 $14h \times 2 = 28h$（0.01 为表中平衡值所取参数 $a/V$ 值）。

　　② 这时的 $C_1$、$C_2$、$C_3$ 分别是多少的计算方法：

$C_1 = C_1^* \times B = 13.996g/L \times 1 = 13.996g/L$

$C_2 = C_2^* \times B = 1.073g/L \times 1 = 1.073g/L$

$C_3 = C_3^* \times B = 0.057g/L \times 1 = 0.057g/L = 57mg/L$

　　③ 离子交换清洗水的平均浓度 $C_I$ 的计算：

$$C_I = C_3 \times (a/1000) \times 0.5 = 57mg/L \times (3/1000) \times 0.5 = 0.0855mg/L$$

　　④ 换算成每天的给水量的计算：

给水周期是 28h，以每天工作 8h 计（实际工作时间，不含上下班准备时间），28h 是 3.5 天，换水量 600L；

每天给水量 $= 600L/3.5 = 171.428L$，约 172L，每小时给水量 21.5L（按每天 8h 计）。

本例计算说明示意图见图 3-10。

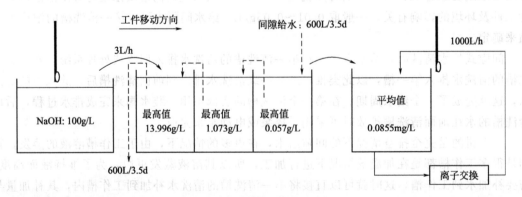

图 3-10　例 2 的计算说明示意图

例 2 是一个三级间隙清洗的例子，现在按例 2 所给的条件采用四级间隙清洗进行计算。

　　**【例 3】**　某碱性处理槽，氢氧化钠浓度为 $C_0 = 100g/L$，从工作溶液中的带出速度 $a = 3L/h$。清洗槽体积 $V = 600L$，清洗级数 $n = 4$，第五清洗槽采用离子交换循环（1000L/h）。计算：

① 为了使 $C_4 = 0.06\text{g/L}$，给水周期为多少小时？

② 这时的 $C_1$、$C_2$、$C_3$、$C_4$ 分别是多少？

③ 离子交换清洗水的平均浓度 $C_I$ 是多少？

④ 换算成每天的给水量是多少？

**解**　① 为了使 $C_4 = 0.06\text{g/h}$ 给水周期的计算：

$B = C_0 / 100 = 100 / 100 = 1$

$C_4 = C_4^* \times B$

$C_4^* = C_4 / B = 0.06\text{g/L} / 1 = 0.06\text{g/L}$

通过查表 3-30 可知，相当于 $C_4^* = 0.06\text{g/L}$ 的给水周期是 27h，其 $C_4^* = 0.055\text{g/L}$

$a / V = 3 / 600 = 0.005$

$0.01 / 0.005 = 2$，因此给水周期为 $27\text{h} \times 2 = 54\text{h}$。

② 这时的 $C_1$、$C_2$、$C_3$、$C_4$ 分别是多少的计算方法：

$C_1 = C_1^* \times B = 26.994\text{g/L} \times 1 = 26.994\text{g/L}$

$C_2 = C_2^* \times B = 4.365\text{g/L} \times 1 = 4.365\text{g/L}$

$C_3 = C_3^* \times B = 0.543\text{g/L} \times 1 = 0.543\text{g/L}$

$C_4 = C_4^* \times B = 0.055\text{g/L} \times 1 = 0.055\text{g/L} = 55\text{mg/L}$

③ 离子交换清洗水的平均浓度 $C_I$ 的计算：

$C_I = C_4 \times (a / 1000) \times 0.5 = 55\text{mg/L} \times (3 / 1000) \times 0.5 = 0.0825\text{mg/L}$

④ 换算成每天的给水量的计算：

给水周期是 54h，以每天工作 8h 计（实际工作时间，不含上下班准备时间），54h 是 6.75 天，按 6.5 天计算，换水量 600L；

每天给水量 $= 600\text{L} / 6.5 = 92.3\text{L}$，约 93L，每小时给水量约 11.7L（按每天 8h 计）。

本例计算说明示意见图 3-11。

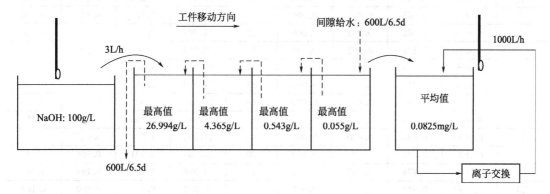

图 3-11　例 3 的计算说明示意图

从例 2 和例 3 的计算结果来看，多增加一级清洗槽，给水量从 172L 降到了 93L，第一清洗槽的溶质浓度从 13.996g/L 上升到 26.994g/L，浓度接近增加了一倍，这对于需要对第一清洗槽进行回收的意义是非常重大的，也给后续处理也带来了方便。

间隙式多级逆流清洗的平衡值见表 3-29 和表 3-30。表中数据摘自中村实所著之《电镀废水闭路循环的理论与应用》。

表 3-29　间隙式三级逆流清洗平衡值

| 给水周期/h | $C_1^*$/(g/L) | $C_2^*$/(g/L) | $C_3^*$/(g/L) | 给水周期/h | $C_1^*$/(g/L) | $C_2^*$/(g/L) | $C_3^*$/(g/L) |
|---|---|---|---|---|---|---|---|
| 1 | 1.000 | 0.005 | 0.000 | 19 | 18.989 | 2.038 | 0.153 |
| 2 | 2.000 | 0.020 | 0.000 | 20 | 19.988 | 2.273 | 0.182 |
| 3 | 3.000 | 0.045 | 0.000 | 21 | 20.984 | 2.520 | 0.213 |
| 4 | 4.000 | 0.082 | 0.001 | 22 | 21.981 | 2.762 | 0.248 |
| 5 | 5.000 | 0.129 | 0.002 | 23 | 22.976 | 3.058 | 0.287 |
| 6 | 5.998 | 0.186 | 0.003 | 24 | 23.971 | 3.350 | 0.330 |
| 7 | 6.998 | 0.255 | 0.006 | 25 | 24.967 | 3.656 | 0.378 |
| 8 | 7.998 | 0.336 | 0.009 | 26 | 25.962 | 3.978 | 0.432 |
| 9 | 8.998 | 0.429 | 0.014 | 27 | 26.954 | 4.312 | 0.489 |
| 10 | 9.998 | 0.534 | 0.020 | 28 | 27.945 | 4.662 | 0.551 |
| 11 | 10.997 | 0.649 | 0.026 | 29 | 28.936 | 5.028 | 0.620 |
| 12 | 11.997 | 0.778 | 0.034 | 30 | 29.925 | 5.407 | 0.694 |
| 13 | 12.996 | 0.918 | 0.044 | 31 | 30.914 | 5.806 | 0.775 |
| 14 | 13.996 | 1.073 | 0.057 | 32 | 31.900 | 6.218 | 0.861 |
| 15 | 14.996 | 1.239 | 0.071 | 33 | 32.885 | 6.646 | 0.955 |
| 16 | 15.995 | 1.420 | 0.88 | 34 | 33.868 | 7.089 | 1.055 |
| 17 | 16.993 | 1.612 | 0.107 | 35 | 34.850 | 7.548 | 1.163 |
| 18 | 17.991 | 1.818 | 0.128 | | | | |

注：表中平衡数据计算参数 $n=3$，$a/V=0.01$，$C_0=100g/L$；$n$——级数；$a$——带出量，L/h；$V$——清洗槽体积，L；$C_0$——溶质浓度。

表 3-30　间隙式四级逆流清洗平衡值

| 给水周期/h | $C_1^*$/(g/L) | $C_2^*$/(g/L) | $C_3^*$/(g/L) | $C_4^*$/(g/L) | 给水周期/h | $C_1^*$/(g/L) | $C_2^*$/(g/L) | $C_3^*$/(g/L) | $C_4^*$/(g/L) |
|---|---|---|---|---|---|---|---|---|---|
| 1 | 1.000 | 0.005 | 0.000 | 0.000 | 19 | 18.996 | 2.047 | 0.163 | 0.010 |
| 2 | 2.000 | 0.020 | 0.000 | 0.000 | 20 | 19.998 | 2.286 | 0.195 | 0.013 |
| 3 | 3.000 | 0.045 | 0.000 | 0.000 | 21 | 20.996 | 2.536 | 0.229 | 0.016 |
| 4 | 4.000 | 0.082 | 0.001 | 0.000 | 22 | 21.997 | 2.802 | 0.268 | 0.020 |
| 5 | 5.000 | 0.129 | 0.002 | 0.000 | 23 | 22.995 | 3.082 | 0.312 | 0.025 |
| 6 | 5.998 | 0.186 | 0.003 | 0.000 | 24 | 23.995 | 3.379 | 0.361 | 0.031 |
| 7 | 6.998 | 0.255 | 0.006 | 0.000 | 25 | 24.995 | 3.693 | 0.416 | 0.038 |
| 8 | 7.998 | 0.336 | 0.009 | 0.000 | 26 | 25.996 | 4.022 | 0.478 | 0.046 |
| 9 | 8.999 | 0.429 | 0.014 | 0.000 | 27 | 26.994 | 4.365 | 0.534 | 0.055 |
| 10 | 10.000 | 0.534 | 0.020 | 0.000 | 28 | 27.991 | 4.724 | 0.615 | 0.065 |
| 11 | 10.997 | 0.649 | 0.026 | 0.000 | 29 | 28.990 | 5.101 | 0.696 | 0.077 |
| 12 | 11.998 | 0.778 | 0.035 | 0.001 | 30 | 29.988 | 5.495 | 0.784 | 0.091 |
| 13 | 12.997 | 0.919 | 0.045 | 0.001 | 31 | 30.987 | 5.907 | 0.880 | 0.106 |
| 14 | 13.999 | 1.075 | 0.059 | 0.002 | 32 | 31.984 | 6.334 | 0.984 | 0.124 |
| 15 | 14.998 | 1.243 | 0.074 | 0.003 | 33 | 32.981 | 6.780 | 1.097 | 0.144 |
| 16 | 16.000 | 1.425 | 0.093 | 0.005 | 34 | 33.978 | 7.243 | 1.220 | 0.166 |
| 17 | 16.998 | 1.618 | 0.113 | 0.006 | 35 | 34.974 | 7.724 | 1.352 | 0.191 |
| 18 | 17.997 | 1.825 | 0.136 | 0.008 | | | | | |

注：表中平衡数据参数 $n=4$，$a/V=0.01$，$C_0=100g/L$；$n$——级数；$a$——带出量，L/h；$V$——清洗槽体积，L；$C_0$——溶质浓度。

## 七、连续式和间隙式给水总量比较

例1、例2、例3所要求的最后一级清洗水溶质浓度都是0.06g/L，现在将例1、例2、例3三个例子中的清洗水消耗量作一个比较。见表3-31。

表3-31　例1、例2、例3清洗方法总给水量比较

| 清洗方式 | 给水总量/(L/h) | 工作槽浓度 | 各清洗槽溶质浓度/(g/L) | | | |
|---|---|---|---|---|---|---|
| | | | $C_1$ | $C_2$ | $C_3$ | $C_4$ |
| 一级连续清洗 | 4998 | | 0.06 | | | |
| 二级并列连续清洗 | 354 | | | 0.06 | | |
| 二级串联连续清洗 | 189 | | | 0.06 | | |
| 三级并列连续清洗 | 81 | 100g/L | | | 0.06 | |
| 三级串联连续清洗 | 33 | | | | 0.06 | |
| 三级间隙给水清洗 | 21.5 | | 13.996 | 1.073 | 0.057 | |
| 四级间隙给水清洗 | 11.7 | | 26.994 | 4.365 | 0.543 | 0.055 |

从上表中就能很直观地看出何种清洗方法在不降低清洗质量的前提下给水量最少，不管是从环保还是从生产成本考虑，多级间隙式清洗都是所必选的方案。

# 第四章
# 铝合金纹理蚀刻技术

铝合金化学纹理直接蚀刻是一种新型工艺，从理论上讲可以弥补现有工艺或技术上的某些不足。比如喷砂工艺容易受工件形状、大小的影响。而普遍采用的经验型配方效果单一，也无完整工艺介绍，难以在铝合金表面做到粗糙度、光度可调的纹理效果。而本章所介绍的化学纹理蚀刻工艺，一是蚀刻后的纹理粗糙度较高，并在一定范围内（$Ra\ 0.4 \sim 4.5$）可调；二是经化学纹理蚀刻后，工件表面光度较高，对非高光亮要求的工件可不做抛光处理即可直接进行阳极氧化或化学镀等后续加工，同时也可通过对工艺条件的改变实现从哑到光的纹理光度调节。显然，铝合金纹理蚀刻工艺是一个很有前途的新型表面加工技术。本章即对酸性、碱性等常用的纹理蚀刻方法进行讨论，酸＋碱两步法及更多相关纹理蚀刻方面的知识可参阅《铝合金纹理蚀刻技术》一书。

纹理蚀刻工艺应该满足以下基本要求：

① 纹理均匀，表面光泽性好，在一般情况下不经抛光即可进行阳极氧化、化学镀等后续加工；

② 原料易得，成本适中，操作方便，易于控制；纹理蚀刻液要易于通过调整再生实现较长期使用，利于低成本运作；

③ 在一定范围内纹理粗糙度可调，对铝基体蚀刻量要小，以满足不同要求的需要；

④ 在满足以上要求的前提下所选原料应是低毒或无毒，对环境不造成二次污染以满足对环境友善的要求。

## 第一节　酸性环境中的纹理蚀刻

铝合金只有经含氯离子或氟离子的酸性环境蚀刻后才容易形成纹理效果，但在仅有氯离子的酸性环境中所形成的纹理均匀性较差，粗糙度不均一，同时是无光泽的黑色或灰色表面。只有添加氟化物的酸性环境才能获得表面均匀的纹理效果，本节即针对以氟为主的蚀刻方法进行讨论。

## 一、酸性氟化物纹理形成机理

在酸性氟化物环境中对铝合金表面的纹理蚀刻，首先，是通过卤素离子的点蚀作用完成；其次，由于铝合金内部杂质和表面晶粒结构的不均一性，表面质点之间存在一定的电位差，而这种电位差在蚀刻液中会形成无数细微原电池而产生化学/电化学腐蚀；最后，铝在酸性溶液中易被氧化性较强的氢离子氧化，同时由于酸性氟化物纹理蚀刻液酸性并不太高，就更易于使铝在这种蚀刻液中形成钝化膜，再加上氟离子和氯离子的渗透性强，从而使形成的钝化膜层较厚且松懈（经氟化物蚀刻后铝表面都会有一层疏松的氟氧化层）。而卤素离子又易于从松懈的孔穴中渗入，从而加速点蚀的进行。形成的钝化膜同时也被卤素离子所溶解，溶解后瞬时裸露的金属表面又会形成新的钝化层。其最终结果是在铝合金表面形成粗糙纹理表面，达到纹理蚀刻的目的。氟离子的渗透性使铝在蚀刻过程易于形成较厚且松的钝化膜层，选择含氟纹理蚀刻剂对多种铝材都有较好的从细到中粗的纹理蚀刻效果。以上蚀刻过程的化学原理分析如下：

$$2Al + 6H^+ + 3H_2O \Longrightarrow Al_2O_3 + 6H_2 \uparrow \tag{4-1}$$

$$Al_2O_3 + 6F^- + 6H^+ \Longrightarrow 2AlF_3 \downarrow + 3H_2O \tag{4-2}$$

$$Al_2O_3 + 6Cl^- + 6H^+ \Longrightarrow 2AlCl_3 + 3H_2O \tag{4-3}$$

$$2Al + 6Cl^- + 6H^+ \Longrightarrow 2AlCl_3 + 3H_2 \uparrow \tag{4-4}$$

$$2Al + 6F^- + 6H^+ \Longrightarrow 2AlF_3 \downarrow + 3H_2 \uparrow \tag{4-5}$$

反应式(4-1)是铝合金表面钝化膜的形成，反应式(4-2)和反应式(4-3)是钝化膜的溶解，也可以说反应式(4-1)和反应式(4-2)、反应式(4-3)是纹理形成的主过程。只有这三个反应过程的存在，才能够在铝合金表面形成纹理。反应式(4-4)、反应式(4-5)是副反应，从理论上讲它对纹理的形成并无多大关系，但从实际加工过程来看，如果仅有反应式(4-1)、反应式(4-2)、反应式(4-3)是不足以在铝合金表面形成均匀纹理的，必须还要有反应式(4-4)、反应式(4-5)的存在才能形成所要求的均匀纹理效果。但如果在反应过程中反应式(4-4)、反应式(4-5)的地位上升，虽然可以使纹理粗糙度和均匀性都有所增加，但如果反应式(4-4)、反应式(4-5)上升过高，则溶液对铝的蚀刻速度将会变得更快，反而会降低纹理粗糙度，表面纹理效果变差，甚至不能形成纹理而呈现出低粗糙度的光面效果。反应式(4-4)、反应式(4-5)由溶液酸度所控制，所以在加工过程中可通过控制溶液酸度，使铝合金表面最终形成的纹理粗糙度及光度具有一定的可调节范围。

反应式(4-2)、反应式(4-5)占主导地位时，被蚀刻后的纹理表面呈现哑白色的效果。反应式(4-3)、反应式(4-4)占主导地位时，被蚀刻后的纹理光度较低并呈现灰白色表面效果。

在溶液中加入一些氧化性离子会使上述反应变得复杂。比如在溶液中加入适量过氧化合物，还存在如下反应：

$$3H_2O_2 + 2Al \Longrightarrow Al_2O_3 + 3H_2O \tag{4-6}$$

显然，这一反应的加入使铝合金表面氧化膜层更易形成，从而可得到更大粗糙度，并实现对铝合金蚀刻速度的控制。在实际生产中，控制合适的酸度、过氧化物浓度和温度，其效果也确实如此。

如果在溶液中加入另一些氧化剂，如硝酸盐、铬酸盐等，将会明显降低对铝的蚀刻速度。这是由于这些氧化剂使铝合金表面钝化作用加速，并更易形成较厚的钝化层，阻止蚀刻液对铝合金表面的腐蚀作用。特别是加入适量的硝酸盐，还能使纹理呈现较好的光泽，添加少量的铬酐也能使表面呈现出哑白效果。

从以上反应式可以看出，在酸性氟化物纹理蚀刻液中，溶液中变化较大的成分主要是氢离子和氟离子。氢离子浓度的上升和降低导致蚀刻液 pH 值变化，从而影响蚀刻液的反应速度，并影响纹理的粗糙度。氟离子的消耗使溶液渗透能力减弱，蚀刻速度变慢，纹理均匀度降低甚至不能形成纹理。理论上，只要向溶液中补充被消耗的氢离子和氟离子，溶液即可得到再生。在实际应用中也可以通过对氟的补充和对溶液 pH 值的调整来达到旧液再生的目的。

在反应式(4-2) 和反应式(4-5) 中，铝和氟生成难溶的三氟化铝是为了便于分析。而在实际生产过程中视加入氟化物的形式不同而有较大差异。比如，溶液中氟以氟化氢铵的形式加入则反应式为：

$$6NH_4HF_2 + 2Al \Longrightarrow 2(NH_4)_3AlF_6 \downarrow + 3H_2 \uparrow \qquad (4\text{-}7)$$

同时在蚀刻液中还有以溶解状态存在的六氟络铝离子，这种可溶性的氟铝络离子浓度随着溶液 pH 值不同和氟化氢铵含量的高低及温度不同而异。关于这一问题放在后面讨论。

对于酸性含氟纹理蚀刻液中酸度值的变化，根据溶液组成和加工条件不同而有一定差异。如果仅从上面反应式来看，溶液中氢离子被消耗，溶液 pH 值上升。但在实际生产中未必如此。一方面，在反应过程中，一部分铝和氟化物形成难溶性的铝氟化合物。另一方面，含氟纹理蚀刻剂酸度都较低，铝离子也会以某种难溶性碱式化合物的形式沉淀。则会存在以下化学反应：

$$Al^{3+} + 3H_2O \Longrightarrow Al(OH)_3 \downarrow + 3H^+ \qquad (4\text{-}8)$$

$$AlCl_3 + 3H_2O \Longrightarrow Al(OH)_3 \downarrow + 3H^+ + 3Cl^- \qquad (4\text{-}9)$$

反应式(4-8) 和反应式(4-9) 的进行都将导致溶液氢离子浓度升高，使溶液 pH 值降低。当溶液的起始酸度较高，比如 pH 值在 2 以下，则可能没有反应式(4-8) 和反应式(4-9) 的出现。但过低的 pH 值对纹理蚀刻不利，同时也不经济，关于这一问题同样留待后面再行讨论。

## 二、酸性氟化物纹理蚀刻方法

酸性氟化物纹理蚀刻技术，在铝合金表面纹理化学蚀刻工艺中，是较早用于工业化加工的一种化学粗糙化加工方法。控制合适的溶液组成和加工条件，这一加工方法对铝合金表面的最大粗糙度可以达到 $Ra = 2 \sim 2.5$。

含氟纹理蚀刻方法的优缺点见表 4-1。

**表 4-1 含氟纹理蚀刻方法的优缺点**

| 优点 | 缺点 |
| --- | --- |
| 1. 处理方便，只需一次即可完成全部处理过程，不需较大设备投入；<br>2. 纹理均匀性、光泽性好；<br>3. 对铝材蚀刻量少；<br>4. 不受铝材结构的影响；<br>5. 适用铝材范围广；<br>6. 溶液可连续使用，不存在废液排放问题，减轻废水处理设备负担 | 1. 由于含大量氟化物，对环境和工作人员有一定危害；<br>2. 普通配方对钛挂具蚀刻严重，增加生产成本；<br>3. 不易形成稳定的较大粗糙度纹理效果；<br>4. 如配制成不腐蚀钛挂具配方，成本较高，同时对铝材选择性增大，对旧液调整比较麻烦 |

含氟典型配方及加工条件见表 4-2。

**表 4-2　含氟典型配方及加工条件**

| 溶液成分 | 材料名称 | 化学式 | 含量/(g/L) |
|---|---|---|---|
| | 氟化氢铵 | $NH_4HF_2$ | 50～150 |
| | 组合添加剂 | — | 适量 |
| | 氧化性物质 | — | 0～适量 |
| 加工条件 | 温度/℃ | | 50～90 |
| | 时间/min | | 1～3 |
| | pH 值 | | 2.5～6.5 |

在表 4-2 所示配方中，以氟化氢铵为主蚀刻剂。在蚀刻体系中维持一定浓度，对保证纹理蚀刻的均一性至关重要。表中所述组合添加剂，主要有纹理蚀刻速度调节剂和分散剂、均化剂等。纹理蚀刻速度调节剂主要是一些有机盐如柠檬酸盐、葡萄糖酸盐等，也可是一些合适的氧化剂。分散剂是一些表面活性物质。一方面可提高溶液分散能力，促进纹理均匀；另一方面亦可在液面形成一泡沫层，防止氟化物挥发，减少对工作环境的污染。均化剂可以是一些醇类物质如异丙醇、丙三醇等，也可以是一些高分子物质如聚乙二醇、糊精、阿拉伯胶等。可溶性高分子物质的加入有利于消除铝合金型材的材料纹。在蚀刻液中加入适量氯化物，对促进纹理形成和提高纹理粗糙度有一定作用，并可适当调节纹理光度。添加适量的过氧化氢可以提高粗糙度，但提高的程度是有限的。

## 三、溶液成分及操作条件对纹理蚀刻的影响

### ➲ 1. 氟化氢铵浓度对纹理蚀刻的影响

在其他条件不变的情况下，提高氟化氢铵浓度，纹理形成时间缩短，均匀性及粗糙度提高，但过高的浓度并不能使纹理粗糙度有更大提高。相反，一则使溶液成本增加；二则过高的氟化氢铵易对工件造成过蚀刻导致工件报废；三则过高的氟化氢铵又使铝表面均匀腐蚀倾向增大，这一点在 pH 值较低时更容易发生，反而使纹理粗糙度有所下降。适宜的浓度为 50～150g/L，以 100g/L 左右为佳。氟化氢铵浓度对纹理粗糙度的影响见图 4-1。

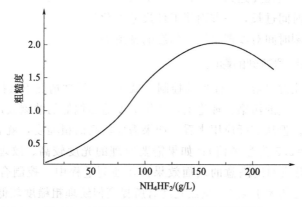

**图 4-1　$NH_4HF_2$ 浓度对纹理粗糙度的影响**
条件　温度:80℃；pH=3.5；时间:2min

### 2. 蚀刻温度对纹理蚀刻的影响

在其他条件不变的情况下，提高溶液温度，纹理形成时间短，纹理粗糙度较高。如温度过高，易造成过腐蚀，使工件报废。而温度过低，纹理形成慢，纹理粗糙度低，加工周期长，且不易均匀。处理磨砂效果以 20～28℃为宜，较细的纹理以 45～65℃为宜，较粗的纹理以 65～90℃为宜。再升高温度粗糙度增加不明显，并使氟化物挥发速度加快，增加生产成本。同时过高的温度会使纹理效果变粗发毛从而使整体效果变差。温度对纹理粗糙度的影响如图 4-2 所示。

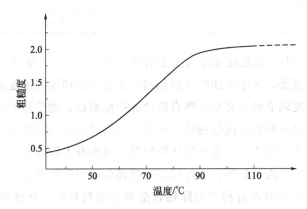

图 4-2　溶液温度对纹理粗糙度的影响
条件　$NH_4HF_2$：100g/L；时间：2min；pH=3.5

这里要注意一个问题，对于简单氟化氢铵配方，在较高温度下，有相对稳定的较高纹理粗糙度效果，特别是 6063、6061、5052 等经抛光后表观纹理粗糙度更高。但对于复配氟化氢铵配方，在较高温度下，高粗糙度纹理效果不太稳定，容易回落。复配氟化氢铵配方在 35～60℃时容易有一稳定的粗糙度效果，其具体粗糙度因材料不同而异。

### 3. 蚀刻时间对纹理蚀刻的影响

在正常情况下，蚀刻一分钟即可在工件表面形成均匀纹理。在实际操作中取一分半到两分钟为宜，这对于保持纹理均匀性很有必要。但如果是新调整过的溶液和较高温度，蚀刻时间应相应缩短。当温度及其他条件一定时，单独增加蚀刻时间对粗糙度影响并不太明显，蚀刻两分钟左右表面纹理粗糙度达到一个相对稳定值。再增加蚀刻时间除个别材料因素外，粗糙度变化不大。蚀刻时间过长，一方面使工件尺寸变化增大，另一方面也使溶液消耗增大，使生产成本增加。蚀刻时间对纹理粗糙度的影响见图 4-3。

### 4. 溶液 pH 值对纹理蚀刻的影响

在蚀刻过程中要注意对溶液 pH 值的控制。氟化氢在酸性情况下会挥发，易造成对工作人员的毒害和对环境大气的污染。理论上，使用酸度适当偏低的蚀刻液进行纹理蚀刻，更有利于纹理粗糙度增大。但从实际应用来看，如果需要较高的粗糙度，就需要溶液 pH 值偏低一些（设定溶液 pH=3.5 为参考值）；如果需要纹理的光度较高、纹理较细，就需要溶液 pH 值偏高一些。要想蚀刻出满意的表面效果，在蚀刻过程中，控制合适的溶液酸度很重要。太高的 pH 值，比如大于 4.5，虽然光度有所提高但纹理粗糙度较低；当 pH 值在 5～6 时，经自然时效后在常温情况下会减慢对铝的蚀刻甚至不蚀刻铝。再调高溶液 pH 值直至碱性，这时溶液对铝材只进行广泛蚀刻，而不能形成具有一定粗糙度的纹理效果。低的 pH 值

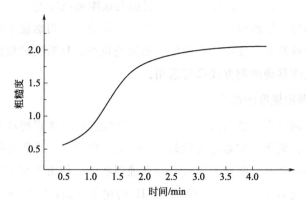

图 4-3　蚀刻时间对纹理粗糙度的影响

条件　$NH_4HF_2$:100g/L；pH＝3.5；温度:80℃

纹理容易形成，粗糙度较大；但太低，如小于 2.5 时，纹理粗糙度不再增加反而有降低的可能。在酸度较高的溶液中，氟化氢铵会有如下化学平衡的变化：

$$NH_4HF_2 \longrightarrow NH_4F + HF \tag{4-10}$$

溶液酸度越高、氟化氢铵浓度越大和温度越高，平衡向右移动的趋势越大。溶液中的氟化氢易挥发，特别是在加热情况下，挥发更甚，造成对环境和工作人员的毒害，同时也易使铝合金工件发生过腐蚀造成工件蚀刻报废。溶液中氟化氢的挥发导致溶液有效氟损失增大，使溶液成效降低，生产成本增加。且过低的 pH 值并不能增加铝合金表面的纹理粗糙度，反而会加速溶液对铝材的蚀刻速度，使铝工件损失量增大，并使溶液消耗增加，造成不必要的浪费。溶液 pH 值对纹理粗糙度的影响见图 4-4。

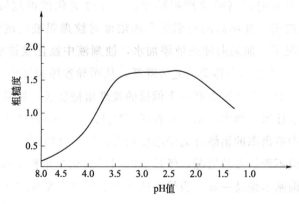

图 4-4　pH 值对纹理粗糙度的影响

条件　$NH_4HF_2$:100g/L；温度:80℃；时间:2min

### 5. 溶液搅拌对纹理粗糙度的影响

当溶液中其他条件不变时，搅拌溶液或者摆动工件，可明显提高铝合金表面纹理粗糙度，并与工件移动速度和移动距离成一定正比关系。在对某公司铝管进行纹理蚀刻调试中，如果仅是以 20mm 距离移动（每秒钟循环一次），蚀刻 1min，粗糙度 $Ra＝0.7\sim0.9$，且整管不同层面及远距离粗糙度差别较大。如果以 200mm 距离移动（每五秒钟一次循环），蚀刻 1min，粗糙度 $Ra=1.4\sim1.6$，且整管不同层面及远距离粗糙度差别很小，甚至整管在任意部位粗糙度几乎相等。显然搅拌对提高纹理均匀性很重要。当然这个粗糙度值并不是一个定值，应根据实际材料及实际使用配方而定。如果是量产，且对纹理粗糙度均一性没有特别要求，静止蚀刻方式或移动蚀刻方式都可选用。

### ⚡ 6. 铝离子对纹理粗糙度的影响

在酸性氟化物蚀刻液中，较高的游离铝离子浓度能提高纹理粗糙度和纹理均匀性。游离态铝离子浓度受温度、氟化氢铵浓度及蚀刻液 pH 值影响较大。通常情况下，氟化氢铵蚀刻液中铝主要是以难溶的六氟铝酸铵的形式沉淀在蚀刻液中。但由于在 pH 值较低同时温度较高的情况下存在着反应 $NH_4HF_2 \longrightarrow NH_4F+HF$ 的化学平衡，因此蚀刻液中有一定浓度的氟化氢。氟化氢和铝反应生成一种微溶的三氟化铝。三氟化铝在 25℃ 时溶解度为 0.41% 左右，这时三氟化铝主要以溶解度较大的 $\alpha-AlF_3 \cdot 3H_2O$ 的形式部分溶解于蚀刻液中。随着温度升高，其溶解度会有所增大，但这种增大很有限。当温度达 100℃ 时，三氟化铝将以溶解度小的 $\beta-AlF_3 \cdot 3H_2O$ 的形式沉淀在蚀刻液中。很明显，以增大三氟化铝溶解度的方法来提高蚀刻液中游离铝离子浓度非常有限。所以必须通过其他方法来提高蚀刻液中游离铝离子的浓度。从反应 $NH_4HF_2 \longrightarrow NH_4F+HF$ 来看，平衡越往右，蚀刻液中的氟化氢浓度就越高。蚀刻液温度升高、蚀刻液 pH 值降低及氟化氢铵浓度增加，都会促进平衡向右移动。在这几个主要因素中，足够量的氟化氢铵很重要。当蚀刻液中氟化氢浓度达到一定程度后，铝会以游离态的六氟络铝的形式存在于蚀刻液中，使蚀刻液中游离态铝浓度提高。从这也可以看出，温度升高纹理粗糙度增加，一方面是因为较高温度下蚀刻速度加快；另一方面与较高温度下蚀刻液中的游离态铝络合物浓度的提高有很大关系。这也可以从新配的蚀刻液在较高温度下并不具有稳定较高的纹理粗糙度，而经过老化的蚀刻液在较高温度下才具有稳定较高的纹理粗糙度，证明游离态铝络合物浓度对纹理粗糙度的影响占有主导地位。调节蚀刻液，通常情况下，如果向蚀刻液添加水，蚀刻液中氟化氢铵浓度降低，反应方程式 $NH_4HF_2 \longrightarrow NH_4F+HF$ 向右移动的趋势降低，从而导致蚀刻液中游离态铝络合离子浓度降低，使经过蚀刻后的铝合金表面有一个偏低的纹理粗糙度区；如果向蚀刻液中添加氟化氢铵，蚀刻液中氟化氢铵浓度增大，反应方程式 $NH_4HF_2 \longrightarrow NH_4F+HF$ 向右移动趋势增大，从而导致蚀刻液中游离态的铝络合离子浓度增大，使经过蚀刻后的铝合金表面有一个偏高的纹理粗糙度区。但不管是哪种情况，经过短时间后其化学平衡又恢复到调节前的水平，使纹理粗糙度和调节前基本保持一致。当然，这一现象只在需要对纹理粗糙度采用精确受控蚀刻时才有意义。

含氟酸性纹理蚀刻溶液中由于含有大量氟化物，对钛挂具腐蚀较严重，对操作人员和环境有一定的毒害作用，所以在工业上应用受到较大限制。但这种方法加工方便，对铝材的选择性不高，如果能解决挂具问题及改良操作环境，仍不失为一种较为适用的铝合金表面纹理蚀刻加工方法。

## 四、常见故障原因及排除方法

含氟纹理蚀刻常见故障的产生原因及排除方法见表 4-3。

表 4-3　常见故障产生原因及排除方法

| 故障特征 | 产生原因 | 预防及排除方法 |
|---|---|---|
| 纹理太细 | 1. 处理时间短；<br>2. 氟化氢铵含量不足；<br>3. 温度太低 | 1. 适当延长处理时间；<br>2. 将氟化氢铵补足到工艺要求范围；<br>3. 调整温度到工艺要求范围 |
| 纹理太粗 | 1. 处理时间太长；<br>2. 氟化氢铵含量太高；<br>3. 温度过高 | 1. 适当缩短处理时间；<br>2. 稀释溶液使氟化氢铵浓度降到工艺规定范围；<br>3. 调整温度到工艺要求范围 |
| 纹理不匀 | 1. 处理时间短；<br>2. 氟化氢铵含量不足；<br>3. 脱脂不尽 | 1. 适当延长处理时间；<br>2. 将氟化氢铵补足到工艺要求范围；<br>3. 加强脱脂工作，保证工件脱脂彻底 |
| 溶液失效快 | 1. 溶液 pH 值太低；<br>2. 溶液温度太高 | 1. 加入氨水调整溶液 pH 值至工艺要求范围；<br>2. 降低溶液温度 |

## 五、雾面蚀刻

　　铝合金的雾面处理或称之为表面哑白处理在铝合金的前处理中占有较大比例，它要求经雾面处理后的表面有哑白而细腻的光滑效果，这和上面讨论的酸性纹理蚀刻后的表面有明显的不同，前面讨论的蚀刻是要求被蚀刻表面有一较高的粗糙度，而雾面处理则相反，需要表面有平滑的表面效果。常用雾面配方见表 4-4。

表 4-4　铝表面雾面处理工艺配方及操作条件

| | 材料名称 | 化学式 | 含量/(g/L) | | | |
|---|---|---|---|---|---|---|
| | | | 配方 1 | 配方 2 | 配方 3 | 配方 4 |
| 溶液成分 | 氟化氢铵 | $NH_4HF_2$ | 100～120 | 100 | 80～100 | 120～200 |
| | 氟化铵 | $NH_4F$ | — | 20～50 | — | — |
| | 葡萄糖酸钠 | $C_6H_{11}O_7Na$ | — | — | — | 100～200 |
| | 硫酸铵 | $(NH_4)_2SO_4$ | — | — | 50～80 | — |
| 操作条件 | 温度/℃ | | 室温 | | | 40～60 |
| | 时间/s | | | 60～120 | | 120～240 |

　　表中配方 2 主要用于冷挤产品的雾面处理，其中氟化氢铵与氟化铵的比例需要在生产之前进行试验，不同的冷挤工艺、冷挤材料、冷挤后的预处理及冷挤工件的大小、形状等都会影响雾面处理后的表面效果，所以调配好的一种配方未必会对所有的冷挤工件都有用。冷挤工件雾面处理后如表面有轻微的发花，经时间稍长的阳极氧化后这一现象会变轻或消失，氧化时间越长，表面效果越一致。表中配方 4 可获得一粗糙度较细腻的哑白砂面效果，有较好的装饰性。

　　雾面处理也算得上是铝氧化厂的常用处理方法，也被大多数氧化厂所采用，但这种方法对钛挂具的腐蚀严重，需用铝挂具来代替，这给生产带来了一定的不便。在后面的章节中会介绍不腐蚀钛的雾面加工技术，有兴趣的读者可以查阅后面相关章节的内容。

　　经雾面处理后的大部分铝件，特别是化妆品及其他包装盒经阳极氧化后都会采用抛光打蜡的方式来进一步提高其表面细腻度，在抛光打蜡时采用白布轮和优质小白蜡即可。

# 第二节　碱性环境中的纹理蚀刻

在碱性环境中,由于氢氧根离子的络合催化作用,铝及合金均匀腐蚀的趋势较酸性环境为大。同时由于腐蚀液中大量氢氧根离子的存在,将阻碍卤素离子在表面钝化膜上的吸附。很显然,在碱性环境中卤素离子在铝及合金表面形成点蚀的趋势较小,至少在较高碱性环境下是这样。所以碱性环境中的纹理蚀刻与酸性环境中的纹理蚀刻有较大差异。

## 一、碱性纹理形成机理

由于不能像在酸性环境中那样,使用一定量的卤素离子通过点蚀作用来进行纹理蚀刻,但通过点蚀作用来达到特定纹理蚀刻效果的基本原理是不变的。因此,如何选择碱性点蚀剂来达到所需要的蚀刻效果,便成了问题的关键。

铝及合金材料在纯碱性溶液中都呈现均匀腐蚀,很难形成所需要的纹理表面(个别材料例外)。由于卤素离子在碱性环境中形成点蚀的趋势小,对铝及合金表面纹理形成意义不大,所以,在碱性化学纹理蚀刻体系中,单一使用卤素离子作为纹理蚀刻剂很难达到所需的纹理效果。

铝及合金在碱性环境中的纹理蚀刻,虽然不能像酸性环境那样可以通过氯离子或氟离子对氧化膜层的穿透作用而形成纹理,但我们可以在碱性环境中创造一个环境令其形成钝化膜层,再通过碱液中的氢氧根离子(以下称碱基)去穿透膜层进而达到纹理蚀刻的目的。

显然,在碱性溶液中加入氧化剂是可以实现这一过程的,首先,铝及合金在含有这些氧化剂的蚀刻液中极易形成钝化膜。形成的钝化膜是直接从铝及合金表面生长而来,它对铝及合金表面存在一种较强的结合力,能有效地起到瞬时阻滞腐蚀的作用。虽然这层钝化膜在碱性环境中要被溶解,但溶解后又会再次形成钝化膜。其次,由于铝及合金表面质地的微观不均一性,在给定条件下,铝及合金表面的钝化膜很难形成一连续膜层,且形成的膜层也因铝及合金表面杂质和晶粒的性状不同而呈现出不同的膜层结构。其结果是在膜层上有很多薄弱部位,甚至还有没有形成膜层的裸露金属。在这些膜层缺陷处,碱基将穿透膜层,作用于基体金属而被优先腐蚀。对于那些膜层完整的部位,腐蚀将被滞后。最后钝化膜被碱所溶解,完成第一次钝化膜形成-溶解过程。紧接着又开始下一次钝化膜再生-溶解过程,如此循环直到形成均匀的粗糙表面。

在众多的氧化物中,通过多年的试验和生产实践发现,硝酸盐和亚硝酸盐具有其他离子所不能代替的地位。首先,硝酸盐类原料易得,价格低,并对多种铝材都可以形成均匀纹理。其次,在反应过程中,氧化性强的硝酸盐在和铝反应时被铝直接还原为氨,从溶液中排出,并不在溶液中留下残余物,便于补加。

铝在碱性环境中纹理蚀刻的化学原理如下(以硝酸盐为例,下同):

$$8Al + 3NO_3^- + 2H_2O + 5OH^- \longrightarrow 8AlO_2^- + 3NH_3 \uparrow \tag{4-11}$$

$$Al_2O_3 + 2OH^- \longrightarrow 2AlO_2^- + H_2O \tag{4-12}$$

$$2Al + 2H_2O + 2OH^- \longrightarrow 2AlO_2^- + 3H_2 \uparrow \tag{4-13}$$

在以上反应式中,反应式(4-11)是在铝及合金表面形成钝化膜的过程,反应式(4-12)是钝化膜被溶解的过程,也即是碱性环境中"点蚀"的引发过程。这时会发现碱性环境中的点蚀剂就是碱基离子本身。是碱基离子在钝化膜附着不密处穿透膜层，直接作用于铝及合金基体，促使点蚀过程的发生。铝及合金表面在碱性环境中的纹理形成过程基本就由这两个反应式来完成。反应式(4-13)是铝在碱性环境中的腐蚀反应。这一反应过程虽然不直接影响纹理形成，但它是纹理形成的加速过程，提高纹理均匀性，并且还可以通过对溶液碱度的调节，即调节反应式(4-13)的反应速度，来达到对纹理粗糙度进行调节的目的。并且，通过实验证明是可行的。

在以上三个反应式中，主要以反应式(4-11)和反应式(4-12)为主时，才能在铝及合金表面形成纹理，并通过控制反应式(4-13)的速度，达到对纹理粗糙度和纹理形成速度调节的目的。如以反应式(4-13)为主，则主要是对铝件的减薄腐蚀，铝及合金表面纹理形成慢且细。但只要有反应式(4-11)和反应式(4-12)存在，就能使铝及合金表面形成纹理。当只有反应式(4-13)，而没有反应式(4-11)和反应式(4-12)时，就不能在铝及合金表面形成具有一定粗糙度的纹理效果。

当反应式(4-13)没有或很慢时同样也不能形成均匀的纹理效果。这时只是在铝及合金表面形成深浅不一的麻点，这种麻点表面如重新在反应式(4-13)具有一定反应速度的纹理蚀刻液中进行二次蚀刻，可以得到比一次蚀刻时粗糙度较高的纹理效果。也正因为如此，可以通过控制蚀刻液中反应式(4-13)的速度，并通过二次蚀刻来达到较高的纹理粗糙度。

从以上三个反应式中可以看出，由于铝的强还原性，在和硝酸盐反应时，它能使硝酸盐中的氮从+5价直接还原到-3价，并以氨的形式从溶液中排出。而硝酸根离子本身并不在溶液中留下任何残余物质，这就能够做到对溶液的连续调整使用，而不必将蚀刻效能降低的溶液废弃。在硝酸盐消耗的同时，还有碱的消耗，并从以上三个反应式中可以计算出碱和硝酸盐的消耗比。只需分析碱的消耗量就可以通过这个比值添加相应的硝酸盐，完成对溶液的再生。这一再生方法在多家铝合金氧化厂获得了非常成功的应用。

如果蚀刻液中的自由碱基离子由碳酸盐代替，则会有如下反应发生：

$$Al_2O_3 + 2CO_3^{2-} = 2AlO_2^- + CO_2 \tag{4-14}$$

$$2Al + CO_3^{2-} + 3H_2O = 2AlO_2^- + CO_2 + 3H_2 \uparrow \tag{4-15}$$

在上面的反应式中，反应式(4-14)等同于反应式(4-12)，反应式(4-15)等同于反应式(4-13)，从反应式(4-14)中看出，这时碳酸根离子代替碱基离子充当点蚀剂，其纹理形成原理亦和上面相同。在这种不含碱基离子的蚀刻液中，如用亚硝酸盐代替硝酸盐，则可以在较低浓度的情况下进行纹理蚀刻，但只能做到较细的纹理。如使用硝酸盐则需要在较高浓度下才能得到满意的纹理蚀刻效果。

## 二、碱性纹理蚀刻方法

碱性纹理蚀刻方法和酸性氟化物纹理蚀刻方法性能对照见表 4-5。

表 4-5　碱性纹理蚀刻方法和酸性氟化物纹理蚀刻方法性能对照

| 碱性纹理蚀刻 | 含氟酸性纹理蚀刻 |
| --- | --- |
| 处理方便，只需一次即可完成全部处理过程，不需较大设备投入 | 处理方便，只需一次即可完成全部处理过程，不需较大设备投入 |
| 纹理均匀性、光泽性好，对于某些铝材其光度可代替常用的化学抛光工艺(喷砂后增光) | 纹理均匀性好，光度较碱性纹理蚀刻低，属于哑光类型。不具有抛光作用 |
| 不受铝材结构的影响，适用铝材范围较含氟酸性纹理蚀刻稍差 | 不受铝材结构的影响，适用铝材范围广 |

| 碱性纹理蚀刻 | 含氟酸性纹理蚀刻 |
|---|---|
| 溶液可连续使用,不存在废液排放问题,减轻废水处理设备负担 | 溶液可连续使用,不存在废液排放问题,减轻废水处理设备负担;但和碱性纹理蚀刻相比增加了对氟化物的处理难度 |
| 溶液对钛挂具不腐蚀 | 溶液对钛挂具腐蚀严重,生产成本较高 |
| 难以在铝及合金表面形成较大的粗糙度。通常情况下较酸性氟化物粗糙度低,但如选取特定加工方法,可在铝及合金表面达到较含氟酸性纹理蚀刻为粗的粗糙度,但控制不易,用于大量生产有一定距离 | 难以在铝及合金表面形成较大的粗糙度 |
| 溶液中不含氟化物,不存在对环境的污染和对操作人员的毒害 | 由于含大量氟化物,对环境和工作人员有一定的危害 |

碱性环境中铝及合金表面纹理蚀刻方法典型工艺及操作条件见表 4-6。

**表 4-6  碱性纹理蚀刻基本配方及操作条件**

| | 材料名称 | 含量/(mol/L) |
|---|---|---|
| 溶液成分 | OH⁻(碱基离子) | $0\sim2.5$ |
| | 纹理均化剂 | $0\sim2.5$ |
| | $NO_3^-$(硝酸根离子) | $0.5\sim3$ |
| | $Al^{3+}$(铝离子) | $0\sim3.3$ |
| 操作条件 | 工作温度/℃ | $60\sim80$ |
| | 工作时间/min | $1\sim4$ |
| | 搅拌 | 需要 |

以上配方组成中,硝酸根离子是铝及合金表面钝化膜形成的氧化剂,碱基离子一方面为溶液提供碱性环境;另一方面直接参与钝化膜的溶解,充当点蚀剂。这两者是在碱性环境中纹理形成的关键成分。改变它们的浓度和比例,都将会影响纹理的形成速度和纹理的粗糙度。

溶液中的纹理均化剂主要是碳酸盐或磷酸盐,当溶液中碱基离子浓度较高时,这些离子虽然对纹理的形成并无直接关系,但对促进纹理的均匀性具有一定作用。特别是碳酸盐单独使用时,就能在某些铝及合金表面形成磨砂纹理效果。但在碱性纹理蚀刻溶液中,经蚀刻后的铝及合金表面纹理粗糙度,远较单独使用碳酸盐蚀刻液时为高,所以碳酸盐的这一作用只是辅助性的。碳酸根离子吸收了溶解于溶液中的二氧化碳后,能部分转变为相应的碳酸氢根离子,对溶液的 pH 值有良好的缓冲作用。在这两种均化剂中,磷酸盐可使铝及合金表面纹理光度稍高,但价格较贵。碳酸盐价格较低,光度较磷酸盐稍差,但粗糙度却较磷酸盐约高。对于使用氢氧化钠的溶液,碳酸盐或磷酸盐并不是必需的。对于无氢氧化钠的溶液组成,都需加入较大量的碳酸盐或者磷酸盐,方能完成对铝及合金表面的纹理蚀刻。需要特别说明的一点,无氢氧化钠的碱性纹理蚀刻方法,对铝材的蚀刻量少,但粗糙度变化不大。其缺点是,溶液中溶质浓度较高,加工温度高;优点是,对工件蚀刻量少,不易造成工件过腐蚀。如果用亚硝酸盐代替硝酸盐,则可使用较低浓度在中温情况下进行纹理蚀刻。但亚硝酸盐毒性较大,同时对皮肤的渗透性较强,使用时应注意防护工作。

作为均化剂使用的碳酸盐和磷酸盐，钠盐和钾盐都可采用。钠盐成本低，但溶解性较差，光度较钾盐约低。在硝酸盐蚀刻体系中，如果溶液中含有足够的碱基离子，用量在0～50g/L。如果溶液中不含有碱基离子，则用量在150～200g/L，为了便于溶解，这时可考虑使用钾盐。

在溶液中添加氟化物可使纹理表面效果细腻偏白。添加尿素或硼酸可以在较高温度下使用，并且当工件离开溶液时不会产生难以除去的腐蚀印迹。

在蚀刻液中亦可加入少量表面活性剂。一方面，表面活性剂使铝及合金的表面张力降低，有利于纹理蚀刻的均匀进行。另一方面，表面活性剂在生产过程中产生一定量的泡沫，可以封闭液面，降低碱雾挥发，改善工作环境。表面活性剂可以是平平加、OP乳化剂，也可以是其他表面活性剂。添加量一般控制在使液面有一层连续均匀的泡沫层为佳，添加量过大会产生太多泡沫，影响正常生产。

## 三、溶液成分及操作条件对纹理蚀刻的影响

### 1. 硝酸根离子浓度对纹理蚀刻的影响

当温度恒定且碱基离子浓度不变时，增加硝酸根离子浓度，铝及合金表面纹理形成速度加快，且粗糙度和均匀性都有较大改善。但达到最大粗糙度后，再增加硝酸根离子浓度，粗糙度不再增加。相反，由于过高浓度的硝酸根离子的强致钝作用，将使腐蚀作用明显减慢，以至于使铝及合金表面纹理不均匀，难以形成所需的均匀纹理效果。降低硝酸根离子浓度，纹理形成慢且粗糙度低，如过低，亦将难以形成均匀的纹理。过低的硝酸根离子浓度使溶液对铝及合金表面的致钝作用明显减弱，致使铝蚀刻加快，溶液对铝进行均匀腐蚀占主导地位，不能形成所需的纹理效果。

溶液中的硝酸根离子一般都由硝酸钠或者硝酸钾提供，二者对铝及合金表面纹理粗糙度的影响并无二致。只是钠盐的溶解性和成本都优于钾盐。但用硝酸钾配制的蚀刻液，蚀刻后的铝及合金表面光度约高于用硝酸钠配制的蚀刻液。光度的增加并不占主导地位，可根据实际情况选取。对于含有碱基离子的溶液，使用量在30～100g/L。对于不含碱基离子的蚀刻液，使用量在150～240g/L。

在不含碱基离子的蚀刻体系中，为了降低溶质浓度，可采用亚硝酸钠，45～60g/L即可，同时添加等量的碳酸钠或磷酸钠。在50～60℃的情况下对多种型号的铝及合金材料都有不错的纹理蚀刻效果，对消除材料纹亦有较好的效果。

硝酸根离子浓度对铝及合金表面纹理蚀刻的影响见图4-5。

### 2. 碱基离子浓度对纹理蚀刻的影响

当温度恒定且硝酸根离子浓度不变时，增加碱基离子浓度，腐蚀速度加快，纹理形成速度加快，且均匀性得到改善，但粗糙度降低。过高的碱基离子浓度对铝及合金表面钝化层的溶解作用太快，以至于铝及合金表面来不及形成钝化层，导致铝及合金表面腐蚀速度增加太快，溶液升温加速，蚀刻速度更进一步加快，溶液成分变化增大，使铝材损失增大，并易造成过蚀刻而使工件报损。降低碱基离子浓度，纹理形成速度变慢，粗糙度增加。但过低的碱基离子浓度不能对铝及合金表面形成的钝化层进行有效溶解，使腐蚀不能正常进行，从而导致铝及合金表面纹理不均匀，甚至不能形成所需要的纹理。

溶液中的碱基离子一般由氢氧化钠或者氢氧化钾提供。这两种碱对铝及合金表面纹理形

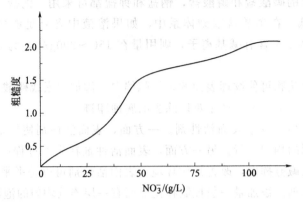

图 4-5　NO₃⁻ 浓度对铝及合金表面纹理蚀刻的影响

条件　NaOH:45g/L；温度:70℃；时间:2min

成及粗糙度并无多大影响，从生产成本考虑氢氧化钠比氢氧化钾更易被接受。但经由氢氧化钾（并且同时使用硝酸钾）配制的蚀刻液，蚀刻后的铝及合金纹理表面光度比由氢氧化钠配制的蚀刻液约高。如添加量以氢氧化钠计，30～60g/L 为宜，40～50g/L 为佳。一般情况下，如需要较高的粗糙度取下限，反之则取上限。

碱基离子浓度对铝及合金表面纹理蚀刻的影响见图 4-6。

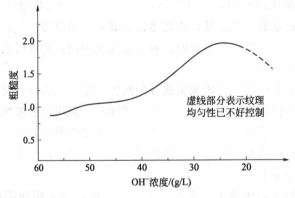

虚线部分表示纹理均匀性已不好控制

图 4-6　OH⁻ 浓度对铝及合金表面纹理蚀刻的影响

条件　NaNO₃:55g/L；温度:70℃；时间:2min

### ➲ 3. 蚀刻温度对纹理蚀刻的影响

当蚀刻液中其他条件不变时，蚀刻体系温度升高，铝及合金表面纹理形成速度明显加快，粗糙度提高明显，光度高。对某些铝材的喷砂工件可直接用这种方法进行增光处理，而不必使用工作环境恶劣的二酸或三酸化学抛光。蚀刻液温度升高，铝及合金表面钝化层形成速度和溶解速度加快，并使蚀刻时间缩短，提高工作效率。但过高的温度将使反应过于剧烈，使铝蚀刻速度太快，粗糙度反而降低，并易在铝及合金表面形成腐蚀条纹和过腐蚀，而使工件报损。如蚀刻温度降低，铝及合金表面纹理形成速度慢，粗糙度降低，蚀刻速度变慢，铝损失量减少。即使是在室温状态下，只要蚀刻时间延长，一样能在铝及合金表面形成纹理效果，但光度较高温时为低。在实际使用中，对于要求细的纹理可用 55～65℃，对于要求较粗的纹理可用 65～90℃，用于喷砂后的增光处理可用 70～90℃。

蚀刻温度对铝及合金表面纹理蚀刻的影响见图4-7。

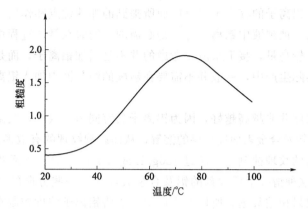

图4-7 温度对铝及合金表面纹理蚀刻的影响
条件 $NaNO_3$:55g/L；NaOH:45g/L；时间:2min

### 4. 蚀刻时间对纹理蚀刻的影响

当蚀刻液中其他条件不变时，温度在65℃左右，约1min即可在铝及合金表面形成均匀纹理，在2min左右达到最佳效果。个别铝材这一效果需要4min，比如某些防锈铝。从总的情况来看，延长处理时间，铝及合金表面纹理粗糙度和均匀性都增加，但达到最大粗糙度后，再延长时间并不能使铝及合金表面纹理粗糙度再增加，反而会使铝的蚀刻量增大，溶液中有效成分损失增大，增加生产成本，造成铝件过量蚀刻，导致工件报损，且处理时间过长还会破坏纹理效果，使纹理蚀刻失败。如果处理时间太短，虽然铝的蚀刻量减少，溶液有效成分损失减少，但纹理形成均匀性降低，且粗糙度降低。一般以2~4min为宜。不同铝材，通过样品蚀刻，确定蚀刻时间很重要。

蚀刻时间对铝及合金表面纹理蚀刻的影响见图4-8。

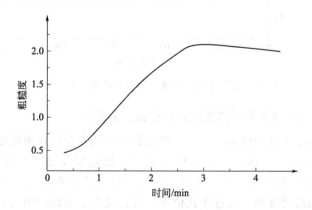

图4-8 时间对铝及合金表面纹理蚀刻的影响
条件 $NaNO_3$:55g/L；NaOH:45g/L；温度:70℃

### 5. 铝离子浓度对纹理蚀刻的影响

在蚀刻体系中维持一定量的铝离子，对纹理的粗糙度、均匀性及光度都有一定的影响。一方面，溶液中铝离子的同离子效应，可抑制铝的腐蚀，降低钝化层的溶解速度，能使纹理粗糙度有所增加，并可在增加纹理粗糙度和均匀性的前提下，有更少的铝损耗，这材料薄的铝工件来说很重要。另一方面，溶液中铝离子的存在对纹理的形成有协同作用，在一定范围内使纹理更加均匀。铝离子的存在虽然有前面所提到的那些优点和作用，但根据本书所介绍的碱性纹理蚀刻工艺，蚀刻液中铝离子并不是必需的。同时在量产过程中，溶液中铝离子浓度很快就会达到一个较高量，接下来所要考虑的并不是增加铝离子，而是要把铝离子从溶液中清除一部分。在实际生产中，一般并不需要在新配的蚀刻液中加入铝离子，或者是用废铝去老化溶液。

溶液中铝离子浓度并非越高越好，因为铝离子具有同离子效应，当溶液中存在高浓度铝离子时，将严重阻碍铝及合金表面钝化层的溶解，从而影响纹理的有效形成。如超过 100g/L，将难以进行稳定均匀的纹理蚀刻。如超过 120g/L 或者更高，就会在铝及合金表面出现未蚀刻的"亮点区"，在这种情况下所蚀刻的铝及合金表面只是一些分散的"麻坑"面，这与所需的均匀纹理表面效果相差甚远。所以在生产中必须将铝离子浓度控制在一定范围。就通常情况而言，溶液中铝离子浓度以不超过 100g/L 为限。但在实际生产中很少有发生铝离子浓度过高而影响正常使用的情况，原因可能是在蚀刻后，工件快速出槽会带走一部分旧液，同时又补充新液，能使铝离子维持在一个相对恒定的水平，同时过多的铝离子也会沉积在槽底。定期清理槽底沉淀物也是控制铝离子浓度不超标的有效方法。当溶液中铝离子浓度过高时，最简单的处理方式也只能是更换部分旧液。铝离子浓度对铝及合金表面纹理蚀刻的影响见图 4-9。

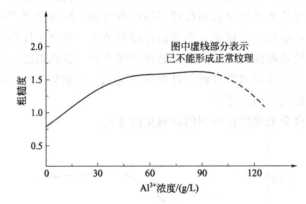

图 4-9　$Al^{3+}$ 浓度对铝及合金表面纹理蚀刻的影响

### 6. 硝酸根离子浓度/碱基离子浓度比对纹理蚀刻的影响

溶液中硝酸根离子浓度和碱基离子浓度的比值对铝及合金纹理粗糙度的影响较大。当其比值等于 0.47（摩尔比，下同）时，为标准配法。处理温度适中，处理时间一般在 2～4min 即可，个别铝材时间会长一些。这时，经处理后的纹理粗糙度及光度适中。适用于大多数铝及合金表面的纹理蚀刻。在这个比值下，对铝及合金表面的图文有低的侧蚀刻率，并可做到质地细腻的纹理效果，特别适合于铝及合金表面精细图文制作。

当比值大于 0.47 时，纹理粗糙度增加，处理温度相应较高，处理时间一般在 1～3min 即可，个别铝材时间会长一些，处理后的纹理粗糙较高。当比值达到 1～1.5 时，蚀刻温度在 80～90℃的情况下，可在铝及合金表面达到一恒定粗糙度，再增大比值粗糙度基本上不再增加。这一比值适合于加工有较高粗糙度要求的铝及合金表面纹理及图文蚀刻处理。

当比值小于 0.47 时，纹理粗糙度降低，处理温度相应降低，处理时间相应较长，一般都会在 3～6min，纹理光度增大，适用于铝型材的纹理蚀刻处理。在低比值情况下，为保持纹理蚀刻能正常进行，要求比值最好不低于0.24。

硝酸根离子浓度/碱基离子浓度比对铝及合金纹理粗糙度的影响见图4-10。

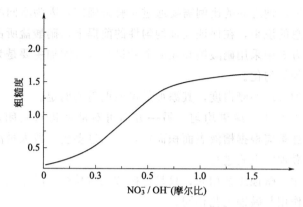

图4-10　$NO_3^-$/$OH^-$浓度比对铝及合金纹理粗糙度的影响

条件　碱基离子浓度:1.25mol/L；温度:70℃；时间:2min

铝的碱性纹理蚀刻在一般情况下不能做到较大粗糙度，它和上一节所讨论的含氟酸性纹理蚀刻方法相比，除个别铝材以外，其纹理粗糙度一般都要低一些。本节所讨论的碱性纹理蚀刻方法，处理过程受溶液搅拌的影响较小，这和上一节所讨论的含氟纹理蚀刻方法有较大不同。同时在对溶液进行调整时，不管是补加所蒸发的水分还是补加有效成分，都不会发生纹理粗糙度反弹现象。这是因为碱性纹理蚀刻是在强碱环境下工作，补加水分或是补加有效成分，都能很快完成化学平衡，使溶液体系均匀。

## 四、碱性纹理蚀刻的常用配方

以上讨论了碱性纹理蚀刻的基本原理及相关因素对纹理粗糙度的影响，现在我们来探讨碱性纹理蚀刻的具体工艺方法。常见碱性蚀刻的配方见表4-7。

表4-7　碱性纹理蚀刻常用配方

| | 材料名称 | 化学式 | 含量/(g/L) | | | | | |
|---|---|---|---|---|---|---|---|---|
| | | | 配方1 | 配方2 | 配方3 | 配方4 | 配方5 | 配方6 |
| 溶液成分 | 氢氧化钠 | NaOH | 40～50 | — | 20～30 | — | 20～30 | 30～50 |
| | 硝酸钠 | $NaNO_3$ | 45～55 | — | — | 100～150 | 40～50 | 150～200 |
| | 亚硝酸钠 | $NaNO_2$ | — | 45～55 | 50～60 | — | 60～90 | — |
| | 无水碳酸钠 | $Na_2CO_3$ | — | 55～60 | — | — | — | — |
| | 磷酸三钠 | $Na_3PO_4 \cdot 12H_2O$ | — | — | — | 200～300 | — | — |
| | 柠檬酸三钠 | $Na_3C_6H_5O_7 \cdot 2H_2O$ | 0～5 | 0～5 | 0～5 | 0～5 | 0～5 | 0～5 |
| | 氟化钠 | NaF | 0～5 | 0～5 | 0～5 | 0～5 | 0～5 | 0～5 |
| | TX-10 | — | 0.005～0.05 | 0.005～0.05 | 0.005～0.05 | 0.005～0.05 | 0.005～0.05 | 0.005～0.05 |
| | 硼酸 | $H_3BO_3$ | 3～6 | 3～6 | 3～6 | 3～6 | 3～6 | 3～6 |

表中配方1、2、3是常用的纹理蚀刻方法，其中配方1的粗糙较高，配方2和配方3经处理后的表面都比较细腻。这三种配方并不能蚀刻出粗糙度较高的表面效果。这三种方法都

是为了使铝表面获得哑白的效果。配方 4 比前三个配方的纹理粗糙度约高，但配方中溶质浓度太高，操作温度也高，少有采用。配方 5 和配方 6 都是可以取得较高粗糙度的方法，其中氢氧化钠、硝酸钠、亚酸钠之间的比例需要通过实验来确定，因为不同的材料对它们的比值的要求并不一样。但总的说来，在保证纹理均匀性的前提下，硝酸盐所占的比例越高，纹理的粗糙度也越高。配方 5 中采用硝酸钠和亚硝酸钠进行混合添加主要是为了在维持一定粗糙度的情况下使纹理更加均匀化。

表中氟化钠可增加纹理的哑白度，其添加量可根据需要而定。

TX-10 的加入一方面使反应更均匀，另一方面可对液面进行封闭，减少碱雾的产生，改善工作环境。其添加量应根据槽液表面积而定，添加过多会导致大量泡沫的产生，影响正常生产，应采用少加勤加的方式进行。

柠檬酸三钠的作用与碱蚀工艺相同，只是柠檬酸三钠易被硝酸盐氧化，要注意补加，但这并非必要。硼酸的作用与碱蚀工艺相同。

## 五、常见故障原因及排除方法

碱性纹理蚀刻常见故障的产生原因及排除方法见表 4-8。

**表 4-8　碱性纹理蚀刻常见故障的产生原因及排除方法**

| 故障特征 | 产生原因 | 预防及排除方法 |
| --- | --- | --- |
| 基体明显减薄 | 1. 温度过高<br>2. 氢氧化钠浓度过高 | 1. 将温度降至规定范围<br>2. 分析溶液，并调整至工艺范围 |
| 工件表面纹理明显不均匀 | 1. 温度失控<br>2. 工作液成分失控<br>3. 装挂不当<br>4. 材料不合格<br>5. 工作液中铝离子含量太高 | 1. 将温度调至规定范围<br>2. 分析溶液并调整至工艺范围<br>3. 正确装挂<br>4. 选用合格材料<br>5. 除去部分铝离子 |
| 工件表面有点状或岛状无纹理区 | 1. 装挂不当，形成气囊，使气体吸附在工件表面<br>2. 除油不尽<br>3. 工件表面有顽固印迹<br>4. 工件表层有夹杂物<br>5. 溶液中铝离子浓度过高 | 1. 选择正确的装挂方法<br>2. 加强除油工序的管理<br>3. 将印迹打磨干净<br>4. 清除工件表层夹杂物<br>5. 除去部分铝离子 |

# 第三节　铝合金丝纹蚀刻

丝纹蚀刻在《铝合金纹理蚀刻技术》一书中已经提到过，但并不是所有的铝合金材料都可以进行丝纹蚀刻，编著者经过试验并在生产中使用得最多是日本住友的高光铝，某些德国高光铝和国产铝也可以获得不错的丝纹效果。经试用过的铝材都属于纯铝系列，其他牌号的铝材未发现可以进行丝纹蚀刻。

在本节中会经常使用一个词语即"丝纹清晰度"，它表示在最优条件下（包括：铝材、配方中各成分的最佳浓度、最佳 pH 值、最佳温度、最佳时间等）经蚀刻后所能达到的丝纹状态，当"丝纹清晰度"为 100％时，则表示丝纹的目视深度最大、丝纹密集度最高、丝纹表面的砂化效果最低。直接目视感觉：丝纹清晰、对比度强、丝纹表面平滑无砂感，目视丝纹效果强烈等。从这个意义上讲，"丝纹清晰度"更多的是强调丝纹的"目视深度"。

## 一、工艺原理

关于丝纹蚀刻，编著者认为主要是由铝的丝状晶间蚀刻所致，这是由于铝合金板材在生产过程中，合金中的某些相呈丝状析出而使材料本身就具有这种潜在的纹理，再通过后续的化学蚀刻方法使这种丝状纹理再现出来。对丝状纹理的呈现在这里就有两个影响因素，一是材料本身要具有这种潜在的丝状晶纹，这种晶纹越严重，经蚀刻后的丝纹也就越清晰；二是通过某种特定的化学蚀刻方法来使这种潜在的丝状晶纹再现出来而成为所需要的美丽丝纹。前者是主要因素，如果材料本身并不具有这种潜在的丝状晶纹，则很难用化学方法得到丝状纹理的效果。当然有一种通过电解的方法来制作纹理更加粗大的丝纹即木纹效果的蚀刻，这种方法同样受材料的影响，只是没有化学丝纹直接蚀刻这么大。关于采用什么方法来令材料本身具有这种晶纹属于冶金学的范畴，在此不做讨论。在这里所要讨论的是采用什么样的化学方法来使丝状晶纹再现。

通过编著者多次试验，发现要使这一丝状晶纹再现，仅通过一次化学蚀刻还不能使材料中的晶纹完美再现，而必须通过二次蚀刻才能得到丝状晶纹的再现，其过程如下：

### 1. 一次酸性蚀刻

铝合金工件经碱蚀后浸入一种以氟化氢铵为主体的丝纹蚀刻溶液中进行第一次丝纹蚀刻，在这一次的蚀刻溶液中除氟化氢铵外还需加入一定量的过氧化氢。过氧化氢的加入一方面可以减缓对钛挂具的蚀刻速度，另一方面可以使丝纹的再现更加清晰，但这个清晰度增加的前提是以合适的氟化氢铵浓度为基础。这一步的化学原理可能是铝合金表面遍布的丝状晶格之间的过渡地带结构较为松散，在蚀刻过程中易于被腐蚀，而丝状晶格部分的结构较为致密，同时易被蚀刻液中的氢离子钝化，延缓了蚀刻的进行，使其蚀刻速度相对较慢，而使这种丝状晶格的效果增强而形成肉眼可见的丝纹效果。在蚀刻液中氧化性物质的加入使丝状晶格表面的钝化更易形成，使丝纹效果更进一步加强。

通过这一次的蚀刻可以看到铝合金表面已有丝纹的出现，但其清晰度还不是太明显，并且也不能通过增加氟化氢铵浓度和延长时间的方法来使丝纹更加清晰。这是因为通过这一步的丝纹蚀刻后，在丝纹表面有一层较厚且松散的氟氧化层，掩盖了丝纹的清晰再现，但这一步基本决定了丝纹的均匀度和潜在深度，同时通过这一步的蚀刻也使丝状晶格间的结构组织更加松散，也更利于在下一步的碱性蚀刻中快速溶解而使潜在丝纹效果更加明显。在这里，也可通过在预蚀刻液中添加一定量的磷酸、硫酸或硝酸的方法来使蚀刻液的酸度进一步降低，并在较高温度下进行蚀刻而直接获得一种光亮度较高的丝纹效果，因为在这种高酸性的环境中，形成的氟氧化物容易被溶解而使丝纹直接再现，但高酸环境也增加对丝状晶格本身的蚀刻速度，所以丝纹的效果虽然明显，但丝纹的深度较浅。

### 2. 二次碱性蚀刻

经过第一次酸性蚀刻后，铝合金工件表面已经有了较为明显的丝纹，只是在丝纹的表面还有一层氟氧化物而使丝纹的清晰度不够，同时表面是砂与丝的混合体而使其平滑度差，这时就要采用一定浓度的氢氧化钠进行第二次蚀刻使丝纹表面的氟氧化层被溶解掉以再现清晰而平滑的丝纹效果。在碱蚀过程中不仅仅是对氟氧化膜的溶解，同时对丝状晶格间的松散组织也具有较快的蚀刻速度，使丝纹更加清晰。经过这一步处理后，先前的砂将消失而只呈现出丝纹的效果，到此即完成了丝纹蚀刻的全过程。

## 二、丝纹蚀刻的方法

铝合金工件在进行丝纹蚀刻之前同样需要经过除油和碱蚀处理以清除工件表面的油污及钝化层，才能制作出质量稳定的丝纹效果。

### ➤ 1. 丝纹酸性预蚀刻

丝纹酸性预蚀刻配方及操作条件见表 4-9。

表 4-9 丝纹酸性预蚀刻配方及操作条件

| | 材料名称 | 化学式 | 含量/(mol/L) |
|---|---|---|---|
| 溶液成分 | 氟化氢铵 | $NH_4HF_2$ | 1.4～2.7 |
| | 添加剂 | — | 0.15～0.6 |
| | 硫酸铵 | $(NH_4)_2SO_4$ | 0.04～0.4 |
| | 硫酸 | $H_2SO_4$ | 5～15g/L |
| 操作条件 | 温度/℃ | | 25～35 |
| | 时间/s | | 45～90 |
| | pH 值 | | 2.5～4 |

表中添加剂主要是一些氧化剂，这些氧化剂可以是过氧化氢也可以是硝酸铵，其中以过氧化氢的分子组成最为简单，蚀刻过程中的分解产物主要是水和氧气，不会在溶液中产生有可能影响蚀刻性能的副产物，同时当过氧化氢过量时也容易采用简单的化学方法除去。

工件经酸性预蚀刻后，再经过酸洗即可进行碱性成型蚀刻。

### ➤ 2. 丝纹碱性成型蚀刻

丝纹碱性成型蚀刻配方及操作条件见表 4-10。

表 4-10 丝纹碱性成型蚀刻配方及操作条件

| | 材料名称 | 化学式 | 含量/(mol/L) |
|---|---|---|---|
| 溶液成分 | 氢氧化钠 | NaOH | 0.08～0.5 |
| | 添加剂 | — | 适量 |
| | 润湿剂 | — | 适量 |
| 操作条件 | 温度/℃ | | 20～30 |
| | 时间/min | | 3～6 |

表中添加剂主要是一些防止铝石产生的金属螯合剂，碱蚀溶液中常用的 EDTA-2Na、柠檬酸盐、三乙醇胺等，添加量为 3～5g/L，也可以不加入任何添加物质。润湿剂一方面可改善蚀刻性能，另一方面在蚀刻时产生的泡沫也可封闭液面防止碱雾对操作环境的污染。十二烷基硫酸钠为常用的润湿剂，添加量视槽液的表面积而异，一般为 0.005～0.01g/L。

## 三、丝纹酸性预蚀刻对丝纹的影响

在丝纹酸性预蚀刻中对丝纹蚀刻影响较大的因素主要有氟化氢铵浓度、过氧化氢浓度、溶液 pH 值、温度和蚀刻时间等，现分别讨论如下。溶液中的硫酸铵对丝纹蚀刻的影响不大且为非必要成分，同时硫酸铵也可用磷酸二氢铵代替。

### 1. 氟化氢铵浓度对丝纹蚀刻的影响

氟化氢铵是丝纹预蚀刻的必要成分，其浓度对丝纹的形成及清晰度有很大影响，当浓度在 1.23mol/L 以下时，随氟化氢铵浓度的升高，丝纹的清晰度增加，当浓度在 1.23～2mol/L 的范围内时，丝纹的变化不大，保持相对恒定，再增加氟化氢铵浓度，除成本增加以外，对丝纹的蚀刻并无多大影响（超过 3.5mol/L 以上的浓度未试验过）。在配制溶液时氟化氢铵浓度以 1.8mol/L 作为配制时的初始浓度为宜。随着蚀刻的进行，氟化氢铵消耗较快，当降低到 1.23mol/L 时应及时补充，补充方式可采用化学分析的方法进行，也可根据对丝纹蚀刻的状态依靠经验补加。氟化氢铵浓度对丝纹蚀刻的影响见图 4-11。

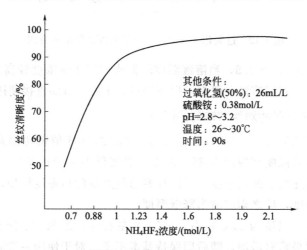

其他条件：
过氧化氢(50%)：26mL/L
硫酸铵：0.38mol/L
pH=2.8～3.2
温度：26～30℃
时间：90s

图 4-11 氟化氢铵浓度对丝纹清晰度的影响示意图

### 2. 过氧化氢浓度对丝纹蚀刻的影响

在丝纹蚀刻溶液中只有氟化氢铵而无过氧化氢时也能形成丝纹，但丝纹的清晰度较低，对铝的蚀刻速度快，同时对钛挂具的蚀刻速度非常快。所以要获得清晰度好的丝纹效果，过氧化氢是必不可少的添加物质，当过氧化氢（50%）浓度在 30mL/L 以下时，随过氧化氢浓度的增加，丝纹清晰度增加，同时对钛挂具的蚀刻速率降低。当超过 30mL/L 时，随着过氧化氢浓度的增加，不管是对铝还是对钛的蚀刻速率都减小，同时使铝表面的粗糙度增加，丝纹变得不清晰，特别是温度较低时这种现象更加明显。当过氧化氢（50%）浓度增加到 50mL/L 时，对钛已只有轻微腐蚀，对多种铝材可以得到雾面效果，但对丝纹蚀刻并无积极作用。对于新配溶液，过氧化氢（50%）添加量以 26～29mL/L 为宜，过氧化氢浓度对丝纹蚀刻的影响见图 4-12。

### 3. 溶液 pH 值对丝纹蚀刻的影响

除溶液中氟化氢铵浓度和过氧化氢浓度对丝纹蚀刻有很大的影响以外，溶液 pH 值对丝纹的影响同样重要，对于丝纹蚀刻，溶液 pH 中值为 3，当低于 3 时，虽然有利于蚀刻的进行，但过低的 pH 值一则使丝纹的粗糙度增加，丝纹模糊；二则使丝纹的光泽性降低，发暗；三则对钛的蚀刻加重。当 pH 值大于 3 时，虽然对钛的蚀刻减少，丝纹的光度提高，但过高的 pH 值易使蚀刻面呈现"麻点"现象，使板面砂化现象严重而使丝纹变得模糊不清。

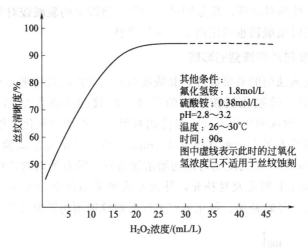

图 4-12　过氧化氢浓度对丝纹清晰度的影响示意图

其他条件：
氟化氢铵：1.8mol/L
硫酸铵：0.38mol/L
pH=2.8～3.2
温度：26～30℃
时间：90s
图中虚线表示此时的过氧化
氢浓度已不适用于丝纹蚀刻

溶液 pH 值一般控制在 2.5～3.5，当溶液温度较低或过氧化氢浓度较高时，pH 值宜选择下限，反之则选择上限，新配溶液一般都可以不进行 pH 值调节而直接使用。

### 4. 溶液温度及蚀刻时间对丝纹蚀刻的影响

溶液温度对丝纹蚀刻的影响与溶液中各组分的浓度、pH 值密切相关，当其他条件都在工艺范围之内时，溶液温度宜控制在 25～30℃。温度低不利于蚀刻的进行，容易在板面形成麻面，温度高虽然加快了蚀刻速度，但同样容易使丝纹的粗糙度增加，当过氧化氢浓度偏高时，宜适当提高温度，反之则应适当降低温度。

在新配的溶液中，温度为 27℃左右，pH＝3 左右时，蚀刻 50s 即有明显的丝纹效果，再延长时间，丝纹效果略有增加，随后即保持基本不变。对于使用一段时间的溶液，时间应适当延长，当时间超过 120s 仍不能获得良好的丝纹效果时，说明溶液已老化，这时可补充部分新液，如板面粗糙度增加，则应更换溶液。

### 5. 游离铝离子浓度对丝纹蚀刻的影响

丝纹酸性预蚀刻对游离铝离子浓度比较敏感，新配的溶液都能获得光滑的丝纹效果，但随着蚀刻的进行，溶液中铝离子浓度会迅速增加，并使蚀刻后的丝纹砂化效果明显。当新配溶液氟化氢铵浓度为 1.8mol/L 时，溶液使用一段时间后重新补加新液可以对丝纹的蚀刻效果有改善，但板面砂化现象已明显，所以对于氟化氢铵浓度为 1.8mol/L 的新配液，溶液老化时的游离铝离子浓度即可认为是影响丝纹蚀刻的上限浓度，这时应重新配制新液，但废弃的溶液可用于铝合金雾面蚀刻。当然溶液老化后不能再调整使用，也可能是铝合金在蚀刻过程中杂质的溶解和积累导致蚀刻面的粗化，或者是二者的共同作用所致。

溶液中任何氯化物的加入都会使丝纹砂化，硝酸根离子和铬酸根离子的混入都会影响丝纹的蚀刻，所以铝工件在酸洗后应清洗干净，不可将残余的硝酸或铬酸带入到溶液中。

## 四、丝纹碱性成型蚀刻对丝纹的影响

丝纹碱性成型蚀刻对丝纹的影响主要有氢氧化钠的浓度、温度和时间三个方面的因素，现分别讨论如下：

### 1. 氢氧化钠浓度对丝纹蚀刻的影响

氢氧化钠是丝纹成型蚀刻的关键成分,其浓度直接影响丝纹的清晰度,浓度低,所需要的蚀刻时间会较长,光度较暗,丝纹效果好,但过低的浓度将使蚀刻时间过长,同时也使丝纹清晰再现困难;浓度高所需要的蚀刻时间短,清晰丝纹成型速度快,光度较高,但过高的氢氧化钠浓度易使丝纹砂化明显并有对丝纹的整平趋势,表现为丝纹清晰度尚可,但目视丝纹深度变浅,经氧化后丝纹会更加模糊。氢氧化钠的浓度范围可在 $0.08\sim0.5mol/L$ 之间选择,浓度越低,时间越长。氢氧化钠浓度对丝纹蚀刻的影响见图4-13。

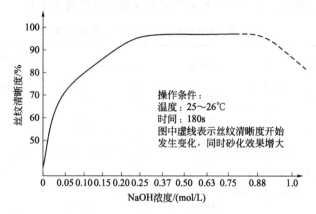

操作条件:
温度:25~26℃
时间:180s
图中虚线表示丝纹清晰度开始发生变化,同时砂化效果增大

图 4-13 氢氧化钠浓度对丝纹清晰度的影响示意图

### 2. 蚀刻时间和蚀刻温度对丝纹蚀刻的影响

在氢氧化钠浓度一定时,随着蚀刻时间的延长,丝纹的清晰度逐渐增加,当达到最大清晰度时,再增加时间丝纹向变浅的方向发展,同时砂化效果增大。蚀刻时间和温度与氢氧化钠浓度有很大关系,当选择低浓度的氢氧化钠时,如 $0.13mol/L$,温度在25℃时,所需蚀刻时间为 $7\sim10min$;当温度在30℃时,所需蚀刻时间约为5min;当氢氧化钠浓度在 $0.25mol/L$,温度在29℃左右时,所需蚀刻时间约为3min;当氢氧化钠浓度在 $0.45mol/L$,温度在29℃左右时,所需蚀刻时间约为2min。

溶液温度高,丝纹成型速度快,丝纹光度好,所需时间短。但过高的温度,同时氢氧化钠浓度也较高时,丝纹有变浅的趋势,并且丝纹有砂化趋势;溶液温度低,丝纹成型速度慢,丝纹光度有所下降,但温度过低将会使蚀刻时间过长而使生产极不方便,同时过低的温度也不利于丝纹清晰度的完成,一般控制温度在 $26\sim35℃$ 为宜。

## 五、氧化膜对丝纹清晰度的影响

经丝纹蚀刻并有明显丝纹效果的铝工件,经氧化后,这种丝纹效果会减弱,随氧化膜厚度的增加,减弱的效果会增强,过厚的氧化膜甚至会使丝纹变得非常模糊,所以经丝纹蚀刻后的工件应尽量避免进行厚氧化膜的加工,氧化膜以不超过 $5\mu m$ 为宜。要想在厚的氧化膜上获得较好的丝纹效果,可在丝纹蚀刻时适当延长丝纹酸性预蚀刻时间,但这种时间的延长所带来的效果也是很有限的。

通过改变硫酸浓度、氧化温度、电流密度来达到一定厚度的氧化膜,对丝纹清晰度有一定的作用,但效果并不是太明显,有兴趣的读者可以对氧化条件进行更进一步的实验以找到最理想的方法。

工件经丝纹蚀刻后采用电泳涂装的方式进行防护与颜色装饰处理会得到清晰度更好的丝纹效果。而并不是所有氧化厂都具备电泳这一加工方法，所以经丝纹蚀刻后的氧化处理只能是一种折中的方案，如条件允许应采用电泳涂装，但只适合于透明涂装。

## 六、光亮丝纹蚀刻

如果要获得光亮度好的丝纹也可采用以下介绍的一次法来进行蚀刻，但这种丝纹的深度不如两次法，同时经氧化后丝纹变得很模糊，如采用电泳涂装进行防护处理则可获得光亮度好且丝纹明显的表面效果。光亮丝纹的工艺配方及操作条件见表 4-11。

表 4-11　光亮丝纹的工艺配方及操作条件

| | 材料名称 | 化学式 | 含量/(g/L) | |
| --- | --- | --- | --- | --- |
| | | | 配方 1 | 配方 2 |
| 溶液成分 | 氟化氢铵 | $NH_4HF_2$ | 90～120 | 90～120 |
| | 磷酸 | $H_3PO_4$ | 100～180 | 80～180 |
| | 硫酸 | $H_2SO_4$ | — | 80～100 |
| | 氧化锌 | ZnO | — | 5～10 |
| | 添加剂 | — | — | 适量 |
| | 硝酸 | $HNO_3$ | 70～115 | — |
| 操作条件 | 温度/℃ | | 50～60 | 45～65 |
| | 时间/s | | 60～120 | 120～180 |

表中添加剂由硫酸铜、硫酸镍、硝酸铵组成，其浓度为硫酸铜 0.5～1g/L，硫酸镍 1～5g/L，硝酸铵 10～50g/L。

## 七、氟硅酸钠丝纹蚀刻

采用氟硅酸钠和硫酸配合的方法，对某些铝材也有很好的丝纹蚀刻效果。其基本配方见表 4-12。

表 4-12　氟硅酸钠丝纹蚀刻工艺配方及操作条件

| | 材料名称 | 化学式 | 含量/(g/L) | |
| --- | --- | --- | --- | --- |
| | | | 配方 1 | 配方 2 |
| 溶液成分 | 氟硅酸钠 | $Na_2SiF_6$ | 6～7 | 12～14 |
| | 硫酸(98%) | $H_2SO_4$ | 16～17mL/L | 32～34mL/L |
| 操作条件 | 温度/℃ | | 40～70 | 40～70 |
| | 时间/min | | 1～4 | 1～4 |

经表中配方 1 处理的铝材丝纹效果好，不经第二次碱蚀即可进行阳极氧化。

表中氟硅酸钠的含量如果增加到 14g，丝纹的亮度会增加，但丝纹效果要差一些，同时也需适当提高处理温度。

经表中配方 2 处理的铝材表面也有较好的丝纹效果，但比配方 1 为差。

配方中不加过氧化氢所得的丝纹显青，加过氧化氢后丝纹效果显白且柔，但加过氧化氢后，丝纹表面有砂化效果的趋势。

采用氟硅酸钠的方法其配制成本较氟化氢铵低得多，但其不足之处是需要加温，同时和氟化氢铵配方一样会对钛产生腐蚀。至于对这两种方法的选取，读者可根据实际情况而定。

## 八、木纹的电解蚀刻

这一方法是通过电解的方式对 6063 铝合金型材进行的一种装饰性处理，电解液成分由两部分组成，一是促使膜层形成的物质，主要是硼酸或硼酸盐与柠檬酸；二是膜层蚀刻剂，主要是氯离子，常用氯化钠或氯化铵作为蚀刻剂。其基本原理是铝合金工件在木纹电解液中在交流电场作用下先形成阻挡膜层，形成的阻挡膜层被蚀刻剂蚀刻，而这种蚀刻并非是均匀进行的，膜层的不稳定处优先被破坏溶解而被优先蚀刻，而其他地方的膜层溶解则被滞后，蚀刻部分的金属重新裸露出来而又生成新的阻挡层。随着电解的进行，这种阻挡膜层的生成和溶解不停地交替进行，最终形成木纹状的蚀刻痕迹，这种蚀刻痕迹在随后的阳极氧化过程中有被加深的趋向。经木纹电解处理后的铝合金表面有一层深色膜层，在进行阳极氧化前应将这层膜层除去，除去方法可采用碳酸钠溶液法。经氧化后的工件在进行染色时最好采用电解着色，这样会使铝合金表面更显木质感。

但这种方法同样有局限性，一是对铝合金材料有选择性，只是这个选择性没有化学丝纹大；二是其木纹效果不如上面介绍的均匀自然，但对建筑用型材的装饰处理还是可取的。

木纹电解蚀刻的基本工艺流程：除油处理→碱蚀处理→木纹电解处理→脱膜处理→阳极氧化→着色→封闭处理。木质电解工艺方法见表 4-13；电解后的脱膜方法见表 4-14。

表 4-13　木质电解配方及操作条件

| | 材料名称 | 化学式 | 含量/(g/L) | |
|---|---|---|---|---|
| | | | 配方 1 | 配方 2 |
| 溶液成分 | 硼酸 | $H_3BO_3$ | 11～15 | 5 |
| | 柠檬酸 | $C_6H_8O_7 \cdot H_2O$ | 20～25 | — |
| | 氯化钠 | NaCl | 5～15 | 10～20 |
| | 偏硼酸钠 | $NaBO_2$ | — | 40 |
| 操作条件 | pH 值 | | 2.2～2.5 | — |
| | 温度/℃ | | 20～35 | 25～30 |
| | 电流密度/(A/dm²) | | 1～3 | 1～3 |
| | 时间/min | | 5～15 | 8～12 |

表 4-14　脱膜工艺配方及操作条件

| 溶液成分 | 材料名称 | 化学式 | 含量/(g/L) |
|---|---|---|---|
| | 无水碳酸钠 | $Na_2CO_3$ | 50～60 |
| 操作条件 | 温度/℃ | | 50～65 |
| | 时间/min | | 1～2 |

## 九、铝合金丝纹蚀刻工艺规范

### 1. 范围

（1）主题内容　本规范规定了铝及合金需要进行丝纹蚀刻的通用工艺方法。

（2）适用范围　本规范仅适用于可进行化学丝纹蚀刻的铝合金材料的丝纹加工。

### 2. 引用文件

铝合金表面处理前质量验收技术条件、铝合金化学除油工艺规范。

其他文件：略。

### 3. 要求

（1）铝合金丝纹蚀刻工艺过程　工件验收→装挂→化学除油→水洗→酸洗→水洗→碱蚀→水洗→酸洗→水洗→丝纹酸性预蚀刻→水洗→酸洗→水洗→丝纹碱性成型蚀刻→水洗→酸洗→水洗→转阳极氧化（或其他加工）。

（2）主要工序说明如下：

① 工件验收　按铝合金表面处理前质量验收技术条件相关内容进行。

② 装挂　挂具一般用铝材或钛材制造，工件装挂时应牢固，保证工件不相互贴合、碰撞。装挂位置应当尽量避免在化学处理时产生气囊，保证各工序处理的均匀性。

③ 化学除油　化学除油按铝合金化学除油工艺规范相关内容进行。

④ 水洗　采用三级水洗，温度为室温；时间 20~40s。

⑤ 酸洗　酸洗溶液配方及操作条件按表 4-15 进行。

**表 4-15　酸洗工艺配方及操作条件**

| | 材料名称 | 化学式 | 含量/(g/L) |
|---|---|---|---|
| 溶液成分 | 硝酸 | $HNO_3$ | 300~500 |
| | 铬酐 | $CrO_3$ | 0~5 |
| 操作条件 | 温度/℃ | | 室温 |
| | 时间/min | | 1~3 |

⑥ 碱蚀　碱蚀按表 4-16 进行。

**表 4-16　碱蚀工艺配方及操作条件**

| | 材料名称 | 化学式 | 含量/(g/L) |
|---|---|---|---|
| 溶液成分 | 氢氧化钠 | $NaOH$ | 45~55 |
| | 铝 | $Al$ | 0~100 |
| | 葡萄糖酸钠 | — | 4~8 |
| | 三乙醇胺 | $C_6H_{15}NO_3$ | 3~6 |
| 操作条件 | 温度/℃ | | 45~55 |
| | 时间/s | | 45~90 |

⑦ 丝纹酸性预蚀刻　丝纹酸性预蚀刻按表 4-17 进行。

**表 4-17　丝纹酸性预蚀刻配方及操作条件**

<table>
<tr><td rowspan="2" colspan="2"></td><td rowspan="2">材料名称</td><td rowspan="2">化学式</td><td colspan="2">含量/(g/L)</td></tr>
<tr><td>配方 1</td><td>配方 2</td></tr>
<tr><td rowspan="5">溶液<br>成分</td><td colspan="1">氟化氢铵</td><td>$NH_4HF_2$</td><td>70～120</td><td>—</td></tr>
<tr><td>过氧化氢</td><td>$H_2O_2$</td><td>25～30</td><td>—</td></tr>
<tr><td>硫酸铵</td><td>$(NH_4)_2SO_4$</td><td>0～50</td><td>—</td></tr>
<tr><td>硫酸(98%)</td><td>$H_2SO_4$</td><td>0～40</td><td>16～17mL/L</td></tr>
<tr><td>氟硅酸钠</td><td>$Na_2SiF_6$</td><td>—</td><td>6～7</td></tr>
<tr><td rowspan="3">操作<br>条件</td><td colspan="2">pH 值</td><td>2.5～3.5</td><td>—</td></tr>
<tr><td colspan="2">温度/℃</td><td>25～35</td><td>40～70</td></tr>
<tr><td colspan="2">时间/s</td><td>45～90</td><td>100～240</td></tr>
</table>

⑧ 丝纹碱性成型蚀刻　丝纹碱性成型蚀刻按表 4-18 进行，表 4-17 中经配方 2 蚀刻后是否需要碱性成型蚀刻应根据实际情况而定。

**表 4-18　丝纹碱性成型蚀刻配方及操作条件**

<table>
<tr><td rowspan="4">溶液<br>成分</td><td>材料名称</td><td>化学式</td><td>含量/(g/L)</td></tr>
<tr><td>氢氧化钠</td><td>NaOH</td><td>5～18</td></tr>
<tr><td>磷酸钠</td><td>$Na_3PO_4 \cdot 12H_2O$</td><td>0～20</td></tr>
<tr><td>十二烷基硫酸钠</td><td>$C_{12}H_{25}OSO_3Na$</td><td>0～0.01</td></tr>
<tr><td rowspan="2">操作<br>条件</td><td colspan="2">温度/℃</td><td>25～35</td></tr>
<tr><td colspan="2">时间/s</td><td>120～300</td></tr>
</table>

丝纹效果检查：丝纹蚀刻后在进行阳极氧化之前需对丝纹效果进行检查，检查方式是目视，然后再与样板进行比对。

要求：丝纹清晰度、丝纹平滑度、丝纹的光度等应与样板相符，目视不能有砂面的效果。如丝纹清晰度不够，应分析原因并及时排除。对清晰度不够的丝纹可重复进行第二次蚀刻。

⑨ 转阳极氧化　经丝纹蚀刻后的工件应立即转阳极氧化或其他加工工序，切不可在工作间长时间停留。

### 4. 溶液的配制与调整

丝纹酸性预蚀刻溶液配制方法如下：

① 根据配制体积的需要准备一合适的 PP（也可采用硬 PVC）工作缸，洗净后加入所需体积 4/3 的清水，冬天应采用 40℃左右的温水进行配制；

② 将计算量的氟化氢铵在不断搅拌的条件下加入工作缸中，并搅拌至完全溶解；

③ 添加计算量的过氧化氢到②中并搅拌均匀，最后加清水到规定的体积；

④ 滤掉沉渣，用试片试用合格后即可用于生产。

其他溶液的配制：略。

溶液成分分析项目及分析周期见表 4-19。

**表 4-19 溶液成分分析项目及分析周期**

| 溶液名称 | 分析项目 | | 分析周期（连续生产） | 说明 |
|---|---|---|---|---|
| | 项目名称 | 化学式 | | |
| 碱性除油 | 磷酸钠 | $Na_3PO_4 \cdot 12H_2O$ | 3～7 天 | 按 QJ/Z 105 执行 |
| | 碳酸钠 | $Na_2CO_3$ | | |
| | 硅酸钠 | $Na_2SiO_3 \cdot 9H_2O$ | | |
| | 氢氧化钠 | $NaOH$ | | |
| 酸性除油 | 硫酸 | $H_2SO_4$ | 3～7 天 | |
| | 磷酸 | $H_3PO_4$ | | |
| | 氟化氢铵 | $NH_4HF_2$ | | |
| 酸洗溶液 | 硝酸 | $HNO_3$ | 7～15 天 | 按 QJ/Z 108 执行 |
| 碱蚀与丝纹碱性成型蚀刻 | 氢氧化钠 | $NaOH$ | 每天一次 | 按 QJ/Z 174 执行 |
| | 铝 | $Al$ | | |
| 丝纹酸性预蚀刻 | 氟化氢铵 | $NH_4HF_2$ | 每天一次 | |
| | 过氧化氢 | $H_2O_2$ | | |

### 5. 常见故障原因及排除方法

丝纹蚀刻常见故障产生原因及排除方法见表 4-20。

**表 4-20 丝纹蚀刻常见故障产生原因及排除方法**

| 序号 | 故障特征 | | 产生原因 | 排除方法 |
|---|---|---|---|---|
| 1 | 丝纹清晰度不够 | 酸性预蚀刻 | 溶液使用时间太长,浓度太低 | 更换新液 |
| | | | 温度太低 | 适当提高温度 |
| | | | 时间太短 | 适当延长工作时间 |
| | | 碱性蚀刻 | 氢氧化钠浓度太高或太低 | 分析氢氧化钠浓度,并调整到工艺规定的范围 |
| | | | 温度太高或太低 | 将温度控制在工艺规定范围 |
| | | | 时间太短 | 适当延长蚀刻时间 |
| 2 | 表面粗化 | | 溶液中铝离子浓度或其他杂质浓度太高 | 更换新的溶液 |
| | | | 温度过低 | 适当降低温度 |
| | | | 过氧化氢浓度过高 | 可以通过添加氟化氢铵和水来增大溶液体积以达到降低过氧化氢浓度的目的 |
| | | | pH 值太高 | 用硫酸或氢氟酸适当调低溶液 pH 值 |
| 3 | 丝纹不均匀 | | 碱蚀时间太短 | 延长碱蚀时间,或检查碱蚀浓度及温度是否在工艺控制的范围内 |
| | | | 工件表面有污染物 | 加强工件的表面清洁工作 |
| | | | 溶液使用时间太长 | 更换新的溶液 |

### 6. 辅助材料

辅助材料应符合表 4-21 的规定。

表 4-21 辅助材料的规格

| 序号 | 材料名称 | 化学式 | 材料规格 |
|---|---|---|---|
| 1 | 氢氧化钠 | NaOH | 电镀级 |
| 2 | 磷酸钠 | $Na_3PO_4 \cdot 12H_2O$ | 电镀级 |
| 3 | 无水碳酸钠 | $Na_2CO_3$ | 电镀级 |
| 4 | 九水合偏硅酸钠 | $Na_2SiO_3 \cdot 9H_2O$ | 电镀级 |
| 5 | OP-10 | — | CP |
| 6 | 十二烷基磺酸钠 | — | 电镀级 |
| 7 | 磺酸 | — | 电镀级 |
| 8 | 硫酸 | $H_2SO_4$ | CP 或电镀级 |
| 9 | 磷酸 | $H_3PO_4$ | 电镀级 |
| 10 | 氟化氢铵 | $NH_4HF_2$ | 电镀级 |
| 11 | EDTA-2Na | $C_{10}H_{14}O_8N_2Na_2 \cdot 2H_2O$ | 电镀级 |
| 12 | 葡萄糖酸钠 | — | 电镀级 |
| 13 | 三乙醇胺 | $C_6H_{15}NO_3$ | 电镀级 |
| 14 | 过氧化氢 | $H_2O_2$ | 电镀级 |
| 15 | 氟硅酸钠 | | 电镀级 |

# 第四节 不腐蚀钛的铝合金雾面蚀刻

铝合金表面雾面蚀刻是相对于光面而言的，在本章第一节中所讨论的铝合金纹理蚀刻都侧重于纹理粗糙度的提高，而雾面蚀刻则是一种微粗糙度的表面哑光蚀刻，通过这种细腻的哑光表面与镜面的对比制作各种文字与图形标识，也可以通过这种细腻的哑光表面直接为铝合金工件提供一种表面装饰效果。

在常温的情况下，使用氟化铵或氟化氢铵溶液都可以得到一种细腻的哑光效果，但这种溶液对钛挂具的蚀刻较为严重，比对铝本身的蚀刻速度还要快，这就给生产带来了极大的不便，如果在采用氟化物进行哑光蚀刻的同时又能使这种蚀刻液不蚀钛或对钛有极低的蚀刻速度将是非常有意义的。本节主要讨论如何在降低对钛腐蚀速率的前提下进行对铝合金表面的哑光蚀刻。

## 一、工艺原理

在这里要解决两个问题，一是配制的氟化物溶液对钛的惰性；二是能在铝合金表面形成细腻的哑光表面。氟化物在碱性环境中对钛是惰性的，难以在铝合金表面做到细腻的哑光效果，编著者在实验中将氟硅酸钾和碳酸钠配合获得了一种细腻的哑光效果，但其表面均匀性及稳定性欠佳，有兴趣的读者可以通过改变溶液的碱度和氟硅酸盐的浓度来进行更进一步的试验。相对而言，比较实用的还是在酸性环境中找到符合以上两个要求的配方组合。

具相关资料介绍，在酸性氟化物溶液中添加氧化剂可以有效地抑制对钛的蚀刻速率，同时也会降低对铝合金本身的蚀刻速率。这些可用的氧化剂有硝酸根离子、三价铁盐、铬酐和过氧化氢等，从环境保护的角度出发，铬酐显然是应该尽量避免采用的，这时就只能在硝酸根离子和过氧化氢中进行选择。至于在酸性氟化物溶液中添加氧化剂为什么能抑制对钛的蚀刻速率，相关资料的解释是这些氧化剂的加入导致了钛表面钝化层的形成，下面就以硝酸根离子和过氧化氢为例来进行讨论。

### ➲ 1. 硝酸根离子

将钛投入到新配制的氟化氢铵溶液中，即使在常温条件下，也会有较高的腐蚀速率，其速率甚至超过对铝的腐蚀。这也是很多氧化厂在生产中非常头痛的事。但在溶液中添加硝酸根离子（以硝酸铵的形式加入，下同）后，会发现对钛的腐蚀速率开始降低，并随硝酸根离子添加量的增多，对钛的蚀刻速率亦逐渐降低，当硝酸根离子浓度与氟离子浓度的摩尔比为0.18时，对钛基本上没有腐蚀，同时对铝的蚀刻也很慢，这对铝合金的雾面蚀刻来说无多大意义，在这里就需要找到一个平衡点，既要保持对铝的均匀蚀刻又要保证对钛的蚀刻速率最低。通过更进一步的实验，发现当硝酸根离子浓度与氟离子浓度的摩尔比为0.07时，对铝合金表面的雾面处理效果较好，同时对钛的腐蚀速率也较低，当这一比值上升到0.1时，对钛的腐蚀速率更慢，但在铝合金表面已难以形成均匀的雾面效果，即使在加温的情况下对铝的蚀刻效果亦不理想。因此，对添加硝酸根离子而言，与氟离子的摩尔比为0.07可以认为是既满足对铝合金表面的雾面蚀刻效果，又同时满足对钛的蚀刻速率最低的平衡点。关于添加硝酸根离子的铝合金雾面蚀刻液的工艺配方及操作条件见表4-22。

**表4-22　添加硝酸根离子的铝合金雾面蚀刻液的工艺配方及操作条件**

| | 材料名称 | 化学式 | 含量/(mol/L) |
|---|---|---|---|
| 溶液成分 | 氟化氢铵 | $NH_4HF_2$ | 1.18~1.8 |
| | 硝酸铵 | $NH_4NO_3$ | 0.16~0.25 |
| | 添加剂 | | 适量 |
| 操作条件 | 温度/℃ | | 25~28 |
| | 时间/min | | 1~4 |

表中添加剂可以是磷酸二氢铵、氟化铵、润湿剂等，但这些添加剂并非必要。要想获得雾面效果，溶液的温度不能太高，否则会得到表面粗糙度较高的纹理效果。

添加硝酸根离子虽然可以降低对钛的腐蚀速率，但还不能在获得雾面效果的前提下做到对钛的完全不腐蚀（肉眼观察，下同），即便是提高溶液的pH值也难以做到既获得均匀而稳定的雾面效果，同时又能满足对钛的不腐蚀。

### ➲ 2. 过氧化氢

在前面讨论了硝酸根离子作为添加物质的雾面蚀刻溶液的性能和作用，通过实验发现，它并不能完全满足氧化行业所需要的既对铝合金表面有均匀的雾面效果，同时又对钛不腐蚀的要求，现在再来看通过添加过氧化氢能不能实现这一要求。

和上面的试验方法一样，在氟化氢铵溶液中添加过氧化氢后，对钛的腐蚀速率会降低，并随着过氧化氢浓度的增加而成比例下降。以1.8mol/L的氟化氢铵溶液为例，当过氧化氢（50%，下同）浓度达到20mL/L以上时，就能使钛的腐蚀速率明显降低，同时对多种铝合金材料也可获得不错的雾面蚀刻效果；当过氧化氢浓度达到50mL/L时，对钛只有轻微的腐蚀现象，而对铝合金有较好的雾面效果，在这种比例下，随着总浓度的降低，对钛的腐蚀速率会更低，但对铝的蚀刻性能也跟着降低。如果再提高过氧化氢浓度，溶液的 pH 值会升高，对钛的腐蚀速率会降到肉眼难以观察的程度，但这时已不能对铝合金进行有实用意义的蚀刻。添加过氧化氢的铝合金雾面蚀刻溶液配方及操作条件见表 4-23。

表 4-23　添加过氧化氢的铝合金雾面蚀刻溶液的工艺配方及操作条件

| | 材料名称 | 化学式 | 含量/(mol/L) |
|---|---|---|---|
| 溶液成分 | 氟化氢铵 | $NH_4HF_2$ | $1.4\sim1.8$ |
| | 过氧化氢(50%) | $H_2O_2$ | $20\sim50mL/L$ |
| | 添加剂 | | 适量 |
| 操作条件 | 温度/℃ | | $25\sim28$ |
| | 时间/min | | $1\sim4$ |

表中添加剂同表 4-22。

从以上对两种氧化剂的讨论来看，不管是硝酸根离子还是过氧化氢，单独添加都很难同时满足对铝的均匀蚀刻和钛的不腐蚀这对矛盾。接下来就要讨论第三物质的加入来解决这对矛盾。

### ➋ 3. 关于 pH 值的调节方式

前面所讨论的硝酸铵和过氧化氢虽然单独添加也能使溶液的 pH 值提高，但由此而获得的溶液并不能对铝合金进行均匀的蚀刻，甚至不能进行蚀刻。这是因为虽然溶液的 pH 值提高了，但溶液中的氧化剂浓度也提高到了很高的浓度，这时不管是对钛还是对铝都会产生很强的钝化作用，对铝的钝化作用会更甚，所以采用这种方法来换取溶液 pH 值的升高并不能解决对铝合金的均匀蚀刻问题。这时就需要一种新的 pH 值调节剂来调高氟化氢铵溶液的 pH 值。要调高 pH 值首先想到的是通过酸碱中和的原理来实现，需要调高，就需要向溶液中添加碱来实现，常见的用于调节溶液 pH 值的碱有氢氧化钠、氢氧化钾、氨水、三乙醇胺等，一般情况下都会认为用于调高 pH 值所用的材料一定是不同浓度的各种碱，编著者也曾采用这种思路进行过多次试验，但都以失败而告终。最后通过引入硼酸这一弱酸才解决氟化氢铵 pH 值的调节问题。

氟化氢铵可以看作由氟化铵和氟化氢共同组成，氟化氢铵是一个中等强度的酸，而硼酸在水溶液只显微酸性，在这里硼酸相对于氟化氢铵就是一种碱，当二者混合时所引起的溶液 pH 值变化已不能用通常的酸碱中和反应来理解，其反应的化学过程很复杂，这个复杂性表现在可能的产物上，当硼酸足量，且假定氟和硼酸完全反应时，其最终产物在很大程度上是氟硼酸铵和氨的混合物。其可能的分步骤反应式如下：

$$NH_4HF_2 == NH_4F + HF \tag{4-16}$$

$$4HF + H_3BO_3 == HBF_4 + 3H_2O \tag{4-17}$$

$$4NH_4F + H_2O + H_3BO_3 == HBF_4 + 4NH_4OH \tag{4-18}$$

$$HBF_4 + NH_4OH == NH_4BF_4 + H_2O \tag{4-19}$$

将以上四个化学方程配平后相加，再简化就得到下面的总反应式：

$$2NH_4HF_2 + H_3BO_3 == NH_4BF_4 + NH_4OH + 2H_2O \tag{4-20}$$

从以上反应式可以看出，1mol 硼酸需要和 2mol 氟化氢铵反应，如果以 1.7544mol/L 氟化氢铵计，则需要 0.8734mol 硼酸，按这一比例进行完全反应后，溶液 pH 值已达 6.5 左右。虽然在这种情况下不再加氧化剂之类的物质也可以满足对钛的相对稳定，但对铝的蚀刻速度慢，且雾面效果不是太好。经过编著者的长期实验和在生产中的应用发现，当氟化氢铵浓度为 $1.7544mol/L$ 时，硼酸的添加量以 $0.80867mol$ 为宜，在这种配比下，溶液 pH 值约为 6.2 左右，此时新配的溶液对钛还是有一定的腐蚀的，当放置12h后，这种腐蚀已变得很轻微，同时对铝合金有不错的蚀刻效果，但光度略高。如果按这种比例配制的溶液再添加过氧化氢（50%）5mL/L 时，对钛在肉眼观察的情况已看不到腐蚀，同时经蚀刻后的铝合金表面可获得极好的细腻而均匀的哑光表面，具有极强的装饰效果。如果再提高过氧化氢浓度，则有可能影响蚀刻的正常进行，甚至使蚀刻作用停止，以不超过 8mL/L 为宜。

当硼酸用量低于 $0.8734mol$ 时，则以上的反应进行得不完全，配制雾面蚀刻溶液时硼酸用量在 $0.72781\sim0.80867mol$（氟化氢铵浓度为 $1.7544mol/L$，下同），这个用量的硼酸和上面讨论的反应式相比，属于硼酸不足，当硼酸用量不足时，必有某一反应不能进行到底，对以上几个反应方程式进行分析，最有可能是反应(4-18)反应不完全，这样溶液中就还会有氟化铵的存在，这就使得反应产物变得更加复杂化，产物的复杂化表现在产物的具体成分及各成分之间的比率，当溶液中硼酸量不足，且硼酸完全参与反应时，其可能的总反应方程式如下：

$$3NH_4HF_2 + H_3BO_3 \Longrightarrow NH_4BF_4 + 2NH_4F + 3H_2O \qquad (4\text{-}21)$$

$$5NH_4HF_2 + 2H_3BO_3 \Longrightarrow 2NH_4BF_4 + 2NH_4F + NH_4OH + 5H_2O \qquad (4\text{-}22)$$

通过计算，反应（4-21）硼酸耗用量为 $0.58224mol$；反应（4-22）的硼酸耗量为 $0.69546mol$。显然这两个反应式都不满足在实验中的硼酸用量，同时将两反应式相加，其反应产物和反应(4-22)是一样的。接下来以反应(4-22)为假设对象，通过改变反应物的摩尔比来计算符合硼酸实验用量的生成物摩尔比。

$$7NH_4HF_2 + 3H_3BO_3 \Longrightarrow 3NH_4BF_4 + 2NH_4F + 2NH_4OH + 7H_2O \qquad (4\text{-}23)$$

按这一反应式进行，其硼酸用量为 $0.75152mol$。

$$9NH_4HF_2 + 4H_3BO_3 \Longrightarrow 4NH_4BF_4 + 2NH_4F + 3NH_4OH + 9H_2O \qquad (4\text{-}24)$$

按这一反应式进行，其硼酸用量约为 $0.77956mol$。

$$11NH_4HF_2 + 5H_3BO_3 \Longrightarrow 5NH_4BF_4 + 2NH_4F + 4NH_4OH + 11H_2O \qquad (4\text{-}25)$$

按这一反应式进行，其硼酸用量约为 $0.79735mol$。

$$13NH_4HF_2 + 6H_3BO_3 \Longrightarrow 6NH_4BF_4 + 2NH_4F + 5NH_4OH + 13H_2O \qquad (4\text{-}26)$$

按这一反应式进行，其硼酸用量约为 $0.80867mol$。

通过以上反应式的计算得到了不同硼酸用量其生成物的比例，但这只是为了便于计算而列出的反应方程式，在实际反应中，由于其 pH 值在 6.2 左右，是一种极弱的酸性溶液，还存在着生成物的水解，所以生成物是以什么样的形式存在是非常复杂的。在实验过程中为了得到某种数值也只能按以上的反应方程式来假设。以溶液的 pH 值为例，以上反应物随着氟化氢铵和硼酸摩尔比的降低，其生成物氢氧化铵的物质的量和氢氧化铵与氟硼酸铵的摩尔比也逐渐上升，其结果必然导致溶液 pH 值的升高，这也和实验是完全吻合的。

## 二、不腐蚀钛的雾面加工方法

通过对以上实验的分析和讨论，发现以氟化氢铵为主蚀刻剂，用硼酸与氟化氢铵的反应来提升溶液的 pH 值，再添加适量的过氧化氢就能做到对铝合金进行均匀蚀刻的同时对钛挂具的不腐蚀，且能在铝合金表面获得细腻的雾面效果并呈现出嫩白的色泽（个别铝材除外），其工艺配方及操作条件见表 4-24。

表 4-24　不腐蚀钛的雾面蚀刻溶液配方及操作条件

| | 材料名称 | 化学式 | 含量/(mol/L) |
|---|---|---|---|
| 溶液成分 | 氟化氢铵 | $NH_4HF_2$ | $1.228 \sim 2.11$ |
| | 硼酸 | $H_3BO_3$ | $0.566 \sim 0.97$ |
| | 过氧化氢(50%) | $H_2O_2$ | $5 \sim 8mL/L$ |
| | 添加物质/(g/L) | | $0 \sim 50$ |
| 操作条件 | 温度/℃ | | $25 \sim 35$ |
| | pH 值 | | 6.2 左右 |
| | 时间/min | | $1 \sim 5$ |
| | 搅拌方式 | | 可采用连续过滤的方式 |

　　表中添加物质并不是必需的，对于某些铝材，为了改善其蚀刻性能，可以添加磷酸二氢铵或硫酸铵，但应注意溶液 pH 值的变化，由此而发生的溶液 pH 值降低可用氨水进行调节。但由氟化氢铵或氢氟酸所引起的溶液 pH 降低则用硼酸调节，溶液 pH 值升高则用氟化氢铵或氢氟酸调节。在生产过程切不可将硝酸根离子和铬酸根离子等其他氧化性离子混入到溶液中。

　　配制好的新溶液的蚀刻性能并不能作为代表，放置 8h 以后所获得的蚀刻效果才是稳定的效果。

　　在生产中使用后的旧液可不用弃去，经清除沉淀后添加新配的浓缩液即可使溶液得到再生。如果要对溶液的 pH 值进行调节，可采用氟化氢铵、氟化氢、硼酸进行。

## 三、溶液成分及操作条件对雾面蚀刻的影响

### 1. 溶液成分的影响

　　溶液成分主要包括氟化氢铵浓度、硼酸的用量、过氧化氢的浓度等，现分别讨论如下：

　　(1) 氟化氢铵浓度的影响　氟化氢铵浓度是保证蚀刻能均匀进行的前提条件，是主蚀刻剂。如果氟化氢铵浓度低，蚀刻不均匀，同时经蚀刻后的表面哑度不够，表面有粗化现象；浓度过高也会阻止反应的进行而得不到雾面效果。生产中的浓度上限以不超过 2.11mol/L 为宜，下限因铝合金材料而异，一般不应低于 1.228mol/L。

　　(2) 硼酸浓度的影响　硼酸的添加量以氟化氢铵的用量为前提，当氟化氢铵浓度一定时，随着溶液中硼酸含量的变化，其生成物之间的比例也跟着变化，同时溶液 pH 值也随硼酸浓度的增大而增大。当氟化氢铵与硼酸的摩尔比为 2.169 时，其蚀刻效果最好，这可定为下限值；当氟化氢铵与硼酸的摩尔比为 2.4 以上时，其蚀刻性能不保证，二者之间的摩尔比为 2.4 可定为上限值。也就是说，当氟化氢铵和硼酸的摩尔比在 2.169 ~ 2.4 时，都可以在铝合金表面获得细腻的雾面效果，同时也可以做到对钛的不腐蚀（肉眼观察）。作为标准配法，氟化氢铵与硼酸的摩尔比以 2.16 为佳，这也是通过长期生产所证明的。这里需要说明一点，当氟化氢铵与硼酸的摩尔比在 2.712 附近时，新配的溶液放置 12h 后有可能同时出现既不能腐蚀铝也不能腐蚀钛的现象，但此时溶液的 pH 值还是比较低的，其原因还不太清楚。所以在配制这类溶液时一定要注意氟化氢铵和硼酸的摩尔比。

（3）过氧化氢浓度的影响　过氧化氢的作用有两个，一是对钛表面的钝化以防止氟化物对钛的腐蚀；二是参与对铝表面的钝化，并使经蚀刻后的表面哑度增加。浓度过低满足不了这两个作用，过高则会使铝表面粗化，甚至不能进行蚀刻。当氟化氢铵浓度为 1.7544mol/L 时，过氧化氢浓度（50%）宜控制在 5～8mL/L 的范围内。由于过氧化氢的浓度范围比较窄，在蚀刻过程中除特殊情况以外过氧化氢不宜单独添加。

#### ➋ 2. 操作条件的影响

操作条件主要包括溶液 pH 值、温度和时间。

（1）pH 值的影响　溶液 pH 值是一个很重要的参数，对铝的均匀蚀刻和对钛的不腐蚀，合适的 pH 值是先决条件，只有在一定 pH 值下通过添加一定浓度的过氧化氢才能满足要求。其适宜的 pH 值在 5.5～6.4，对于新配的溶液，pH 值偏低对铝材的选择性较强，新配液 pH 值宜在 6.2 左右（在准确称量的条件下，氟化氢铵和硼酸的摩尔比为 2.169 时，如果溶液 pH 值有不大的偏差可不进行调节）。

（2）温度和时间　溶液温度的影响不大，在 25～35℃ 的范围内都可以进行均匀的蚀刻。随蚀刻时间的延长，纹理的均匀性增大，具体时间依材料的型号而定。经蚀刻后光度随时间的延长而降低，即哑度随时间的延长而增加。具体蚀刻时间依材料及光度要求而定，一般在 1～5min 之间选择。

## 四、雾面蚀刻的适用范围及操作注意事项

#### ➋ 1. 雾面蚀刻的适用范围

雾面蚀刻在铝阳极氧化前的应用主要有三个方面：一是对整个工件表面进行细腻的哑光处理，以获得一种高档的装饰效果；二是用于两次以上阳极氧化的底层雾化处理，与光亮的图文形成反差来达到图文效果突出的目的；三是用于喷砂化学抛光后的表面哑光处理（这一处理方法也可采用在常温状态下的氟化氢铵或氟化铵溶液进行，并适当添加过氧化氢或硝酸铵），使铝表面呈现出有金属光泽而嫩白的高档装饰效果。在这三种方法中以第一和第二种方法应用较多，对于第三种应用目前还很少有产品生产商注意到这一点。

#### ➋ 2. 操作注意事项

由于这种雾面蚀刻工艺的工作条件是微酸性环境，所以对铝的蚀刻能力较弱。在进行雾面蚀刻前，工件碱蚀时间太短或碱蚀后酸洗不彻底都会影响雾面效果的均匀再现。这种雾面蚀刻方式对材料有一定的选择性，也就是说，并不是每种材料都可以做到哑白而细腻的雾面效果，同时不同的材料对溶液成分的消耗量亦有一定的差别，个别材料消耗量可能会比较大，所以，在进行处理时需要经过对材料的蚀刻试验才能确定是否采用，并要求每次材料的性能一致，对来料进行加工的氧化厂可将每一次加工的工件留下一件作为下次同种产品来料时的比对。

如果经蚀刻后的工件表面较暗或表面较粗，可以通过碱蚀来使工件表面光度提升和使工件表面平滑度增加。碱蚀可以采用较低浓度的氢氧化钠溶液也可采用磷酸钠或碳酸钠溶液进行。

## 五、雾面蚀刻工艺规范

#### ➋ 1. 范围

（1）主题内容　本规范规定了铝合金工件在酸性氟化物环境中的哑光蚀刻方法。

（2）适用范围 本规范适用于需要进行雾面效果处理的铝合金工件的加工。

## 2. 引用文件

铝合金表面处理前质量验收技术条件、铝合金化学除油工艺规范。

其他文件：略。

## 3. 要求

（1）铝合金雾面蚀刻工艺过程 工件验收→装挂→化学除油→水洗→酸洗→水洗→碱蚀→水洗→酸洗→水洗→酸性纹理蚀刻→水洗→酸洗→水洗→酸性纹理蚀刻效果自检→转阳极氧化。

（2）主要工序说明如下：

① 工件验收 按铝合金表面处理前质量验收技术条件相关内容进行。

② 装挂 根据工件形状及大小，选择合适的挂具。工件装挂必须接触良好、挂位合理、装挂牢固、位置适当。以保证工件在生产过程中不贴合、不碰撞、不产生气囊。装挂时，不得碰伤工件，如有发现及时拿出并做好记录。

③ 化学除油 化学除油按铝合金化学除油工艺规范相关内容进行。

④ 水洗 采用三级水洗，温度为室温，时间 20～40s。

⑤ 酸洗 酸洗溶液配方及操作条件按表 4-25 进行。

**表 4-25 酸洗工艺配方及操作条件**

| 溶液成分 | 材料名称 | 化学式 | 含量/(g/L) |
|---|---|---|---|
| | 硝酸 | $HNO_3$ | 300～500 |
| | 铬酐 | $CrO_3$ | 0～5 |
| 操作条件 | 温度/℃ | | 室温 |
| | 时间/min | | 1～3 |

⑥ 碱蚀 碱蚀按表 4-26 进行。

**表 4-26 碱蚀工艺配方及操作条件**

| 溶液成分 | 材料名称 | 化学式 | 含量/(g/L) |
|---|---|---|---|
| | 氢氧化钠 | NaOH | 45～55 |
| | 铝 | Al | 0～100 |
| | 葡萄糖酸钠 | — | 4～8 |
| | 三乙醇胺 | $C_6H_{15}NO_3$ | 3～6 |
| 操作条件 | 温度/℃ | | 45～55 |
| | 时间/s | | 45～90 |

⑦ 雾面蚀刻 雾面蚀刻按表 4-27 进行。

⑧ 雾面蚀刻效果自检 工件经雾面蚀刻后在阳极氧化之前需进行效果自检，其检查内容包括：表面均匀度；表面光度。合格的表面细腻均匀，光度应符合样板要求。

⑨ 转阳极氧化 经雾面蚀刻后的工件应即转阳极氧化，切不可在工作间长时间停留。

表 4-27　雾面蚀刻工艺配方及操作条件

| | 材料名称 | 化学式 | 含量/(g/L) |
|---|---|---|---|
| 溶液成分 | 氟化氢铵 | $NH_4HF_2$ | 100 |
| | 硼酸 | $H_3BO_3$ | 45~50 |
| | 过氧化氢(50%) | $H_2O_2$ | 5~8mL/L |
| | 磷酸二氢铵 | $NH_4H_2PO_4$ | 0~50 |
| 操作条件 | 温度/℃ | | 25~35 |
| | pH 值 | | 6.2 左右 |
| | 时间/min | | 1~5 |
| | 搅拌方式 | | 可采用连续过滤的方式或工件摆动 |

**4. 溶液的配制与调整**

（1）雾面蚀刻溶液的配制

① 根据所需配制的体积准备一大小合适的 PP 工作缸。

② 洗净工作缸，加入所需体积 1/2 的清水或纯水，冬天需加入 40℃左右的温水。

③ 在不断搅拌下加入计算量的氟化氢铵，并一直搅拌至完全溶解。

④ 在不断搅拌下加入计算量的硼酸到已配制后的氟化氢铵溶液中，并搅拌至硼酸完全溶解。

⑤ 加入计算量的过氧化氢到④中并搅拌均匀，然后加清水或纯水到规定体积，并放置 4h 以上。

⑥ 清除溶液中的残渣后，先经试片蚀刻，符合要求后即可用于生产。

（2）雾面蚀刻溶液的调整　经使用一段时间后，蚀刻槽中有很多沉淀，同时溶液中的成分也会大量消耗。这时并不需要废弃溶液，先将溶液中的沉淀清除，然后再加入预先配制好的浓缩液即可，其浓缩程度为规定浓度的二倍。一般不提倡通过添加氟化氢铵和硼酸的方式进行溶液再生。

（3）溶液成分分析项目及分析周期见表 4-28。

表 4-28　溶液成分分析项目及分析周期

| 溶液名称 | 分析项目 | | 分析周期（连续生产） | 说明 |
|---|---|---|---|---|
| | 项目名称 | 化学式 | | |
| 碱性除油 | 磷酸钠 | $Na_3PO_4 \cdot 12H_2O$ | 3~7 天 | 按 QJ/Z 105 执行 |
| | 碳酸钠 | $Na_2CO_3$ | | |
| | 硅酸钠 | $Na_2SiO_3 \cdot 9H_2O$ | | |
| | 氢氧化钠 | NaOH | | |
| 酸性除油 | 硫酸 | $H_2SO_4$ | 3~7 天 | |
| | 磷酸 | $H_3PO_4$ | | |
| | 氟化氢铵 | $NH_4HF_2$ | | |
| 碱蚀 | 氢氧化钠 | NaOH | 每天一次 | |
| | 铝离子 | $Al^{3+}$ | | |
| 酸洗 | 硝酸 | $HNO_3$ | 7~15 天 | 按 QJ/Z 108 执行 |

### 5. 雾面蚀刻常见故障产生原因及排除方法

雾面蚀刻常见故障产生原因及排除方法见表 4-29。

表 4-29 雾面蚀刻常见故障产生原因及排除方法

| 故障特征 | 产生原因 | 排除方法 |
|---|---|---|
| 表面粗糙 | 溶液失效 | 检查溶液 pH 值,如偏离工艺范围,用氟化氢铵或硼酸调到工艺要求的范围。<br>如果溶液使用时间过长,则应补加新液。<br>如溶液混入其他杂质则应废弃溶液,然后重新配制 |
| | 材料与溶液不配套 | 重新选择适合于蚀刻液要求的材料 |
| | 温度过低 | 适当调高温度 |
| 表面偏光 | 浓度太低 | 补充新配溶液 |
| | 过氧化氢浓度偏低 | 适当补加过氧化氢 |
| | 时间太短 | 适当延长蚀刻时间 |
| 表面偏哑 | 温度太高 | 适当降低温度 |
| | 蚀刻时间太长 | 适当缩短蚀刻时间 |

### 6. 辅助材料

辅助材料应符合表 4-30 的规定。

表 4-30 辅助材料的规格

| 序号 | 材料名称 | 化学式 | 材料规格 |
|---|---|---|---|
| 1 | 氢氧化钠 | NaOH | 电镀级 |
| 2 | 磷酸钠 | $Na_3PO_4 \cdot 12H_2O$ | 电镀级 |
| 3 | 无水碳酸钠 | $Na_2CO_3$ | 电镀级 |
| 4 | 九水合偏硅酸钠 | $Na_2SiO_3 \cdot 9H_2O$ | 电镀级 |
| 5 | OP-10 | — | CP |
| 6 | 十二烷基磺酸钠 | — | 电镀级 |
| 7 | 磺酸 | — | 电镀级 |
| 8 | 硫酸 | $H_2SO_4$ | 电镀级 |
| 9 | 磷酸 | $H_3PO_4$ | 电镀级 |
| 10 | 氟化氢铵 | $NH_4HF_2$ | 电镀级 |
| 11 | EDTA-2Na | $C_{10}H_{14}O_8N_2Na_2 \cdot 2H_2O$ | 电镀级 |
| 12 | 葡萄糖酸钠 | — | 电镀级 |
| 13 | 三乙醇胺 | $C_6H_{15}NO_3$ | 电镀级 |
| 14 | 过氧化氢 | $H_2O_2$ | 电镀级 |
| 15 | 硼酸 | $H_3BO_3$ | 电镀级 |
| 16 | 磷酸二氢铵 | $NH_4H_2PO_4$ | 电镀级 |

## 六、雾面蚀刻剂浓缩液的配制

不管是作为商品销售还是自用,浓缩液的配制都是必需的,浓缩液有利于对旧液的补加。浓缩液的配制方法见表4-31。

**表 4-31 不腐蚀钛的雾面剂浓缩液配制成分表**

| | 材料名称 | 化学式 | 含量/(g/L) | |
|---|---|---|---|---|
| | | | 2 倍浓缩 | 3 倍浓缩 |
| 溶液成分 | 氟化氢铵 | $NH_4HF_2$ | 200 | 300 |
| | 硼酸 | $H_3BO_3$ | 100 | 150 |
| | 过氧化氢(50%) | $H_2O_2$ | 15mL/L | 22mL/L |
| | TX-10 | — | 0.05 | 0.075 |

表中列出了2倍和3倍浓缩的配制成分清单，更高倍率的配制并不需要。

在配制时先将称量的氟化氢铵和硼酸混合搅拌使反应完全。反应完成时间以环境温度而定，反应完全后即成为液体，为了加快反应的进行也可适当加入自来水或纯水。等反应完全后，加水到80%体积，然后准确量入所需要的过氧化氢，最后加入经热水稀释后的TX-10，搅拌均匀后加水到规定体积即可。新配的浓缩液需要放置6h以上再用，最好放置12h。

以2倍浓缩液为例来说明开缸配制的方法，一般情况下是一份原液加一份水来进行配制，但也可根据实际的表面要求进行增减，比如对于表面效果要求不是很哑的工件可以按原液30%~40%，清水60%~70%进行配制。

对于经过冲压的工件，由于受加工应力的影响，在进行雾面处理时有时需要经过二次处理，即经第一次雾面处理后，再经短时间碱蚀，然后再进行一次雾面处理即可。或者经过一次延长时间的雾面处理后，再用碱液处理10s左右也能获得好的雾面效果。

# 第五节　复印机/激光打印机硒鼓铝管蚀刻工艺

复印机和激光打印的碳粉盒里都会有一支铝管组件，这支铝管需要进行粗糙化处理。就目前而言，这种粗糙化处理工艺主要有三种，即喷砂法、喷黑胶、化学蚀刻法，其中化学蚀刻法是编著者在2003年左右为某一外资企业开发的。在此编著者将这一加工工艺简要介绍给有兴趣的读者。硒鼓管蚀刻流程见图4-14。

硒鼓管的制作根据客户要求可为两种：即纹理蚀刻后经钝化处理后出货与纹理蚀刻后经化学镀镍或电镀铬后出货，现将这两种方法简介如下：

## 一、纹理蚀刻

### 1. 纹理蚀刻的工艺步骤

纹理蚀刻的工艺步骤装挂→除油→二级水洗→酸洗→三级水洗→酸性纹理蚀刻→三级水洗→碱性纹理增光蚀刻→三级水洗→酸洗→三级水洗→钝化（或短时间阳极氧化）→三级水洗→热水洗→下挂→流水线烘干→检查→包装→入库或转磁棒装配车间。

### 2. 工艺步骤说明

（1）装挂　在铝管的两端各有一段不需要进行粗糙化处理，在进行蚀刻之前需要用特殊的工具将其保护，同时也将铝管的两端堵上，防止难以清洗的蚀刻液进入铝管中，同时也减

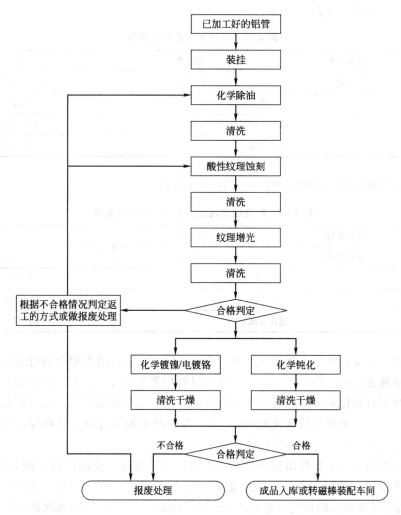

图 4-14 硒鼓管蚀刻流程

少蚀刻成分的消耗。夹具采用尼龙或纯 PP 棒制成。装挂所用的夹具所有组装固定架都由非金属材料制作。一次装挂多少根据实际生产而定，一挂以不超过 40 支为宜，每支铝管之间需要有至少 30mm 的间隔，装挂方式采用竖直方式。

（2）除油 为了降低能耗，在这里采用酸性除油，其配方及工艺条件见表 4-32。

表 4-32 酸性除油工艺配方及操作条件

| | 材料名称 | 化学式 | 含量/(g/L) |
|---|---|---|---|
| 溶液成分 | 氟化氢铵 | $NH_4HF_2$ | 5～7 |
| | 盐酸 | HCl | 6～10mL/L |
| | TX-10 | — | 0.05～0.1 |
| 操作条件 | 温度 | | 常温 |
| | 时间/s | | 60～120 |
| | 搅拌方式 | | 工件移动 |

除油也可用旧的酸性纹理蚀刻液再添加适量的 TX-10 进行。

（3）酸洗　酸洗可按表 4-33 进行。

表 4-33　酸洗配方及操作条件

| 溶液成分 | 材料名称 | 化学式 | 含量 |
|---|---|---|---|
| | 硝酸 | $HNO_3$ | $200\sim300mL/L$ |
| 操作条件 | 温度 | | 常温 |
| | 时间/s | | $10\sim20$ |
| | 搅拌方式 | | 工件移动 |

（4）酸性纹理蚀刻　酸性纹理蚀刻按表 4-34 进行。

表 4-34　酸性纹理蚀刻工艺配方及操作条件

| 溶液成分 | 材料名称 | 化学式 | 含量/(g/L) |
|---|---|---|---|
| | 氟化氢铵 | $NH_4HF_2$ | $80\sim120$ |
| 操作条件 | 温度/℃ | | $60\sim90$ |
| | 时间/s | | $45\sim120$ |
| | 搅拌方式 | | 工件移动 |

配制好的新溶液，将温度加到 60℃左右后，用 1g/L 左右的废铝管进行老化处理。经老化处理后的溶液才可用于产品的加工。在使用过程中氟化氢铵会消耗，这种消耗主要有三个方面：一是蚀刻时氟化氢铵与铝管发生反应时的消耗；二是高温挥发的无功消耗；三是带出消耗。在补加时可将氟化氢铵预先配制成 300g/L 的浓缩液来进行，经补加后不需要再经过老化处理，只需搅拌均匀即可用于生产。

铝管粗糙度的大小主要是由这一步来完成的。所以对这一步的严格控制是非常重要的。在氟化氢铵浓度恒定的情况下，可通过温度和蚀刻时间来调节。比如，在 80℃的条件下，60s 即可使铝管经蚀刻后的粗糙度达到 $1.0\sim1.2$（$Ra$），当然，不同批次的铝管经蚀刻后的粗糙度会有一定的偏差，这就要求我们要对每一批次的铝管进行工艺试验。

在这里需要注意一个问题，溶液温度高虽然能蚀刻出较高粗糙度的表面，但铝管在从溶液中取出时需要快速进行并迅速水洗，否则容易在铝管表面形成印迹，特别是当铝管平放进行蚀刻时，在铝管的下面容易发生这类不良现象，所以温度的选择要结合工艺加工的实际情况而定，下面的碱性纹理均化蚀刻也是同样的道理。

（5）碱性纹理均化蚀刻　碱性纹理均化蚀刻按表 4-35 进行。

表 4-35　碱性纹理均化蚀刻工艺配方及操作条件

| 溶液成分 | 材料名称 | 化学式 | 含量/(g/L) |
|---|---|---|---|
| | 氢氧化钠 | NaOH | $40\sim45$ |
| | 硝酸钠 | $NaNO_3$ | $50\sim55$ |
| 操作条件 | 温度/℃ | | $50\sim55$ |
| | 时间/s | | $15\sim18$ |
| | 搅拌方式 | | 工件移动 |

这一步处理的目的有二：其一，增加纹理的光度；其二，使纹理更加均匀。经这一步处

理后的铝管表面粗糙度略有下降，大约下降 5%，但表面更光滑，粗糙度更加趋于一致。

这一步的蚀刻要注意：时间不能过长，温度不能过高。否则易使铝管表面粗糙度变化增大，同时也使铝管表面尺寸变化增大。

（6）钝化处理　经蚀刻后的铝管可在 5% 的重铬酸钾溶液中进行钝化处理，也可在硫酸或磷酸阳极氧化电解液中氧化 60s 左右，切不可长时间氧化，否则会使膜层不导电而影响其正常使用。如果采用阳极氧化保护，需要对铝管进行第二次装挂，挂具需要钛材制作。

（7）干燥入库　经钝化后的铝管可在 90℃的纯水中浸泡 30s 左右后再进行烘干。烘干下挂后的铝管经检验合格后即可入库或转下一步的磁棒装配工作。

## 二、化学镀镍

### 1. 化学镀镍工艺流程

纹理蚀刻合格铝管（或喷砂合格铝管）→一次浸锌→二级水洗→退镀→三级水洗→二次浸锌→三级水洗→化学镀镍（或电镀镍/铬）→三级水洗→热水洗→下挂→流水线烘干→检查→包装→入库或转磁棒装配车间。

### 2. 工艺步骤说明

需要进行化学镀镍的铝管，纹理蚀刻后不要化学钝化而直接转入浸锌工序，如果是喷砂后的铝管进行化学镀镍，则应先装挂，然后经清洗（清洗方式可采用碱蚀或采用表 4-32 中的方法进行）后再转入浸锌工序，如采用电镀铬则应重新装挂以保证导电良好，挂具可采用铜或不锈钢丝制作，除导电部位外，其他部分要做绝缘处理。

（1）浸锌　浸锌按表 4-36 进行。

**表 4-36　浸锌工艺配方及操作条件**

| | 材料名称 | 化学式 | 含量/(g/L) | |
|---|---|---|---|---|
| | | | 配方 1 | 配方 2 |
| 溶液成分 | 氧化锌 | ZnO | 3～5 | 3～6 |
| | 碱式碳酸镍 | $NiCO_3 \cdot 2Ni(OH)_2 \cdot 4H_2O$ | 1～3 | — |
| | 氟硼酸 | $HBF_4$ | 50～60 | — |
| | 氢氧化钠 | NaOH | — | 30～60 |
| | 酒石酸钾钠 | $NaKC_4H_4O_6 \cdot 4H_2O$ | — | 15～30 |
| | 亚铁氰化钾 | $K_4Fe(CN)_6 \cdot 3H_2O$ | — | 10～20 |
| | 硫酸镍 | $NiSO_4 \cdot 6H_2O$ | — | 8～16 |
| 操作条件 | pH 值 | | 3.5～4.5 | — |
| | 温度 | | 常温 | 常温 |
| | 时间/s | | 20～30 | 10～20 |
| | 搅拌方式 | | 工件移动 | 工件移动 |

浸锌的配制方法可参见铝合金化学镀与电镀的相关内容。

（2）化学镀镍　化学镀镍按表 4-37 进行。

表 4-37　化学镀镍工艺配方及操作条件

| | 材料名称 | 化学式 | 含量/(g/L) |
|---|---|---|---|
| 溶液成分 | 硫酸镍 | $NiSO_4 \cdot 6H_2O$ | 24～26 |
| | 醋酸钠 | $NaCH_3COO \cdot 3H_2O$ | 12～18 |
| | 丁二酸 | $C_4H_6O_4$ | 6～8 |
| | 柠檬酸钠 | $Na_3C_6H_5O_7 \cdot 2H_2O$ | 15～20 |
| | 乳酸 | $C_3H_6O_3$ | 8～10 |
| | 硼酸 | $H_3BO_3$ | 2～5 |
| | 次亚磷酸钠 | $NaH_2PO_2 \cdot H_2O$ | 28～30 |
| | 酒石酸锑钾 | | 0.015～0.025 |
| | 十二烷基硫酸钠 | | 0.005 |
| 操作条件 | pH 值 | | 4.8～5.2 |
| | 温度/℃ | | 70～85 |
| | 时间/min | | 6～15 |
| | 搅拌方式 | | 工件移动或空气搅拌 |

　　表中配方是经编著者多次实验而得出的配方，具有较好的镀覆性能。化学镀镍的配制方法可参见铝合金化学镀的相关内容。

　　铝管经粗糙化蚀刻后，表面硬度不高，并不能满足打印机的工作要求，虽然经化学镀镍后硬度提高不少，但仍不满足其要求，所以这条铝管有可能被不锈钢管所取代，但不锈钢管的加工成本高，短时间内难以大量普及。一个折中的方式就是在经粗糙化处理后的铝管（不限制喷砂或化学粗糙化）上电镀一层铬来进一步提高其表面硬度。电镀铬有两种可供选择的方案，一是传统的浸锌镍合金、电镀镍、电镀铬；二是经过再一次化学活化，活化后直接电镀铬，具体工艺有兴趣的读者可参阅相关资料进行实验。

# 第五章
# 铝合金化学与电解抛光技术

在铝及合金的抛光技术加工中，一般可分为机械抛光（前已述及）、化学抛光与电解抛光。虽然它们的目的都是获得光滑的镜面，但其原理却截然不同。机械抛光时，在压力及局部高温的共同作用下，会在被抛光表面形成一层非晶质的表面组织。而化学与电解抛光则具有选择性的溶解作用，粗糙表面凸出处的溶解速度比凹陷处的快，从而得到镜面效果。同时，铝合金化学抛光和电解抛光是铝合金表面处理中最为常用的加工方法。几乎所有的氧化厂都会至少有一个化学抛光槽，有更高要求的甚至会配有电解抛光槽。本章将对铝合金的化学抛光和电解抛光进行详细讨论。

## 第一节　化 学 抛 光

经过精密机械抛光后的铝合金虽然已经获得了非常好的镜面效果，并且这种效果优于化学抛光甚至电解抛光，这也是机械抛光历经千年而经久不衰的原因之所在。但经机械抛光后的表面有一变质层和蜡质层，如果在阳极氧化之前不除去而直接进行阳极氧化，所得到的只是一平滑的表面而得不到反光系数较高的膜层，甚至会使膜层发花有污点等缺陷。所以，经机械抛光的工件经除蜡后还必须进行化学抛光或电解抛光，以除去工件表面在机械抛光时所形成的晶体变形层，从而获得光亮细致的表面。

### 一、化学抛光的作用及基本原理

化学抛光可以认为是在一定特定条件下的光面化学浸蚀过程，其结果是需要获得一个平滑而光亮的表面，但并不是所有的铝合金材料都可以得到这个效果。一般而言，化学抛光质量随铝合金各组分的不同而异，含铜及锌的铝合金抛光效果较差，而高硅铝则很难通过化学抛光来获得光亮平滑的效果。通常是铝的纯度越高，抛光效果越好，抛光后的反射率越高。

化学抛光有三种应用：一是铝合金经喷砂或拉丝后旨在对其表面进行光泽处理的加工；二是经机械抛光的工件进行化学二次研磨以消除抛光时的抛光纹理，去除机械抛光时材料表面的晶质变形层，从而得到均匀而平滑的光亮表面，在理想状态下化学抛光可做到比电解抛光更为平滑光亮的镜面效果；三是铝合金工件在进行纹理蚀刻前或在阳极氧化前为了得到一个基本的光度（或称为底光）而进行的加工。在这三种应用中以机械抛光后的化学抛光要求最为严格，同时也最难控制。

化学抛光通过抛光溶液对工件微观凹凸表面的膜层形成及溶解速度不同而达到抛光的目的。为了使抛光过程中对铝合金的溶解速度最小，需要膜层的形成速度稍大于溶解速度，这一目的通过提高抛光溶液的黏度及溶液中的氧化剂或其他成膜添加剂的含量来达到。关于化学抛光的原理并无一个权威的解释，目前有两种解释。

一是通过工件在抛光过程中由于扩散的控制而形成的氧化膜层或置换层，来抑制金属的溶解速度，达到研磨的目的。当然，不管是膜层还是置换层都不可能无限制地生长，在生长的同时也会被溶解。在工件表面的凹凸表面，凹面的膜层或置换层会优先一步形成，同时要厚一些。凸面的膜层或置换层会滞后一步形成，同时要薄一些。这是由于凸起面腐蚀电流集中，活性大，溶解速度较凹面为大。而这种现象的发生使铝合金的凹凸表面产生了腐蚀速度差，进而形成"先凸后凹"的腐蚀行为，化学抛光正是利用了这种腐蚀速度差所造成的"先凸后凹"来完成对铝合金表面的整平作用，达到表面平滑光亮的目的。与此原理相关的抛光溶液都是浓度高的，比如常用的三酸、二酸抛光等。这类抛光溶液的黏稠度高及添加物质的协同作用，使其扩散速率很低，为抛光过程的"先凸后凹"的腐蚀行为创造必要条件。

二是利用化学抛光溶液的低浓度来达到对铝工件表面低溶解速率的作用并产生研磨效果。这种方法的抛光溶液一般都由稀的硝酸和磷酸组成，铬酐提供氧化剂，过氧化氢作为氧化剂也属于此类作用。其抛光原理和上述基本相同，都是通过抛光溶液对铝合金表面凹凸面的溶解速度差使铝合金工件经抛光后达到平滑和光亮的目的。

不管是高浓度还是低浓度都需要在抛光溶液中添加一定量的氧化剂，可以用于化学抛光的氧化剂种类很多，但真正能满足其要求并采用得最多是高浓度的硝酸及硝酸盐；过氧化氢的稳定性差，只在一些低浓度的抛光工艺中有采用；高锰酸盐对亮度有提高，但难以做到平滑的效果，多与硝酸配合使用以降低二氧化氮的挥发；而铬酐的效果比硝酸差得多，同时六价铬的毒性大，使用受到很大限制。至于其他更好的氧化剂还有待于进一步的研究。

化学抛光对金属表面的整平程度是十分均匀的，同时经化学抛光的表面比机械抛光的表面光亮度具有更优越的耐久性（即机械抛光后的表面虽然光亮度很好，但很容易变色）。关于化学抛光的黏膜层理论可参阅电解抛光的相关章节。

铝合金的化学抛光可分为碱性抛光和酸性抛光两种。酸性化学抛光的主要原料是磷酸、硫酸、硝酸、醋酸、氟化氢铵等。由这些基本原料根据加工目的不同可以组成很多种配方，在化学抛光中仅有这些基本原料组成的配方并不能很好地满足生产需求，还需要有目的地在抛光溶液中添加一些旨在提高其光泽度及平滑度的添加物质。这些添加物质可分为两大类，一是无机盐，二是有机物。无机盐中采用得最多的是银、铜、镍、铬盐等，有机物有甘油、草酸、柠檬酸、氨基酸等。

## 二、化学抛光添加剂

### ➊ 1. 使用添加剂的作用

在铝合金的化学抛光中添加剂起着不可估量的作用。其主要作用表现在以下几个方面：

一是提高光亮度和平滑度，这是添加剂最主要的功能，这类添加剂主要是银、铜、镍等，同时镍盐的大量加入也可改善抛光时的拉尾现象（有些也称为彗尾、冲痕等），这与镍盐的加入其置换反应代替了铝与酸的析氢反应有关。对于非镜面抛光，镍盐的加入有利于提高亮度；对于镜面抛光，镍盐的大量加入有利于提高表面平滑度，这时镍盐起研磨剂的作用，同时镍盐的加入可以中和过量铜盐对化学抛光的不利影响。高锰酸盐、硝酸根离子提高光度作用明显，同时硝酸根离子还能提高平滑度。某些电镀光亮剂也具有提高光亮度的作用。

二是增加抛光表面的透光度，这类添加剂主要是铜盐。

三是减慢抛光溶液对铝合金基体的腐蚀速度并可防止抛光时的拉尾现象，这类添加剂主要用于硝酸-氟化氢铵型抛光工艺和无硝酸型的磷酸-硫酸抛光工艺中，主要是硝酸铅、糊精、阿拉伯树脂、多元醇、硼酸、有机胺、羟基羧酸、硫脲衍生物、硬脂酸、磺酸盐等。

四是降低抛光过程中的氮氧化物气体的产生，这类添加剂主要用于含硝酸的抛光溶液，铵盐、高锰酸盐、笼形化合物等是常采用的添加剂。

### 2. 各种添加剂的功效

(1) 硝酸银　硝酸银能明显提高光亮度，是化学抛光中常用的添加剂，但添加量不能过多，否则容易出现蚀点，银离子不能消除抛光过程中产生的透光度不良的现象，普通三酸或磷酸-硝酸抛光添加量一般控制在 $5\sim50mg/L$；不含硝酸或低硝酸抛光添加量为 $0.05\sim1g/L$。

(2) 硝酸铜（或硫酸铜、焦磷酸铜等）　硝酸铜能提高光亮度但不如银盐的效果好，但铜盐能改善在抛光过程中产生的透光度不良的现象，铜的添加量相对于银盐来说要大得多，但铜盐添加过多容易在工件表面出现条纹、蚀点等，铜离子过多时经抛光后的铝合金表面会有一层明显的置换铜层，其添加量一般可取 $0.1\sim5g/L$。

(3) 镍离子　镍离子单独使用对光亮度有一定的提高，但对透光度几乎没有什么特别的贡献。但当和铜离子配合时可以明显改善抛光的透光性及平滑度，以合适的比例加入抛光溶液中可以得到平滑度及光亮度优异的抛光效果，添加量一般以铜的添加量为基准，约为铜的10 倍时其效果最好（对于非压铸铝合金，镍、铜的摩尔比以 $7\sim10$ 倍为宜，对于压铸铝合金，镍、铜的摩尔比以 $1\sim1.1$ 为宜）。高铁离子也具有和镍离子相同的作用，但效果较镍离子差。

(4) 铵盐　铵盐对抛光的光度及平滑度等没有什么特别作用，但可明显改善抛光时氮氧化物的逸出，改善工作环境，铵盐可以硫酸铵、磷酸铵、硝酸铵的形式加入，如果以硝酸铵的形式添加时一般不要在高温时加入，应先将硝酸铵溶于少量水或磷酸中再加入，铵盐的添加量没有一定的规定，一般以 $5\sim50g/L$ 为宜，铵根离子浓度越高抑制氮氧化物逸出的效果越明显，如果以硝酸铵来补充硝酸的消耗则应通过计算加入。

(5) 高锰酸钾　高锰酸钾可作为一种氧化剂添加到抛光溶液中，当抛光液中无硝酸时，添加高锰酸钾可提高光亮度，但对平滑度的提高没有特别贡献。在有高锰酸钾的情况下，在抛光溶液中添加一定量的硝酸铵时，黄烟的产生量会明显减少，甚至没有黄烟。高锰酸钾的添加量一般为 $4\sim10g/L$。

(6) 尿素　尿素也具有抑制氮氧化物逸出的作用，同时还能改善抛光效果，在使用尿素时要注意硝酸的用量及温度，使用尿素时如控制不当或抛光液中有催化性杂质存在，尿素会促进硝酸的分解而产生大量的氮氧化物气体，同时也使抛光表面粗糙。

(7) 硝酸铅、糊精、阿拉伯树脂单独或联合使用可用于硝酸-氟化氢铵型抛光溶液，能降低抛光过程中对铝的蚀刻速度，糊精和阿拉伯树脂还能改善其光泽性。

(8) 表面活性剂　表面活性剂能降低表面张力，防止在抛光过程中析出的气体以大量小气泡的形式附着在金属表面不易排出而影响抛光质量。可添加的表面活性剂主要有磺酸盐、萘磺酸盐、全氟表面活性剂、季铵盐等，同时季铵盐也同时兼有缓蚀剂的作用。少量低泡表面活性剂主要在喷砂抛光中应用得比较多，对于含有硝酸的化学抛光溶液应根据情况酌情选择。

（9）缓蚀剂　在无硝酸其他氧化剂的抛光溶液中，缓蚀剂的加入是非常重要的，它能明显改善抛光质量和工艺的可操作性，缓蚀剂可分为无机和有机两类，无机类主要是镍、铁、锌等的盐类，但用得比较少，有机类的种类很多，为我们提供了更多的选择范围，常用的有：硫脲及硫脲衍生物、乌洛托品、尿素、多元醇、羟基羧酸、磺酸盐、二硫化合物、巯基类化合物、唑类、季铵盐以及电镀所用的光亮剂、分散剂、整平剂等。

（10）钼酸盐　钼酸盐是二酸抛光中最常用的氧化剂。在喷砂抛光中常与铜盐、镍盐、分散剂（比如萘磺酸盐、氟表面活性剂等）、硫脲衍生物等配合使用，可取得良好的抛光成绩。

（11）油脂类　少量油脂类可以改善抛光效果，特别是可以防止拉尾现象的发生，但油脂类与分散剂复配后使用为好。1,2-亚乙基硫脲也可防止拉尾现象的发生，在生产中可单独使用也可与硬脂酸混合使用。

在传统的三酸抛光中腐蚀抑制的添加也是很有必要的，用得比较多的抑制剂是磺基水杨酸与乌洛托品、铵盐等的复合配方，苯并三氮唑也有不错的腐蚀抑制作用。

除了上述添加剂外还有铬酐、三价铬、锌、氨基酸等都可以作为旨在改善抛光质量的添加物质。在这些添加剂中，特别需要一提的是三价铬和氨基酸，一种合适的添加量可获得带蓝白的抛光效果。氯离子和氟离子使抛光面粗化，适当的氟离子可以获得均匀而细腻的粗化面，氯离子使整个表面状态劣化。

以上讨论了一些常用的添加物质，在生产中可用于改善抛光质量的添加物远不止这些，有兴趣的读者可以根据自己的需要进行更进一步的试验。

**3. 添加剂的选用原则及要点**

（1）选用原则　在工业生产中添加剂的选用原则完全有异于以获得一些数据或文章为目的的实验工作，其选用原则主要有以下几点：

① 尽可能选用低毒材料，以利于环保；

② 选用的材料在高温的浓磷酸、浓硫酸中应比较稳定，不会快速分解而影响抛光效果，甚至导致抛光液报废；

③ 原料易得，价格适中，有利于降低生产成本；

④ 选用的添加材料应事先评估其与磷酸、硫酸可能的反应产物，及相互之间的反应，并分析是否会对抛光过程产生不良影响。

（2）添加剂选择的要点　主要包括以下两个方面：一是添加剂的量，添加量过低达不到预期的目的，添加量过高会得到相反的效果。而最佳添加量往往要通过多次试验才能获得；二是添加剂之间的比例，这主要针对多组分添加剂，采用多组分添加剂的目的是获得更好的抛光效果，但如果组分之间的比例掌握不当并不能使抛光效果得到改善甚至使抛光质量降低。

**4. 添加剂的添加方式**

添加剂的添加可分为单一组分添加和多组分添加。

（1）单一组分添加　所谓单一组分添加就是在抛光溶液中只添加某一种添加剂，这种方式由于添加的成分少，在生产过程中的补加容易掌握，但单一添加成分并不能达到最好的抛光平滑度和光亮度。这种方法常用的添加成分有硝酸铜或硝酸银。

（2）多组分添加　多组分添加是在化学抛光溶液中同时添加两种或两种以上的成分，使这些添加剂协同作用，得到更加完美的抛光质量。这种方法的缺点是组分多，在生产过程中难以准确判断各组分的消耗量，需要有较为丰富的生产经验才能掌握各组分的添加量。一般而言，添加剂组分越多，控制越难。这种方法的优点是，各种添加剂可以发挥各自的作用或添加剂之间发生协同作用而获得更加优良的抛光质量。多组分混合添加也是化学抛光中应用得最多的一种方法，常用的添加组合有：铜-银、铜-银-镍、铜-镍、铜-银-铬、铜-银-镍-铬、钼酸盐-铜-镍、钼酸盐-铜-镍-1,2-亚乙基硫脲、钼酸盐-铜-1,2-亚乙基硫脲、钼酸盐-铜-1,2-亚乙基硫脲-萘磺酸盐、钼酸盐-铜-镍-1,2-亚乙基硫脲-萘磺酸盐等。一般而言，在有机组合添加剂中应慎用硝酸根离子与高锰酸根离子。

## 三、高光亮度化学抛光

光亮化学抛光常用的方法有：磷酸-硫酸-硝酸法、磷酸-硝酸法、磷酸-醋酸-硝酸法、硝酸-氟化氢铵法、碱性抛光法等，现分别讨论如下。

### ➤ 1. 磷酸-硫酸-硝酸法

这是目前最为常用的抛光方法，也称为三酸抛光法。三酸中不同的配比适用于不同的要求，同时抛光温度也有较大差异。三酸不同配比与温度的关系见表5-1。

**表 5-1　磷酸-硫酸-硝酸不同配比与温度的关系**

| 磷酸($d=1.71$)/mL | 硫酸($d=1.84$)/mL | 硝酸($d=1.5$)/mL | 温度/℃ | 适用范围 |
|---|---|---|---|---|
| 300 | 600 | 70～100 | 115～120 | 用于一般要求的抛光 |
| 400 | 500 | 60～100 | 100～120 | |
| 500 | 400 | 50～100 | 95～115 | |
| 600 | 300 | 50～80 | 95～115 | 用于中等要求的抛光 |
| 700 | 250 | 30～80 | 85～110 | |
| 800 | 100 | 30～80 | 85～110 | 用于机械抛光后的加工处理或高要求的抛光 |
| 900 | 50 | 30～80 | 80～105 | |

从表中可以看出，磷酸浓度和温度成反比，硫酸浓度和温度成正比。磷酸比例越高，抛光后的光亮度越高，同时抛光温度较低，多用于机械抛光后的再处理。如果硫酸比例高，相应的硝酸比例要提高，抛光温度高，这种配比对铝工件有较快的溶解速度，并伴随有大量气体产生。

常用三酸抛光溶液成分及操作条件见表5-2。

三酸抛光对抛光质量影响较大的并不是这三种酸的含量，而是这三种酸的配合比例。一般而论，硝酸不应高于硫酸的量（体积比）。表中添加剂也只能在三酸配比恰当的情况下才能显示出提高抛光质量的性能。而三酸的最佳配比也因铝合金材质的不同而异，这需要经过实验来确定。抛光溶液中各种酸的作用如下：

（1）磷酸　磷酸是主要的发光剂，如果溶液中磷酸浓度不足，则需要有较高的温度，同时其抛光光亮度下降，抛光液中随磷酸的比例增加，光亮度增加，同时抛光温度降低。磷酸

表 5-2　常用三酸抛光溶液成分及操作条件

| 材料名称 | 化学式 | 含量/(mL/L) | | | | | |
| --- | --- | --- | --- | --- | --- | --- | --- |
| | | 配方 1 | 配方 2 | 配方 3 | 配方 4 | 配方 5 | 配方 6 |
| 溶液成分 磷酸 | $H_3PO_4$ | 850 | 800 | 750 | 700 | 600 | 500 |
| 硫酸 | $H_2SO_4$ | 100 | 100 | 250 | 200 | 200 | 400 |
| 硝酸 | $HNO_3$ | 50~100 | 100 | 50~100 | 50~100 | 200 | 80~120 |
| 硫酸铵 | $(NH_4)_2SO_4$ | 0~20g/L | 0~20g/L | 0~20g/L | 0~20g/L | 0~20g/L | 0~20g/L |
| 硝酸铜 | $Cu(NO_3)_2 \cdot 3H_2O$ | 0.2~2g/L | 0.2~2g/L | 3~6g/L | — | — | — |
| 硫酸镍 | $NiSO_4 \cdot 6H_2O$ | 5~20g/L | — | — | — | — | — |
| 硝酸银 | $AgNO_3$ | 10~80mg/L | 10~80mg/L | — | — | — | — |
| 硼酸 | $H_3BO_3$ | | | | 4~8g/L | | |
| 操作条件 温度/℃ | | 90~105 | | 95~115 | | 100~120 | |
| 时间/min | | 视要求而定 | | | | | |
| 搅拌方式 | | 工件摆动 | | | | | |

在化学抛光中是提高光亮度的主要成分。但磷酸也不能过高，否则，容易产生晶体析出而影响抛光的进行，这种晶体的析出可添加少量硫酸或硝酸经搅拌后消除。

（2）硫酸　硫酸是一种性能较好的点蚀抑制剂和工艺范围扩展剂。不含硫酸的化学抛光溶液，虽然可以获得更加光亮的抛光表面，但抛光作业的操作控制范围比较窄，对操作技术要求较高。硫酸的加入能改善抛光面的表面粗糙度，防止点蚀的发生，使抛光作用均匀化，提高抛光过程的整平性和加快抛光速度，同时硫酸对消除机械抛光时抛光线的去除作用明显。但硫酸用量控制不当同样也会使抛光面粗糙，光亮度下降。硫酸的加入还可节约价格更贵的磷酸。

研究发现，当硫酸浓度提高到50％以上时，会使抛光过程中的二氧化氮的挥发减少，马尔科夫尼可科夫认为硝酸在破坏时产生的亚硝酐与浓硫酸（大于50％）接触时即形成亚硝基硫酸，并有较高的热稳定性，使氮氧化物（主要是二氧化氮）的挥发减少。

（3）硝酸　硝酸的含量直接关系到抛光后的效果。硝酸能明显增加光亮度，但过高的硝酸会增大抛光液对工件的腐蚀速度，同时也使抛光后的表面平滑度下降出现面粗的质量问题。硝酸含量过低时，抛光速度慢，抛光表面的光亮度差，还容易在工件表面沉积出红色的接触铜或黑色薄膜覆盖层。硝酸的用量与磷酸和硫酸的比例有关，磷酸的比例越高，硝酸的用量也越低。

在三酸抛光中，抛光温度不要超过120℃，根据抛光溶液的成分比例及抛光要求的不同，温度可在80~120℃的范围内选择。温度控制范围受两个因素的影响：一是工件光亮度的要求，在允许最高温度范围内，提高温度有利于提高抛光速度及光亮度；二是抛光溶液的成分比例，一般磷酸的比例越高，抛光温度越低，反之则高。

### 2. 磷酸-醋酸-硝酸法

该法是采用醋酸来代替硫酸的方法，醋酸能改善抛光表面的光泽性，其抑制抛光表面粗化的效果比硫酸强，但成本较硫酸高，同时采用醋酸的抛光溶液，醋酸的损失较快，使用成本高，环境醋酸味浓，目前已少有采用。磷酸-醋酸-硝酸法的溶液成分及操作条件见表5-3。

**表 5-3　磷酸-醋酸-硝酸法的溶液成分及操作条件**

| | 材料名称 | 化学式 | 含量/(g/L) | | |
| --- | --- | --- | --- | --- | --- |
| | | | 配方 1 | 配方 2 | 配方 3 |
| 溶液成分 | 磷酸 | $H_3PO_4$ | 800~850 | 850~900 | 700~750 |
| | 硝酸 | $HNO_3$ | 25~500 | 40~65 | 18~30 |
| | 冰醋酸 | $CH_3COOH$ | 100~150 | 100~110 | 140~160 |
| | 硝酸铜 | $Cu(NO_3)_2 \cdot 3H_2O$ | — | 0.4~0.8 | — |
| | 水 | $H_2O$ | — | — | 120~130 |
| 操作条件 | 温度/℃ | | 90~105 | 80~100 | 100~120 |
| | 时间/min | | 2~6 | 2~10 | 2~6 |
| | 搅拌方式 | | 工件摆动 | | |

### 3. 磷酸-硝酸法

这种方法是在磷酸中添加适量硝酸组成的抛光浴，其抛光质量优于三酸抛光，但溶液的使用成本较高，同时随着抛光的进行，抛光液中铝离子的聚积会使溶液的黏度增加而影响抛光质量。这种抛光工艺以铜为催化剂，处理经机械抛光后的表面可得到镜面抛光效果。磷酸-硝酸法配方及操作方法见表 5-4。

**表 5-4　磷酸-硝酸法配方及操作条件**

| | 材料名称 | 化学式 | 含量/(mL/L) | | |
| --- | --- | --- | --- | --- | --- |
| | | | 配方 1 | 配方 2 | 配方 3 |
| 溶液成分 | 磷酸 | $H_3PO_4$ | 950 | 730~830 | 640~700g/L |
| | 硝酸 | $HNO_3$ | 40~55 | 20~50 | 28~32g/L |
| | 硝酸铵 | $NH_4NO_3$ | 0~40g/L | 0~40g/L | 0~40g/L |
| | 磷酸铝 | $AlPO_4$ | — | — | 100~120g/L |
| | 硝酸铜 | $Cu(NO_3)_2 \cdot 3H_2O$ | 少量 | 0.4~1g/L | 0.4~1g/L |
| | 水 | $H_2O$ | — | 120~210 | 160~230g/L |
| 操作条件 | 温度/℃ | | 80~90 | 85~108 | 85~108 |
| | 时间/min | | 1~5 | | |
| | 搅拌方式 | | 工件摆动 | | |

表中硝酸铜为催化剂，能提高抛光后的光亮度，也可适当添加硝酸银与硝酸铜混合使用。

表中配方 1 对机械抛光后的工件可以得到非常美观的光泽效果，但这种配方的使用成本很高，使用一段时间后，铝离子的进入使抛光溶液黏稠度增加进而使抛光过程难以进行，这时可添加适量的水或更换部分旧液使抛光溶液得到再生。

表中配方 2 和配方 3 中由于添加了水，其使用寿命较配方 1 为长，但其抛光后光亮度要差一些。但无论如何，随着抛光的进行，溶液中铝离子含量增大，都将使溶液的黏稠度增加而使抛光难以正常进行。高黏稠度的抛光液也会使抛光后的工件在离开抛光溶液后表面的残余抛光溶液排除困难，洗涤后也易引起斑渍。

#### 4. 硝酸-氟化氢铵法

这是一种能快速溶解铝的化学抛光法（和以上方法相比），对高纯度的铝或铝-镁、铝-镁-硅合金有不错的抛光效果。为了降低对铝合金的蚀刻速度，可在抛光液中加入硝酸铅或糊精。在这种方法中也可添加适量硝酸铜等添加剂来改善抛光后的光亮度。硝酸-氟化氢铵法配方及操作条件见表5-5。

**表5-5 硝酸-氟化氢铵法配方及操作条件**

| 材料名称 | | 化学式 | 含量/(g/L) | | |
|---|---|---|---|---|---|
| | | | 配方1 | 配方2 | 配方3 |
| 溶液成分 | 硝酸 | $HNO_3$ | 125~140mL | 30~70mL | 130~145mL |
| | 氟化氢铵 | $NH_4HF_2$ | 160~165 | 4~12 | — |
| | 硝酸铅 | $Pb(NO_3)_2$ | 0.2 | — | 0.3 |
| | 硝酸铜 | $Cu(NO_3)_2 \cdot 3H_2O$ | — | 0.1~1 | — |
| | 氢氟酸 | $HF$ | — | — | 30~40mL |
| | 氟化铵 | $NH_4F$ | — | — | 50 |
| | 阿拉伯树胶 | — | — | — | 10~30 |
| 操作条件 | 温度/℃ | | 55~75 | 90~96 | 65~85 |
| | 时间/s | | 15~60 | 30~300 | 40~60 |
| | 搅拌方式 | | 工件摆动 | | |

表中配方1每升溶液抛光0.3~0.4m²后应更新溶液或再添加13~20g氟使其再生。该配方对6061管型材有较好的抛光效果。

#### 5. 碱性化学抛光法

此法是采用氢氧化钠和硝酸钠配成的溶液对铝合金进行抛光的方法。碱性抛光法对铝材蚀刻速度快，尺寸变化大，且难以做到高亮度效果，应用不多，但碱性抛光相对酸性抛光而言，成本低，对于一些要求不高，同时尺寸容差较大的场合也可以采用。碱性抛光配方及操作条件见表5-6。

**表5-6 碱性抛光配方及操作条件**

| 材料名称 | | 化学式 | 含量/(g/L) | |
|---|---|---|---|---|
| | | | 配方1 | 配方2 |
| 溶液成分 | 氢氧化钠 | $NaOH$ | 450 | 500 |
| | 硝酸钠 | $NaNO_3$ | 450 | 200~400 |
| | 亚硝酸钠 | $NaNO_2$ | 250 | — |
| | 磷酸钠 | $Na_3PO_4 \cdot 12H_2O$ | 250 | — |
| | 氟化钾 | $KF$ | 5~10 | 20~30 |
| 操作条件 | 温度/℃ | | 100~110 | 80~105 |
| | 时间/s | | 30~120 | 30~60 |
| | 搅拌方式 | | 工件移动 | |

　　碱性抛光在氢氧化钠含量不变的情况下，随硝酸钠含量的增加而光亮度增大，但过高的硝酸钠会使工件表面有砂化的趋势。溶液中氟化钾的加入能提高光亮度，同时还有一定的整平作用。关于硝酸钠和氟化钾对抛光质量的影响见表5-7。

表5-7　硝酸钠、氟化钾对抛光质量的影响

| 组号 | 试片 | 材料牌号 | 氢氧化钠含量/(g/L) | 硝酸钠含量/(g/L) | 氟化钾含量/(g/L) | 溶液温度/℃ | 抛光时间/s | 抛光后表面光亮度及整平性 |
|---|---|---|---|---|---|---|---|---|
| 第一组 | 1 | 纯铝 | 500 | 100 | — | 100 | 30 | 发暗 |
| | 2 | 纯铝 | 500 | 200 | — | 110 | 30 | 稍亮 |
| | 3 | 铝-锰合金 | 500 | 300 | — | 120 | 60 | 半光亮 |
| | 4 | 铝-锰合金 | 500 | 100 | — | 100 | 60 | 发暗 |
| | 5 | 铝-镁合金 | 500 | 200 | — | 110 | 60 | 稍亮 |
| | 6 | 铝-镁合金 | 500 | 300 | — | 120 | 30 | 半光亮 |
| 第二组 | 7 | 纯铝 | 500 | 300 | 10 | 100 | 60 | 光亮 |
| | 8 | 纯铝 | 500 | 300 | 20 | 110 | 30 | 光亮 |
| | 9 | 铝-镁合金 | 500 | 300 | 10 | 120 | 60 | 全光亮,有一定整平作用 |
| | 10 | 铝-镁合金 | 500 | 300 | 20 | 110 | 60 | 全光亮,有一定整平作用 |
| | 11 | 铝-锰合金 | 500 | 300 | 10 | 110 | 30 | 全光亮,有一定整平作用 |
| | 12 | 铝-锰合金 | 500 | 300 | 20 | 120 | 60 | 全光亮,有一定整平作用 |
| 第三组 | 13 | 纯铝 | 500 | 300 | 30 | 110 | 30 | 全光亮,整平作用较大 |
| | 14 | 纯铝 | 500 | 300 | 30 | 120 | 60 | 全光亮,整平作用较大 |
| | 15 | 铝-镁合金 | 500 | 300 | 30 | 110 | 30 | 全光亮,整平作用较大 |
| | 16 | 铝-镁合金 | 500 | 300 | 30 | 120 | 60 | 全光亮,整平作用较大 |
| | 17 | 铝-锰合金 | 500 | 300 | 30 | 110 | 30 | 全光亮,整平作用较大 |
| | 18 | 铝-锰合金 | 500 | 300 | 30 | 120 | 60 | 全光亮,整平作用较大 |

　　注：表中数据来源于《电镀与精饰》1989年1月第十一卷第一期P34。

　　在碱性抛光溶液中也可添加适量的硫脲、硅酸钠和十二烷基硫酸钠等以改善在抛光过程中对铝的腐蚀速度，并降低碱雾的挥发。

## 四、一般光亮度化学抛光

　　一般光亮度可理解为两个部分：一是不需要全光亮的效果，同时也不需要有较高平滑度的要求；二是喷砂后化学抛光。

### 1. 磷酸-硫酸法

　　这种方法是在磷酸中添加一定比例的硫酸组成的抛光工艺，这种方法不能得到镜面光泽，但可以获得一个较好的光泽面，对光度要求不高的场合也是很有实用价值的。对于喷砂后的抛光旨在提高其表面底光的作用，这一方法是很有用的选择。这种方法由于不含硝酸，抛光溶液组成相对简单，在抛光过程中不易出现光亮度有较大偏差，关键是不会有黄烟产生。在这种方法中可通过调节磷酸和硫酸的比例及温度来控制光亮度。磷酸-硫酸法配方及操作条件见表5-8。

**表 5-8 磷酸-硫酸法配方及操作条件**

| 材料名称 | | 化学式 | 含量/(mL/L) | | | |
|---|---|---|---|---|---|---|
| | | | 配方 1 | 配方 2 | 配方 3 | 配方 4 |
| 溶液成分 | 磷酸 | $H_3PO_4$ | 400～500 | 600～700 | 700～850 | 800～900 |
| | 硫酸 | $H_2SO_4$ | 500～600 | 300～400 | 150～300 | 100～200 |
| | 硫酸镍 | $NiSO_4 \cdot 6H_2O$ | — | — | — | 1～20 |
| | 硝酸铜 | $Cu(NO_3)_2 \cdot 3H_2O$ | — | — | — | 0.1～3 |
| | 组合添加剂 | | 适量 | 适量 | 适量 | 适量 |
| 操作条件 | 相对密度 | | 1.74～1.76 | | | |
| | 温度/℃ | | 70～105 | | | |
| | 时间/min | | 1～5 | | | |
| | 搅拌方式 | | 工件摆动 | | | |

表中配方 1 是喷砂后常用的抛光方法，如果需要更高的光亮度，可选用配方 2 或配方 3，配方 4 可获得更好的光亮度。但不管何种配方都难以达到三酸的抛光效果。

在这种抛光工艺中，通过调节磷酸和硫酸的比例，可以使抛光后的光亮度在一定范围内发生变化。这种抛光方法中，不同比例的硫酸-磷酸在一定温度下都有一个最大光亮度，这对喷砂后的抛光是很有意义的。

这种两酸抛光配方有资料介绍在磷酸含量为 60％～70％、硫酸含量为 40％～30％的混合酸中加入镀铜光亮剂 M、N、SP 能获得光亮平整的抛光效果，是否对生产中常用的各种合金铝材有光亮而平滑的效果还需要有兴趣的读者去验证。

表中的组合添加剂是一个具有广义性的添加物的总称，在手机、电脑等壳体的自动生产线上是必不可少的添加物质，当然，这里的必不可少是因为自动生产线有其独特的加工方式，并不能像手动抛光那样有较大的自由度。组合添加剂主要由羟基羧酸、多元醇、磺基化合物、苯并类杂环化合物、无氮氧化剂、表面活性剂等组成。其添加量需通过实验确定。

### 2. 磷酸-缓蚀剂抛光法

这种方法专用于要求较高的产品喷砂后的抛光，特别是对于自动线，取消了腐蚀性更强及危险性大的硫酸，改善了工作环境。缺点就是磷酸用量大，成本高。其基本配方见表 5-9。

表中缓蚀剂主要由多元醇、聚合醇类、硼酸等组成。当采用丙三醇和三乙醇胺作添加物质时，对表面有均匀的细砂化倾向。水的加入可以降低光亮度，同时也可替代部分磷酸。

在这类抛光中也可采用磷酸和冰乙酸或其他有机酸配合使用，这对于某些经其他配方进行化学抛光后有蚀点的喷砂铝件有一定的改善作用。

对于喷砂工件，特别是喷 200 目以上的细砂，在化学抛光溶液中也可添加少量氟化氢铵，可防止因为抛光而使砂感减弱，同时也可防止孔的边缘抛光线的发生，但这样会对钛挂具有腐蚀现象，所以，是否添加或添加多少应权衡综合成本后通过实验决定。

不管是单独的磷酸抛光还是磷酸-硫酸抛光都可以通过添加有机或无机助剂而改善其抛光性能，有机添加物质可以是醇类、磺酸或磺酸盐等；无机添加物质可以是高锰酸钾、镍、三价铁、锌、铜等。其添加量及混合添加比例需通过实验来确定。

表 5-9　磷酸-缓蚀剂抛光基本配方

<table>
<tr><td rowspan="2"></td><td rowspan="2">材料名称</td><td rowspan="2">化学式</td><td colspan="2">含量/mL</td></tr>
<tr><td>配方 1</td><td>配方 2</td></tr>
<tr><td rowspan="5">溶液成分</td><td>磷酸</td><td>$H_3PO_4$</td><td>800～1000</td><td>600～900</td></tr>
<tr><td>缓蚀剂</td><td>—</td><td>适量</td><td>—</td></tr>
<tr><td>水</td><td>$H_2O$</td><td>0～200</td><td>0～200</td></tr>
<tr><td>三乙醇胺</td><td>$N(CH_2CH_2OH)_3$</td><td>—</td><td>30～60</td></tr>
<tr><td>丙三醇</td><td>$HOCH_2(OH)CHCH_2OH$</td><td>—</td><td>30～60</td></tr>
<tr><td rowspan="4">操作条件</td><td>温度/℃</td><td colspan="2">60～80</td><td>—</td></tr>
<tr><td>相对密度</td><td colspan="3">1.72～1.73</td></tr>
<tr><td>时间</td><td colspan="3">视光亮而定</td></tr>
<tr><td>搅拌方式</td><td colspan="3">工件移动</td></tr>
</table>

### 3. 碱性抛光

喷砂后的碱性抛光是一个很有用的工艺，抛光成本比磷酸类低，同时温度和时间控制得当，光亮度变化小，抛光效果稳定，用于喷砂的碱性抛光还具有粗糙化处理作用。其基本配方及操作条件见表 5-10。

表 5-10　碱性抛光基本配方及操作条件

<table>
<tr><td rowspan="2"></td><td rowspan="2">材料名称</td><td rowspan="2">化学式</td><td colspan="3">含量/(g/L)</td></tr>
<tr><td>配方 1</td><td>配方 2</td><td>配方 3</td></tr>
<tr><td rowspan="3">溶液成分</td><td>氢氧化钠</td><td>NaOH</td><td>100</td><td>300</td><td>50～60</td></tr>
<tr><td>硝酸钠</td><td>$NaNO_3$</td><td>80～100</td><td>200～300</td><td>80～100</td></tr>
<tr><td>磷酸钠</td><td>$Na_3PO_4 \cdot 12H_2O$</td><td>0～50</td><td>0～50</td><td>0～50</td></tr>
<tr><td rowspan="3">操作条件</td><td>温度/℃</td><td>70～80</td><td>60～80</td><td>60～70</td></tr>
<tr><td>时间</td><td colspan="3">视光亮度要求而定</td></tr>
<tr><td>搅拌方式</td><td colspan="3">工件移动</td></tr>
</table>

表中配方 1 用于哑光效果，配方 2 可用于较高光亮效果，配方 3 对铝的腐蚀作用弱，反应容易控制，可获得较哑的抛光效果。但碱性抛光不适用于高亮度砂状纹理效果，一则腐蚀性太强使工件尺寸变化太大易造成报废；二则会使砂的效果减弱。

碱性抛光由于其黏度较低，容易出现材料纹，只适用于要求不高的产品进行喷砂后的低成本化学抛光。配方中加入适量氟化钠可获得哑白效果。

## 五、化学抛光常见故障原因

抛光过程中容易出现的故障见表 5-11。

表中虽然列出了几种在抛光过程中容易产生的故障，但化学抛光在生产过程中成分变化较快，造成抛光后的产品质量波动较大。而化学抛光能做出最好抛光成绩的范围是比较窄的，不同的铝材质所需要范围也不完全相同，这就存在对一种铝材质是合适的而对另外一种铝材质却是不合适的而需要调整的现象。所以表中所列的故障原因及排除方法只能作为参考。

**表 5-11 抛光常见故障的原因与排除方法**

| 故障特征 | 产生原因 | 排除方法 |
|---|---|---|
| 光亮度不够 | 1. 磷酸浓度低<br>2. 硫酸浓度高<br><br>3. 硝酸浓度低<br>4. 添加剂不足或比例失调<br><br>5. 温度过高或过低<br>6. 抛光时间不足<br>7. 抛光溶液中铝离子浓度过高 | 1. 添加磷酸到获得满意的抛光质量为止<br>2. 添加磷酸提高磷酸的比例，或取出部分抛光溶液再添加磷酸<br>3. 添加硝酸到获得满意的抛光质量为止<br>4. 添加银、铜，对于添加剂的调整，最好通过实验决定<br>5. 将温度控制在工艺规定的范围<br>6. 适当延长抛光时间<br>7. 更换部分旧液或采用沉淀剂将铝离子沉淀除去 |
| 平滑度低 | 1. 磷酸浓度低<br>2. 硝酸浓度低<br>3. 组合添加剂中镍浓度低 | 1. 添加磷酸到获得满意的抛光质量为止<br>2. 添加硝酸到获得满意的抛光质量为止<br>3. 适当添加镍盐 |
| 透光性不好 | 1. 硝酸浓度不够<br>2. 铜离子浓度低<br>3. 温度低 | 1. 适当添加硝酸，不可一次加得太多<br>2. 适当添加铜盐<br>3. 提高温度以获得最大光亮度 |
| 抛光表面有点蚀 | 1. 抛光溶液中混入卤素离子<br><br>2. 硫酸或冰醋酸浓度不够<br>3. 硝酸浓度太高<br>4. 抛光溶液黏稠度太大<br>5. 抛光溶液中铝离子浓度过高 | 1. 抛光液中混入卤素离子后很难采用化学方法清除，只能更换部分溶液或重新配制新的溶液<br>2. 添加硫酸或冰醋酸<br>3. 用铝条老化溶液或添加新配液<br>4. 添加适量的水或更换部分新液<br>5. 如是用于喷砂后的抛光溶液，铝离子可用氟化物沉淀，否则应更换部分旧液 |
| 抛光过程中对铝的溶解速度过快 | 1. 硝酸浓度太高<br>2. 温度太高 | 1. 用铝条老化溶液或添加新配液<br>2. 降低温度 |
| 表面不光滑，有白色薄膜 | 磷酸含量不足 | 添加磷酸 |
| 抛光表面有白膜或白边 | 1. 溶液组成或温度不均匀<br>2. 硝酸浓度过高 | 1. 搅拌溶液使之均匀，抛光时工件要翻动<br>2. 调整溶液以降低硝酸浓度 |
| 光泽性好但表面带彩虹色 | 硫酸含量太多 | 调整溶液以降低硫酸比例 |
| 二酸抛光后表面有白膜 | 硫酸含量不足 | 补加硫酸 |
| 二酸抛光后表面有材料线 | 温度偏低 | 适当提高温度 |

## 六、影响抛光质量的因素

在化学抛光中，各组分的比例及操作条件对抛光的光亮度和平滑度都有很大的影响，同时在抛光过程中各组分的消耗也是不均一的，其变数很大，要想找到一个非常好的控制方法的确是一件不太容易的事情，更多时候都只是在一个可以接受的抛光质量范围内找到适合于企业自身条件的控制方法。下面分成三个部分来讨论。

### ➤ 1. 原料对抛光质量的影响

原料控制属于源头控制，如果原料质量这一关都没有把好，那么接下来所做的任何努力都是没有意义的。在化学抛光中以磷酸、硫酸、硝酸的用量为最大，并且所占的成本也最高，对抛光质量的影响也最大。对原料的控制基本上也是对这三种酸质量的控制，而其他添加剂用量较少，采用 CP 或电镀级对总成本的影响都不大，同时电镀级已经能满足其要求。

对三酸原料质量的控制主要表面在两个方面，一是浓度，二是纯度。如果浓度不足会使抛光溶液中水的比例增大，如果采用比重法来调整抛光溶液容易使酸之间的比例失调。如果纯度不够，酸中混入大量的杂质会严重影响抛光质量，而这些杂质又很难用化学或电化学方法除去，在这三种酸中以硫酸的纯度变化范围最大，为了保证抛光质量，硫酸宜采用 CP 级或工业一级品。不过大多数情况下，酸的浓度往往都是不足的，这可以通过对溶液加热蒸发使酸的浓度提高。

### 2. 相互之间比例的控制

各成分之间比例变化对抛光质量的影响是非常大的，对三酸抛光而言，目前很少有采用化学分析的方法来进行调整，更多的是通过对密度的调节再加上经验来进行，如果所用酸的浓度不足，比重法将难以获得所需成分比例，同时随着抛光的进行，溶液中会有大量的铝盐存在，这就更影响密度对三酸成分比例判断的准确性，更多的是靠经验判断。抛光溶液中的添加剂由于浓度低，采用化学分析的方法进行准确测量有一定难度，在生产中大多通过经验来控制。化学抛光溶液相互之间比例控制的基本原则主要有以下几条：

① 光亮度差应考虑磷酸和硝酸含量不足，银、铜不足；
② 透光度差应考虑硝酸含量不足，铜及铜-镍含量不足，或铜、镍比例失调；
③ 抛光面粗时应考虑硫酸含量不足、硝酸含量不足或过高、添加剂过高等。

对于化学抛光，如果是磷酸-硫酸法，可以采用两种指示剂进行连续测定，只是溶解的铝盐对磷酸的量有干扰；如果是三酸抛光，可采用氧化-还原指示剂分析出硝酸的量，然后在进行连续滴定时减去硝酸所要消耗的氢氧化钠的量再进行计算。

### 3. 杂质的影响

杂质主要包括外来杂质和生产中累积的杂质。外来杂质对抛光效果影响最大的是氟离子和氯离子，氟离子的混入根据铝合金材料不同会产生有光泽的粗化面或灰色的粗化面，同时也对钛挂具产生腐蚀现象。而氯离子的混入则会使整个抛光表面恶化，这两种杂质主要来源于误加，所以只要做好原材料分类管理，防止误加，就能杜绝此类问题的发生。生产中累积的杂质主要包括铝离子及添加剂或其分解产物，铝离子的大量累积会使出光速度变慢甚至使抛光后的工件出现拉尾现象，但可以通过其他添加物质来得到改善。

添加剂或其分解产物累积对抛光质量的影响取决于添加剂材料选择的合理性及相互之间的配比，一款性能良好的添加剂在其较长的使用时间段内不会因累积或分解而对抛光产生明显的负面影响，否则，就要对添加剂组分进行重选或调整将其对抛光效果的影响降到最低。

### 4. 操作条件的影响

在溶液成分一定的情况下，操作条件对抛光质量的影响主要表现在温度和时间上，在最高允许温度范围内，温度高不管是光亮度、平滑度和透光度都会提高，温度低则相反；时间对抛光质量的影响和温度基本相同，要获得一定光亮度的抛光效果也需要有抛光时间的配合。在这两个因素中，一般都是温度相对恒定，通过时间来获得所需要的抛光效果。

工件在槽内的摆动对抛光也有很多的影响，静止抛光一则会抛光不均匀，二则容易产生麻点，三则也会使抛光时间延长。如果条件允许，最好是整挂工件可以在槽内翻动，翻动不能太快，以 3～6 次/min 为宜。

化学抛光中容易发生材料纹和拉尾现象，一方面可通过对抛光溶液成分的调节并添加相应的添加物质改善；另一方面也可通过对操作条件的改变来获得改善，较高的温度有利于降低抛光后的材料纹并能提高出光速度，缩短抛光时间。将抛光时间分做多次完成，使单次抛光时间缩短可以有效地减轻或防止拉尾现象的发生，对于自动生产线可以在线上设置三到四个化学抛光槽，将整个化学抛光时间分成三到四次完成，同时在进行一到二次抛光后再进行一次化学粗化蚀刻（其方法可参考酸性纹理蚀刻，不可采用碱性纹理蚀刻方法），然后再进行余下的抛光过程。

在化学抛光溶液中添加适量的氟化物也可以防止拉尾，但这需要通过实验来确定，因为并不是所有的材料都适合通过在化学抛光溶液中添加氟化物来获得抛光效果的改善。

# 第二节　低黄烟化学抛光

比低黄烟更吸引人眼球的是无黄烟抛光，同时也是目前比较热门的话题，市面上也有很多无黄烟抛光溶液的出售，据介绍可与电解抛光媲美。这种无黄烟抛光以磷酸或磷酸和硫酸为基本成分，再添加一些能提高光亮度和平滑度的添加物质来满足其抛光效果。至于是否可以取代现有的三酸抛光还有很大的争议，据编著者所知，在化妆品行业中需要高质量镜面光泽的产品都是采用三酸抛光或电解抛光，几乎很少有采用无黄烟抛光这种新工艺，当然在这里也可能存在一个成本问题。据编著者有限的实验表明，无黄烟抛光很难达到镜面的光泽效果。总的来说，如果抛光的光亮度要求不高，采用无黄烟抛光也是可取的。

而另一种低黄烟抛光编著者认为是可取的，也是一种可以真正满足稳定光亮度与平滑度抛光效果的工艺方法。在这里着重讨论这一方案。

## 一、氮氧化物的产生

对于铝的光亮化学抛光，就目前而言，硝酸是最能满足其要求的唯一氧化剂，也正因为硝酸的大量加入，在抛光过程中会有大量氮氧化物逸出，当温度高且硝酸浓度也高时，主要反应产物是二氧化氮（即俗称的黄烟），硝酸浓度低且温度也低时，主要反应产物是一氧化氮（一氧化氮会被空气中的氧气氧化为二氧化氮）。

二氧化氮是剧毒气体，它不仅会恶化工作环境，同时对工作人员也会造成危害。所以，降低二氧化氮的产生与挥发成了化学抛光的首要问题。

硝酸是一种强氧化剂，硝酸中的氮原子为+5价，它被金属还原时，可形成+4价的二氧化氮，+3价的三氧化二氮，+2价的一氧化氮，+1价的氧化二氮，零价的氮气等，其还原程度与金属的还原能力及硝酸的浓度和温度有很大关系。各反应的难易程度可以用图5-1所示的氮的氧化还原电位来表示。

由图5-1可知，硝酸很容易被还原成亚硝酸进而转化为二氧化氮（$NO_2$、$N_2O_4$）。在化学抛光过程中二氧化氮的产生可以认为主要是来自于三个方面：

（1）热分解　硝酸不稳定，特别是在高温及在浓酸环境中更容易分解，其反应如下：

$$4HNO_3 \longrightarrow 2H_2O + 4NO_2\uparrow + O_2\uparrow \qquad (5\text{-}1)$$

（2）与铝反应　在化学抛光过程中铝与硝酸的反应比较复杂，一方面有铝与硝酸及硝酸分解产物之间的反应；另一方面也有硝酸分解产物之间的反应等，再复杂的过程毕竟要归于简单才能去分析，因此铝与硝酸的反应可以认为是由以下一些反应式组成的：

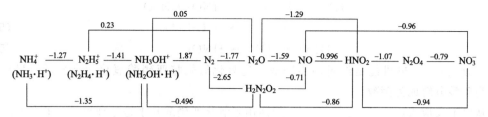

图 5-1　酸性溶液中氮的氧化还原电位（单位：V）

$$Al+6H^++3NO_3^- \longrightarrow Al^{3+}+3NO_2\uparrow+3H_2O \tag{5-2}$$

$$2Al+6H^++3NO_3^- \longrightarrow 2Al^{3+}+3NO_2^-+3H_2O \tag{5-3}$$

$$Al+6H^++3NO_2^- \longrightarrow Al^{3+}+3NO\uparrow+3H_2O \tag{5-4}$$

$$Al+4H^++NO_3^- \longrightarrow Al^{3+}+NO\uparrow+2H_2O \tag{5-5}$$

$$3HNO_2 \longrightarrow HNO_3+2NO\uparrow+H_2O \tag{5-6}$$

$$HNO_2+NO_2 \longrightarrow HNO_3+NO\uparrow \tag{5-7}$$

$$HNO_2+HNO_3 \longrightarrow 2NO_2\uparrow+H_2O \tag{5-8}$$

从以上反应式来看，在抛光液中一氧化氮和二氧化氮都会同时存在，并都会同时逸出，其相互之间所占的比例与硝酸的浓度、温度有很大关系，硝酸浓度及温度高则二氧化氮所占的比例大，反之则小。

（3）一氧化氮的氧化　一氧化氮从抛光槽中逸出后与空气中的氧气接触会被氧化成为二氧化氮：

$$2NO+O_2 \longrightarrow 2NO_2\uparrow \tag{5-9}$$

这个过程并不是主要的，除非有大量的一氧化氮快速逸出，来不及被吸走时才会使一氧化氮被氧化成二氧化氮而形成大量的二次黄烟。

## 二、氮氧化物的消除与抑制

经过上面的讨论，知道了氮氧化物的产生过程，同样通过图 5-1 发现，在抛光过程中硝酸分解的含氧化合物，可以通过添加强氧化剂将低价态的亚硝酸氧化为硝酸，同时也可通过添加强还原剂将氮氧化物还原至无毒的氮气逸出。通过添加物质能使以上两个过程得以进行下去，就可以控制或抑制黄烟的产生，从而使低黄烟抛光得以实现。

氮氧化物的消除与控制方法主要有以下几种：化学氧化法、化学还原法、化学吸收法、物理吸附法等。其中应用得最多是化学氧化法和化学还原法。

### 1. 化学氧化法

硝酸在与铝反应时最容易形成的是亚硝酸，然后再转化为二氧化氮。

$$NO_3^-+3H^++2e^- \longrightarrow HNO_2+H_2O \qquad E^\ominus=0.94V$$

如果在化学抛光溶液中添加更强的氧化剂，则可以把亚硝酸氧化成硝酸。强氧化剂包括过氧化氢、高锰酸钾、铬酐等。

当添加过氧化氢时，过氧化氢的标准电位达 1.763V：$H_2O_2+2H^++2e^- \longrightarrow 2H_2O$ $E^\ominus=1.763V$。

从过氧化氢的标准电位可知，它完全有能力将新产生的亚硝酸再氧化成硝酸，自身则转变为水。

$$HNO_2 + H_2O_2 \longrightarrow HNO_3 + H_2O \tag{5-10}$$

$$H_2O_2 \longrightarrow H_2O + [O] \tag{5-11}$$

$$HNO_2 + [O] \longrightarrow HNO_3 \tag{5-12}$$

反应（5-10）也可能是经过两步完成，过氧化氢先将亚硝酸氧化为高硝酸（$HNO_4$），然后高硝酸分解成为硝酸。

从以上反应来看，过氧化氢作为添加剂用来氧化亚硝酸几乎是很理想的，但在实际生产中，对含有硝酸的二酸或三酸抛光中根本就不可能采用过氧化氢，这是因为：一则过氧化氢的稳定性差，在如此高浓度及较高温度下会迅速分解，并且也不太可能在这种化学抛光溶液中直接添加被消耗的过氧化氢；二则商品过氧化氢浓度为 50%，即便可以添加，但大量的水的混入势必会降低抛光液的黏度而影响抛光的正常进行。

当添加高锰酸钾时，高锰酸钾的标准电位达 1.51V：$MnO_4^- + 8H^+ + 5e^- \longrightarrow Mn^{2+} + 4H_2O$　$E^\ominus = 1.51V$。

从高锰酸钾的标准电位看，同样有能力将新产生的亚硝酸盐和氮氧化物再氧化成硝酸，而自身被还原为二价锰。

$$2MnO_4^- + 5NO_2^- + 6H^+ \longrightarrow 2Mn^{2+} + 5NO_3^- + 3H_2O \tag{5-13}$$

$$MnO_4^- + 5NO_2 + H_2O \longrightarrow Mn^{2+} + 5NO_3^- + 2H^+ \tag{5-14}$$

$$3MnO_4^- + 5NO + 4H^+ \longrightarrow 3Mn^{2+} + 5NO_3^- + 2H_2O \tag{5-15}$$

将反应式（5-13）～反应式（5-15）相加得：

$$6MnO_4^- + 5NO_2^- + 5NO_2 + 5NO + 8H^+ \longrightarrow 6Mn^{2+} + 15NO_3^- + 4H_2O \tag{5-16}$$

高锰酸钾在抛光溶液中的反应远不止这么简单，以上各反应能进行到何种程度都有待于更进一步的研究，除以上反应外，还有二氧化锰的沉淀析出反应等。但不管其反应的复杂性有多高，通过生产实践证明，高锰酸钾是可以作为铝化学抛光的添加物来抑制黄烟的产生的。

铬酐在铝化学抛光中实际意义并不大，同时铬酐的毒性大，在铝化学抛光中极少采用。

### 2. 化学还原法

由图 5-2 可知，亚硝酸、氮氧化物都容易被还原成无毒无害的惰性气体——氮气（$N_2$），并且要实现这一过程并不需要很强的还原剂，尿素、氨基磺酸、无机铵盐等都有不错的效果。其部分反应式如下：

$$CO(NH_2)_2 + 2HNO_2 \longrightarrow CO_2 \uparrow + 2N_2 \uparrow + 3H_2O \tag{5-17}$$

$$CO(NH_2)_2 + 2NO \longrightarrow CO_2 \uparrow + 2N_2 \uparrow + H_2O + H_2 \uparrow \tag{5-18}$$

$$H_2NSO_3H + HNO_2 \longrightarrow H_2SO_4 + N_2 \uparrow + H_2O \tag{5-19}$$

$$NH_4^+ + NO_2^- \longrightarrow N_2 \uparrow + 2H_2O \tag{5-20}$$

化学还原法是最早被引入铝及合金化学抛光工艺中的，在一定程度上可以减少黄烟的产生，但还不能做到低黄烟抛光的要求。

化学抛光时氮氧化物的产生与抑制途径见图 5-2。

### 3. 物理吸附法

所谓吸附法是在一定条件下，一种能将氮氧化物吸附在某一特定物质内的方法，这时氮氧化物并不和吸附物质发生反应，当条件改变时被吸附的氮氧化物将被释放出来，以达到循环再利用的目的。1985 年，S. Tajima 研究了铝的磷酸-硝酸体系化学抛光，为了消除氮氧

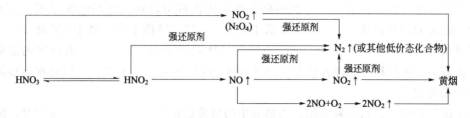

图 5-2　化学抛光时氮氧化物的产生与抑制途径

化物气体，发现用具有笼形结构的硅铝酸钾来吸收氮氧化物具有良好的效果。笼形化合物中同时存在许多大小相同的"笼"，当一氧化氮或二氧化氮分子体积与"笼"的大小相当时，就可以通过物理或化学吸附作用被稳定地吸入"笼"内。如果分子体积比"笼"大则吸不进去，反之，则难以牢固吸附。所以根据被吸附氮氧化物分子体积的大小来选择与之相适应的"笼"才是有效的。

"笼"的吸附量是有限的，一旦吸附满了就失去了吸附能力，对连续大批量生产而言，其"笼"的用量及更换频率的工作量都不小，所以，这种物理吸附方法对大批量连续生产而言只是一种辅助作用，在此不做更进一步的讨论。

## 三、吸附法低黄烟化学抛光

这里的吸附法和上面讨论到的物理吸附法有所不同，这是一项日本专利（日本公开专利号：昭55—125277），采用一种三嗪化合物对抛光液中的氮氧化物进行吸附，并且可以在较低添加量的条件下有很好的抑制黄烟产生的功效，这种三嗪诱导体不仅能吸附二氧化氮而且还能提高抛光质量。

这种方案是在传统三酸抛光溶液中添加适量的铜离子和三嗪诱导体。其实验配方见表 5-12。

表 5-12　三嗪诱导体化学抛光配方及工艺条件

| | 材料名称 | 化学式 | 含量/% | | | | | | | |
| --- | --- | --- | --- | --- | --- | --- | --- | --- | --- | --- |
| | | | 配方1 | 配方2 | 配方3 | 配方4 | 配方5 | 配方6 | 配方7 | 配方8 |
| 溶液成分 | 磷酸铝 | $AlPO_4$ | 3 | 3 | 3 | 3 | 3 | 3 | 3 | 3 |
| | 磷酸 | $H_3PO_4$ | 52 | 52 | 81 | 71 | 36 | 52 | 51 | 56 |
| | 硫酸 | $H_2SO_4$ | 40 | 40 | 10 | 20 | 55 | 40 | 39 | 35 |
| | 硝酸 | $HNO_3$ | 4.8 | 5.78 | 4.5 | 4.5 | 4.5 | 4.7 | 4.8 | 4.5 |
| | 硝酸铜 | $Cu(NO_3)_2 \cdot 3H_2O$ | 0.3 | 0.2 | 0.5 | 0.5 | 0.5 | 0.2 | 0.2 | 0.5 |
| | 苯酰胺 | — | | 0.01 | 1 | 1 | 1 | 0.2 | 2 | 1 |
| 操作条件 | 温度/℃ | | 110 | 110 | 110 | 110 | 110 | 110 | 110 | 110 |
| | 时间/s | | 60 | 60 | 60 | 60 | 60 | 60 | 60 | 90 |
| 有无发生亚硝酸气体 | | | 0 | 0 | × | △ | 0 | 0 | 0 | 0 |
| 抛光表面状态 | | | × | △ | 0 | 0 | 0 | 0 | 0 | 0 |

注：1. 表中有无发生亚硝酸气体的状态，0代表只有极微量发生；△代表可观察到有发生；×代表可观察到有大量产生。

2. 表中抛光表面状态，0代表无云状及凹坑的镜面光泽表面；△代表稍差的光泽面；×代表有白色模糊云状灰光泽面。

据专利介绍，溶液中硫酸在 35％～60％ 的范围内都可以获得良好的抛光面，且黄烟发生量会随硫酸的增加而减少；铜离子量低于 0.005％ 时光泽性下降，高于 1％ 时，抛光表面会出现置换铜，以 0.1％～0.5％ 为宜；三嗪诱导体低于 0.03％ 时虽然也有一定的效果，但抛光表面有白色的模糊且光泽性较差，当达到 3％ 或更高时，性能提高，但成本会增加，以 0.2％～3％ 为宜。

关于硫酸的用量，该专利介绍，当溶液中的硫酸量在 5％～20％ 的范围递增时，能获得不错的表面抛光效果，但二氧化氮的产生量会增加；当硫酸量达到 30％ 时，二氧化氮气体反而会减少，但光亮度降低，而在溶液中加入铜离子和三嗪诱导剂就能在较高硫酸含量的前提下获得好的光亮度效果。

常用的三嗪诱导体有：4-氨-6-苯-$S$-三嗪-2-醇；2,4-二（水杨酰胺）-6-苯-$S$-三嗪；2,4-双（辛基苯酰胺）-6-苯-$S$-三嗪；5,6-二苯-$aS$-三嗪；3-氨-5-苯-$aS$-三嗪；2,4-二氨-6-苯-$S$-三嗪（苯酰胺）等，其中以 2,4-二氨-6-苯-$S$-三嗪（苯酰胺）效果理想，原料也容易得到。

由于编著者没有找到合适的三嗪诱导体，对此并没有做过相应的验证实验。

## 四、氧化-还原法低黄烟化学抛光

上面介绍的方案是在三酸的基础上通过加入三嗪诱导体来吸收抛光过程中所产生的亚硝酸气体或抑制这种气体的产生从而达到将黄烟降低到最低限度的目的。而这一方案同样是以三酸为基础配方，再通过同时添加氧化剂和还原剂的方法，一方面通过氧化剂将新生成的亚硝酸氧化成硝酸；另一方面通过还原剂，将氮氧化物还原成氮气，以达到降低黄烟排出实现低黄烟化学抛光的目的。

首先选择氧化剂，根据前面的分析，高锰酸钾的综合性能最为合适。根据标准电位的值，一氧化氮、二氧化氮、亚硝酸都能被高锰酸钾氧化成硝酸，但仅有高锰酸钾只能让黄烟有较大的减少，还做不到低黄烟抛光。因为高锰酸钾氧化的速度跟不上亚硝酸和氮氧化物的产生速度。

其次是选择还原剂，由图 5-2 可知，要想实现抛光时无黄烟的产生，就需要在抛光溶液中将氮氧化物全部还原成氮气，显然在实际抛光过程中是不可能的，我们所能做的就是让更多的氮氧化物被还原到氮气，被还原的比率越大，产生的黄烟也就越少。一般来说，尿素、无机铵盐都是常用的还原剂，但在有硝酸及高锰酸钾等强氧化剂存在的条件下，选择无机铵盐为最好。比如硝酸铵，一方面提供用于化学抛光的硝酸根离子；另一方面，铵离子作为还原剂参与化学抛光溶液中的还原反应。如果采用硝酸＋硫酸铵或磷酸铵的配合，其抑制黄烟的能力要弱于全加硝酸铵，虽然在化学抛光溶液中铵离子并不一定是一氧化氮、二氧化氮的专属还原剂，但是，铵离子在硝酸溶液中是惰性的。

通过实验发现，当溶液中不添加高锰酸钾时，即便有较大量的铵离子存在，同样有较多黄烟的产生，只有在加入高锰酸钾后黄烟才会迅速减少；当然，只有高锰酸钾时同样也不能做到在抛光时能使黄烟降到最低，还需要用硝酸铵来代替全部或部分硝酸后才能使黄烟降到最低。由此可见，只有当化学抛光溶液中同时添加氧化剂和还原剂的时候，二者协同作用，高锰酸钾将化学抛光产生的亚硝酸、一氧化氮、二氧化氮一部分氧化成硝酸，而余下部分则被铵离子还原成为氮气，才能保证抛光过程中的低黄烟。当采用硝酸铵时，通过对吉布斯自由能的计算发现，对亚硝酸、一氧化氮、二氧化氮都能顺利地将其还原为氮气。

氧化-还原法化学抛光基本配方及操作条件见表 5-13。

**表 5-13　氧化-还原法低黄烟化学抛光基本配方及操作条件**

| | 材料名称 | 化学式 | 配方 1 | 配方 2 | 配方 3 | 配方 4 |
|---|---|---|---|---|---|---|
| 溶液成分含量 | 磷酸(85%)/(mL/L) | $H_3PO_4$ | 500～900 | 500～900 | 500～800 | — |
| | 硫酸(98%)/(mL/L) | $H_2SO_4$ | 100～500 | 100～500 | 200～500 | 700 |
| | 硝酸铵/(g/L) | $NH_4NO_3$ | 100～150 | 100～150 | — | — |
| | 铜/(g/L) | $Cu^{2+}$ | 1～2 | 1～2 | 0.02～0.2 | 0.1～0.6 |
| | 镍/(g/L) | $Ni^{2+}$ | 10～15 | — | — | 2～4 |
| | 铝/(g/L) | Al | 8～15 | 8～15 | 8～15 | — |
| | 三价铬/(g/L) | $Cr^{3+}$ | — | 2～5 | 0～0.1 | — |
| | 硝酸银/(g/L) | $AgNO_3$ | 0.01～0.05 (并非必要) | 0.01～0.05 (并非必要) | — | — |
| | 高锰酸钾/(g/L) | $KMnO_4$ | 5～15 | 5～15 | — | — |
| | 水 | $H_2O$ | 20～60 (根据硫酸比例而定) | | | 30～60 |
| | 复合硝酸/(mL/L) | — | — | — | 40～100 | — |
| | 硫酸铝/(mL/L) | $Al_2(SO_4)_3 \cdot 18H_2O$ | — | — | — | 80～90 |
| | 钼酸铵/(mL/L) | $(NH_4)_2MoO_4$ | — | — | — | 5～9 |
| | 硫酸铵/(mL/L) | $(NH_4)_2SO_4$ | — | — | — | 5～20 |
| | 聚乙二醇(600)/(mL/L) | — | — | — | — | 0.2～0.6 |
| | 咪唑啉衍生物/(mL/L) | — | — | — | — | 0.01～0.05 |
| 操作条件 | 相对密度 | | 1.73～1.76 | | 1.73～1.76 | 1.7～1.76 |
| | 温度/℃ | | 80～110 | | 95～120 | 100～120 |
| | 时间/min | | 2～5 | | 1～2 | 2～5 |
| | 搅拌 | | 工件移动 | | | |

注：1. 表中配方 3、配方 4 属于无高锰酸钾型化学抛光及纯硫酸化学抛光，将在"五、无高锰酸钾型低黄烟抛光及纯硫酸抛光"一节中进行讨论。

2. 表中复合硝酸是由 1mol 硝酸铵和 2mol 硝酸配制而成。

　　抛光溶液中磷酸和硫酸的体积比为 (9∶1)～(8∶2) 时。添加组分：硫酸铜（或硝酸铜）、硫酸镍（或硝酸镍）、硝酸银、高锰酸钾。在这一抛光体系中其抛光亮度与三酸抛光接近，且抛光过程中不会有黄烟产生。如果向这种抛光溶液中添加硝酸铵，其抛光光度及平整度明显提高，且与其加入的量成一定正比关系，其抛光质量优于普通三酸抛光，光亮度稳定，当工件离开溶液后在空中停留短时间也不会有麻点产生，还可使光亮度提高。这种配方在抛光过程中黄烟产生量很少，这主要是因为：一则铵盐和高锰酸盐的加入抑制了黄烟的产生；二则在抛光过程中铝表面很快形成一层金属置换层，减缓了抛光过程中的腐蚀速度，使工件在抛光过程中几乎无黄烟产生。

　　配方中镍和铜的加入对于提高表面平整度以及抛光的稳定性是很重要的，硫酸镍浓度越高，其可控性越好，其添加量以在抛光时（约 100℃）抛光液在工件表面形成网状纹，并且反应缓和为最好。镍的大量加入对平滑度的影响，可能是通过镍在铝表面的置换—溶解—再置换过程来实现的。

在抛光时，温度的高低对黄烟的产生量有很大影响，温度越高，黄烟的产生量越大。当在110℃以内进行操作时，黄烟的产生量都会在一个很低的范围。

表中抛光溶液的配制方法如下：

① 在配制时先将硫酸铜和硫酸镍用热纯水溶解备用（为便于溶解，应用热水并加入少量硫酸，也可以采用硝酸铜和硝酸镍来进行配制，可减少水的用量）。

② 将磷酸和硫酸混合后，加入废铝进行老化，以每升10g左右为宜。老化一方面使水分蒸发，同时也生成一定量的磷酸铝，以提高抛光溶液的黏度。

③ 加入预先用适量磷酸溶解后的高锰酸钾到老化好的冷抛光液中（高锰酸钾不可直接溶解在浓硫酸中），再加入硝酸铵搅拌溶解（硝酸铵在磷酸中有很高的溶解度，甚至可以将硝酸铵溶解在磷酸中制成专用的抛光磷酸作为商品销售）。

④ 将配制好的硫酸铜和硫酸镍混合液加入配制好的混酸中，混合均匀（也可在老化时加入计算量的铜和镍让其自然腐蚀）。

⑤ 加温到工艺规定范围经试抛合格后即可进行化学抛光加工。

这种工艺在补加高锰酸钾时切不可将高锰酸钾直接加入到抛光槽中，应先用冷的磷酸溶解后再补加到化学抛光槽中。硝酸铵也最好用磷酸溶解后再加入。

由于硝酸铵在市面上不易购买，同时价格也高，可以采用1mol磷酸铵加3mol硝酸或1mol硫酸铵加2mol硝酸来进行配制。

表5-13中的2♯配方采用三价铬代替镍进行化学抛光，经生产证明，三价铬比镍更能获得平滑而光亮的效果，对于不限制三价铬的工业园区，以采用表5-13中的2♯配方为好。

## 五、无高锰酸钾型低黄烟抛光及纯硫酸抛光

### 1. 无高锰酸钾型低黄烟抛光

前以述及当硫酸含量达到50％时，抛光过程中产生的氮氧化物与浓硫酸接触可生成亚硝基硫酸，并具有较高的热稳定性（这一特性非常重要），从而减少氮氧化物的挥发。编著者根据这一特性实验了一种成分更为简单，同时也可获得高光亮度抛光效果的化学抛光配方。这一配方如采用硫酸和磷酸的体积比为1：1，再根据光亮度要求添加由硫酸铵和硝酸配制而成的复合硝酸，在抛光过程中几无黄烟产生，如果硫酸比例高，同时复合硝酸量也较高时，抛光后表面容易有白雾。

复合硝酸采用1mol硫酸铵和2mol硝酸进行配制：

当采用68％硝酸进行配制时将1000g硫酸铵溶于1000mL 68％的硝酸中即可。

当采用75％硝酸进行配制时将1000g硫酸铵溶于890mL 75％的硝酸中即可。

工艺配方及操作方法见表5-13中配方3。

表中复合硝酸的添加量根据光亮度要求而定，随着复合硝酸添加量的增加光亮度及平滑度都会获得明显改善。抛光温度可在95～120℃的范围内进行选择。如果采用自动线，由于需要空停10s左右，温度以不超过103℃为宜，但光亮度会比温度高时约低。如果采用手动抛光，同时光亮度要求也较高时，温度可采用上限，当温度较高时，抛光后空停时间以不超过5s为宜，否则工件表面容易发白，甚至起砂。

无高锰酸钾型抛光方法，镍盐和三价铬盐的添加如果和铜盐的比例配合不好，会使表面有朦胧的感觉降低透光度，一般不用添加镍盐，三价铬为铜添加量的二分之一为度。如不添加三价铬，只加少量铜盐可获得白亮的效果，加三价铬盐后，表面约带青蓝光泽。

## 2. 纯硫酸化学抛光

铝合金化学抛光在铝合金阳极氧化行业中占有重要地位，几乎所有的铝合金阳极氧化都会采用到这一技术。这一技术的传统方法如前所述都是采用硫酸-磷酸或硫酸-磷酸-硝酸来进行。随着国家环保政策的加严，对表面处理行业也提出了新的挑战，传统的化学抛光采用大量的磷酸和硝酸不仅会对操作环境带来严重污染，同时也使大量的磷、氮等元素排入水体造成水体富营养化，破坏生态平衡。因此，开发出无磷酸无硝酸的纯硫酸化学抛光是很有必要的，到目前为止，市面上还没有工艺性能良好的纯硫酸化学抛光工艺方法。

纯硫酸化学抛光也算是一个全新的工艺方法，距离生产中的普及应用还有一段差距，在此，编著者将有限的实验资料提供给广大读者，希望能给有志于这方面开发的读者提供帮助。

对于纯硫酸化学抛光的开发，编著者认为应注意以下几个问题：

① 铝离子的加入方式　铝离子可以采用硫酸铝先溶于水，然后再将硫酸加入到溶好硫酸铝的溶液中。编著者采用的方式是将 550g 十八水合硫酸铝配制成 1L 硫酸铝溶液。配制 1 升硫酸抛光液时约需 150mL 硫酸铝溶液。

② 关于密度　密度太高，铝在抛光液中的反应慢，不能获得所需要的抛光效果；密度太低，抛光后难以获得较好的光亮度效果，同时，密度低抛光温度高。相对密度以 1.70～1.76 为宜。

③ 关于抛光温度　纯硫酸法抛光温度较高，要大于 100℃ 才能获得较好的光亮度，一般取 100～115℃ 为宜。

④ 关于空停　纯硫酸抛光后，如不进行空停而直接水洗，其光亮度较低，经空停 15s 左右可使光亮度明显提高。

⑤ 关于添加剂　由于纯硫酸的脱水性强，抛光温度高，这就限制了很多有机类添加剂的加入，同时大量有机添加剂也并不可取，大量使用有机添加剂会使水体中碳含量超标，很多工业区对碳含量都有严格管控，所以，有机添加剂应少用，同时要选择分子结构稳定性好的有机物，以保证其添加成分在抛光液中的相对稳定性，编著者采用的聚乙二醇及咪唑啉衍生物，聚乙二醇用量不宜太高，否则易产生条纹线。添加剂中的无机成分可以采用钼酸铵、硫酸镍、硫酸铜、硫酸铬、硫酸锌、硫酸铵等，铵在这里可起缓蚀作用。配方中不能加氟作为活性剂，因为氟的加入一方面污染环境，同时也使钛挂具腐蚀严重。

在选择添加剂时，一定要注意：原料易得、价格低、毒性低、所选原料在抛光液中相对稳定、工艺稳定易于调整。如不能满足这些条件，即便在实验室可以做到好的抛光效果，但在生产中也并不具有适用价值。因为我们所做的是面向生产而不是获得数据写文章。

采用表 5-13 中配方 4 在喷砂表面可获得不低于 50 度的光亮度，在铝板上可获得 300 度左右的光亮度，个别铝材经抛光后其光亮度可达 400 度。具有更好光亮度效果的工艺方法还有待于更一步研究。

# 第三节　电解抛光

## 一、电解抛光的原理

电解抛光的目的是得到更加平滑而光亮的表面效果，在铝合金表面处理中常用于平滑度及光亮度要求很高的产品加工。在电解抛光时，被抛光工件作为阳极，以铅板等不溶性导电材料为阴极，将它们同时浸入电解抛光液中，通以直流电进行电解。就其原理而言，与化学抛光大体相似，借助其电流作用，在电解液中通过对微观凹凸表面的溶解速度差来实现其整平过程。金属阳极的凹陷处和凸出处在电解液中有不同的浓度梯度，这种浓度梯度对膜层的溶解有很大的影响，同时这种浓度梯度也是通过采用高浓度的电解液来完成的。在电解时，凸出处具有较大的电流密度，能加速其溶解；而凹陷处则相反，有较小的电流密度，溶解速度亦相对较为缓慢，从而在铝合金表面获得平滑而光亮的效果。铝合金电解抛光机理与其他金属的电解抛光基本相似，都有溶解、氧化膜形成（或钝化膜）、抛光、析氧等过程，通过抛光过程极化曲线来观察更为直观，见图5-3。

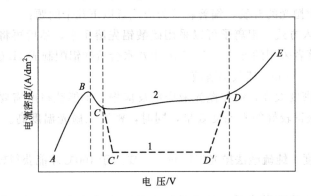

图 5-3　铝电解抛光时的典型阳极氧化曲线示意图

1—典型钝化曲线；2—典型的抛光曲线；AB 区—铝的活性溶解区；

BC 区—在铝表面形成氧化膜；CD 区—抛光区或钝化区；

DE 区—阳极膜部分溶解与析氧区

## 1. 铝的溶解过程

在图中，AB 区为铝的活性溶解区，该区是对铝表面的活化溶解，是阳极表面上的铝原子溶解于电解液中的过程，即

$$Al \longrightarrow Al^{3+} + 3e$$

在这一过程中没有抛光作用，其铝的溶解速度取决于电解液的浓度、温度与活性等。当阳极电位达到氧化电位时，即相当于 B 点的电压时，阳极上开始形成氧化膜，抑制上述反应的进行。

## 2. 氧化膜的形成过程

随着电解抛光的进行，当达到 B 点时，在铝表面开始形成一层氧化膜，这层氧化膜的形成是非常重要的，它能抑制铝的晶体浸蚀。这层氧化膜的形成机理及结构与铝合金阳极氧化膜的形成相同，并没有本质上的区别。如果说有区别，就是铝阳极氧化时，膜的电化学生成速度大于膜的化学溶解速度，这会使氧化膜层随时间的延长而增厚（在给定工艺条件下的极限厚度之前）。而电解抛光时当氧化膜形成后其膜层的电化学生成速度与化学溶解速度大体相当，这就是为什么电解抛光时氧化膜层厚度一般都不会达到 $1\mu m$，且其厚度也与电解的时间无关。只是铝的纯度越高，这层膜的厚度就越厚（这与铝的工业阳极氧化也是相同的）。但在高氯酸-醋酐电解液中进行电解抛光时，在铝表面并不形成氧化膜。

### 3. 抛光过程

　　CD 区为阳极抛光区或钝化区，如果阳极溶解的铝离子通过表面氧化膜层的速度比其扩散通过黏液层的速度快，则扩散过程在抛光时起着决定性作用，即进行整平抛光（曲线 2）。这时抛光效果与电解液的黏度有着直接关系。

　　当电解液黏度大时，阳极表面形成的黏液层就厚，不管是凸出处还是凹陷处铝离子都不易扩散，也即是说它们的扩散速度几乎相等，其极限电流密度都不大，微观整平作用小，抛光效果不明显。

　　当电解液黏度适中时，阳极表面就会形成厚度适中的理想黏液层。在这种情况下，铝件表面会出现两种微观情况：凸出处黏液层厚度较薄；凹陷处的黏液层则厚一些。这就使得凹凸部分的表面到黏液层界面的距离不一样，从而导致黏液层中铝离子的扩散速度不一样，电解抛光时凹凸面与黏液层界面距离示意见图 5-4。

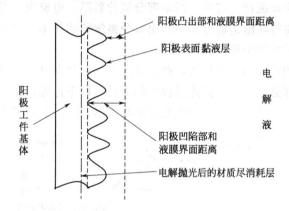

图 5-4　阳极工件表面凹凸面与黏液层界面距离示意图

$Al^{3+}$扩散速度公式：$V=[D/(C-C_0)]/a$

　　　　式中：$V$——$Al^{3+}$的扩散速度；

　　　　　　　$D$——$Al^{3+}$的扩散速度系数；

　　　　　　　$C$——阳极和电解液界面上的物质浓度；

　　　　　　　$C_0$——电解液中的物质浓度；

　　　　　　　$a$——黏性液膜的厚度。

　　从图中可见，阳极表面凸出部分黏液层厚度 $a$ 较小，铝离子扩散速度 $V$ 较大，因而扩散速度快，电阻较小，使得电流密度较大，从而加速了凸出部分金属铝的溶解速度；反之，则相反。随着反应的进行，直到凹、凸两部分的金属铝溶解速度趋于相等，工件表面就得到了整平，从而最终获得平滑而光亮的效果。

　　图 5-4 中所指示的电解抛光后材质尽消耗层是指电解抛光结束后材料的物理尺寸变化。电解抛光后的材质尽消耗层的量主要受电流密度、温度及时间的影响，一般来说，电流密度与温度是一个固定值，那么电解抛光后材料的尺寸变化就主要由时间来决定。并且这种材质尺寸的变化比化学抛光要精确得多，这对于需要确保尺寸精度的产品来说是很重要的。

　　如果阳极溶解的铝离子穿过表面氧化层的速度过于缓慢，则阳极就成为稳定的钝态，起不到平整抛光的作用（图 5-3 曲线 1）。

在电解抛光时不能忽视气体的产生，气体的产生对电解抛光过程同样会产生重要的影响，一旦有了气体的产生就会在阳极表面形成气体膜，均匀的适量气体膜对阳极表面的整平有一定的促进作用。但多的气体膜会降低阳极表面的光亮度。如果在阳极表面有局部的气泡堆积会使抛光后的阳极表面出现麻点，大量的气体甚至使工件表面产生平行的条纹。当电解液黏度过大同时温度也较低时，电解过程中产生的气体不能顺利排出，会引发较多的抛光质量不良。总的来说，在电解抛光过程中我们并不需要有较大量的气体在电解液中不能顺利排出。

当电解液黏度较低时，在工艺规定的电解抛光条件下，电流会很高，光亮度达不到要求，同时工件表面还容易出现麻点及白雾。

由此可见，在电解抛光过程中，维持电解液合适的黏度是很重要的。也正是这一合适的黏度使得工件表面凸出部分和凹陷部分有不同的电化学和化学反应，凸出部分氧化膜薄，电流密度大，容易被击穿而被优先溶解，凹陷部分氧化膜厚，电流密度相对较小，膜层不易击穿而迟后溶解，这就使得在给定的时间中凸出部分被溶解的频率与凹陷部分被溶解的频率不相同。在这里我们先建立两个模型：

首先我们建立膜的形成与溶解模型，通过以上对电解抛光过程的描述与分析可知，不管是凸出部分还是凹陷部分，在电解抛光过程中都会遵循以下过程：铝的活性溶解→氧化膜的形成→氧化膜的击穿→铝的活性溶解→氧化膜的再次形成……其环形模型见图 5-5。

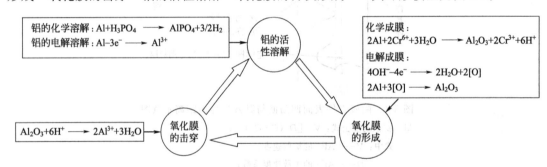

图 5-5　电解抛光时膜层的形成与铝的溶解模型图

图 5-5 中三个过程组成一个闭环直至电解抛光过程结束。当然仅凭这个环形图我们并不能解释电解抛光对阳极表面的整平作用。这时我们还需要建立下面一个公式模型来进一步说明。

上面已经讲到阳极表面凹凸部分各自的溶解频率是不一样的，这时我们就可以根据凸出部分与凹陷部分的溶解频率比建立起一个公式模型：

$$\frac{凸出部分的溶解频率}{凹陷部分的溶解频率}=A$$

当这个公式的比值 $A$ 等于 1 时我们可以认为这两个频率是相等的，这时的电解抛光过程对阳极表面的整平作用并不大，在电解液黏度不大的情况下会出现比值 $A$ 等于 1 的这种情况。

当这个公式的比值 $A$ 大于 1 时，显然凸出部分的溶解频率快于凹陷处的溶解频率，这时的电解抛光过程对阳极表面的整平作用增大，并能获得平整的表面效果，电解液在理想的黏度下会出现这种情况，这也是电解抛光得以正常进行的必要条件。

这个公式的比值 $A$ 会不会小于 1 呢？显然小于 1 是"负整平"过程，或者说是抛光的逆过程。从理论上讲，它会将阳极表面原有的微观不平放大直至肉眼可见，甚至可以触摸到粗糙表面。从镜面抛光的要求出发，这种"负整平"是一定不可以发生的，在电解抛光中工件表面起麻点我们可以认为这是不均匀"负整平"产生的结果，电解液中水分增加、温度过高、电解液黏度过大、工件局部气泡堆积、六价铬含量过低或过高时都可能发生这种情况。

这种情况是不是就一定是坏作用呢？也不一定，正所谓，塞翁失马，焉知非福。这种"负整平"作用如果能通过改变工艺参数使其比值 $A$ 更小，同时在整个阳极表面都是均一发生的，一定时间后完全有可能在阳极表面获得均匀的砂纹粗糙表面，当然这还需要有兴趣的读者去做更进一步的实验。

很显然，我们通过这个模型和公式完全可以解释电解抛光的整平作用，同时对电解抛光中出现的问题也可以套用这个公式去解决。当然这个模型和公式还只是一个初步形式，还需要通过大量实验工作去完善。

#### ▶ 4. 析氧过程

在 $DE$ 区随电压升高，膜层被击穿，电流迅速增大，同时析出氧气。这一过程的发生以现有的资料看并没有对其提出对电解抛光的负面影响，但编著者认为，工业阳极氧化，当到 $DE$ 区时，可以认为是氧化膜的生长达到了对应工艺的极限，氧化膜的生成与溶解达到动态平衡，对于工业阳极氧化来说，在 $DE$ 区之前就应该结束氧化，因为在实际电化学反应过程中并不存在绝对的动态平衡，再延长时间会使氧化膜质量变劣。当然，在电解抛光中并不存在氧化膜生长的极限问题，但电解抛光出现 $DE$ 区，显然，一方面是电解液温度过高，或电压过高所造成；另一方是电解液中混入了水。后者是电解液故障所致，而前者是操作过程中对工艺参数的管控不严所致。但不管是哪种情况，在电解抛光过程中都要尽量避免，所以长时间的氧气析出并不会给电解抛光质量带来好的结果。

需要明确指出的是，不管是电解抛光还是化学抛光都是一个很复杂的过程，到目前为止还没有一个理论能圆满地解答这一过程的全部现象或事实。

### 二、电解抛光的用途及分类

根据电解时的电流密度和其他工艺参数的不同可以分为电解光亮处理和电解抛光处理，电解光亮处理的平整作用有限，并不能获得平整光亮的效果，这种处理过程缓慢，电流密度低，金属溶解总量少，但处理时间较长，通常只用于一些特殊的工件进行适度的增光处理。关于电解光亮处理不做多的介绍，本节主要讨论电解抛光处理。

#### ▶ 1. 电解抛光的用途

电解抛光主要有以下四种用途：

一是以电解抛光来完全代替机械抛光，电解抛光可以得到一平坦而光滑的表面效果，但难以达到镜面效果。

二是用于机械抛光之后的精密抛光，这时的效果取决于机械抛光的质量，优良的机械抛光质量再结合电解抛光可得到镜面的抛光效果，这也是电解抛光在铝合金表面处理中最为典型的用途。

三是对喷砂后的工件进行抛光，喷砂后的工件基本上都是采用二酸或三酸抛光，很少会用到电解抛光。化学抛光虽然投入成本低，同时操作简单，但是光亮度往往不易控制，即便是同一天生产出来的产品，其光亮度也很难达到一致。而电解抛光的最大优势就在于光亮度稳定，在设定的温度、电压及抛光时间的条件下，其抛光后的产品光亮度一致性比化学抛光要稳定得多，对于高要求的产品，采用电解抛光也是一种可取的方法。

四是通过电解抛光的方法去除工件的毛刺，这对材料薄的工件表面毛刺的去除是非常有用的，这些工件的毛刺是我们用传统的机械方法难以去除的。

### 2. 电解抛光的分类

电解抛光根据电解液中有无铬酸可分为含铬酸电解抛光和不含铬酸电解抛光，根据有无磷酸又可分为磷酸型电解抛光和无磷酸型电解抛光。在生产中以磷酸-硫酸-铬酸组成的三酸电解抛光应用最为广泛，虽然有很多关于不含铬酸电解抛光的研究文章面世，但真正能大批量用于生产的并不多见，一方面是因为成本的限制，另一方面也因为成分控制较为复杂。

电解抛光除以上的酸性电解液外还有碱性电解抛光，只是碱性电解抛光目前较少采用。

本节主要针对应用得较多的含有六价铬的电解抛光进行讨论。

## 三、含铬酸电解液的电解抛光工艺

磷酸基电解抛光也称为巴特尔抛光，是美国巴特尔学院（Battele Memorial Lnst it ute）于 20 世纪 40 年代研究成功的，电解液主要由磷酸与硫酸组成，再根据需要添加一定量的铬酸，有时也会添加硝酸或其他的多元醇类物质。巴特尔电解抛光工艺是过去同时也是目前应用得最多的方法，最为经典的是磷酸-硫酸-铬酸电解抛光体系和磷酸-铬酸电解抛光体系。这种电解抛光工艺的最大特点是电解液各组分浓度可在较大范围内变化，而不会对抛光质量有多大的影响。比如，磷酸可在 40%～80%、硫酸在 15%～45%、铬酸在 0.2%～12% 范围内变化。另一特点是对铝的纯度要求不像其他电解抛光那样严格，但对于有镜面要求的表面效果，铝的纯度要求还是必需的。

常见的巴特尔电解抛光溶液成分及抛光工艺见表 5-14。

**表 5-14　常见的巴特尔电解抛光溶液成分及抛光工艺**

| | 材料名称 | 化学式 | 含量/% | | | |
| --- | --- | --- | --- | --- | --- | --- |
| | | | 配方 1 | 配方 2 | 配方 3 | 配方 4 |
| 溶液成分 | 硫酸(98%) | $H_2SO_4$ | 4～5 | 60～70 | — | 30～40 |
| | 磷酸(85%) | $H_3PO_4$ | 40～80 | 20～30 | 86～88 | 50～60 |
| | 铬酸酐 | $CrO_3$ | 3～9 | 1～10 | 4～12 | 1～8 |
| 操作条件 | 黏度/(mm²/s) | — | — | 9～13 | — | — |
| | 溶液相对密度 | — | — | 1.68～1.72 | 1.7～1.72 | — |
| | 温度/℃ | | 80～100 | 90～110 | 85～100 | 90～100 |
| | 电压/V | | 20～30 | 25～30 | 25～30 | 25～30 |
| | 电流密度 | | — | — | — | — |
| | 时间 | | 依材料及光亮度要求而定 | | | |
| | 阴极材料 | | 铅板 | | | |
| | 搅拌方式 | | 阳极左右和上下交替摆动 | | | |

从以上几个基本配方来看，配方 2 中硫酸比例高，所获得的光亮度并不是太理想，但这

种抛光工艺对去除抛光线有较快的速度，同时对于需要进行雾面处理的铝合金制品（比如化妆品盒等），采用此方法在较高的温度条件下短时间抛光，然后进行雾面处理可获得非常光滑的雾面效果。配方4是一种较为通用的抛光工艺，对大多数铝材都能获得光亮度和平滑度十分优良的效果。配方3是一种不含硫酸的抛光工艺，这种方法可以获得最高的表面平整及光亮效果，这种方法中由于不含硫酸，同时铬酸含量也较高，在断电的情况下对铝表面也不会有腐蚀作用。但这种抛光的工艺范围较窄，同时成本也较高，目前采用得较少。

## 四、溶液成分对电解抛光的影响

本节所讨论的溶液成分及操作条件对抛光的影响以大批量生产为前提，而不是出于文章的考虑，所以其中的一些表述会和一些文献资料有较大的出入。这主要是由于实验室、小批量、大批量等在操作上有一定的差别，需要读者根据实际情况来选取对自己有用的东西。

### 1. 硫酸

在其配方组成中，硫酸的作用表面在以下几个方面：一是提高电解液的导电性，使其可以在高电流密度下操作以提高抛光效率；二是有利于消除机械抛光线，同时也有防止麻点产生的功效；三是可以扩展工艺范围，提高铝离子的容许上限，稳定抛光质量，延长使用寿命。但如果电解液中硫酸含量过高，电解过程中的氧化能力增强，电解抛光向着有利于阳极氧化过程的方向转变，从而诱发白霜，当然，硫酸含量过低也可能产生白霜。

### 2. 磷酸

磷酸是电解液的基本成分，在电解液中的作用是溶解阳极表面上的铝及其氧化物，起到整平的作用。

$$2Al+6H_3PO_4 \longrightarrow 2Al(H_2PO_4)_3+3H_2 \uparrow$$

$$Al_2O_3+6H_3PO_4 \longrightarrow 2Al(H_2PO_4)_3+3H_2O$$

溶解产物的积聚在阳极表面形成高黏性液体层，有利于提高抛光表面的平滑度及光亮度。

在电解液中磷酸含量不可太低，如小50%，将使电解抛光速度下降，同时也会影响抛光后的光亮度。但过高的磷酸含量将增强对铝的腐蚀，从而影响电解抛光表面的平滑度与光亮度。再则，过高浓度的磷酸也会导致电解液的黏度过高而诱发白霜的产生。

### 3. 铬酸

铬酸是一种强氧化剂，一方面可以抑制电解液对工件表面的腐蚀，即防止工件的点状腐蚀，延长电解液寿命；另一方面很容易将金属铝氧化成铝离子，而自身还原成三价铬离子，促进形成黏性液膜，使电解液黏度增大，进而有增光作用。但当六价铬离子过多时，电解液黏度过大，工件表面液面膜层扩散受阻，从而降低电流密度，使增光作用降低，即使提高电压，提高温度，也难以达到最好的抛光效果。电解液中三价铬过多会使电解液的内阻增大而使槽液温升加快，影响抛光加工的连续作业性，因此，在实际操作中应控制电解液中的$CrO_3 : Cr_2O_3 = (4:1) \sim (5:1)$。

在电解液中，铬酸的具体浓度不是按表5-14中的数值机械添加的，而是根据生产过程的抛光效果来决定的，在满足抛光要求的前提下尽量少加。

### 4. 铝离子

在电解液中铝离子的浓度与电解液的黏度是一个恒定值关系，所以在电解液中保持一定量的铝离子浓度是控制抛光质量的重要因素。在新配的电解液中铝离子浓度低，溶液黏度低，抛光后的工件表面容易产生麻点，光亮度差，这时需要老化电解液以弥补其过低的黏度。但同时铝离子也是电解液中最大的杂质离子，当电解液中铝离子浓度过高时，其电解液黏度也会增大，影响阳极周围铝离子的扩散速度，使阳极区铝离子更快地达到饱和，促使铝表面钝化膜的形成，使电流密度降低，影响抛光后的光亮度。如果通过提高电压的方式来获得需要的电流密度，会使阳极表面的气体析出增大，同时这些气体在高黏性的电解液层中难以逸出，容易在工件表面产生点状腐蚀。

电解液中铝离子的允许浓度范围为3%~5%，当电解液中的铝离子浓度达到2.5%时就会影响抛光效果，达到5%时将失去抛光能力。

在这里需要说明一点，虽然电解液中的铝离子和三价铬离子随着抛光的进行会逐渐积累，从理论上讲，会很快达到它们各自的浓度上限，照这个思路就应该部分地更换电解液，但在实际生产中并不是这样的。在生产过程中由于电解液的黏度很大，同时在电解抛光过程中铝离子或三价铬离子在工件表面的浓度是最高的，当快速出槽时将会被大量带出，同时也会带出电解液中的磷酸和硫酸，所以每天都会补加一定量的磷酸和硫酸。这两个过程的作用将会使电解液中的铝离子和三价铬离子浓度都保持在一个相对恒定的范围而不影响抛光质量。所以这类电解抛光液一次配制调好后可以长期使用而不用更换。同时不管是铝离子还是三价铬离子，在如此高浓度的酸中其溶解度都是很有限的，它们都会以磷酸盐或硫酸盐的形式形成沉积物，只要我们定期清理电解槽，配制好的电解液是可以长期使用的。

### 5. 氯离子

氯离子是很强的点蚀活化剂，在电解液中即使是少量的氯离子，也会对电解抛光质量带来极大的影响。氯离子的混入量足以导致抛光后的工件表面有肉眼可见的蚀点时，将使电解液失去抛光作用，其处理方法主要有两种：一是将电解液废掉再重新配制新的电解液，当混入量大时可采用此方法；二是打出部分电解液，再添加新的电解液，打出的部分电解液可在以后的生产中慢慢添加，当混入量较少时可采用此方法。

电解液中的氯离子主要来源于误加到电解液中的氯化物和生产用水中氯离子的混入累积，为了防止氯离子的大量进入，要注意以下几个方面：

① 防止盐酸或氯化物混入到电解液中，平时将这些化学原料分开存放，以免在加酸时搞混误加；

② 注意生产用水的水质，如果生产用自来水氯离子超标，应考虑采用纯水。

### 6. 其他添加物质

在含有铬酸的电解液中也可以添加一些有机物来改善其抛光效果，可以用于添加的是一些醇类或醇醚类物质或对铬酸相对稳定的聚醇类物质。在新配电解液老化时加添加一定量的低级醇有助于老化的进行。但总的来说，在生产中添加这些有机类物质不多见，编著者曾用少量醇醚类物质加入电解液中，对光亮度有一定的改善，但一定不能多，否则会产生大量泡沫。

在生产中添加少量硝酸能明显提高其亮度。可以通过相关试验来确定硝酸的加入是否可以替代部分或全部铬酸的用量。但硝酸的加入应考虑到对阴极板及设备的腐蚀加速问题及氮氧化物的挥发问题，毕竟采用电解抛光在很大程度上也是为了避免使用硝酸以及由此而带来的大量酸雾及黄烟问题。

## 五、搅拌与装挂

搅拌对于提高电解抛光速度和防止表面发生点腐蚀起着重要的作用。搅拌一方面有利于阳极表面经常地保持有较新鲜的电解液，从而提高抛光速度；另一方面也利于阳极表面溶解产物和热量的扩散，从而减少发生局部腐蚀的概率，有利于抛光的整平和出光作用。在电解抛光中一般采用阳极的左右或上下移动，最好的方式是采用阳极的上下和左右交换移动，这样能加快抛光速度，同时也防止抛光线的产生。如果只是上下或左右移动，对于圆柱形工件，在电解抛光过程中，还需要从电解液中提出水洗，然后将工件旋转 90°再进行二次抛光，否则在工件表面容易产生白线。

装挂方式对抛光质量有很大影响，在生产实践中发现，当工件的主要表面（即需要亮度与平滑度最好的表面）和阳极移动方向垂直，即工件主要表面在移动时和电解液仰面"撞击"可获得最好的平滑度与光亮度。其原因可能是当工件迎着电解液运动时，工件的运动速度快于黏液层界面的平移速度，这就使工件表面凸出和凹下部分更快地穿过黏液层而接触到新鲜的酸液，加速铝的溶解及氧化膜形成过程，只是凸出部分优先被新鲜酸液腐蚀，这就使整个抛光环在单位时间内的次数增加，加快了抛光速度。这时工件阳极面都在不停地换着新鲜的酸液，可以认为工件处于"富酸"时间段，当工件回移，即向相反的方向运动时，其情况则相反，阳极表面被溶解的铝离子不能及时排出使黏度增大，同时原来的黏度层也跟着后退，与新的氧化膜溶解产物混合使黏液层厚度增加，而酸的后退补充会迟后，这时会造成工件阳极形成"贫酸"区。在"富酸"时间段，可以认为抛光环（图 5-5）的反应被加速了，而在"贫酸"时间段，可以认为抛光环的反应被减慢了，这就形成了一个"物理脉冲"，更有利于整平及光亮作用的进行。同时工件在往复运动的时候高黏度的电解液在工件表面形成了无数涡流，同时还带着细微的不溶物撞击工件表面，同样也会对工件表面起到研磨作用。这种装挂方式与阳极移动方向对平滑度和光亮度的影响也可以归纳为酸的"撞击理论"。

## 六、抛光时间与时间宽容度

一定的抛光时间是保证抛光质量的必要条件。通常电解抛光温度、电流与时间成反比。时间短，抛光后的工件表面平滑度及光亮度都达不到要求，时间过长，工件表面容易出现点状或条纹状腐蚀或有白色的雾膜，同时也使工件尺寸变化增大。有相关资料指出，每次抛光时间如过长，比如超过 2min，光洁度反而会下降，进而推荐将确定的抛光总时间分为两次或三次来进行。关于这个问题也不能一概而论，应具体情况具体分析，只要控制得当，很多产品都是可以采用一次抛光完成的（时间在 5min 左右）。同时分段抛光也使溶液带出量增加。

当然，在实际生产中也会常用到二次抛光，但两次抛光是在不同的电解抛光槽中进行的，第一次主要用于消除抛光线，使表面达到平滑的同时提高亮度，抛光时间相对较长；第二次主要是为了提高亮度，抛光时间相对较短。如果机械抛光能达到或接近理想状态则只需一次抛光即可，这都是大批量生产经验之谈。

**▶ 1. 抛光时间的选择的影响因素**

（1）材质的影响 材料纯度高，出光速度快，抛光时间短。

（2）机抛的影响 机抛时如能做到很好的平滑度，抛光线细，即有理想的机抛效果，在电解抛光时出光速度就快，抛光时间短，反之则长。

（3）光亮度要求的影响 对光亮度和平滑度要求高，应选较长的抛光时间，反之则选较短的抛光时间。

### 2. 抛光时间宽容度

抛光时间有两层意义：一是抛光时间满足合格表面质量要求时的最短时间（$t_1$）；二是在此基础上继续抛光到一个可接受的综合质量要求为止的最长抛光时间（$t_2$）。这里的综合质量要求包括：表面平滑度、表面光亮度、材料损失率及生产效率等因素。两者之差即抛光时间宽容度（$\Delta t$）。

即 $\Delta t = t_2 - t_1$。

在生产中，$t_1$ 和 $\Delta t$ 都不能过短，否则会使批量生产的质量一致性难以控制。当工件材料较薄时，比如厚度不大于 2mm 时，当抛光时间达到 $t_1$ 时再继续抛光的时间长或短，对光亮度影响不大，也即抛光时间宽容度较大，同时，满意的抛光质量往往在大时间尺度范围上。但对于较厚的材料，一则不易抛亮，二则抛光时间宽容度较小，三则与较薄的材料相比，其满意的抛光质量往往在小时间尺度范围上。同时，当工件抛光到合格质量后稍延长时间其光亮反而会有降低的趋势。抛光中所有参数的设定都是围绕时间来进行的，预先设定的参数留给时间宽容的越大越合理，也越易于操作，不过要记住，正常生产过程中，当抛光时间达到 $t_1$ 后即应马上将工件从电解液中取出，而 $\Delta t$ 是工艺留给操作者取出工件的速度或因生产而产生的正常延误。$\Delta t$ 时间短，操作者可能会因时间不够而使产品质量难以保证；$\Delta t$ 时间长，则操作者可以从容应对。抛光时间宽容度见图 5-6。

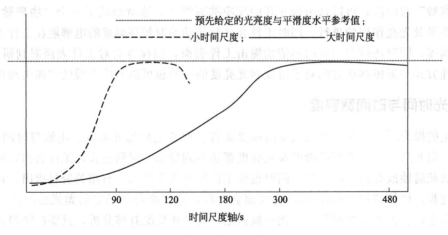

图 5-6 抛光时间宽容度示意图

图 5-6 中的时间宽容度的长短只是一个参考，这与材料、工艺条件及电解液配方都有很大关系。

请读者注意：化学抛光同样具有抛光时间宽容度这个问题，其概念和掌握方法同电解抛光时间宽容度基本相同。

## 七、其他因素对电解抛光的影响

在电解抛光的正常生产过程中，电解液成分是相对恒定的，而操作条件是可变的，对于不同的材质及表面效果要求，往往都是通过对操作条件的改变来获得所需要的抛光表面效果。操作条件对抛光质量的影响主要有以下几个方面：

### 1. 温度

温度的高低决定电解液的黏度及体电阻。对于铝的电解抛光，只有当溶液具有足够的活性使铝表面发生氧化，同时还具有相当高的溶解能力，以约低于氧化膜形成速度去溶解氧化膜时，电解抛光过程才能有效地进行下去。如果温度太低，溶液黏度大，体电阻大，电流密度低，工件抛不亮。同时，减慢的离子扩散速度也会促进阳极氧化过程的发生，表面易出现白霜；温度高，电流密度大，出光速度快，表面平滑，但过高的温度会使工件表面产生点状或条纹状腐蚀。只有维持在一定的恒定温度下才能获得平滑而光亮的抛光效果。对于普通亮度，温度可以在70～90℃，对于高光亮度，温度可控制在90～100℃，最高短时温度不能达到110℃，否则将不易控制，这时应停止抛光，待温度降低到工艺控制范围后方可进行。

如果是用于喷砂后的抛光，温度宜在60～80℃，拉丝后的抛光在70～80℃，当然这也需要根据光度要求及材质的性能通过实验来确定。

对于6系型材，特别是材料也较厚时，宜选用较低的温度，比如70～90℃的范围。

### 2. 电解液的黏度

电解液的黏度是一个很重要的因素，低黏度的电解液一般只会在两种情况下出现：一是新配的溶液；二是电解液中混入了较大量的水。在连续电解抛光生产中一般不会发生黏度过高的情况，当然，一个重要的因素必须要考虑，就是温度对黏度有很大影响，温度与电解液的黏度成反比关系。关于电解液黏度对电解抛光的作用前已述及，在此不再重复。

### 3. 电流密度与槽电压

一个合适而恒定的阳极电流密度是获得优质抛光质量的前提，在可控范围内，电流密度偏大，出光速度快，电流密度偏低，出光速度慢，表面研磨效果好，但抛光时间长。过高的电流密度会使阳极及其周围电解液界面温度升高，而引起工件表面出现点状或条纹状腐蚀；电流密度过低则不易把产品抛亮，并使抛光表面光亮度不均匀。电流密度的大小应根据电解成分及抛光要求而定。一般都在$10\sim20A/dm^2$的范围内进行选择。

槽电压是提供电流密度的基础，一定的槽电压是维持所需电流密度的先决条件。槽电压的高低对抛光质量的影响与电流密度大小是一样的。槽电压的大小要根据电解液成分、温度、黏度及要求来定，选择方法放在后面讨论。

### 4. 出槽与水洗

经电解抛光后的工件应迅速从电解槽中取出，切不可断电后还浸泡在电解液中以防止工件被腐蚀。取出后的工件应迅速水洗，使工件表面迅速冷却下来。水洗温度不可超过40℃，最好能在30℃左右，这需要不停地换水，或者对清洗用水进行冷却处理。

### 5. 电流密度与电解液黏度、温度、电压的关系

根据欧姆定律可知：电流＝电压/电阻。这里的电压和电流都容易理解，电阻是什么呢？在极间距和电极面积不变的条件下，电阻是指电解液的体电阻，它与电解液成分、黏度等有关，在电解液成分恒定的前提下，电解液的黏度大小就决定了体电阻的大小 [也即电阻是电解液中电解质的电离度与黏度之间的函数关系：$R=f$（电解液中电解质电离度，黏度）]，根据施加的电压就可得出电流值。前已述及，当温度发生变动时，电解液的黏度也随之而变，在相同电压下，电流密度就会升高或降低，这对生产而言是很重要的，因为不同的材质和不同的表面效果都会有一个对应的电流密度范围。通过以上分析可以得出：电流密度与电

压和电解液黏度有关，也即电流密度与电压和电解液温度有关，由此，可以建立一个由电压和温度组成的新的简易函数关系：电流＝电压/[f（电解液中电解质电离度,温度）]⁻¹，从这个函数关系可知，在相同电压下，温度越高，电流越大，反之则电流越小。这一简易函数关系的建立就使得电解抛光的控制变得容易，因为只需预先设定电压和温度的高低就可满足多种抛光效果的质量要求。

## 八、生产中的参数控制

行文至此，到了讨论怎样来进行现场控制的问题。电解抛光从电解液成分到操作条件有很多需要控制的项目，同时要控制这么多项目显然是不可能的，这时就要假定一些项目是恒定的，最后只留下对某一个项目的观察来控制就简单得多了。其一，电解抛光所用电解液成分不比化学抛光溶液那样变化较快，配制并调试好的电解液在正常生产及补加的情况下可以认为其成分在工艺范围内是相对恒定的，在生产中并不需要太多的关注；其二，电解抛光槽都配有加热和降温等辅助设备，在一个规定的温度范围也可以认为是相对恒定的；其三，电解液黏度只要没有大的外来因素的参与也同样是相对恒定的。除了以上几个因素，就是对电流密度和电压的控制了，这两项其实就是一项，要么控制电流，要么控制电压。有喜欢控制电流的也有喜欢控制电压的，一方面根据产品及生产要求，另一方面就是操作习惯，对于普通要求来说没有绝对优劣。在这里选择电压控制法（电流、电压控制法的选用原则见阳极氧化相关章节）。

控制了电压即是控制了电流，电解抛光并不存在阳极氧化膜的生长问题，当电解十几秒后，直到电解抛光结束电流都会维持在一个基本不变的水平。我们只需要通过预先的工艺试验确定好电压，在生产中只需按产品名称的不同而将电压调到规定的范围，并且在生产中不管是放一挂还是连续入槽、连续出槽都不需要对电压进行调节，电流会自动根据产品多少而变化。

仅有了上面所讲的电压控制并不能满足生产的全部需要，毕竟在繁杂的产品世界中并不是只需要一种效果，并且电解抛光前的表面状态及电解抛光后的亮度要求都不尽相同，所以仅用电压是很难概全同时也是难以操作的。这时就需要一个温度的控制参与进来，通过对电压和温度的相互配合在同一种电解抛光体系中就能适应多种需求的加工。抛光表面要求与温度、电压的关系见表 5-15。

**表 5-15　抛光表面要求与温度、电压的关系**

| | 表面要求 | 温度/℃ | 电压/V | 备注 |
|---|---|---|---|---|
| 材料经冲裁、拉伸、冷挤等加工成型（材料厚度不大于2mm） | 一等光亮度要求 | 95～100 | 28～30 | 最终光亮度要求在设定温度和电压的前提下由抛光时间来控制 |
| | 二等光亮度要求 | 90～100 | 28～30 | |
| | 一般光亮度要求 | 80～95 | 15～25 | |
| 6系型材或其他难抛材料 | 高光亮度要求 | 70～80 | 28～30 | |
| | 一般光亮度要求 | 70～80 | 28～30 | |
| 喷砂 | 一般光亮度要求 | 60～80 | 12～20 | |
| 拉丝 | 一般光亮度要求 | 70～80 | 15～20 | |

表中的温度-电压对应关系虽不能满足所有产品的要求，但只要控制得当，基本能满足

大众化生产的需要。当然，在生产中最终参数的确定是要通过实验来进行的。

一个最灵活的控制参数就是时间，所有参数的预先设定都必须满足在生产中要有最大的时间宽容度，否则，质量的控制就会变得很复杂，甚至是难以进行正常生产。

## 九、电解抛光的主要故障及排除方法

在电解抛光过程中出现一些偶发性故障是难免的，在生产中调控得越好，发生故障的概率就越小，故障一旦发生，就要去分析原因，然后再排除故障，恢复生产。不管是什么故障，在排除合金材料不良的前提下，不外乎从两个方面着手：一是电解液成分的变化；二是操作条件的变化。由于后者的观察很直观也容易控制，所以发生故障的概率并不大，而前者即电解液成分的变化并不能很直观的快速观察到，并且大多数都是渐变的过程，一旦出现故障需要时间来处理，这就会影响生产的正常进行，所以在生产过程中前者发生故障的概率最大。具备及时处理故障的能力，有一定的理论只占一个方面，更多的是在实际生产中积累足够的经验，而这种经验更多的是在处理故障中积累起来的，只有善于分析问题、总结问题的操作者才能对发生的故障有一个快速的处理方法。在生产中，操作者并不是准备着去解决出现的故障，而是在现场根据生产情况及时补加消耗的原料，及时调整工艺参数以防止故障的发生。下面就对电解抛光过程中容易发生且具有一定代表性的故障进行讨论。

### 1. 白霜

当电解条件接近于阳极氧化的条件时即可诱发白霜的产生，白霜具体是什么成分目前尚无定论，有认为是磷酸铝析出，也有人认为是铝表面形成的钝化膜，编著者更倾向于后者，因为前者更像是白色花斑。在电解过程中，某一部位的氧化膜更容易或更不容易溶解，都会诱发白霜的产生。当有白霜的工件经清洗后再电解时，氧化膜会溶解，白霜也会消失，但又可在别处产生。氧化膜更容易形成与电解液黏度低或硫酸含量高关系更密切；氧化膜不易溶解与磷酸含量过高和电解液黏度过高的关系更为密切。

电解液黏度过大产生的白霜，可根据实际情况选择：适当提高电解温度至工艺规定的上限；添加适量的硫酸；添加少量的纯水。

如果是因电解液黏度低产生的白霜，可以添加适量的磷酸或磷酸铝、铬酸等，如果黏度过低，一则可加热蒸发多余的水分；二则可将电解液升温至 80℃ 左右并在较低电压下电解铝材以提高黏度，有时这一过程会持续几天时间。

如果是操作条件引起的白霜，则需要对操作条件在工艺允许的范围内进行调整。

如果是大分子量的多元醇聚合物或醇醚类添加量过多，将电解液打出一部分，然后补加新的磷酸和硫酸并根据情况进行适当的老化处理即可恢复正常，被打出的电解液可在后续的生产中慢慢添加进去而不用废弃。

对于返工的铝件，在操作时先在电解液中短时间浸蚀使表面活化，然后再通电抛光也可防止因工件表面局部钝化膜的存在而形成白霜。

### 2. 麻点（或点蚀）

麻点是电解抛光中较为常见的故障之一，电解液中铬酸含量过高，温度过高，电流密度过大，硫酸含量过低，黏度过高或过低，氯离子含量超标，三价铬含量超标，搅拌不合理以及电解抛光前的预处理不良都会导致麻点的产生。如果产生麻点，需要综合分析，分清矛盾的主次再来解决。铬酸含量不足和出槽速度慢也会在工件表面产生麻点。

发生这种情况时，可按以下步骤来处理：

其一，先检查温度是否过高并由此引起电流密度过大，如是，则应降低温度，如果温度不是过高，可在降温的同时适当调低电压继续生产；如果温度过高，则需要停止生产等温度降到工艺范围内，也可向电解液中添加部分冷酸来加速温度的下降。

其二，添加适量的硫酸。

其三，如果黏度过高，可加入适量的硫酸或少量纯水。

其四，混入较多的水分使黏度过低，可采用白霜处理方法中的相关内容。

其五，氯离子浓度和大分子有机添加物过高可采用更换部分电解液的方式来处理。

### 3. 其他故障及处理方法

其他故障及处理方法见表 5-16。

**表 5-16　电解抛光其他故障及处理方法**

| 序号 | 故障现象 | 产生原因 | 处理方法 |
|---|---|---|---|
| 1 | 抛光后工件表面出现白线或白点 | 电解流组成不合乎工艺规范 | 分析原因进行调整，一般可补加适量的硫酸 |
| 2 | 抛不光或发生腐蚀 | 电路接触不良，工件电流时通时断<br>硫酸杂质含量太高 | 检查电路，确保电路良好连接<br>更换高质量的硫酸 |
| 3 | 抛光后光亮度不够或出光慢 | 磷酸含量太低<br>温度太低<br>电压太低<br>电解液黏度不够 | 补加磷酸<br>把温度升高到工艺规定范围<br>将电压适当调高<br>补加磷酸或适当添加铬酸 |

## 十、电解液的老化与维护

### 1. 电解液的老化

新配制好的电解液并不能马上用于电解抛光生产，需要对电解液进行老化处理。老化过程并不是先配好电解液才进行，实际上是在配制的同时就开始进行老化。新配液其老化分两步完成，在配制时先加一部分硫酸和磷酸，其加入量为溶液体积的 30% 左右，然后加入铝件进行第一步老化，开始可以加一些废的铝件，使其与酸反应，将电解液温度升至 60℃ 左右，然后再用铝块进行老化。在反应过程中应注意不可使温度升得过高，否则应取出一部分铝块。经反应 24h 后，补充硫酸和磷酸到规定体积，并加入适量的铬酸，用铝块或废工件进行电解老化，老化时可不加温，通过电解使温度升高，保持温度在 80℃ 左右，老化电流密度以不超过 1000A 为宜。通过数天电解后，电解液的体积会减少，这是正常的，在电解的过程中同样可以放铝块在电解液中进行化学老化。

老化有两个目的，一是铝与酸反应时会使其中的水被消耗掉；二是增加磷酸铝的量，使电解液的黏度增大。老化到什么程度为好，这需要通过对样品的抛光来判断。一般情况下，体积小，老化时间短，体积大，老化时间长，一般为 3～7 天，如果 24h 连续老化时间会短一些，但老化过程不能急于求成，否则会使开始抛光时的质量不稳定或达不到要求的光亮度和平滑度。

### 2. 电解液的维护

正常的电解抛光生产过程中对电解液维护是一件非常重要的工作，在没有完善分析条件的情况下，主要依靠现场操作者的目视观察来进行，观察的内容包括：

（1）电解液体积的变化 在电解过程中电解液的体积会变少，这就需要适当地补加磷酸或硫酸。如果连续抛光几小时体积不变，则应考虑是不是冷却管有破损的地方使冷却水混入电解液，这种现象不会经常发生，一旦发现应停止抛光让电解液静止下来，再开动冷却系统观察电解槽安装冷却管的周围是否有液体渗漏的现象发生，如有发现，则应将电解液移出，再进一步确认渗漏的地方进行修补或更换冷却管。如果是渗水引起的故障，则应对电解液重新进行电解老化，其时间长短根据渗入量的多少而定。如果渗水太多，则应将旧的电解液用胶桶存放一部分，加入新的磷酸和硫酸进行老化，余下的旧电解液可在以后的生产中慢慢补加。如果采用空气作为冷却介质，则不会发生有水渗入的情况。

（2）经抛光后的工件是否有缺陷 抛光后的工件要经常查检而不是抽查，对要求高的工件每挂都要检查。发现问题及时调整，这里所指的问题并不是指不能接受的质量问题，而是质量要求偏下限的情况，等到不可接受的质量事故发生后才被发现就需要停工调整了。除非是因为渗漏等非人为因素发生的故障，原则上在生产中是不允许停工调整的。

**3. 槽中沉积物的清理**

电解抛光一段时间后，在槽子周边及冷却管上都会有大量的沉积物，这些沉积物大多由铝、三价铬或其他金属杂质的磷酸盐或硫酸沉积而成，这些沉积物需要定期清理，连续生产争取一个月清理一次（可安排工厂倒班或休息时清理），清理程序如下：

① 让电解液冷却到50℃以下，同时清洗好能容下电解槽中全部电解液的PP槽或胶桶。

② 拆下阳极移动装置，然后将电解液全部移入上面准备好的容器中。

③ 拆下电解槽里的外层护板并清理沉积物，如发现护板有破损，则应更换新的护板（这种护板是常备的）。

④ 松开阴极板与汇流铜排的螺钉，取出阴极板及内层护板，并派人清理干净阴极板上的沉积物，发现阴极板腐蚀过度则应更换新的阴极板（阴极板需要常备），同时要清洗汇流铜排上的沉积物和氧化物，铜排可用稀酸浸泡一段时间，然后用砂纸打磨，铜排清洗后用干布擦干以防表面锈蚀。

⑤ 小心清理槽底、槽壁和冷却管上面附着的沉积物，这个工作应特别注意防止冷却管破损，在清理时一般不用把冷却管取出。

⑥ 清理完后用清水冲洗干净，然后开动冷却系统，观察冷却管有无渗漏的地方，如有应补焊以确保冷却管不渗漏。

⑦ 完成以上工作后就开始安装内层护板、阴极板及外层护板。安装时应保证阴极板和汇流铜排的可靠接触。安装好阳极移动装置。

⑧ 安装完成后，将电解液移入电解槽中，并补加新酸到规定体积。

⑨ 加温到50℃左右，然后进行电解使温度升至90℃左右并老化数小时，试样抛光合格后即可进行正常生产。

## 十一、不含铬酸电解液的电解抛光

对于不含六价铬的磷酸基电解抛光工艺，使电解液有高黏度及防止铝表面腐蚀的添加物质与六价铬电解抛光工艺是一样的。黏度的增大也是通过对电解抛光液的老化来实现的，防止铝表面腐蚀的添加物质大多是一些含醇羟基的多元有机酸、低级一元醇及多元醇等。而多元醇聚合物PEG的黏度大，在电解液中会在工件表面形成网状黏附层，既可起到增稠的作用也可起到防止腐蚀的作用。对于防止铝表面的腐蚀也可在电解液中加入硝酸，如在美国专利 USP 3.530.048 中介绍的，这种电解液由磷酸、硫酸、磷酸铝、硝酸和硫酸铜组成并能获得很高的光亮度。在新配的电解液中也可以添加一定量的磷酸铝，以缩短老化周期。

磷酸基不含铬酸电解液的电解抛光的原理和含有铬酸的基本相同，不再讨论。目前国内资料上介绍的不含铬酸电解抛光工艺配方也很多，但基本上都大同小异。添加多元有机酸或醇类的电解液在高浓度硫酸及加温的情况下都容易变色（有机物被硫酸碳化变黑），同时添加低级醇容易着火，这也就给生产带来了安全问题。具有关资料报道，在这些添加物质中，以醇类对电解抛光的缓蚀作用为最好，这可能是因为醇类都含有碱基（—OH，羟基），作用于阳极表面的高酸性的氢离子，有利于界面 pH 的提高，从而对阳极表面起到缓蚀作用。在这些醇类中以乙醇、丙三醇及正丁醇三种为好，同时以正丁醇为最优，但正丁醇毒性较大，易挥发和燃烧，同时成本也较高；以乙醇的成本为最低，但缺点是容易着火；丙三醇闪点高，不易燃烧，但黏度太高，成本高，容易产生较多泡沫。低级醇沸点低，闪点也低，在生产中直接添加危险性太大，只能是先与磷酸混合后加入；多元醇或醇醚类，沸点高，闪点也高，给在生产中直接添加带来了方便，但容易产生大量泡沫，在生产中同样容易打火（不是燃烧），还会产生爆鸣声。编著者曾经用醇醚作为添加物质开过大槽进行试用，其抛光效果和普通有铬酸的抛光效果相当，但添加量一定不能多，否则会产生大量泡沫，同时还有爆鸣声，到这时根本就不能再进行生产。

小分子醇类之间可借氢键而发生缔合作用，缔合的醇分子可在被抛光的工件表面形成黏性膜，从而使工件表面微凹陷处有稳定的钝化状态，这也是小分子醇类可用为电解抛光良好添加剂的重要原因。

对多元聚合物醇来说，其分子链长在溶液中可形成无规则线团流动，大分子之间同样也有不同程度的缔合，这些因素使得大分子醇类的黏度大于小分子醇类。从电解抛光的黏膜理论来看，多元聚合物醇作为电解抛光的添加剂无疑是正确的，但选择分子量多大的多元聚合物醇，及添加量的多少，对电解抛光来说关系重大。分子量小，添加量少，则作用并不明显；分子量大，添加量多，必将使溶液黏度过大，过大的黏度必然会不利于工件微凸部位的活化，并会阻碍该处酸液的更新，使得阳极溶解产物不能顺利地向电解液深处扩散，不利于整平作用的进行。同时工件表面不易扩散的阳极溶解产物使得电解液黏度更进一步增大，最后必将因破坏氧化膜的生成速率与溶解速率的平衡而导致结霜等缺陷的出现，导致整平、抛光过程失败。多元聚合物醇的分子量及添加量需要根据铝材的种类及表面要求借鉴相关资料的介绍通过试验来确定。

小分子醇类通过氢键缔合而成的黏性膜主要在工件的表面形成，这层表面黏性膜是很薄的，在电解抛光过程中不会阻碍阳极溶解产物向电解液深处的扩散，使得整个抛光过程的整平作用比较恒定。大分子多元聚合物醇类会使整个电解液的黏度增大，就容易阻碍阳极溶解产物向电解液深处扩散，如控制不当将会影响电解过程中整平作用的恒定进行。这也是电解抛光中采用小分子量醇较多的原因。但不可否认，合适分子量的 PGE 在整平及缓蚀性能方面都优于小分子醇类，小分子醇类与 PEG 的混合使用也不失为一种研究的方向。

电解抛光中经常被用的多元聚合物醇是 PEG，即聚乙二醇。低分子量聚乙二醇为无色透明液体，随着分子量的增加而成为白色膏状、白色蜡状至白色固体。根据电解抛光的黏膜理论来看，编著者认为采用液体状的低分子量聚乙二醇为好。

为了防止电解液在生产过程中变色，也可以不采用磷酸-硫酸混合酸，而采用磷酸-其他有机酸或无机酸，然后再添加醇类作为缓蚀剂，这样在生产过程中就可防止电解液的变色问题。酒石酸和草酸都是可行的选择，硼酸是一种弱酸，同时它有三个羟基，在强酸电解液中它是一种"碱"，能中和阳极表面的氢离子使其酸性降低，有利于防止阳极表面的腐蚀。所以用硼酸-磷酸或再加入其他有机酸来组成一种混合酸电解液也是一个发展方向。不含铬酸电解抛光工艺配方见表5-17。

表 5-17　不含铬酸电解抛光工艺配方

| | 材料名称 | 化学式 | 含量/(g/L) | | | | | | |
| --- | --- | --- | --- | --- | --- | --- | --- | --- | --- |
| | | | 配方 1 | 配方 2 | 配方 3 | 配方 4 | 配方 5 | 配方 6 | 配方 7 |
| 溶液成分 | 磷酸 | $H_3PO_4$ | 600mL | 80%~85% | 60% | 40% | 250mL | 30%~40% | 250~350mL |
| | 硫酸 | $H_2SO_4$ | 400mL | — | — | — | 100mL | 20%~30% | — |
| | PEG | | — | — | — | — | — | 20%~30% | — |
| | 硼酸 | $H_3BO_3$ | | | | | | | 100~150 |
| | 草酸 | HOOCCOOH | | | | | 15 | | 18~25 |
| | 乙醇 | $CH_3CH_2OH$ | | | 40% | 40% | 100mL | | |
| | 酒石酸 | $C_4H_6O_6$ | | | | 150 | | | |
| | 甘油 | $C_3H_8O_3$ | 10mL | | | | 200mL | | 10~20 |
| | 丁醇 | $C_4H_{10}O$ | — | 20~15% | | | | | 10~15 |
| | 苯并三氮唑 | $C_6H_5N_3$ | | | | | 0.001 | | |
| | 纯水 | $H_2O$ | — | — | — | 20% | — | | |
| 操作条件 | 电流密度/(A/dm²) | | 20~30 | 15~20 | 20 | 25 | 20~25 | 30~40 | 8~12 |
| | 温度/℃ | | 70~80 | 80~90 | 20~30 | 50~60 | 60~80 | 80~90 | 80~90 |
| | 时间/min | | 3~5 | 3~8 | 5~10 | 3~10 | 3~10 | 3~10 | 6~10 |
| | 搅拌方式 | | 阳极左右和上下交替移动 | | | | | | |

虽然在国内的介绍中都提到不含铬酸型电解抛光能做到优于铬酸型电解抛光的光亮度，但总的来说这种方法并没有能够得到推广，更多的是停留在实验室或一些特殊要求的场合进行一些小批量生产。究其原因有以下几个方面：一是工艺并不成熟，给大批量生产所需要的现场简单控制带来了不小的困难；二是电解的寿命，这直接影响电解抛光的综合成本；三是虽然可以获得很高的反射率，但表面容易出现一些细的条纹，国外也有一些专利介绍在这种电解液中加入中性悬浮粒子，如二氧化硅、浮石及碳酸钾、硫酸钾等，就可以获得高光亮度而又无条纹的抛光效果，但还需要进行大量的实验工作。

今后磷酸基不含铬酸电解抛光发展的关键问题是怎样在浩如烟海的可用于电解抛光的各种有机物中找到最适合的一种或几种能满足：工艺稳定易于控制；电解液寿命不低于含铬酸工艺；电解抛光后的光亮度和平滑度优于含铬酸工艺；电解抛光综合成本不高于含铬酸工艺的要求。只有做到了这几点，不含铬酸电解抛光才具有广泛的应用价值。

不管是有铬酸还是不含铬酸的磷酸基电解抛光法，都可以通过两步法来提高抛光质量并降低综合成本，其方法是第一次抛光采用高硫酸低磷酸使其能快速消除抛光线并提高亮度，第二次抛光采用高磷酸低硫酸（或无硫酸）以快速出光。

## 十二、碱性电解抛光

最早用于生产的碱性抛光是 1936 年英国铝业公司注册的专利，也称为碳酸钠-磷酸钠法（布赖塔法，Brytal），这种方法的工艺配方及操作条件见表 5-18。

表 5-18　布赖塔法电解抛光工艺配方及操作条件

| | 材料名称 | 化学式 | 含量(质量分数)/% | |
| --- | --- | --- | --- | --- |
| | | | 范围 | 最佳值 |
| 溶液成分 | 无水碳酸钠 | $Na_2CO_3$ | 12～20 | 15 |
| | 磷酸钠 | $Na_3PO_4 \cdot 12H_2O$ | 2.5～7.5 | 5 |
| 操作条件 | 温度/℃ | | 75～90 | 80～85 |
| | 电压/V | | 7～16 | 9～12 |
| | pH 值 | | ≥10 | — |
| | 搅拌方式 | | 阳极移动 | |

该工艺在应用过程中也被其后来者所改进，比较有代表性的是哈里斯（P. G. Harris）对溶液成分与操作条件对抛光质量的影响进行了深入研究，并提出了最佳槽液成分为 20% 碳酸钠，6% 磷酸钠；哈格（H. Hug）的研究推荐成分为：碳酸钠 30%，磷酸钠 6.5%。这两种改进其成分都比原配方有所增加，其中以哈格的研究增加比例最大。哈里斯的研究结论见图 5-7。

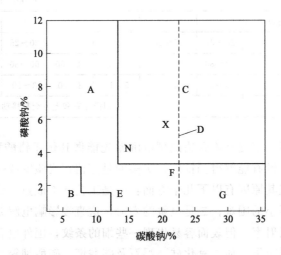

图 5-7　碳酸钠-磷酸钠电解抛光处理条件参考图（图中所示为对高纯铝的抛光条件）
N—布赖塔标准抛光电解液成分；X—哈里斯改进的抛光电解液成分；A—出现白边与条纹斑痕；
B—产生白膜区；C—良好的抛光区；D—D 所指示虚线为 20℃时的溶解极限线；
E—腐蚀区；F—显现晶粒区；G—钝化膜区

1981 年哈里斯在美国申请专利，将配方中的磷酸盐的用量提高到 6%～12.5%，碳酸盐控制在 17%～22.5%，温度由原来的 80℃提升至接近沸腾，据介绍，在这样的条件下可明显提高抛光质量并可改善原抛光条件下表面结晶较粗大的现象。

为了进一步提高其抛光效果，1991 年，Peter Venn 在美国申请的专利中提出两步碱性电解抛光法，这两步抛光所用电解液成分相同，只是操作条件不同。其工艺配方及操作条件见表 5-19。

表 5-19　两步碱性电解抛光法工艺配方及操作条件

| | 材料名称 | 化学式 | 含量/(g/L) | |
|---|---|---|---|---|
| 溶液成分 | 无水碳酸钠 | $Na_2CO_3$ | 330 | |
| | 磷酸钠 | $Na_3PO_4 \cdot 12H_2O$ | 120 | |
| | 磷酸铝 | $AlPO_4$ | 10 | |
| | 木质素或其他添加物质 | — | 适量 | |
| 操作条件 | 时间 | | 视要求而定 | |
| | 脉冲中断电流/(s/min) | | 2~10 | |
| | | | 第一次抛光 | 第二次抛光 |
| | 温度/℃ | | 80 | 70 |
| | 电流密度/(A/dm²) | | 3 | 1.5~2 |
| | 搅拌方式 | | 阳极移动 | |

在碱性电解液中可以添加 PEG、酒石酸钠、葡萄糖酸钠等来改善抛光效果以获得更好的平滑度与光亮度，但这样添加成分多，在生产中不易控制。据国内资料介绍，在电解液中单独添加 EDTA 钠盐作为光亮剂能取得不错的抛光成绩，其添加量在 2.5%~3% 即可获得良好的抛光效果，为了增加电解液的活性也可适量添加氢氧化钠。

在配制碱性抛光电解液时应采用纯度较高的原料并用纯水配制，以防止氯离子的混入。在生产过程中除了带出的槽液外，碳酸盐的成分基本不会有多大改变，主要是通过分析定期补加磷酸盐。在生产过程中水的蒸发量较大，应注意补加。

工件在入槽后应让其浸蚀 20s 左右溶解表面钝化膜后再通电进行抛光，阳极移动的频率与距离与酸性电解抛光相同。碱性电解抛光常见问题的原因及处理方法见表 5-20。

表 5-20　碱性电解抛光常见问题的原因及处理方法

| 序号 | 出现的问题 | 产生原因 | 解决方法 |
|---|---|---|---|
| 1 | 工件表面无光 | 磷酸盐含量低<br>电压或电流密度低 | 通过分析添加磷酸盐<br>升高电压到工艺规定的范围 |
| 2 | 工件沟槽表面亮度高于其他地方 | 电压与电流密度太高 | 降低电压到工艺规定范围 |
| 3 | 工件表面有暗的氧化物斑点 | 抛光时发生灼伤现象 | 查检装挂是否合理，查看电压、电流是否过高 |
| 4 | 全面或局部被腐蚀 | 初始浸蚀时间过长<br>阳极接触不良<br>装挂太多<br>铝的纯度太低 | 缩短浸蚀时间<br>导电铜杆每天都要擦洗干净以保证可靠接触<br>减少每槽装载量<br>选用纯度高的铝材 |
| 5 | 光亮但不均匀 | 装载量过多<br>预处理脱脂不净或浸蚀不充分<br>电压不稳定 | 减少每槽装载量<br>电解抛光前脱脂应充分，浸蚀时间适当延长<br>检查电源，或更换新的电源设备 |
| 6 | 工件表面有微点坑蚀 | 电解液中细小的沉淀太多 | 清理电解液中的沉淀物或部分更换电解液 |
| 7 | 工件表面有深的点蚀坑 | 电解液中氯离子含量过多<br>工件表面没有清除干净，残留物中有氯化物 | 全部或部分更换电解液<br>加强清洗工作 |

碱性抛光电解液沉渣量较大，每抛光一平方厘米会有 0.01～0.02g 的铝被溶解下来，大批量生产的情况下每天所产生的沉渣量是很可观的，同时碱性电解抛光对铝的纯度要求较高，所以现在已很少用于大批量生产。但不可否认，碱性电解抛光不管是电解液成本还是对环境的影响都明显优于酸性电解抛光，也许今后的发展方向会是一些新型的碱性电解抛光工艺代替酸性电解抛光。

## 十三、前处理控制及灵活使用

行文至此，整个前处理工序就已全部讨论完毕，产品的基本加工要求也已完成，对于装饰要求的工件，余下的工作不管是由电镀还是由化学镀、阳极氧化等生成的涂层，更多的是为其提供一个防护功能及由色彩而派生的装饰功能。对铝合金表面处理而言，对前处理各工序的有效控制及灵活应用对保证其品质的稳定性及外观要求的多样性是非常重要的。在前处理的几大板块中，除蜡、除油、碱蚀、中和等是基础加工工序，其目的是为后续加工提供一个洁净的基准表面，而纹理蚀刻、抛光（包括化学抛光和电解抛光，下同）才是前处理中最为重要的部分，也是完成前处理表面效果多样性的重要手段，同时也是最容易引起产品质量波动的工序，所以控制和灵活应用好这些工艺板块就显得非常重要，具体我们可以从以下几方面入手。

### 1. 控制

在前处理各章节中对其控制方法都已有详细讨论，在此，就整体而言谈一些具体的控制方法。编著者认为主要通过"二控一配"来完成。所谓"二控"，一是指对所用化学配方各成分之间的控制，包括化学配方的组成及相互之间的浓度配比；二是指对加工过程中加工方法及工艺参数的控制，包括温度、时间、溶液与工件的接触方式、工件在溶液中的放置方向及工件在溶液中的移动方向等。前者也称为化学指标控制，后者也可称为物理指标控制。"一配"是指金属材料和化学处理液的配合，只有适用于某种合金材料的配方才能对该种金属做出最好的表面效果。

### 2. 方法的合理选择

方法的选择主要根据表面效果的要求而定，常见的表面效果可采用的工艺方法如下：对于雾面效果，可以选择氟化氢铵型，再根据铝材的状态及雾面效果要求选择不腐蚀钛的方法或采用氟化氢铵＋氧化剂＋氟化铵的方法；对于哑光面处理可采用氟化物型也可采用硝酸盐型或亚硝酸盐型；对于有一定粗糙度要求的表面效果可采用酸性纹理蚀刻、碱性纹理蚀刻或酸＋碱纹理蚀刻等；对于喷砂后的抛光可选择磷酸＋硫酸、单磷酸、单硫酸型抛光或电解抛光；对于镜面要求的工件可采用三酸或低黄烟型抛光、电解抛光；对于非镜面要求的光亮抛光可采用磷酸型或磷酸＋硫酸型抛光；对于拉丝工件可采用普通光亮抛光方法。

### 3. 方法的灵活搭配

前处理过程中各工序之间的灵活应用往往会收到意想不到的效果，比如喷砂后的化学抛光，为了便于控制可以采用二次抛光的方法，同时在第一次抛光后还可再加一次酸性纹理蚀刻以消除材料或第一次抛光带来的不良现象，然后再根据光度测试数据进行第二次抛光。采用这种方式一方面使光度容易控制，另一方面也容易控制抛光后的拉尾现象的发生。

对于有镜面要求的工件同样也可采用化抛-电解抛光或高硫酸电解预抛-高磷酸精抛光的方法。

方法的灵活使用没有一定的规定，这要根据制定者对前处理各工序原理、用途及相互之间的关系的掌握程度、产品的表面要求而定，总之把握一条准则：我们的目的是加工出批量的合格产品。增加或减少工序都是为着这个目标服务的，而没有必要去纠结为什么要多一个工序，为什么同一个工序要分成两次来进行等等。当然，工艺方法的灵活使用也有一个度，这个度受制于生产线的规模、生产线的现状、生产效率要求及工件材料对加工要求的限制等。

总而言之，控制和合理应用好前处理各工序板块对保证产品质量的稳定性起着非常重要的作用，在整个铝合金表面处理中属于源头控制，从这个意义上讲，首先在源头做出优异的成绩才能在后续工序中做到"尽善尽美"，进而无瑕疵产品的生产目标才能得以实现。

## 十四、化学与电解抛光溶液消耗量估算

化学抛光的成本在阳极氧化过程中占有的成本比例较高，比如按每蚀刻27g铝，碱蚀过程中氢氧化钠的消耗成本在0.3元左右，而以磷酸为主的化学抛光将达到3元。这主要源于化学抛光所用磷酸成本高，酸的消耗量和带出量都较大。

化学抛光过程中酸的消耗量主要由两部分组成：即化学抛光过程中铝与酸的反应所消耗的部分和工件从化抛槽中提出所带出的化抛液，前者称为化学反应消耗量，后都称为工件带出消耗量。

化学抛光过程中化学反应消耗量可按下面介绍的方式进行估算（按磷酸、硫酸组成的二酸抛光为例）。

铝与磷酸的反应　　$Al + H_3PO_4 \longrightarrow AlPO_4 + \dfrac{3}{2}H_2 \uparrow$

通过计算可知：每蚀刻27g铝理论需要磷酸98g，约68mL 85%的磷酸。

铝与硫酸的反应　　$2Al + 3H_2SO_4 \longrightarrow Al_2(SO_4)_3 + 3H_2 \uparrow$

通过计算可知：每蚀刻27g铝理论需要硫酸147g，约81mL 98%的硫酸。

按磷酸：硫酸＝8：2（体积比，下同），约需70mL混合酸，在实际反应中约需理论量的3~4倍（包括部分沉淀消耗），在此按3.5倍进行估算需要245mL，也即是每克铝需要9mL混酸。

工件带出消耗量，与工件的复杂程度、工件的提出速度及溶液的黏度有关，一般情况下带出量在每平方米50~100mL。化抛液黏度较大，提出速度快，带出量不会低于每平方米100mL，在此取150mL。

手动线抛光酸的消耗量估算公式：

$$化学抛光剂每平方米消耗量(mL) = M_{Al} \times 9 + 150$$

式中　$M_{Al}$——化学抛光过程中$1m^2$面积（即$10000cm^2$）铝的蚀刻量，g。

$$M_{Al} = 10000(cm^2) \times 蚀刻减薄量(cm) \times 2.7$$

以上为手动线的估算方式，对于自动线，工件离开化抛液后会有10多秒的空停时间，这个空停时间对抛光的影响主要表现在以下几个方面：

① 工件在空停过程中，化抛液会顺着工件往下流动以及挂具上带出的酸滴落在工件表面而带来流痕、滴痕之类的质量问题。

② 工件在从化抛槽升起的过程中化抛液会流入化抛槽中，减少了化抛液的带出，降低了带出消耗，特别是在化抛液中加入适量的分散剂或适当调慢上升速度将使带出量减少更

多，带出量一般会减少 20%～30%，在此取带出减少量为 25%，即每平方米带出量为 115mL。

③ 工件在空停的过程中还在继续反应会使光泽度提高，并且在一个有限的时间范围内会随空停时间的延长光泽度成正比增加。比如在磷酸：硫酸＝8：2，抛光温度 85℃，对于 5052 喷砂件，抛光 60s，空停 15s，光度约为 39 度；抛光 80s，空停 5s，光度约为 38 度。在相同光泽度要求的情况下，适当延长空停时间可缩短化抛时间从而减少抛光过程中化抛液的消耗量，可以减少化抛消耗量的 15%～30%，在此取化学反应消耗量减少量为 20%，即每克铝的化学反应消耗量约为 7.2mL。

自动线抛光酸的消耗量估算公式：

$$化学抛光剂每平方米消耗量(mL)＝M_{Al}×7.2＋115mL$$

式中  $M_{Al}$——化学抛光过程中 $1m^2$ 面积（即 $10000cm^2$）铝的蚀刻量，g。

$$M_{Al}＝10000(cm^2)×蚀刻减薄量(cm)×2.7$$

以上化学抛光液的消耗只是一个估算值，只对单位面积应准备的材料有一定的参考价值，并不能做为单位面积所消耗材料的定额标准。在估算中没有将清理槽中沉积物所消耗的酸及全部或部分旧液排放所消耗的酸计算在内，因为这两者都与化学抛光液对杂质的忍耐度及工件的表面要求密切相关，所以实际消耗量会大于估算值，这个大于的量根据用户的要求不同会在一个较大的范围内变动。一般来说自动线大于手动线（相对而言，自动线换槽频率大于手动线）。

电解抛光酸的消耗量比化学抛光酸的消耗量要低，主要是由于电解抛光在达到同等光亮度时腐蚀量更低，在估算电解抛光时酸的消耗时可按自动线估算公式进行。电解抛光的电力消耗会大于化学抛光，每平方米的电力消耗在 4～8kW·h（不含加温及降温电力消耗）。

# 第六章
# 铝合金化学氧化

化学氧化方法由于生产周期短，氧化过程中不需要电能消耗，设备投入少，对于批量加工可进行低成本生产而被普遍采用。化学氧化得到的膜层有一定的抗腐蚀能力和高度的油漆附着特性，从而为这层氧化膜提供了足够的应用价值。这种加工方法还可用于非防护与装饰用途的保护处理。

就其化学/电化学机理而言，要使化学氧化膜具有保护作用，首先得使这层氧化膜紧密而完整，而完整的必要条件是氧化物的体积要大于所消耗的金属的体积，即

$$m/(xD) > A/d$$

式中，$A$ 为金属原子质量；$m$ 为对应氧化物分子的质量；$d$ 为金属密度；$D$ 为对应氧化物的密度；$x$ 为一个分子氧化物中金属原子的个数。整理上式得：

$$(md)/(xDA) > 1$$

式中比值过大且质地较脆的氧化膜没有保护作用。一般认为 $1 < (md)/(xDA) < 2.5 \sim 3$ 时，具有较好的保护性。铝的比值在 1.28，所以铝具有在特定条件下可生成紧密完整保护膜的特性。

将铝浸入沸水中，铝表面会快速生成一层自然的氧化膜并不断增厚，其化学反应式如下：

阳极反应：

$$Al \longrightarrow Al^{3+} + 3e^- \tag{6-1}$$

阴极反应：

$$3H_2O + 3e^- \longrightarrow 3OH^- + \frac{3}{2}H_2 \tag{6-2}$$

从上式中可以看出随着反应的进行，金属周围溶液氢氧根离子浓度增高，与离子状态的铝形成氢氧化物，并释放出氢气。

$$2Al^{3+} + 6OH^- + 6H = 2Al(OH)_3 + 3H_2 \uparrow \tag{6-3}$$

生成的氢氧化物会阻止反应的继续进行，所以当膜层厚度增加到某一极限值时，因生成的膜层无孔隙，溶液不能和基体铝接触，氧化过程将终止。这种膜层的主要成分是一水铝石（$\alpha$-$Al_2O_3 \cdot H_2O$ 或 $AlO \cdot OH$）。自然状态下生成的这一膜层较薄，呈无微孔晶形结构，使膜层致密，在自来水和矿泉水中具一定的抗蚀能力。也可在沸水中添加少量的三乙醇胺来使

膜层的厚度增加，但增加的量是很有限的。

在水中加入对膜层有溶解作用的物质会使膜层增厚。见图 6-1。

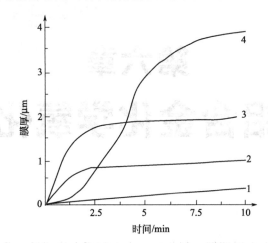

图 6-1　水中附加物对纯铝膜层生长的影响

1—沸腾高纯水＋$1×10^{-6}$水玻璃或硫酸；2—煮沸高纯水；

3—煮沸高纯水＋$NH_4OH$（0.1mol）；4—煮沸自来水

为了取得较厚的氧化膜层，必须在氧化溶液里加入可溶解氧化膜的添加物质，将生成的氧化膜溶解一部分，以利于在含有氧化性物质的弱碱性或弱酸性溶液中对铝基体继续进行化学氧化，得到较厚的膜层。

常用的氧化溶液有两种：一种是由铬酸盐、碳酸盐等物质组成的弱碱性化学氧化溶液；另一种是在铬酸及其盐的溶液中由氟化物、磷酸、硼酸等物质组成的弱酸性化学氧化溶液。

# 第一节　弱碱性化学氧化

## 一、弱碱性化学氧化基本原理

常用的碱性化学氧化溶液中含有铬酸盐，普遍认为铬酸盐是主要的氧化剂。根据 M. Schenk 的研究，认为铬酸盐和铝反应生成铝的氧化物［其组成可为 $Al_2O_3$ 或 $Al(OH)_3$］和 $Cr_2O_3$，其反应式为：

$$2Al+2Na_2CrO_4 \Longrightarrow Al_2O_3+2Na_2O+Cr_2O_3 \qquad (6-4)$$

Schenk 也认为：这个反应过程实际上是分两次进行的，且铬酸盐并不是主要的氧化剂，因为在 80℃的纯水中铝表面上生成的薄膜的主要成分是三水铝石（$Al_2O_3 \cdot 3H_2O$）。

另一学者 Helling 对铝的化学氧化则坚持另一种不同的理论，认为铝首先和溶液中的 $Na_2CO_3$ 反应生成 $NaAlO_2$。

$$2Al+Na_2CO_3+3H_2O \Longrightarrow 2NaAlO_2+CO_2+6H \qquad (6-5)$$

$NaAlO_2$ 先部分发生水解生成 $Al_2O_3$ 并释放出 NaOH。

$$2NaAlO_2+H_2O \Longrightarrow Al_2O_3+2NaOH \qquad (6-6)$$

反应（6-5）产生的 $CO_2$ 和反应（6-6）产生的 NaOH 作用，引起如下反应：

$$CO_2 + 2NaOH == Na_2CO_3 + H_2O \tag{6-7}$$

这一反应的进行破坏了反应式（6-6）的化学平衡，将使反应向右一直进行下去，从而使 $NaAlO_2$ 的水解趋于完全。

反应式（6-5）产生的氢与铬酸盐作用，引起如下反应：

$$2Na_2CrO_4 + 6H == 2Na_2O + Cr_2O_3 + 3H_2O \tag{6-8}$$

从以上反应不难看出，当把反应式（6-5）～式（6-8）合并，就会发现其结果就是反应式（6-4）。当然在这里还得注意一个问题，那就是析氢量。在 MBV 处理过程中确有 $H_2$ 的发生，只是发生量到目前为止尚未有定量测定报告，这就无法确定在实际反应中，反应式（6-4）和反应式（6-8）到底进行到何种程度。也正因为如此才会有两种化学原理共存。但这并不影响在实际生产中对铝合金工件进行化学氧化处理。

编著者认为，以上机理并不能完全解释氧化膜层的生长问题。氧化膜生长的先决条件，必须有氧化膜的溶解过程，将最初形成的致密膜层溶解一部分，使氧化溶液能对基体金属继续发生反应，使氧化膜得到生长。所以编著者认为氧化过程应按如下分步骤进行：

第一步，氧化膜的生成，这一步即是反应式（6-4）和反应式（6-5）同时进行，只是进行的程度不同，在反应式（6-4）中生成的 $Na_2O$，以上整个过程并没有提及它的归结，如果有 $Na_2O$ 的生成，则必然和溶液中的水反应生成氢氧化钠。反应式：

$$Na_2O + H_2O == 2NaOH \tag{6-9}$$

第二步，氧化膜的溶解，这一步即是在第一步中生成的氢氧化钠和氧化铝反应使氧化膜发生局部溶解，裸露出基体金属，重复以上过程的进行，使氧化膜厚度增加。

$$Al_2O_3 + 2NaOH == 2NaAlO_2 + H_2O \tag{6-10}$$

溶液中的碳酸钠也会不同程度地参与氧化膜的溶解过程。

$$Al_2O_3 + Na_2CO_3 == 2NaAlO_2 + CO_2 \tag{6-11}$$

第一步生成的氢氧化钠一部分参与反应式（6-10），一部分与反应式（6-5）和反应式（6-11）生成的二氧化碳反应生成碳酸钠［反应式（6-7）］。反应式（6-5）生成的 H 和铬酸盐反应，见反应式（6-8）。

上面提到的析氢现象，编著者认为析氢的发生决定于反应式（6-5）和反应式（6-8）进行的程度。而它们进行的程度和溶液中碳酸钠的浓度和与铬酸钠的比值有很大关系。

至于反应式（6-6）偏铝酸钠的水解过程会进行到什么样的程度，编著者认为反应式（6-5）所生成的偏铝酸钠的水解反应基本趋于完全，其水解产物氧化铝也成为氧化膜的一部分，而反应式（6-10）和式（6-11）所生成的偏铝酸钠水解过程并不完全，其水解产物大部分从溶液中沉淀析出。

第一步的反应式（6-4）和式（6-5）决定初态氧化膜的性质，第二步的反应式（6-10）和式（6-11）决定初态氧化膜的溶解速度，要想使氧化膜层增厚就必须要使第一步的反应速度大于第二步的反应速度。在第二步中反应式（6-10）受反应式（6-4）和反应式（6-9）的影响，反应式（6-11）受溶液温度及碳酸钠浓度的影响。化学氧化膜也不可能无限制地增厚，当达到一定厚度，一则在弱碱环境中氧化膜的溶解速度变慢或停止使氧化膜停止生长；二则也可使 $OH^-$ 渗透到氧化膜底层导致底层氧化膜的溶解，使氧化膜层疏松，质量劣化。

## 二、BV 法

此法为 Bauer 及 Voger 最早发明的化学氧化膜生成方法，溶液组成见表 6-1。

表 6-1　BV 法的配方及操作条件

| 溶液成分 | 材料名称 | 化学式 | 含量/(g/L) | | |
|---|---|---|---|---|---|
| | | | 配方 1 | 配方 2 | 配方 3 |
| | 碳酸钾 | $K_2CO_3$ | 25 | — | — |
| | 碳酸钠 | $Na_2CO_3$ | — | 20 | 30 |
| | 重铬酸钠 | $Na_2Cr_2O_7$ | 25 | — | — |
| | 重铬酸钾 | $K_2Cr_2O_7$ | 10 | — | — |
| | 铬酸钾 | $K_2CrO_4$ | — | 5 | 2 |
| 操作条件 | 温度/℃ | | 煮沸 | 90～煮沸 | 90～100 |
| | 时间/min | | 30～40 | 5～15 | 5～15 |

　　表中配方 1 膜层生成速度慢，需煮沸 30min 以上，才能生成灰色膜层。但向溶液中添加适量的明矾后，可促进膜层的生成。

　　表中配方 2 为改进的 BV 法配方，在 90～100℃的条件下，处理 10min 左右，可得到比配方 1 更平滑美观的灰色膜层。使用过程中溶液有效成分会被消耗，这时生成的氧化膜层较薄，灰色减退。如果溶液浓度保持一定，则生成的膜层也一定，如果单独增加铬酸钾浓度，处理时间需适当延长。最佳溶液浓度为无水碳酸钠 2%～3%、铬酸钾 0.2%～0.5%。但应注意，如采用高的铬酸钾用量，碳酸钠也应采用高的用量。

　　表中配方 2 处理含铜的铝材（比如硬铝系列）时不能得到良好的氧化膜层，这时用配方 3 进行处理可得良好的氧化膜层。

## 三、MBV 法

　　MBV 法是 Eckert 改良 BV 法的方法，早期在联邦德国应用很广泛。MBV 法的配方及操作条件见表 6-2。

表 6-2　MBV 法的配方及操作条件

| 溶液成分 | 材料名称 | 化学式 | 含量/(g/L) |
|---|---|---|---|
| | 无水碳酸钠 | $Na_2CO_3$ | 46.2 |
| | 重铬酸钠 | $Na_2Cr_2O_7$ | 13.8 |
| 操作条件 | 温度/℃ | | 90～95 |
| | 时间/min | | 3～5 |

　　此法的配制方法很重要，必须严格按照无水碳酸钠与重铬酸钠以 10：3 的质量比进行。配制方法举例如下：

　　称取 1000g 无水碳酸钠和 300g 重铬酸钠置于 3L 的塑胶容器中，搅拌均匀。在使用时按 60g/L 配制。

　　按表 6-2 中条件处理后的铝材可得到美观的灰色膜层。溶液浓度对膜层的形成速度影响较大，溶液使用一段时间后，随成分的消耗，膜层的生成时间延长，膜层变薄。当处理时间超过 15～20min 时，溶液最好废弃更换新液，如果要对溶液进行调整可试着采用预先配制好的混合原料进行。如果分析溶液中的成分后再进行调节会更加准确。溶液使用时间较长时应该考虑更换新液。每升新液可处理 $1\sim3m^2$。MBV 溶液原则上不可再生。

该种溶液的浓度范围较宽，但不可更改碳酸盐与铬酸盐的比例。当铬酸盐比例减少时，氧化膜质量变差。

按标准配制的溶液所得到的膜层厚度与处理时间和温度有关，单独增加溶液浓度并不能获得厚的膜层。只是在更高浓度的溶液中处理温度可以降低至 $30\sim40℃$，但处理时间约需 30min。

按标准方法配制的 MBV 溶液，当温度过低时氧化膜生成速度慢且不均匀；当温度过高时氧化膜生长速度快，但膜层疏松多孔，同时膜层与基体金属结合力差。

MBV 膜层的外观及性质与工件表面的物理状态有一定关系，特别注重外观的工件在进行氧化前应预先经过研磨处理。这些工件主要是一些铸造材料或表面粗糙的其他展伸、压延、挤压材料等，工件表面状态对膜层的影响见表 6-3。

表 6-3　铝工件表面状态对 MBV 膜层的影响

| 合金成分 | 工件表面状态 | 外观 | |
| --- | --- | --- | --- |
| | | 未研磨 | 已研磨 |
| Al 99.2％、Si 0.16％、Fe 0.41％ | 微粗糙面 | 灰绿色，金属光泽，斑点状 | 灰绿色 |
| | 粗糙面 | | 绿色、金属光泽、斑点状 |
| Al 99.5％、Si 0.16％、Fe 0.22％ | 微粗糙面 | 灰绿色，金属光泽 | 均匀的暗灰色 |
| | 粗糙面 | | 灰绿色，局部有光泽，粗糙面所引起的斑点状 |
| Al 99.8％、Si 0.08％、Fe 0.11％ | 微粗糙面 | 乳灰色，金属光泽，斑点状 | 均匀的灰白色 |
| | 粗糙面 | | |

MBV 法对不同合金、氧化膜色调各异。纯铝经处理后，呈鲜灰色且有光泽。含镁的合金，氧化膜随镁含量而异。镁含量在 $2\%\sim3\%$ 时，氧化膜层有光泽，但比纯铝有更浓的灰色调；镁含量在 $5\%\sim7\%$ 时，氧化膜层光泽增加，并呈现彩虹，保护效果亦佳；镁含量在 $7\%$ 以上时，经氧化的膜层完全无色。

含硅 $10\%$ 的合金，经氧化后为无光泽暗灰色，且氧化膜附着质量不易保证。

对含镁的合金，如在 MBV 溶液中添加氢氧化钠 10g/L，在 $60\sim70℃$ 的条件下，可得到标准的暗灰色氧化膜层，但抗蚀性能不如标准 MBV 法生成的氧化膜层。

此种溶液对纯铝、铝-锰、铝-镁系合金氧化膜层表面质量最好，其他合金次之。作为油漆底层亦是不错的处理方法。

经 MBV 法氧化过的工件可在 $90\sim100℃$ 的水中，添加 $2\%\sim5\%$ 的水玻璃溶液进行封孔处理，有助于改善氧化膜层的抗蚀性能。

小久保定次郎介绍，不含重金属的合金经 MBV 法氧化后的膜层可用金属盐进行着色处理。表 6-4 列举了部分 MBV 氧化膜的着色处理方法。

用含有硝酸铜及硝酸钴的溶液进行染色时可得到耐光性较好的着色膜，以高锰酸钾处理 30s 以后再进行着色同样可以获得耐光性较好的着色膜。

MBV 氧化膜层的染色色调与合金成分有关，比如：含 $5\%\sim7\%$Mg 的铝-镁合金形成的氧化膜层大都为无色，此种膜层很容易染成黄色、黄铜色、绿色等浅色调。铝合金的 MBV 膜层也可用有机染料染成多种色调。合金成分对氧化膜层染色性的影响见表 6-5。

表 6-4　部分 MBV 氧化膜的着色处理方法

| 编号 | MBV 处理时间 | 着色条件 | 色调 | 后处理 | 对日光耐久性（4 个月后） | 露天耐蚀性 | 耐蚀性 | |
|---|---|---|---|---|---|---|---|---|
| | | | | | | | 饮料水 | 2%氯化钠中 30 天 |
| 1 | MBV 处理 10min | 1# | 暗褐色 | 不涂装 | 有褪色 | 不良 | 良 | 良 |
| 2 | | | 类似 1 有光泽 | 涂蜡 | | 不良 | 良 | |
| 3 | | | | 涂虫胶 | | 良 | 虫胶破坏 | |
| 4 | MBV 处理 10min | 2# | 带黄褐色 | 不涂装 | 有褪色 | 不良 | 良 | 良 |
| 5 | | | 类似 4 有光泽 | 涂蜡 | | 不良 | 良 | |
| 6 | | | | 涂虫胶 | | 良 | 虫胶破坏 | |
| 7 | MBV 处理 30s | 3# | 铜光,有光泽 | 不涂装 | 良 | 不良 | 不变色 | 发生污斑点 |
| 8 | | | | 涂蜡 | | 不良 | | |
| 9 | | | | 涂虫胶 | | 良 | 虫胶破坏 | 良 |
| 10 | MBV 处理 10min | 4# | 类似铜色 | 不涂装 | 良 | 不良 | 不变色 | 褪色 |
| 11 | | | 类似 10 有光泽 | 涂蜡 | | 比 7 良 | | 比 10 好 |
| 12 | | | | 涂虫胶 | | 良 | 虫胶破坏 | 不变色 |
| 13 | MBV 处理 10min | 5# | 浓黑色 | 不涂装 | 良 | 良 | 不变色 | 良 |
| 14 | | | 类似 13 有光泽 | 涂蜡 | | 良 | | |
| 15 | | | | 涂虫胶 | | | 虫胶破坏 | |

表中染色配方及条件：

1#：1L MBV 溶液加 4g $KMnO_4$，温度：90～95℃，时间：2min；

2#：1L MBV 溶液加 4g $KMnO_4$，温度：90～95℃，时间：10min；

3#：1L 水加 25g $Cu(NO_3)_2 \cdot 3H_2O$，10g $KMnO_4$，4mL $HNO_3$（65%），温度：80℃，时间：2min；

4#：1L 水加 25g $Cu(NO_3)_2 \cdot 3H_2O$，10g $KMnO_4$，4mL $HNO_3$（65%），温度：80℃，时间：2min；

5#：1L 水加 25g $Cu(NO_3)_2 \cdot 3H_2O$，10g $KMnO_4$，4mL $HNO_3$（65%），温度：80℃，时间：10min。

表 6-5　合金成分对氧化膜层染色性的影响

| MBV 氧化时间/min | 染色剂 | 色调 | 合金 |
|---|---|---|---|
| 2 | $KMnO_4$ 4g/L 90～95℃,0.5min | 鲜黄褐色 | Al-Mn |
| | | 灰绿色 | Al-Mn-Mg-Si |
| | | 带绿黄褐色 | Al-Si |
| 10 | 同上,10min | 红褐色 | Al-Mn |
| | | 暗褐色 | Al-Mn-Mg-Si |
| | | 红铜色 | Al-Si |
| 1.5 | $Cu(NO_3)_2$ 25g/L $KMnO_4$ 10g/L $HNO_3$（65%）4mL/L 80℃,2min | 鲜红褐色 | Al-Mn |
| | | 暗黄褐色 | Al-Mn-Mg-Si |
| | | 暗黄褐色 | Al-Si |
| 10 | $Co(NO_3)_2$ 25g/L $MnO_2$ 10g/L $HNO_3$（65%）4mL/L 80℃,10min | | Al-Mn |
| | | 浓黑色 | Al-Mn-Mg-Si |
| | | | Al-Si |

## 四、EW法

MBV法生成的氧化膜层大多为灰色膜层。灰色不适于做装饰或染浅色。Helling及其同事发明了可得无色氧化膜层的氧化方法EW法，这是MBV的改良方法。其方法是：在MBV溶液中加入硅酸钠。因为欲得到无色氧化膜层，必须减慢铬酸钠对铝的作用速度。添加硅酸钠或氟化物即可满足这一要求。但不能添加过多，否则会使速度过慢甚至停止作用。EW法的配方及操作条件见表6-6。

表6-6 EW法的配方及操作条件

| | 材料名称 | 化学式 | 含量/(g/L) |
|---|---|---|---|
| 溶液成分 | 无水碳酸钠 | $Na_2CO_3$ | 51.3 |
| | 铬酸钠 | $Na_2CrO_4$ | 15.4 |
| | 硅酸钠 | $Na_2SiO_3$ | 0.07~1.1 |
| 操作条件 | 温度/℃ | | 90~100 |
| | 时间/min | | 10~15 |

使用硅酸钠的EW法，氧化膜中氢氧化铬含量比MBV法少。同时，硅酸钠渗入氧化膜中，堵塞孔隙，降低了反应速度，使氧化膜生成速度比MBV法慢，氧化膜最大厚度生成时间比MBV法短。EW法生成的氧化膜层孔隙率较MBV法低，膜层比MBV法致密，因此其耐蚀性优于MBV法。但对于油漆涂装附着性不如MBV法。

标准MBV法和标准EW法在相同温度情况下氧化膜层厚度与时间的关系见图6-2。

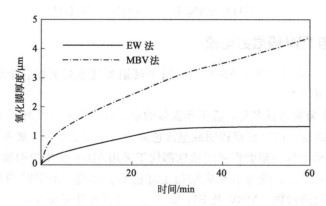

图6-2 99.5%纯铝施行MBV法及EW法氧化膜
厚度与处理时间的关系（95℃）

此种溶液的寿命较短，每次处理8min，每升新溶液可处理约0.37m²有效面积，其后即与MBV法具有相同的膜层处理效果。EW氧化膜层的色调也因合金成分而异，不管是纯铝还是含铜的铝合金，其耐蚀性都优于MBV法。EW法膜层色调与合金成分的关系见表6-7。EW膜层的耐蚀性见表6-8。

在MBV 60g的标准混合剂中加入2.5~3.5g氟化钠配成的溶液，加热到95~100℃，处理10min，可得到无色氧化膜层。氧化后的膜层在2%水玻璃中煮沸15min，可得最佳抗蚀效果。此时，1L新溶液可处理约0.2m²有效面积。

在MBV溶液中加入氟化物，可与氢氧化铬反应生成三氟化铬，使氢氧化铬不再沉积于

表 6-7　EW 法膜层色调与合金成分的关系

| 材料 | 状态 | 色调 |
|---|---|---|
| 纯铝 | — | 银白色,透明 |
| Al-Mn | — | 银白色,透明度稍差 |
| Al-Mg-Si | 硬质 | 银白色,稍灰色 |
| Al-Mg-Si | 热处理 | 银白色,稍乳白色 |
| Al-Cu-Mg | 热处理 | 同上 |
| Al-Si | 硬质 | 金属光泽,稍彩虹 |
| Al-Si | 铸造 | 金属光泽,稍灰色 |
| Al-Mg | 硬质 | 金属光泽,稍彩虹 |

表 6-8　EW 膜层的耐蚀性

| 材料 | 处理状态 | 腐蚀状态 | 质量减少/$(g/m^2)$ | 外观 |
|---|---|---|---|---|
| 99.8%Al 硬辊轧 | 未处理 | 30%NaCl+0.1%H_2O_2 中浸泡 14 天 | 1.10 | 被腐蚀生成物包覆 |
| | EW 处理 | | 0.06 | 无变化 |
| 99.8%Al 硬辊轧 | 未处理 | 碳化钙中浸泡 14 天 | 84.6 | 不均匀腐蚀,膜层稍成灰色 |
| | EW 处理 | | 0.86 | 表面平滑,浸蚀浅 |

铝表面氧化膜层内,从而形成无色透明而有金属光泽的氧化膜层。反应式如下:

$$Cr(OH)_3 + 3NaF = CrF_3 + 3NaOH \qquad (6-12)$$

## 五、MBV 膜层与 EW 膜层的比较

　　MBV 法和 EW 法各有所长,MBV 法不适于硬铝及其他高强度合金材料,而 EW 法适用的合金材料范围更广。

　　MBV 膜层大多为灰色且多孔,适于作涂装的底层和进行着色处理;EW 膜层比较致密,不适于作为涂装的底层,同时膜层透明或呈浅色调,适于需要呈现金属本色的防蚀处理。

　　采用 EW 法生成的膜层耐磨性和耐蚀性都优于采用 MBV 法生成的膜层。EW 法生成的膜层与基体金属附着牢固,受冲击和成型加工时也不会破裂,但 EW 膜层不易着色,膜层平滑,不易黏附指纹或污物。MBV 及 EW 膜层色调及耐蚀性见表 6-9。

表 6-9　MBV 及 EW 膜层色调及耐蚀性

| 合金成分含量/% | 处理方法 | 表面未研磨 | | 表面研磨 | |
|---|---|---|---|---|---|
| | | 外观 | 盐雾试验 60 天 | 外观 | 盐雾试验 60 天 |
| Al 99.2 Si 0.36 Fe 0.41 | 未处理 | — | 局部点蚀 | — | 局部点蚀 |
| | MBV,水玻璃封闭 | 金属光泽,绿色均匀 | 无变化 | 鲜灰色 | 无变化 |
| | EW | 鲜艳本色 | 无变化 | 彩虹 | 无变化 |
| Al 99.5 Si 0.16 Fe 0.27 | 未处理 | — | 局部点蚀 | — | 局部点蚀 |
| | MBV,水玻璃封闭 | 金属光泽,绿色均匀 | 无变化 | 鲜灰色 | 无变化 |
| | EW | 鲜艳本色 | 无变化 | 彩虹 | 无变化 |

续表

| 合金成分<br>含量/% | 处理方法 | 表面未研磨 | | 表面研磨 | |
|---|---|---|---|---|---|
| | | 外观 | 盐雾试验60天 | 外观 | 盐雾试验60天 |
| Al 99.8<br>Si 0.88<br>Fe 0.11 | 未处理 | — | 光度消失,有点蚀 | — | 光度消失,有点蚀 |
| | MBV,水玻璃封闭 | 鲜灰色 | 无变化 | 鲜灰色 | 无变化 |
| | EW | 透明稍差的本色 | 无变化 | 彩虹 | 无变化 |
| Al 99.98<br>Si 0.0030<br>Fe 0.0048 | 未处理 | — | 光度消失,有斑点 | — | 局部小点蚀 |
| | MBV,水玻璃封闭 | 金属光泽,稍乳白色 | 无变化 | 灰白色 | 无变化 |
| | EW | 金属光泽,稍乳白色 | 无变化 | 约带彩虹 | 无变化 |
| Al 余量<br>Si 12.05<br>Fe 0.18 | 未处理 | — | 有小点蚀 | — | 局部强烈点蚀 |
| | MBV,水玻璃封闭 | 鲜灰色及暗灰色斑点 | 有斑点 | 均匀间暗灰色 | 有斑点 |
| | EW | 金属光泽,微带彩虹 | 有斑点 | 金属光泽,<br>约带彩虹 | 有斑点 |
| Al-Mg3<br>Al 余量,Mg 3.21<br>Si 0.17 Fe 0.13 | 未处理 | — | 局部点蚀 | — | 局部点蚀 |
| | MBV,水玻璃封闭 | 金属本色,约带绿色 | 无变化 | 斑点,金属光泽,<br>约带绿色 | 无变化 |
| | EW | 本色 | 无变化 | 本色 | 无变化 |
| Al-Mg7<br>Al 余量,Mg 6.57<br>Si 0.22 Fe 0.33 | 未处理 | — | 局部点蚀 | — | 局部点蚀 |
| | MBV,水玻璃封闭 | 亮度较差的金属光泽 | 无变化 | 本色或约带斑点 | 无变化 |
| | EW | 本色 | 无变化 | 本色 | 无变化 |

## 六、溶液浓度及工艺条件对膜层质量的影响

（1）溶液浓度　溶液使用时间过长，浓度降低，氧化能力减弱，可适当延长氧化时间或提高溶液温度。为保证膜层质量，应定期分析调整。

配制溶液时不能使用硬水，否则经氧化后的铝合金表面容易出现斑点，有损外观，降低抗蚀性。新配制的溶液所得到的氧化膜薄，经过较短的诱导期才能使膜层增厚，所以新配的溶液中应加入少量铝屑。

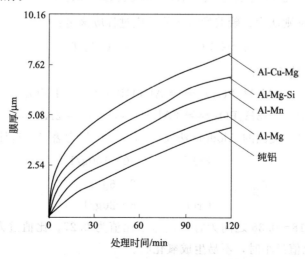

图6-3　处理时间对MBV膜厚的影响

（2）**溶液温度** 溶液温度决定膜层厚度，温度过低，膜层形成不均匀，温度过高，膜层粗糙多孔，附着力低。温度控制在 $90\sim100℃$ 为宜。

（3）**处理时间** 处理时间短，氧化膜层薄，处理时间长，氧化膜层厚。但过长的时间并不能有效地增加氧化膜的厚度。

MBV 法处理时间对不同合金膜层厚度的影响见图 6-3。

（4）**表面预处理** 由于碱性氧化溶液具有一定的碱度，所以对工件有相当的润湿作用。如工件表面较为清洁，可不必进行预处理直接进行氧化，否则应进行脱脂、碱蚀等预处理。为了增加膜层对涂装材料的附着性或透明膜层的装饰性，在氧化之前进行纹理蚀刻处理亦是必要的。

# 第二节　弱酸性化学氧化

弱酸性化学氧化主要分为有铬型（指六价铬，下同）和无铬型两种。在有铬型中又可分为磷酸型和无磷酸型。无铬化学氧化是一种新型化学氧化方法，更由于其中不含有毒性大的六价铬，近年来已有较多应用，并部分取代了传统有铬型化学氧化。

弱酸性铬酸型化学氧化溶液可分为磷酸型和无磷酸型。这两种类型的化学氧化液中都主要以六价铬为氧化剂，为了获得厚氧化膜层，都需加入一定量的氟化物。

## 一、磷酸型化学氧化

### ▶ 1. 磷酸型化学氧化原理及工艺方法

磷酸型化学氧化方法所用的溶液中，至少含有三种主要成分。即成膜主要成分——磷酸，氧化主要成分——铬酸，促进膜层生长的成分——氟化物。另外还加入控制溶液氧化反应速度的硼酸。Hess 认为，磷酸型溶液存在下面两种反应：

$$Al+H_3PO_4 \Longrightarrow AlPO_4+3H \tag{6-13}$$

$$CrO_3+H_3PO_4+3H \Longrightarrow CrPO_4+3H_2O \tag{6-14}$$

另一学者 Krotov 则认为，磷酸型溶液的反应过程应该是：

$$Al+3H_2PO_3^- -3e^- \Longrightarrow Al(H_2PO_4)_3 \tag{6-15}$$

再经两次反应，其反应如下：

$$2Al(H_2PO_4)_3 \rightleftharpoons Al_2(HPO_4)_3+3H_3PO_4 \tag{6-16}$$

$$Al_2(HPO_4)_3+3H_3PO_4 \rightleftharpoons 2Al(H_2PO_4)_3 \rightleftharpoons 2AlPO_4+4H_3PO_4 \tag{6-17}$$

$H_3PO_4$ 型氧化法以美国的 Alodine 法及 Alocrom 法最为著名。这种溶液的最佳组成为：

$$
\begin{array}{ll}
PO_4^{3-} & 20\sim100g/L \\
F^- & 2\sim6g/L \\
CrO_3 & 6\sim20g/L
\end{array}
$$

$F^-/CrO_3$ 在 $0.18\sim0.36$ 之间为宜，最适当比值为 0.27。比值过大时，氧化膜附着不良，表面被腐蚀；比值过小时，不易生成氧化膜。

典型的磷酸型化学氧化配方及操作条件见表 6-10。

表 6-10　磷酸型化学氧化配方及操作条件

| 溶液成分 | 材料名称 | 化学式 | 含量/(g/L) | | | |
|---|---|---|---|---|---|---|
| | | | 配方 1 | 配方 2 | 配方 3 | 配方 4 |
| | 铬酐 | $CrO_3$ | 20～25 | 2～3 | 8 | 2 |
| | 磷酸 | $H_3PO_4$ | 73～87 | 16～20 | 40～50 | 5～8 |
| | 磷酸氢二铵 | $(NH_4)_2HPO_4$ | 2～2.5 | — | — | — |
| | 氟化氢铵 | $NH_4HF_2$ | 3～3.5 | — | 1.5～3 | 0.7～1 |
| | 硼酸 | $H_3BO_3$ | 1～1.2 | 2 | 1.6 | 0.5 |
| | 氟化钠 | NaF | — | 5 | — | — |
| | 亚铁氰化钾 | $K_2[Fe(CN)_4]$ | — | — | 0.5 | — |
| | 磷酸钠 | $Na_3PO_4 \cdot 12H_2O$ | — | — | — | 8 |
| | 氟硅酸钠 | $Na_2SiF_6$ | — | — | — | 0.5 |
| | 镍 | $Ni^{2+}$ | — | — | — | 0.5 |
| 操作条件 | 温度/℃ | | 30～36 | 25 | 室温 | |
| | 时间/min | | 2～6 | 5～15 | 1～5 | |

　　表中配方 1 和配方 2 氧化过的工件，为了提高抗蚀能力，可以用重铬酸钾填充，经填充后的工件干燥温度不得超过 70℃，否则会降低氧化膜层的抗蚀性能。用此方法所获得的膜层外观为无色到带红绿的浅蓝色，它和基体金属的结合力很好，比用弱碱性化学氧化所获得的膜层致密，而且耐磨，不会因手触摸而污染，也不易擦掉，对于要求不高的场所，可代替阳极氧化作为喷涂的底层。

　　表中配方 3 和配方 4 可以得到无色到浅蓝或灰色膜层。

　　下面再介绍一种编著者曾小批量使用过的化学氧化配方及操作条件，见表 6-11。

表 6-11　化学氧化配方及操作条件

| 溶液成分 | 材料名称 | 化学式 | 含量/(g/L) | |
|---|---|---|---|---|
| | | | 配方 1 | 配方 2 |
| | 三氧化铬 | $CrO_3$ | 20 | 20 |
| | 氟化氢铵 | $NH_4HF_2$ | 4～8 | 4～8 |
| | 硼酸 | $H_3BO_3$ | 4 | 4 |
| | 磷酸 | $H_3PO_4$ | 40～60mL/L | 40～60mL/L |
| | 磷酸钠 | $Na_3PO_4 \cdot 12H_2O$ | 70～80 | 70～80 |
| | 氟硅酸钠 | $Na_2SiF_6$ | 1～4 | 1～4 |
| | 硫酸镍 | $NiSO_4 \cdot 7H_2O$ | 3～8 | — |
| 操作条件 | 温度 | | 室温 | 室温 |
| | 时间/min | | 1～5 | 1～5 |

　　以上两种配方都可以在较宽的浓度范围内使用（原则上不推荐原液使用），根据稀释的程度、处理时间及材料的不同，经氧化后的工件表面呈现出无色透明、浅蓝色透明（指配方 1）到由浅至深的彩虹色，浓度越高，氧化时间越长，所获得的膜层越呈现彩虹色。膜层

光滑，手感好并具有一定的抗手印能力，可用于非表面装饰的机内工件的防护处理。

其他磷酸型氧化溶液常见配方见表 6-12。

表 6-12 常见 $H_3PO_4$ 型氧化溶液的配方

| 材料名称 | 化学式 | 溶液组成/(g/L) | | | | | |
| --- | --- | --- | --- | --- | --- | --- | --- |
| | | 配方 1 | 配方 2 | 配方 3 | 配方 4 | 配方 5 | 配方 6 |
| 磷酸(75%) | $H_3PO_4$ | 64 | 12 | 24 | — | — | — |
| 磷酸二氢钠 | $NaH_2PO_4 \cdot H_2O$ | — | — | — | 31.8 | 66.5 | 31.8 |
| 氟化钠 | $NaF$ | 5 | 3.1 | 5.0 | 5.0 | — | — |
| 氟化铝 | $AlF_3$ | — | — | — | — | — | 5.0 |
| 氟化氢钠 | $NaHF_2$ | — | — | — | — | 4.2 | — |
| 铬酸 | $CrO_3$ | 10 | 3.6 | 6.8 | — | — | — |
| 重铬酸钾 | $K_2Cr_2O_7$ | — | — | — | 10.6 | 14.7 | 10.6 |
| 硫酸 | $H_2SO_4$ | — | — | — | — | 4.8 | — |
| 盐酸 | $HCl$ | — | — | — | 4.8 | — | 4.6 |

### 2. 各种因素对膜层质量的影响

① 磷酸　溶液中磷酸是生成氧化膜的主要成分，不能太少（如低于 6g/L），否则将难以形成膜层。但亦不能太高，酸度过高，会使膜层附着不良，并易生成粉末状包覆，或基体金属被腐蚀。pH 值宜控制在 1.7～1.9。

② 铬酸　铬酸是溶液中的氧化剂，是形成膜层不可缺少的成分。若溶液中不含铬酸，溶液腐蚀加强，难以形成膜层。当含量超过 30g/L 时，膜层质量变坏。

③ 氟化物（以氟化氢铵为例）　氟化氢铵是溶液中的活化剂，与磷酸、铬酸共同作用生成致密膜层。

在实际氧化溶液中，还加入硼酸或磷酸二氢铵。加入硼酸目的是控制溶液的氧化反应速度和改善膜层外观，使膜层致密，提高抗蚀能力。加入磷酸二氢铵主要起稳定溶液 pH 值的作用，进一步改善膜层质量。

④ 温度　当溶液工作正常时，温度是获得高质量膜层的重要因素。温度低于 20℃时生成的膜层薄，抗蚀性差；温度高于 40℃时，反应快，不易控制，膜层疏松，结合力差。

⑤ 时间　氧化时间可根据溶液的氧化能力和温度来确定。温度低或溶液氧化能力弱时，可以适当延长氧化时间，反之，温度高或溶液氧化能力强时，可以适当缩短氧化时间。

## 二、无磷酸型化学氧化

无磷酸型化学氧化法也称为铬酸法，主要由铬酸盐和氟化物这两种基本成分组成。同样可加入硼酸以改善膜层质量。亦可加入亚铁氰化钾作为催速剂，以加速膜的形成，同时自身也成为膜的一部分，改善膜层质量。这类溶液 pH 值一般为 1.5～2.2。

无磷酸型铬酸法生成的氧化膜层附着力强，膜层致密而被广泛采用。

表 6-13 介绍几种使用较多的无磷酸型氧化配方，供大家参考。

**表 6-13　无磷酸型氧化配方及操作条件**

| 溶液成分 | 材料名称 | 化学式 | 含量/(g/L) | | |
| --- | --- | --- | --- | --- | --- |
| | | | 配方 1 | 配方 2 | 配方 3 |
| | 铬酐 | $CrO_3$ | 8 | 6 | 10 |
| | 氟化氢铵 | $NH_4HF_2$ | 0.5 | 2 | 1 |
| | 亚铁氰化钾 | $K_2[Fe(CN)_4]$ | 0.5 | — | — |
| | 硼酸 | $H_3BO_3$ | 1 | 1 | 1 |
| | 碳酸钾 | $K_2CO_3$ | 1 | 1 | 1.5 |
| 操作条件 | 温度 | | 室温 | 室温 | 室温 |
| | 时间/min | | 0.5~1 | 1~5 | 2~5 |

经表中配方 1 氧化后，铝合金表面呈深褐色。将溶液稀释到 1600mL，经钝化后的铝合金表面为金色。在配方 1 中，当氟化氢铵在 500mg/L 时，经钝化后的膜层表面质地细致；当氟化氢铵浓度增高时，钝化后的膜层表面质地变粗。比如增加到 3g/L 时，经钝化后的膜层表面呈现出丝状纹理，再增加氟化氢铵浓度，膜层质量变劣，附着性变差，易呈粉状脱落。

表中配方 2 和配方 3 都属于低浓度铬酸氧化溶液，其配方是浓缩液，在使用时需要稀释。配方 2 按 5%~10% 稀释，随浓度和时间的不同，可得到浅金到金色膜层。配方 3 按 3%~5% 稀释，处理 2min 可得到几近无色的膜层。

## 三、无铬型化学氧化

由于六价铬的毒性大，易对环境造成污染，同时也影响操作人员的健康。在这种情况下，对无铬氧化工艺的需求变得非常重要。关于无铬氧化工艺虽有较多介绍，但到目前为止使用并不多。近几年来，虽有一些无铬氧化剂商品出售，但实际效果和资料介绍相差太大。我们参照有关资料对无铬氧化进行了较多试验，在表 6-14 介绍几种颇具实用性的配方供大家参考。

**表 6-14　无铬氧化工艺方法**

| 溶液组成 | 材料名称 | 化学式 | 含量/(g/L) | | |
| --- | --- | --- | --- | --- | --- |
| | | | 配方 1 | 配方 2 | 配方 3 |
| | 高锰酸钾 | $K_2MnO_4$ | 3~6 | — | 0~2 |
| | 钼酸铵 | $(NH_4)_6Mo_7O_{24} \cdot 4H_2O$ | — | 3~6 | — |
| | 促进剂 | — | 8~15mL | 15~25mL | — |
| | 无水碳酸钠 | $Na_2CO_3$ | — | — | 2~5 |
| | 钼酸钠 | $Na_6Mo_7O_{24} \cdot 4H_2O$ | — | — | 6~10 |
| 操作条件 | 温度/℃ | | 室温 | 室温 | 70~90 |
| | 时间/s | | 20~30 | 30~60 | 60~180 |

表中促进剂组成：$Ni^{2+}$ 8~9g/L，$F^-$ 11~13g/L，$Zn^{2+}$ 0~4g/L。

表中配方 1 氧化后为金色。当促进剂含量低于 5mL/L 和高于 20mL/L 时，膜层质量变劣。最佳含量为 10mL/L。

表中配方 2 氧化后为褐色。当促进剂含量低于 10mL/L 和高于 25mL/L 时，膜层质量变劣。最佳含量为 20mL/L。

稀土元素能改善铝合金表面状态，提高其抗腐蚀性，近年来亦有较多的关于稀土用于铝合金氧化膜的成膜技术。一种有代表性是波美层处理法，此方法是先将铝在 80～100℃纯水中煮沸数分钟，预先在铝表面形成波美层，然后再浸入含 0.1%$CeCl_3$＋0.01%$LiNO_3$ 的溶液中，在 80～100℃的条件下处理约 5min，由此所形成的稀土转化膜的耐蚀性能优于铬酸盐转化膜和阳极氧化膜。

下面再介绍几款其他无六价铬化学氧化方法供大家参考。

Tulamin 法：

| | |
|---|---|
| $KNO_3$ | 25g |
| $Ni_2SO_4 \cdot 6H_2O$（结晶） | 10g |
| $Na_2SiF_6$ | 5g |
| 10%$(NH_4)_6Mo_7O_{24} \cdot 4H_2O$ 溶液 | 1mL |
| 水 | 4L |

保持温度在 60～70℃，随着处理时间不同，可得浅黄色至黑色调膜层。

Artalin 法：

| | |
|---|---|
| $ZnF_2$ | 24g |
| $(NH_4)_6Mo_7O_{24} \cdot 4H_2O$ | 16g |
| 水 | 4L |

保持温度在 60～70℃，可得 Tulamin 法相同的结果。

其他非钼系无铬皮膜工艺见表 6-15。

**表 6-15　其他非钼系无铬皮膜工艺**

| | 材料名称 | 化学式 | 含量/(g/L) | | | |
|---|---|---|---|---|---|---|
| | | | 配方 1 | 配方 2 | 配方 3 | 配方 4 |
| 溶液成分 | 磷酸二氢钠 | $NaH_2PO_4 \cdot 2H_2O$ | 0.04～0.1 | — | — | — |
| | 锆 | Zr | — | 0.02～0.06 | — | — |
| | 钛 | Ti | 0.04～0.08 | — | — | — |
| | 氟离子 | $F^-$ | 0.1～0.4 | 0.1～0.4 | — | — |
| | 亚硝酸钠 | $NaNO_2$ | — | 0.1～0.4 | — | — |
| | 单宁酸 | $C_{76}H_{52}O_{46}$ | 0.1～0.3 | — | — | — |
| | 高锰酸钾 | $KMnO_4$ | — | — | 5 | — |
| | 氟锆酸 | $H_2ZrF_6$ | — | — | 0.2 | — |
| | 硝酸铈 | $Ce(NO_3)_3$ | — | — | — | 15～60 |
| | 促进剂 | — | — | — | — | 适量 |
| 操作条件 | pH 值 | | 4.9 | 3.0 | 3.5 | 3 |
| | 温度/℃ | | — | — | 60 | 30～40 |
| | 时间/s | | — | — | 60 | 50～70 |

表中促进剂由磷酸、氢氟酸和氟锆酸铵组成。

## 四、铝合金化学黑化处理

这是一种通过化学处理就能使铝合金表面形成黑色膜层的方法，其加工过程由三部分组成，一是对铝合金工件的除油、碱蚀等前处理；二是进行化学黑色膜的制备；三是对膜层进行后处理，以提高膜层耐蚀性能。在此只介绍后两步的工艺配方及操作条件。在此需要说明一点，铝合金化学黑化处理只适于不能采用电解处理着色的工件，因为化学黑化不管是加工成本还是工艺管理难度都比电解处理后着色要高得多。

### ▶ 1. 铝合金表面黑色膜的制备

这是一种由氯化镍、氯化铵、硫氰酸钾组成的发黑溶液，其工艺配方及操作条件见表 6-16。

表 6-16  铝合金化学黑化膜工艺配方及操作条件

| | 材料名称 | 化学式 | 含量/(g/L) | |
|---|---|---|---|---|
| | | | 配方 1 | 配方 2 |
| 溶液成分 | 氯化镍 | $NiCl_2 \cdot 6H_2O$ | 35～150 | 80 |
| | 氯化铵 | $NH_4Cl$ | 8～30 | 25 |
| | 硫氰酸钾 | $KSCN$ | 5～20 | 10 |
| | 三氯化铝 | $AlCl_3$ | 0.5～2 | 2 |
| | 钼酸铵 | $(NH_4)_6Mo_7O_{24} \cdot 4H_2O$ | — | 10 |
| 操作条件 | pH 值 | | 3～4 | 3～4 |
| | 温度/℃ | | 50～80 | 50～60 |
| | 时间/min | | 1～8 | 1～10 |

表中氯化铵是黑色膜形成的关键成分，其浓度范围在 8～30g/L，当氯化铵浓度过低时，会使新配的溶液迅速失效，并难以在铝表面获得黑色膜层；当氯化铵浓度过高时，在铝表面会浸出灰色的沉积层，干燥后会出现白色盐霜，且难以用后处理方法除去。

合适的氯化镍浓度也是黑色膜形成的重要因素，但浓度范围比氯化铵宽得多。当氯化镍浓度在 35～150g/L 的范围内时，只要氯化铵浓度在工艺控制范围内，均可获得良好的黑色膜层；当氯化镍含量低于下限时，黑色膜层不均匀甚至不能形成黑色膜层；当氯化镍浓度高于上限时，则铝表面会有镍的析出而呈现灰色。

溶液中硫氰酸钾在 5～20g/L 的浓度范围内都可以获得良好的黑色膜层，当硫氰酸钾浓度过低时获得的黑色膜层均匀性差，当硫氰酸钾浓度过高时，会加速反应的进行，这时可适当缩短处理时间。

表中氯化铝并非必要成分，由于新配的溶液 pH 值较高，开始使用的一段时间膜层质量不稳定，使用一段时间后 pH 值会下降到 3～4，并维持在这一范围。而新配液中氯化铝的加入就是为了降低其 pH 值，这样的话，对于新配液就不需要通过试用一段时间来降低 pH 值。

处理温度在 50～90℃ 的范围内都能获得良好的黑色膜层，温度高，反应速度快，可缩短处理时间，温度低则需延长处理时间，但过低的温度会使黑色膜层不均匀。

处理时间是很关键的，时间短，黑色膜层不均匀，时间过长所获得的膜层外观呈灰色。具体时间根据溶液浓度及温度的不同而异。

### 2. 黑色膜的后处理

按上述方法所获得的黑色膜层干燥后会出现一层盐霜，使得经黑色处理的铝表面呈灰色而影响其外观效果，为了防止这一现象的发生，可将发黑处理后的工件进行后处理，其后处理工艺配方及操作条件见表 6-17。

表 6-17　黑色膜后处理工艺配方及操作条件

| 溶液成分 | 材料名称 | 化学式 | 含量/(g/L) | |
| --- | --- | --- | --- | --- |
| | | | 配方 1 | 配方 2 |
| 溶液成分 | 重铬酸钾 | $K_2Cr_2O_7$ | — | 15~25 |
| | 硝酸(68%) | $HNO_3$ | — | 5~15mL/L |
| | 硝酸钾 | $KNO_3$ | 25~50 | — |
| 操作条件 | 温度/℃ | | 25~50 | 25~35 |
| | 时间/min | | 2~5 | 1~5 |

表中以配方 1 所获得的效果最好。

# 第七章
# 铝合金阳极氧化

在含氧酸电解质溶液中，铝合金工件作阳极，在外加电场作用下，利用电解原理使工件表面生成氧化膜层的过程，称为电化学氧化，又称阳极氧化。与之对应的阴极是一种在所选电解液中稳定性很高的导电材料，如铅、不锈钢、铝、导电石墨等。阳极氧化根据电源波形不同可分为直流阳极氧化、交流阳极氧化、交直流叠加阳极氧化、脉冲阳极氧化等。其中以直流阳极氧化应用最为普遍，脉冲阳极氧化以其效率高、膜层质量好而逐渐被多数氧化厂所采用。本章对以直流电阳极氧化为主的硫酸、草酸、铬酸等阳极氧化进行讨论，对应用得不多的磷酸阳极氧化、多孔膜板阳极氧化等只做简单介绍。

## 第一节　阳极氧化常识

在铝合金表面处理中，阳极氧化是采用得最多的一种方法，这也与常用的普通阳极氧化技术难度较低、掌握较为容易、利于快速推广有关。阳极氧化所获得的膜层的性质与铝合金材料、电解液成分、操作条件等都有很大的关系。本节主要讨论可用于阳极氧化的电解液类型、不同电解液及操作条件下所获得的膜层的性质及氧化膜层的生长机理，使初次接触这方面的读者对阳极氧化有一个初步的认识，以便于后面章节的阅读。

### 一、阳极氧化电解液的选用

阳极氧化所用的电解液，最重要的性质是要具有合适的二次溶解能力。但这并不意味着所有具有溶解作用的电解液都可以用于铝的阳极氧化。铝合金在电解液中的阳极反应通常情况有以下几种：

① 电解液与阳极氧化物作用生成可溶性盐，这时阳极金属被溶解进入电解液中，直到溶液饱和。在硝酸、盐酸、可溶性氯化物及强碱等强无机酸和无机碱中属于此类反应，显然这种反应并不能生成所需要的氧化膜层，而是属于电解蚀刻之类的电化学反应。

② 阳极氧化物对电解质溶液为不溶性，生成强力附着于阳极表面的绝缘性膜层，膜层生长到高电阻使阳极不能通过电流，这种膜层很薄，绝缘能力很强，这是电解电容器膜层的制作方法。

③ 阳极氧化物在电解液中溶解少，且生成的膜层牢固附着在阳极表面，膜层在生长的同时，膜层表面也溶解，膜层产生很多微孔，阳极可以连续通过电流而获得多孔的膜层。随着膜层的生长，电阻增大，膜层的生长速度下降，这时膜层的生长速度和溶解速度相等，即使再继续电解，膜层厚度也不再增加。膜层最大厚度因电解液的种类及电解液温度高低不同而异。

④ 阳极氧化物在电解液中溶解少，但并不牢固附着在阳极上，若用适当高浓度的电解液，可进行电解研磨，这是电解抛光的阳极过程。

对于上述四种情况，符合铝阳极氧化要求的是第三种情况，能满足第三种情况的主要是一些含氧酸，见表7-1。

表7-1 可用于阳极氧化的含氧酸性电解液

| 酸类 | 化学式 | 电离常数 | 氧化电压/V | 膜层色 |
|---|---|---|---|---|
| 硫酸 | $H_2SO_4$ | $1 \times 10^3$（第一次电离）<br>$1.02 \times 10^{-2}$（第二次电离） | $12 \sim 20$ | 无色透明 |
| 铬酸 | $H_2CrO_4$ | $3.25 \times 10^{-7}$（第二次电离） | $30 \sim 40$ | 不透明,带白色 |
| 磺基水杨酸 | $HO_3S(C_6H_3)OHCOOH$ | — | $40 \sim 70$ | 透明到灰色 |
| 氨基磺酸 | $NH_2SO_3H$ | — | $30 \sim 40$ | 带灰色 |
| 磷酸 | $H_3PO_4$ | $7.52 \times 10^{-3}$（第一次电离）<br>$6.31 \times 10^{-8}$（第二次电离）<br>$4.4 \times 10^{-13}$（第三次电离） | $30 \sim 40$ | 透明到带白色 |
| 焦磷酸 | $H_4P_2O_7$ | $3.0 \times 10^{-2}$（第一次电离）<br>$4.4 \times 10^{-3}$（第二次电离）<br>$2.5 \times 10^{-7}$（第三次电离）<br>$5.6 \times 10^{-10}$（第四次电离） | $7 \sim 100$ | 带白色 |
| 磷钼酸 | $H_7[P(Mo_2O_7)_6] \cdot 12H_2O$ | — | 100 以上 | 阻挡层 |
| 硼酸 | $H_3BO_3$ | $5.8 \times 10^{-10}$<br>$1.8 \times 10^{-13}$<br>$1.6 \times 10^{-14}$ | $0 \sim 600$ | 阻挡层 |
| 草酸 | $HOOCCOOH$ | $5.36 \times 10^{-2}$（第一次电离）<br>$6.1 \times 10^{-5}$（第二次电离） | $40 \sim 60$ | 带黄色 |
| 丙二酸 | $HOOCCH_2COOH$ | $1.61 \times 10^{-3}$（第一次电离）<br>$2.1 \times 10^{-6}$（第二次电离） | $80 \sim 110$ | 带褐色 |
| 丁二酸 | $HOOCCH_2CH_2COOH$ | $6.6 \times 10^{-5}$（第一次电离）<br>$2.8 \times 10^{-6}$（第二次电离） | 120 以上 | 白色到黄色 |
| 顺丁烯二酸 | $HOOCCH = CHCOOH$ | $1.5 \times 10^{-2}$（第一次电离）<br>$2.6 \times 10^{-7}$（第二次电离） | $150 \sim 225$ | 灰黄色 |
| 柠檬酸 | $HOOCCH_2 - (HOCCOOH) - CH_2COOH$ | $7.4 \times 10^{-4}$（第一次电离）<br>$1.7 \times 10^{-5}$（第二次电离）<br>$4.0 \times 10^{-7}$（第三次电离） | 120 以上 | 黄褐色 |
| 酒石酸 | $HOOC - (HCOH) - (HCOH) - COOH$ | $1.1 \times 10^{-3}$（第一次电离）<br>$6.9 \times 10^{-5}$（第二次电离） | 120 以上 | 黄褐色 |

| 酸类 | 化学式 | 电离常数 | 氧化电压/V | 膜层色 |
|---|---|---|---|---|
| 苯二酸 | HOOC—(C$_6$H$_4$)—COOH | $1.26\times10^{-3}$(第一次电离)<br>$3.1\times10^{-6}$(第二次电离) | 100 以上 | 阻挡层 |
| 亚甲基丁二酸 | CH$_2$=(C—COOH)—CH$_2$COOH | — | 麻蚀,40 | 干涉膜 |
| 羟基乙酸 | HO—CH$_2$COOH | $1.54\times10^{-4}$ | 麻蚀 | |
| 羟基丁二酸 | HOOC—(HCOH)—CH$_2$COOH | $4\times10^{-4}$(第一次电离)<br>$9\times10^{-8}$(第二次电离) | 麻蚀,40 | 干涉膜 |
| 羟基丙二酸 | HOOC—(HOCH)—COOH | — | | |

表中所列的氧化电解液类型虽多，但被采用的并不多，主要有硫酸、草酸、铬酸、磷酸等。而磺基类有机酸则多用于自然着色的电解氧化，其他酸大多数情况下只作为一种旨在改善其氧化膜性能的添加成分。同种材料采用不同的酸进行阳极氧化所获得的氧化膜的性能有较大差别，这就决定了在不同酸中所生成的氧化膜的用途不同。如硫酸可获得与铝金属光泽一致的无色透明膜层，可用于各种颜色的底层；草酸则生成黄色调的膜层；铬酸则生成不透明的带白色到灰色的色调；磷酸则生成透明大孔径的膜层。所以在电解液的选择上必须根据氧化膜用途的要求来进行，同时还要考虑所选用的电解液使用方便、操作简单，电解液成分稳定，原料易得，使用成本低，在满足产品要求的前提下尽量采用无毒或低毒的原料及相关的添加成分。

## 二、阳极氧化的分类

阳极氧化按电流提供的方式可分为：直流电阳极氧化、交流电阳极氧化以及脉冲电流阳极氧化。其中使用得最多的是直流电阳极氧化，而脉冲电流阳极氧化以其膜层生长效率高、均匀致密、抗蚀性能好而最有发展前途。

按电解液成分可分为硫酸、磷酸、铬酸等无机酸阳极氧化，在这些电解液中虽然也可以得到某一种色调，但这种色调是单一的。而以磺基有机酸为主的一些电解液则可以通过对时间、电流的改变而得到不同色调膜层的阳极氧化膜。丙二酸和草酸等简单有机酸在不同电压及电解时间的作用下，同样也能获得一种变化的色调。

按膜层性质可分为：普通膜、硬质膜、瓷质膜、有半导体作用的阻挡层膜及红宝石膜等。不同的膜层也就对应了不同的电解液及阳极氧化的工艺条件及工艺方法。

铝合金常用阳极氧化的方法和膜层性能比较见表 7-2 和表 7-3。

**表 7-2　铝合金常用阳极氧化的方法及膜层性能比较**

| 类型 | 名称 | 电解液组成 | 电流密度/(A/dm$^2$) | 电压/V | 温度/℃ | 时间/min |
|---|---|---|---|---|---|---|
| 硫酸 | 普通硫酸膜 | H$_2$SO$_4$,10%~20% | DC,1~2 | 10~20 | 10~20 | 10~60 |
| | 改良硫酸膜<br>（编著者试验） | H$_2$SO$_4$,10%~20%<br>H$_3$BO$_3$,8~18g/L<br>KOH(或 NaOH),0~5g/L | DC,1~2 | 8~20 | 10~39 | 10~40 |
| | 硫酸交流膜层 | H$_2$SO$_4$,12%~15% | AC,3~4.5 | 17~28 | 13~25 | 20~50 |
| | 硫酸硬质膜层 | H$_2$SO$_4$,5%~10% | DC,2~4.5 | 23~120 | 0±5 | 60 以上 |

| 类型 | 名称 | 电解液组成 | 电流密度/(A/dm²) | 电压/V | 温度/℃ | 时间/min |
|---|---|---|---|---|---|---|
| 草酸 | 英美传统法 | $(COOH)_2$,5%~10% | DC,1~1.5 | 50~65 | 30 | 10~30 |
| | 日本传统法 | $(COOH)_2$,5%~10% | DC,0.5~1<br>AC,1~2 | 20~30<br>80~120 | 20~29 | 20~60 |
| | 德国(Gxh)方法 | | DC,1~2 | 40~60 | 18~20 | 40~60 |
| | 德国(Gxl)方法 | | DC,1~2 | 30~45 | 35 | 20~30 |
| | 德国(Wx)方法 | $(COOH)_2$,5%~10% | AC,2~3 | 40~60 | 25~35 | 40~60 |
| | 德国(WGx)方法 | | AC,2~3<br>DC,1~2 | 30~60<br>40~60 | 20~30 | 15~30 |
| | 硬质厚膜 | $(COOH)_2$,5%~10% | AC,1~20<br>DC,1~20 | 80~200<br>40~60 | 3~5 | 60 以上 |
| | 硬化涂层(瑞士) | $(COOH)_2 \cdot 2H_2O$,1.2g/L<br>$TiO(KC_2O_4)_2 \cdot 2H_2O$,40g/L<br>$H_3BO_3$,8g/L<br>$C_8H_8O_7 \cdot 2H_2O$,1g/L | DC:<br>初始:3<br>终止:1 | 115~120 | 55~60 | 20~60 |
| 铬酐 | — | $CrO_3$,30~35g/L | DC,0.2~0.6 | 0~40 | 40±2 | 60 |
| | — | $CrO_3$,50~55g/L | DC,0.3~2.7 | 0~40 | 39±2 | 60 |
| | — | $CrO_3$,95~100g/L | DC,0.3~2.5 | 0~40 | 37±2 | 35 |
| | Bengouh-Stuart 法 | $CrO_3$,2.5~3g/L | DC,0.15~0.3 | 0~40<br>40<br>40~50<br>50 | 40 | 10<br>20<br>5<br>5 ⎫40⎭ |
| | 快速铬酸法 | $CrO_3$,5~10g/L | DC,0.2~0.6 | 40 | 35 | 30 |
| 硼酸 | 硼酸法 | $H_3BO_3$,9%~15% | DC | 50~500 | 90~95 | |
| | | $Na_2B_4O_7$,0.1%~0.25% | DC | 230~250 | 70~90 | 25~35 |
| 磷酸 | 磷酸法 | $H_3PO_4$,100~200g/L | DC,1.3~4.0 | 20~60 | 30~35 | 10~30 |
| 混合酸 | — | $H_2SO_4$,10%<br>$(COOH)_2$,4%<br>甘油,2% | AC,1~2 | 20~50 | 30±2 | 15~20 |
| | — | $(COOH)_2$,5%<br>$CrO_3$,0.1% | AC,3.0 | 40~60 | 30±2 | 40 |

**表 7-3  铝合金常用阳极氧化的方法及膜层性能比较（续）**

| 类型 | 名称 | 电解液组成 | 颜色 | 膜厚/μm | 性质及用途 |
|---|---|---|---|---|---|
| 硫酸 | 普通硫酸膜 | $H_2SO_4$,10%~20% | 透明 | 5~30 | 膜硬,耐蚀,易着色 |
| | 改良硫酸膜<br>(编著者试验) | $H_2SO_4$,10%~20%<br>$H_3BO_3$,8~18g/L<br>KOH(或 NaOH),0~5g/L | 透明 | 5~30 | 膜硬,光滑,耐蚀,易着色 |
| | 硫酸交流膜层 | $H_2SO_4$,12%~15% | 透明 | 10~25 | 耐蚀,作喷涂底层 |

续表

| 类型 | 名称 | 电解液组成 | 颜色 | 膜厚/$\mu m$ | 性质及用途 |
|---|---|---|---|---|---|
| 硫酸 | 硫酸硬质膜层 | $H_2SO_4$,5%～10% | 灰色 | 60min,34<br>90min,50<br>120min,150 | 耐磨,隔热<br>HV=450～600(根据材料<br>不同及工艺条件不同而异) |
| 草酸 | 英美传统法 | $(COOH)_2$,5%～10% | 半透明 | 15 | |
| | 日本传统法 | $(COOH)_2$,5%～10% | 半透明<br>黄褐色 | 6～18 | 耐蚀、耐磨性好,用于日常<br>装饰用途 |
| | 德国传统法 | $(COOH)_2$,5%～10% | 黄色 | 10～20 | 用于纯铝,耐磨 |
| | 德国传统法 | | 几乎无色 | 6～10 | 膜薄,软,孔隙多易着色 |
| | 德国传统法 | | 淡黄色 | 10～20 | 膜柔软,适用于铝线、带材 |
| | 德国传统法 | | 淡黄色 | 6～20 | Al-Mn 合金,比其他方法耐磨 |
| | 硬质厚膜 | $(COOH)_2$,5%～10% | 黄褐色 | 约 20 以上 | 较硫酸膜厚,有高的耐磨<br>抗蚀性 |
| | 硬化涂层(瑞士) | $(COOH)_2 \cdot 2H_2O$,1.2g/L<br>$TiO(KC_2O_4)_2 \cdot 2H_2O$,40g/L<br>$H_3BO_3$,8g/L<br>$C_8H_8O_7 \cdot 2H_2O$,1g/L | 不透明陶瓷<br>或搪瓷色泽 | 30min,<br>12～17 | |
| 铬酐 | — | $CrO_3$,30～35g/L | — | — | 用于尺寸容差小,抛光工件 |
| | — | $CrO_3$,50～55g/L | | | 一般钣金件 |
| | — | $CrO_3$,95～100g/L | | | 一般工件,焊接件,喷涂底层 |
| | Bengouh-Stuart 法 | $CrO_3$,2.5～3g/L | 不透明灰色 | 2.5～15 | 保护及装饰用,含 5%的<br>重金属合金不适用 |
| | 快速铬酸法 | $CrO_3$,5～10g/L | 不透明灰色 | 2～3 | |
| 硼酸 | 硼酸法 | $H_3BO_3$,9%～15% | 彩虹 | 2.5～7.5 | 防止铝表面失去光泽,<br>用于电容器生产 |
| | | $Na_2B_4O_7$,0.1%～0.25% | — | 0.2～0.3 | |
| 磷酸 | 磷酸法 | $H_3PO_4$,100～200g/L | 透明到白色 | 3～10 | 电镀和电解着色的底层,用于<br>粘接前的底层处理 |
| 混合酸 | — | $H_2SO_4$,10%<br>$(COOH)_2$,4%<br>甘油,2% | 黄色 | 5～10 | — |
| | — | $(COOH)_2$,5%<br>$CrO_3$,0.1% | 黄色 | 10 | |

## 三、阳极氧化膜的生长过程

### ➡ 1. 氧化膜的生成机理

铝合金表面电化学氧化膜的生成机理至今仍未完全得到解释。这是因为在阳极氧化过程中物理、电化学、化学等过程都在同时进行,很难用简单的方式说明阳极氧化膜的形成机理。但公认的是由两种不同的反应同时进行来完成的,一种是电化学反应,一种是化学反应。

(1) 电化学反应　阳极氧化的原理实质上就是水的电解反应,所以阳极氧化和水电解反应一样,包括阳极反应和阴极反应两个过程。

① 阳极反应。阳极反应实际上是一个析氧反应，其反应式如下：

$$4OH^- - 4e^- \longrightarrow 2H_2O + 2[O] \qquad (7\text{-}1)$$

阳极析出的初生态氧一方面立即在阳极对铝表面发生化学反应，生成薄而致密的氧化铝膜层，并放出大量的热，其反应式如下：

$$2Al + 3[O] == Al_2O_3 + 1675.5J \qquad (7\text{-}2)$$

另一方面结合生成 $O_2$ 析出，其反应式如下：

$$2[O] == O_2 \uparrow \qquad (7\text{-}3)$$

这一过程与电压及电流密度的大小有密切关系。如果电压高，相应电流密度大，阳极析氧太快，以至于还来不及和铝发生氧化反应就以氧的形式析出，这将不利于氧化的正常进行。电压过低，相应电流密度小，不利于阳极初生态氧的析出，使铝表面难以形成氧化膜层。当电压继续降低，析氧过程将停止。

② 阴极反应。在阴极上主要是析氢反应，其反应式如下：

$$2H^+ + 2e^- \longrightarrow 2[H] \qquad (7\text{-}4)$$

$$2[H] == H_2 \uparrow \qquad (7\text{-}5)$$

当铝合金中的其他高电位金属元素在阳极溶解后，也有可能在阴极沉积析出。

(2) 化学反应　阳极氧化的化学反应，实际上就是电解液对氧化膜的溶解反应，其反应式如下：

$$Al_2O_3 + 6H^+ == 2Al^{3+} + 3H_2O \qquad (7\text{-}6)$$

这是氧化膜得以生长的先决条件，如果没有这一过程的进行，只能得到薄而致密的阻挡层。没有氧化膜的溶解，铝表面将很快被薄而致密的阻挡膜层覆盖，使铝基体金属表面和电解液隔离。同时阻挡层的高阻状态使阴极和阳极近乎断路，电化学反应也将随之而终止，从而终止铝氧化膜的继续生长。

阳极氧化膜的正常形成必须有两个相辅相成的过程，即氧化膜的生成和氧化膜的溶解。只有这两个过程密切配合，才能得到具有所需性质及厚度的氧化膜层。从阳极氧化的两个反应可以看出，电化学反应决定初态氧化膜的形成；化学反应决定氧化膜的溶解速度及膜层的性能。很明显，要想得到一定厚度的氧化膜层，就必须使氧化膜的生长速度大于氧化膜的溶解速度。所以在氧化过程中，对氧化工艺条件的控制就显得尤其重要。

## 2. 氧化膜的成膜过程

阳极氧化膜由致密的阻挡层和多孔的蜂窝状外层组成，多孔的蜂窝状外层是在具有介电性质的致密的阻挡层（也称为活性层）上成长起来的。在电镜下，膜层的纵截面几乎全部都呈与金属表面垂直的管状孔，这些管状孔贯穿膜外层直至金属界面的阻挡层。这些管状孔的密集状态随电解液成分及阳极氧化条件不同而异，现分别讨论如下。

(1) 阻挡层　铝合金在阳极氧化过程中，靠近基体金属的一边，在高电压下，阻挡层首先形成。其厚度随着电压的增大而增加，随着电解液二次溶解能力的提高而减少。这层膜由纯度较高的 $Al_2O_3$ 组成，该膜层致密且薄，硬度高，所以又称阻挡层。阻挡层的厚度一般不大于膜层总厚度的 $0.2\% \sim 2\%$。阻挡层的厚度受电解电压、电解液浓度及电解液温度的影响。

阻挡层的厚度随着电压的升高而增加，并一直到极限电压。极限电压根据材料不同及氧化条件不同而异，在 30V 到 60V 之间。

电解液浓度低时，溶解作用弱，相应的阻挡层较厚，并随着电解液浓度的增大而减薄，当达到 90% 时，几乎已无膜生成。

电解液温度低，对膜的溶解作用弱，相应的阻挡层较厚，升高电解液温度，阻挡层厚度减薄。阻挡层厚度在电解开始后的 5s 左右即可达最大值，约 20s 后基本停止变化并直到氧化结束。

（2）蜂窝状结构层　靠近电解液的一边是由 $Al_2O_3$ 和 $\gamma\text{-}Al_2O_3 \cdot H_2O$ 组成的膜层，和阻挡层相比硬度较低，且成蜂窝状结构。氧化膜层的外层之所以具有蜂窝状结构，是电解液对在孔底形成的单个晶胞的作用所致［见反应式（7-6）］，也即二次溶解。也正因为有蜂窝状结构的存在，才能保证电解液的流通，使铝合金基体上能继续不断地生长出氧化膜。其溶解过程可以认为是阻挡层氧化物因电解过程加热的作用而发生裂纹，电流在裂纹部位流过，导致溶液温度升高，使裂纹周边的氧化层溶解。在成膜初期，单排的氧化晶胞先在初期的氧化层里电阻最低的晶粒界面处形成，接着在晶粒界面处继续形成另一些单排晶胞，最终形成蜂窝状组织。氧化膜生长的管状示意见图 7-1。

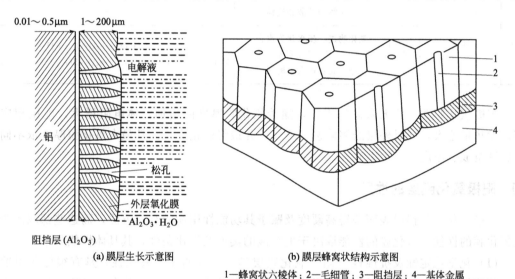

(a) 膜层生长示意图　　　　　　　(b) 膜层蜂窝状结构示意图

1—蜂窝状六棱体；2—毛细管；3—阻挡层；4—基体金属

图 7-1　铝合金表面阳极氧化膜的生长及结构示意图

铝阳极氧化膜的形成过程是非常复杂而又难以定量化的，目前也并没有一个可以为大众所接受的理论，据相关学者的研究，铝阳极氧化的主要步骤和反应见表 7-4。

表 7-4　铝阳极氧化的主要步骤和反应

| 步骤 | 反应部位 | 反应 | | |
| --- | --- | --- | --- | --- |
| | | 过程 | 性质 | 反应式 |
| 1 | 金属表面 | 1 | 铝电离及离子从金属晶格中逸出 | $Al \longrightarrow Al^{3+} + 3e^-$ |
| | | 2 | 在无氧化膜的部位，由于铝的溶解析出氢气 | $2Al + 3H_2SO_4 \longrightarrow Al_2(SO_4)_3 + 3H_2$ |
| | | 3 | 在铝的作用下,电解液阴离子分解 | — |
| 2 | 阻挡层内部 | 1 | $Al^{3+}$ 和 $O^{2-}$ 通过膜层向相反方向迁移 | — |
| 3 | 紧靠外表附近的内部阻挡层 | 1 | 形成第一层氧化膜 | $2Al^{3+} + 3O^{2-} \longrightarrow Al_2O_3$ |

| 步骤 | 反应部位 | 反应 | | |
|---|---|---|---|---|
| | | 过程 | 性质 | 反应式 |
| 4 | 阻挡层外表面 | 1 | 产生的氧化物溶解 | $Al_2O_3+3H_2SO_4 \longrightarrow Al_2(SO_4)_3+3H_2O$ |
| | | 2 | 氢氧根的分解 | $6OH^- \longrightarrow 3O^{2-}+3H_2O$ |
| 5 | 孔壁 | 1 | 氧化物水化成一水氧化铝 | $Al_2O_3+H_2O \longrightarrow Al_2O_3 \cdot H_2O$ |
| | | 2 | 氧化物水化成三水氧化铝 | $Al_2O_3+3H_2O \longrightarrow Al_2O_3 \cdot 3H_2O$ |
| | | 3 | 水化氧化物的溶解 | $Al_2O_3 \cdot nH_2O+3H_2SO_4 \longrightarrow$ $Al_2(SO_4)_3+(n+3)H_2O$ |
| | | 4 | 阴离子氧化 | — |
| | | 5 | 电解液阴离子及其转化产物的吸附 | — |
| 6 | 孔管 | 1 | 反应物的扩散和迁移 | — |
| | | 2 | 氧化物进一步水化为水合氧化铝，同时溶解的氧化物排出孔管进入电解液 | $Al_2O_3+nH_2O \longrightarrow Al_2O_3 \cdot nH_2O$ $Al_2O_3 \cdot nH_2O+3H_2SO_4 \longrightarrow Al_2(SO_4)_3+(n+3)H_2O$ |

阳极氧化膜并不能无限制地生长，随着氧化膜厚度的增加，体电阻增大，电压相应升高，发热量增大，同时外层的溶解速度增大，并最终停止生长。其最大氧化膜厚度依不同的电解液组成、浓度、温度而异。

## 四、阳极氧化膜层的性质

阳极氧化是使铝材表面获得高硬度及赋予其功能性用途的有效方法，而这些都取决于阳极氧化膜的性能，氧化膜的性能取决于电解液的类型及氧化条件，其具体性能如下：

（1）化学稳定性及抗蚀性　阳极氧化膜层具有较高的化学稳定性，具有很好的耐蚀性能。其防护能力取决于膜层厚度、组成、孔隙率和基体金属的合金成分，纯铝及包有纯铝的铝合金表面所获得的氧化膜层优于合金铝。氧化膜孔隙有较强的吸附能力，可作为油漆的良好底层。如是在恶劣条件下使用的铝合金工件，为了进一步提高抗蚀能力，需要在氧化后进行有机膜防护处理。

氧化膜的抗蚀性能取决于氧化膜层的性质，但其自身的厚度也很重要。不同的使用环境有不同的抗蚀要求，也就有了不同的厚度规定。一般情况下，室内小电器、衣架、工艺品等摩擦少、较少在室外使用的工件，氧化膜厚度在 $5\sim8\mu m$。装饰材料如门窗、幕墙及中等摩擦物件如栏杆、扶梯等，氧化膜厚度在 $8\sim15\mu m$。用于城市建筑、沿海建筑、船舶、化学容器、食品工业用具及容器等腐蚀性环境时，要求氧化膜厚度在 $15\sim35\mu m$ 或更高。

（2）硬度　排列紧密而纯的氧化铝具有很高的硬度，而通过阳极氧化所得的多孔的膜层硬度值要低得多，但相对于未经氧化的铝基体确实又有很高的硬度。其硬度高低与合金成分、电解液成分和工艺方法有很大关系。铝的纯度越高，获得的膜层硬度也越高，在相同材料下硬质阳极氧化所获得的膜层硬度是最高的。阳极氧化膜层不仅有较高的硬度，而且非常耐磨，特别是在表面松孔中吸附了润滑剂后，更能改善表面摩擦性能。阳极氧化膜层和其他材料的硬度比较见表 7-5。

表 7-5　阳极氧化膜硬度和其他材料的硬度比较

| 序号 | 材料名称 | 显微硬度/(kg/mm²) |
|---|---|---|
| 1 | 未氧化的纯铝 | 30~40 |
| 2 | 铝合金氧化膜 | 400~600 |
| 3 | 纯铝氧化膜 | 1200~1500 |
| 4 | 经淬火的工具钢 | 1100 |
| 5 | 硬铬层 | 600~800 |
| 6 | 刚玉 | 2000 |

（3）结合力　阳极氧化膜由基体金属直接生成，与基体金属结合牢固，用一般机械方法难以除去，即使折断，氧化膜仍然留在金属上，比电镀层的结合力大得多。但阳极氧化膜层较脆，当受到较大冲击和弯曲变形时，氧化膜会呈网状开裂。所以氧化过的铝合金工件不允许重复进行压力加工和承受较大形变。

阳极膜层与铝基体的结合力主要与工艺条件有关，电解液温度过高，电流密度太大及前处理不良等都会影响膜层与铝基体的结合力。

（4）绝缘性　氧化膜层电阻率高，且随温度的升高而增大，是一种良好的绝缘材料，经阳极氧化的铝线可以绕制不同用途的线圈。用阳极氧化膜作绝缘材料，其优点有：氧化膜薄、耐高温、能抵抗水蒸气及其他腐蚀性气体的浸蚀作用。其缺点有：弹性较小、吸湿性较大、耐击穿电压低（击穿电压与膜层的孔隙度及厚度有关）。

（5）可吸附性　阳极氧化膜层呈多孔结构，表现为在膜层中有很多的微孔，且这些微孔的活性较高所以具有很好的吸附性。可吸附各种染料，以染成各种颜色，作为表面装饰使用。在氧化膜上吸附了感光剂后，还可以制成各种图案和仪表刻度，这也是目前阳极氧化膜用途最为广泛的领域。氧化膜的孔隙用石蜡、干性油、树脂等填充后，可提高其润滑性能、防锈能力和电绝缘性能。

膜层的吸附性能与膜层的厚度、孔的大小及孔隙率有很大关系。

（6）热性能　氧化膜的热导率很低，是一种很好的绝热和抗热保护层，其散热系数显著低于金属，特别是厚的氧化膜更为明显。

由于氧化膜层的热导率很低，且热稳定性好（可达 1500℃），在瞬间高温工作的铝质零件，由于氧化膜层的存在可防止铝基体表层热破坏。

（7）孔隙数与孔隙率　蜂窝状结构的孔组成多孔的氧化膜层，对于膜层的孔在这里有两个概念，一是孔隙数，二是孔隙率。孔隙数是指单位面积内毛细孔的个数；而孔隙率是孔隙体积与膜层单个晶胞尺寸之比，见图 7-2，孔隙率的数学表达式如下：

$$\beta = (78.5 \times p^2)/c^2$$

式中　$\beta$——孔隙率，%；

$c$——晶胞尺寸，$\times 10^{-10}$ m；

$p$——孔隙直径，$\times 10^{-10}$ m。

氧化膜的很多性能都是由膜层的孔隙率所决定的，膜层孔隙率取决于电解液的溶解能力和膜层的生长速率，也就是说，膜层的孔隙率与电解液的类型和阳极化工艺条件密切相关。一般而言，硫酸氧化膜层 1μm² 大约有 800 个孔，孔径为 15nm，孔隙率为 13.4%，而草酸氧化膜层 1μm² 大约有 60 个孔，孔径为 25nm，孔隙率为 8%。

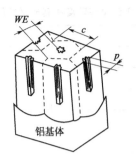

图 7-2 晶胞尺寸示意图

$c$—晶胞尺寸；$WE$—晶胞半径；$p$—毛细管直径；$c=2WE+p$

根据膜层多孔的性能，可以通过选择合适的电解液在铝上生成数百微米的多孔膜，然后再通过化学或电化学方式将多孔膜层从铝基体及阻挡层上剥离下来，就可得到可以用于分离的纳米级多孔膜，同时还可以将这些多孔膜组装起来用于制作纳米线的重要部件。

（8）氧化膜的光性能　有的研究认为，多孔的氧化膜在红外波段具有良好的透光性，红外波段具有良好的吸收特性，通过调节膜层厚度和孔径大小，可对膜层的红外透射率进行调节；当孔中沉积金属微粒时就形成复合材料，在可见光波范围内具有特殊的光吸收特性，在红外光波的范围内具有一定的偏光特性。因此，通过在多孔的氧化膜上沉积不同的金属就可以得到对光具有选择吸收特性的多种光功能材料，并可将这种应用扩展到光学、磁学等领域。

# 第二节　硫酸阳极氧化

直流电硫酸阳极氧化法是目前应用得最多的一种方法，主要在于，这种方法适用于大多数铝合金的阳极氧化处理，可以得到较厚的膜层，膜层硬而耐磨，膜层无色透明，吸附能力强，易于进行各种色调的染色处理，膜层经封孔后可获得更好的抗蚀性能。同时硫酸电解液导电性能好，氧化电压低，耗电量少，硫酸货源广，对人体毒性较其他酸低，对环境的危害也较其他酸低。

## 一、硫酸阳极氧化电解液的组成

此法是用 5%～20%的硫酸溶液通过直流或交流电源，在铝合金工件表面获得一种硬度较高、吸附能力强的无色透明氧化膜的加工方法。在所有的阳极氧化工艺中，此法使用最多，同时也是最经济的方法。这归功于此法所用电解液成分简单，溶液稳定，允许杂质含量范围较宽；同时氧化工艺过程简单，时间短，操作人员易于掌握。除松孔度较大的铸铝件及高硅铝材外，几乎适用于所有其他铝合金工件的阳极氧化加工。

此法在氧化过程中会产生大量热能，使电解液温度升高很快，在较高温度下不利于氧化膜的生长，并使氧化膜质量恶化。所以在生产过程中必须强制冷却电解液，以保证温度在工艺范围内。

由于硫酸电解液酸度高，膜层易于溶解，所以硫酸电解液在制取较厚氧化膜时受到一定限制。如要取得 $60\mu m$ 以上的氧化膜层，必须在电解液中添加抑制氧化膜溶解的添加剂，并使用特殊加工工艺。

常用硫酸阳极氧化溶液成分及工艺条件见表 7-6。

表 7-6 常用硫酸阳极氧化溶液成分及工艺条件

| | 材料名称 | 化学式 | 含量/(g/L) | | |
|---|---|---|---|---|---|
| | | | 配方 1 | 配方 2 | 配方 3 |
| 溶液成分 | 硫酸(1.84) | $H_2SO_4$ | 190～260 | 190～260 | 30～50 |
| | 甘油 | $C_3H_8O_3$ | — | 50～200 | 10～20 |
| | 钾离子 | $K^+$ | 0～2 | 0～2 | 0～2 |
| | 铝离子 | $Al^{3+}$ | 1～10 | 1～10 | 1～5 |
| 操作条件 | 温度/℃ | | 10～23 | 10～29 | 20～30 |
| | 电压/V | | 12～22 | 12～22 | 13～15 |
| | 电流密度/(A/dm²) | | 0.8～1.5 | 0.8～1.5 | 0.3～0.7 |
| | 时间 | | 视膜层厚度而定 | | |
| | 搅拌方式 | | 压缩空气或溶液流动 | | |

表中配方 1 为目前几乎所有氧化厂采用的标准配方,这种配方的用途范围及膜层性能都被用户所接受和认可。表中配方 2 是一种稍加改良的配方,一方面可以实现对氧化温度的限制放宽;另一方面可以改善膜层的性能,可以在不影响膜层生长速度的前提下使膜层的耐磨及耐温性能得到提高。

氧化温度一般控制在 18～22℃,在这个温度下得到的氧化膜层,硬度适中,膜层孔隙率较高,易于染色。为了得到较硬或者更加耐磨的氧化膜层,温度可取 10～15℃。如果需要更硬的氧化膜层,温度应降到 -5～5℃。

在实际生产中常加入一些添加物质来改变膜层的性能和改善加工条件:

① 添加 15%～20%的甘油,可以生产出较高弹性的膜层。

② 添加铬酸盐和胶体可以提高膜层的均匀性。

③ 添加镍盐可加快膜的生长速度。

④ 添加草酸可降低电解液对膜层的溶解速度,并且能增加膜层的硬度和极限厚度,并可不必采用较低温度来进行阳极氧化。添加草酸的电解液,虽然可在 30℃ 左右获得较好的成绩,但膜层呈现黄色,不宜用于染浅色的非金色系。

⑤ 在 200～260g/L 的硫酸电解液中添加适量硼酸进行氧化,即使在 40℃ 的情况下,一样可以得到染色性能良好的氧化膜层;在纯铝上可得到几近无色的氧化膜层。

⑥ 其他添加物质如重铬酸钾、硫氰酸钾、醋酸铅等也可添加在硫酸电解液中,并可得到不同色泽的膜层。

## 二、硫酸电解液的配制及操作注意事项

### 1. 硫酸电解液的配制

硫酸电解液虽然成分简单,易于管理,但在配制时防止带入过多的杂质是很有必要的,这对于保证批量氧化质量的一致性至关重要,特别是需要进行染色的工件更是如此。在硫酸电解液的配制中,一些氧化厂出于成本的考虑往往会选用一些质量不太好的工业级硫酸。在

这里并不是说工业硫酸就不可以用于电解液的配制，但要求是优质品或一级品，对硫酸的目视检查可观察硫酸的颜色作为初步判断依据，优质品的工业硫酸应为无色黏稠液体，对于桶装硫酸，将硫酸全部倒出后应无沉淀或浑浊现象，如发现这些问题可视为不宜用于阳极氧化电解液的配制。对质量要求不高的工件可选用优级品或一级品工业硫酸，比如一些低要求型材的氧化，除此之外都应该选择 CP 级或 AR 级别的硫酸作为电解液配制的原料。其配制方法如下：

① 根据电解液的容积计算出所需的硫酸量，并选取合适的电解槽。

② 电解槽用清水洗净后，用去离子水或蒸馏水洗三遍。

③ 在电解槽内加入 3/4 体积的去离子水或蒸馏水。

④ 将硫酸在强烈搅拌的条件下缓缓加入。切记不可将水加入硫酸中！在加硫酸过程中应保持温度不超过 60℃，如果用硬 PVC 作电解槽，温度应在 40℃ 以内。

⑤ 最后加水至规定容积，并加入相应的添加物质，冷却至工艺规定范围后，取样分析，这时电解液中硫酸含量应在工艺范围内。

⑥ 将试样氧化以提高新配电解液的铝离子浓度，合格后即可进行生产。

在配制硫酸电解液时，切不可一人在现场单独配制。操作人员必须穿戴好防护手套及防护眼镜。如在操作中不慎使身体皮肤接触到硫酸，应马上用大量清水冲洗，再用 2% 碳酸钠溶液清洗。如处理不及时产生烧伤事故应立即到医院治疗。

**⮞ 2. 操作注意事项**

① 在氧化之前先启动抽气装置和冷却设备，将电解液温度降至工艺要求范围。

② 不同形状和尺寸、不同氧化质量要求及不同型号的铝合金工件，最好不要同时在同一电解槽中进行阳极氧化。

③ 待氧化工件之间要保持一定间距，并与阴极保持不低于 200mm 的距离。

④ 为了使阳极氧化温度处于最佳范围，应搅拌溶液。可采用溶液在槽外冷却再经槽内搅拌管喷出的循环搅拌方法，槽液每小时循环 3 次左右。如用压缩空气，搅拌空气量为 12～36m³/h，空气压力按每米液深 (0.15～0.5)×10⁵Pa。电解液应有足够大的体积，氧化面积与电解液体积一般控制在 2～3m²/m³ 以下。

⑤ 阴极面积与阳极面积之比控制在 (1:2)～(1:1)。

⑥ 为了使同槽工件间的氧化膜厚度差最小，除应做到合理装挂外，还应注意：工件应处于最佳电流分布状态，超出反应区的阴极应加以遮蔽，以减少边缘效应；工件的主要装饰面应面向阴极，并保持 200mm 左右的距离。

⑦ 阳极氧化过程中，如因故停电时间较长，应将工件取出清洗后置于洁净水中，不宜浸泡在电解液中，以防氧化膜溶解，同时长时间浸泡也会降低工件表面光度。

⑧ 氧化后的工件应经多道水洗，最好在水槽边缘设有喷淋装置，以提高清洗质量。水洗的目的是防止将电解液带入着色槽或封孔槽，造成后续加工困难。

## 三、硫酸浓度对氧化膜的影响

硫酸浓度对膜层质量有较大影响。曾有研究者以 5% 和 20% 的硫酸进行试验，发现：在 5% 的稀电解液中氧化膜层较厚，即膜层生长速度快；在 20% 的浓电解液中氧化膜层较薄，即膜层生长速度慢。这主要是由于浓的电解液对氧化膜层溶解速度较快，从而导致膜层生长速度慢。但也不能因为这样就认为越稀的电解液就越好。低的硫酸浓度使膜层光度降低，着色性能变差。对于高光工件，为了保持光亮度，应采用较高浓度的硫酸电解液。生产实践证明，如果要求膜层具有强的吸附能力且富有弹性，浓的电解液较稀的电解液好。因此生产上多采用 200～280g/L 硫酸电解液。硫酸浓度与膜厚、膜层耐蚀性及耐磨性的关系见表 7-7。

表 7-7　硫酸浓度与膜厚、膜层耐蚀性及耐磨性的关系

| 项目 | 硫酸浓度（质量分数）/% | 铝合金型号 | | | | | | | | | |
|---|---|---|---|---|---|---|---|---|---|---|---|
| | | 1070 | 1100 | 3003 | 3004 | 4043 | 5052 | 5005 | 6061 | 6063 | 7072 |
| 膜厚 /$\mu$m | 5 | 12.9 | 12.8 | 12.0 | 12.5 | 11.3 | 12.8 | 11.9 | 12.1 | 12.5 | 12.4 |
| | 10 | 12.3 | 12.0 | 11.7 | 12.1 | 12.9 | 12.4 | 12.4 | 12.5 | 12.2 | 12.6 |
| | 15 | 12.3 | 12.0 | 10.6 | 13.0 | 13.4 | 12.5 | 11.8 | 12.7 | 12.3 | 12.2 |
| | 20 | 12.3 | 12.5 | 12.0 | 12.2 | 12.9 | 12.3 | 11.6 | 11.3 | 12.5 | 12.3 |
| | 25 | 12.4 | 12.3 | 12.4 | 12.7 | 12.8 | 12.3 | 11.7 | 11.8 | 12.2 | 12.8 |
| | 30 | 12.1 | 12.2 | 11.5 | 12.2 | 12.6 | 11.9 | 11.2 | 11.8 | 12.5 | 12.4 |
| 耐蚀性 /s | 5 | 300 | 330 | 200 | 330 | 165 | 540 | 330 | 390 | 420 | 330 |
| | 10 | 300 | 210 | 180 | 330 | 180 | 360 | 300 | 360 | 270 | 300 |
| | 15 | 240 | 255 | 180 | 285 | 165 | 300 | 210 | 210 | 270 | 270 |
| | 20 | 240 | 180 | 210 | 240 | 185 | 300 | 150 | 300 | 240 | 270 |
| | 25 | 195 | 225 | 210 | 210 | 105 | 255 | 255 | 180 | 195 | 180 |
| | 30 | 165 | 150 | 135 | 165 | 90 | 195 | 180 | 120 | 165 | 150 |
| 耐磨性 /s | 5 | 1193 | 1093 | 940 | 984 | 607 | 1050 | 1216 | 670 | 902 | 878 |
| | 10 | 960 | 990 | 683 | 617 | 566 | 968 | 1074 | 927 | 909 | 669 |
| | 15 | 1175 | 1108 | 962 | 782 | 604 | 982 | 951 | 650 | 1059 | 741 |
| | 20 | 603 | 617 | 591 | 470 | 360 | 595 | 918 | 563 | 690 | 358 |
| | 25 | 610 | 562 | 510 | 436 | 361 | 494 | 620 | 615 | 573 | 437 |
| | 30 | 440 | 485 | 573 | 156 | 543 | 534 | 661 | 555 | 573 | 437 |

从表 7-7 中可以看出，硫酸浓度的变化对氧化膜厚度的影响较小，膜层的耐蚀性随硫酸浓度的增大而降低，膜层的耐磨性从总体上讲也随硫酸浓度的增大而降低，但大多数铝合金材料在硫酸浓度为 5% 和 15% 时都有较好的耐磨性，个别型号在硫酸浓度为 15% 时耐磨性更高。权衡这三种情况，可以得出，当要兼顾耐磨性时硫酸浓度以 15% 为宜，当要兼顾耐蚀性时硫酸浓度以 15%～20% 为宜。

据小久保定次朗介绍，当硫酸电解液浓度为 90%～100% 的极限时，在温度 80～90℃，电压 90～500V，电流密度 0.2～6A/dm² 时生成的膜层很硬，耐蚀性良好，并可抛磨成陶器的外观。

不同的硫酸浓度对电解液的导电性能有较大影响。一般情况下，硫酸浓度越大，其导电性能越强，但当达到最大值时，再增加硫酸浓度其导电性能反而下降，这是高浓度硫酸溶液由于同离子效应而阻止了硫酸的电离所致。硫酸浓度在 30%～32% 时其电导率达到最大值，如果要采用更高浓度的硫酸电解液，为了提高其电导率则必须通过提高电解液温度的方法来实现。不同硫酸浓度的密度及电导率见表 7-8。

表 7-8　不同硫酸浓度的密度及电导率

| 序号 | $H_2SO_4$ 质量分数/% | 15℃ | | | 37℃ | | |
|---|---|---|---|---|---|---|---|
| | | 密度 /(g/cm³) | 硫酸含量 /(g/L) | 电导率 /(S/cm) | 密度 /(g/cm³) | 硫酸含量 /(g/L) | 电导率 /(S/cm) |
| 1 | 2 | 1.0129 | 20.258 | 0.0823 | 1.0061 | 20.1 | 0.1027 |
| 2 | 4 | 1.0264 | 41.056 | 0.1600 | 1.0188 | 40.75 | 0.2010 |
| 3 | 6 | 1.0400 | 62.4 | 0.2360 | 1.03176 | 61.9 | 0.2055 |
| 4 | 8 | 1.0539 | 84.312 | 0.3085 | 1.0451 | 82.54 | 0.3925 |
| 5 | 10 | 1.0681 | 106.81 | 0.3770 | 1.0584 | 105.84 | 0.4820 |
| 6 | 12 | 1.0825 | 129.9 | 0.4395 | 1.0720 | 128.64 | 0.5670 |
| 7 | 14 | 1.0971 | 153.594 | 0.4945 | 1.0859 | 152.026 | 0.6410 |
| 8 | 16 | 1.1120 | 177.92 | 0.5445 | 1.1001 | 176.016 | 0.7120 |
| 9 | 18 | 1.1270 | 202.86 | 0.5890 | 1.1146 | 200.628 | 0.7755 |
| 10 | 20 | 1.1424 | 228.48 | 0.6265 | 1.1293 | 225.86 | 0.8305 |
| 11 | 22 | 1.1579 | 254.738 | 0.6565 | 1.1442 | 251.724 | 0.8765 |
| 12 | 24 | 1.1736 | 281.664 | 0.6790 | 1.1595 | 278.28 | 0.9120 |
| 13 | 26 | 1.1896 | 309.296 | 0.6950 | 1.1749 | 305.474 | 0.9375 |
| 14 | 28 | 1.2057 | 337.596 | 0.7045 | 1.1907 | 333.396 | 0.9560 |
| 15 | 30 | 1.2220 | 366.6 | 0.7075 | 1.2066 | 361.98 | 0.9665 |
| 16 | 32 | 1.2385 | 396.32 | 0.7040 | 1.2228 | 391.296 | 0.9700 |

　　硫酸浓度对氧化膜增重的影响见图 7-3。

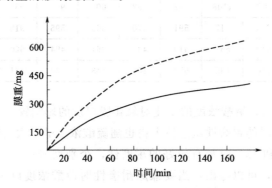

图 7-3　$H_2SO_4$ 浓度对氧化膜增重的影响
—— 20% $H_2SO_4$ 电解液；----- 5% $H_2SO_4$ 电解液

　　从图 7-3 中可以看出，5%的稀 $H_2SO_4$ 电解液更利于氧化膜的生长，但这时生长的膜层孔隙率低，吸附性低，不宜用于染深色调。这种电解液中生长的氧化膜层致密，抗蚀性能高且耐磨性能好。

　　20%的硫酸电解液膜层生长速度低于 5%的硫酸电解液，即膜层的生长速度较慢，这主要是因为浓度更高的硫酸电解液对膜层溶解速度较快，影响氧化膜的生长速度。在这种电解液中生长的氧化膜层孔隙率较高而富有弹性，吸附能力强。

## 四、合金成分对氧化膜层的影响

铝合金的化学成分，除影响膜层的抗蚀性能外，同时也影响氧化膜层厚度。在同等条件下，纯铝所获得的氧化膜层要比合金铝厚。含硅量大的铝合金较难氧化，且膜层发暗。

随着合金中元素的不同，所得氧化膜层的性能和色泽都有较大差异。纯铝上的氧化膜无色透明，能使金属光泽完全保持下来。合金中镁含量超过5%，氧化膜颜色变暗。合金中硅含量较高时，获得的氧化膜颜色呈现暗灰色；硅含量超过5%的合金不宜用于光亮或者浅色的氧化处理；当合金中硅含量达到13%时将难以进行硫酸阳极氧化处理。合金中含铜量较多时，氧化膜呈黄到绿色。铜含量增加，氧化膜变薄，色调变暗，同时由于合金中的$CuAl_2$相的溶解，氧化膜变得不均匀，孔隙率增大，耐磨及抗蚀性能下降。

为了获得理想的氧化膜层，正确选择合金种类很有必要。部分铝合金在硫酸电解液中阳极氧化膜层厚度见表7-9，阳极氧化处理效果见表7-10。

**表7-9 部分铝合金在 $H_2SO_4$ 电解液中阳极氧化生成的膜厚**

| 合金 | 合金主要添加成分/% | 电解槽端电压/V | 生成的膜厚/$\mu m$ 20min | 40min | 60min | 膜的相对厚度/% |
|---|---|---|---|---|---|---|
| L3 | Al 99.5 | 12～12.5 | 6.8 | 15 | 25 | 100 |
| LY12,包铝 | Al 99.7 | 13～14 | 6.4 | 14 | 23.5 | 94～100 |
| LC4,包铝 | Zn 1.0 | 12 | 6.5 | 13.5 | 25 | 94 |
| LF3 或 LF2 | Mg 2.5～3.0 | 12 | 6.3 | 14.8 | 22.5 | 95 |
| LF21 | Mn 1.3 | 12～12.5 | 5.8 | 11.7 | 21 | 82 |
| LC4 | Zn 6.0,Mg 2.3,Cu 4.7 | 10～12 | 3.8 | 8.1 | 12.2 | 53 |
| LY12 | Cu 4.3,Mg 1.6 | 12～15 | 3.4 | 6.3 | 8.5 | 42 |

注：表中氧化条件为硫酸20%，温度20℃，直流电流密度1A/dm²。

**表7-10 部分铝合金阳极氧化处理效果**

| 合金牌号 中国 | 英国 | 美国 | 主要成分/% | 保护阳极氧化 | 阳极氧化着色 | 光亮阳极氧化 |
|---|---|---|---|---|---|---|
| LG5 | 1 | 1109 | 99.99Al | + | + | + |
| | 1A | 1080 | 99.8Al | + | + | + |
| L3 | 1B | 1050 | 99.5Al | + | √ | √ |
| L5 | 1C | 1100 | 99.0Al | √ | √ | △ |
| LF21 | N3 | 3003 | 1.25Mn | △ | △ | ○ |
| LF2 | N4 | 5005 | 2.25Mg | √ | △ | ○ |
| LF3 | N5 | — | 3.5Mg | √ | √ | △ |
| LF5 | N6 | 5056 | 5Mg | △ | △ | ○ |
| LF7 | N7 | — | 7Mg | ○ | ○ | ○ |
| LD31 | H9 | 6063 | 0.5Mg,0.5Si | + | √ | △ |
| — | H10 | — | 1Si,0.7Mg | √ | △ | △ |
| — | H11 | — | 1.5Cu,1Si,1Mg | △ | △ | ○ |

续表

| 合金牌号 | | | 主要成分/% | 保护阳极氧化 | 阳极氧化着色 | 光亮阳极氧化 |
|---|---|---|---|---|---|---|
| 中国 | 英国 | 美国 | | | | |
| — | H12 | — | 2Cu,1Ni,0.9Mg,0.8Si | ○ | ○* | — |
| LY11 | H14 | 2017 | 4.25Cu,0.625Mg,0.625Mn | ○ | ○* | — |
| LY12 | H15 | 2024 | 4.25Cu,0.75Si,0.75Mn,0.5Mg | ○ | ○* | — |
| — | H17 | — | 4Cu,2Ni,1.5Mg | ○ | ○ | — |
| LD8 | H18 | 2618 | 2.25Cu,1.5Mg,1.25Ni | ○ | ○ | — |
| LD2 | H20 | — | 1Mg,0.625Si,0.25Cu,0.25Cr | √ | △ | ○ |
| LD5 | H30 | 6351 | 1Si,0.625Mg,0.5Mn | △ | △ | ○ |
| LT1 | N21 | 4043 | 5Si | △ | ○* | — |

注："+"优良;"√"良好;"△"尚好;"○"可以;"—"不适合;"○*"只适合于暗的颜色。

## 五、合金杂质对氧化后光亮度的影响

合金材质成分对阳极氧化装饰性产品的光亮度影响极大,合金材质对光亮性的影响来自两个方面:一是抛光后的表面光亮度不够;二是抛光后的表面光亮度高,但经阳极氧化后光亮度明显下降。出现前者情况客户都会想到更换材料,而后者客户往往会认为是氧化工艺本身的问题,的确,在氧化时调整电解液中硫酸浓度、电解液温度及电压对光亮度的保持有一定的作用,但其作用是有限的。再则就是缩短氧化时间,减小氧化膜层的厚度,当表面防护性能要求不严时,这也许是解决因材料问题而造成的光亮度下降的唯一方法或者是权宜之法。但要从根本上解决这一问题还必须从材质的合金成分着手。

虽然高纯铝经氧化后能获得镜面效果,但纯铝质软,而有许多的产品虽然以外观要求为主,但也需要一定的机械强度及可加工性,这时,在纯铝中加入适量的镁或钛,既可大大提高其机械强度及可加工性,同时又能满足经阳极氧化后的光亮度。

铝中的杂质元素主要是铁和硅,铁、硅之间的比例会对合金的组织性能产生影响。其中铁的含量对铝合金氧化后的表面光亮度有很大影响。表7-11是对汽车某装饰件高光氧化用铝材分析的结果(表中材料型号为不同供应商提供)。

表 7-11　材料化学成分分析

| 材料型号 | 材料编号 | 分析平均值/% | | | | | | | | | |
|---|---|---|---|---|---|---|---|---|---|---|---|
| | | Al | Si | Fe | Cu | Mn | Mg | Cr | Ni | Zn | Ti |
| 6463 | 1 | 98.99 | 0.403 | <0.0050 | 0.114 | 0.0273 | 0.354 | 0.0335 | 0.0079 | 0.0501 | 0.0174 |
| 6463 | 2 | 99.10 | 0.450 | <0.0050 | 0.112 | 0.0273 | 0.206 | 0.0329 | 0.0083 | 0.0488 | 0.0094 |
| 6463 | 3 | 98.77 | 0.353 | 0.134 | 0.0659 | 0.0296 | 0.548 | 0.0345 | 0.0130 | 0.0430 | 0.0124 |
| 6063 | 4 | 98.62 | 0.514 | 0.107 | 0.0763 | 0.0273 | 0.543 | 0.0333 | 0.0137 | 0.0440 | 0.0215 |

这一款汽车装饰件要求经氧化还能保持光亮透明的氧化膜层,表中四种型材经化学抛光或电解抛光后都能获得高的光亮度,但一经氧化在同等氧化膜厚度的前提下3号和4号材料

失光严重。而 1 号和 2 号材料经氧化后其光亮度与氧化前相比基本一样（氧化膜厚度 $10\mu m$ 左右）。这说明几种材料成分及成型工艺有较大差异，经分析发现，1 号和 2 号材料的铁含量是极低的，处在仪器的检出痕量之下，而 3 号、4 号材料的铁含量都在 0.1% 以上。这说明铁对铝合金氧化后失光有很大影响。

为了保证合金中铁杂质的量最少，在进行铝棒加工时应采用高纯铝锭，否则铁杂质含量很容易超标而降低氧化后的光亮度。

## 六、铝离子浓度对氧化膜层的影响

铝离子是硫酸电解液中含量最大的杂质，同时也是获得优质氧化膜层所不可缺少的成分。铝离子浓度主要对氧化膜层抗蚀性和耐磨性有较大影响，铝的纯度越高，这种影响越小。但铝离子浓度对氧化膜层厚度变化影响不大。生产实践证明，当铝离子含量超过 10g/L 和低于 1g/L 时，膜层的耐蚀性和耐磨性都下降，以 1～5g/L 时膜层质量为最佳。当铝离子浓度超过 5g/L 时，氧化膜层的抗蚀性能开始下降，耐磨性下降程度依合金材料而异。当铝离子浓度超过 10g/L 时，氧化膜的耐蚀性和耐磨性都开始明显降低，这时的氧化膜层容易沾染各种印迹造成氧化膜表面质量不良率增大。当铝离子浓度超过 20g/L 后，氧化膜层易出现白点或白斑，氧化膜吸附能力下降，造成染色困难。生产中铝离子浓度一般控制在 2～20g/L，以 1～10g/L 为佳，1～5g/L 为最好。

对于批量生产控制铝离子浓度，可以每周或每十天换掉 1/3 的硫酸溶液，每天都应进行化学分析，并做好铝离子浓度变化与氧化膜层表面质量关系曲线图，如条件许可也可采用化学方法除去铝离子，或采用电解方法回收硫酸。

铝离子浓度对氧化膜层性能的影响见图 7-4 和图 7-5。

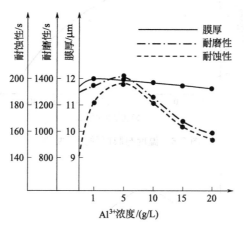

图 7-4　$Al^{3+}$ 浓度对 1100 纯铝氧化膜性能的影响

$H_2SO_4$：10%（体积分数），电流密度：$1A/dm^2$，时间：45min，
温度：$(20\pm1)℃$，封孔：$40kg/cm^2$，蒸汽封孔 30min

## 七、电解液温度对氧化膜的影响

实践证明，电解液温度升高，氧化膜溶解速度加快，膜层生长速度减慢。在无添加剂的硫酸电解液中如温度超过 26℃，生长的膜层疏松有粉末，耐蚀性能下降。电解液温度低，氧化膜层溶解速度慢，膜层生长速度快。温度越低，越易生长出厚且致密的膜层。普通阳极

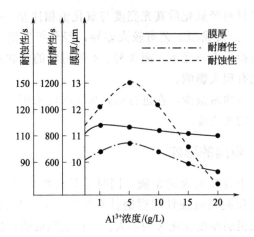

图 7-5　Al³⁺浓度对 6063 铝合金氧化膜性能的影响

H₂SO₄：10%（体积分数），电流密度：1A/dm²，时间：45min，
温度：(20±1)℃，封孔：40kg/cm²，蒸汽封孔 30min

氧化，温度在 17～22℃为宜。在这个温度下生成的膜层多孔，吸附性能好，富有弹性，抗蚀性能较好，但耐磨性能不太理想。当溶液中加入 2%左右的草酸后，氧化温度可达 30℃。硬质阳极氧化温度在 10℃以下。温度与膜厚的关系曲线见图 7-6，温度与氧化膜层抗蚀性能关系曲线见图 7-7。

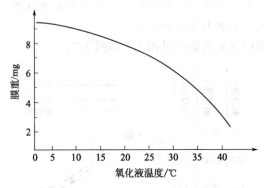

图 7-6　温度与膜厚的关系曲线

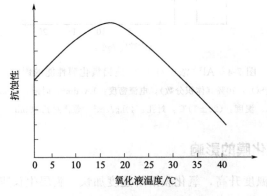

图 7-7　氧化液温度与氧化膜层抗蚀性能关系曲线

## 八、电流密度与氧化时间对氧化膜层的影响

**1. 电流密度对氧化膜层的影响**

适当提高电流密度，氧化膜生长速度加快，获得预定厚度氧化膜的氧化时间短。同时较高电流密度所生成的膜层孔隙率增大，有利于着色和封孔。反之，降低电流密度，膜层生长速度减慢，但是膜层相当致密。如果单纯用提高电流密度的方法来增加膜层厚度是有限的。当电流密度过大时，必然会增加电源容量，增大投资；同时过大的电流密度生产出的膜层透明度下降，抗蚀能力和耐磨性都将受到影响。当冷却条件差时，过大的电流密度会使金属表面局部过热，加速膜层溶解，且易将工件烧毁。在 20% 的硫酸电解液中，通常使用的电流密度为 $0.8 \sim 2 A/dm^2$，最好是 $1 \sim 1.5 A/dm^2$。电流密度对氧化膜生长速度的影响见图 7-8。

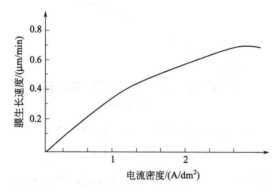

图 7-8　电流密度对氧化膜生长速度的影响

电流密度对氧化膜的质量有一定影响，当电流密度超过一定范围时，所得氧化膜层的防护性能开始下降。电流密度与氧化膜防护性能的关系见图 7-9。

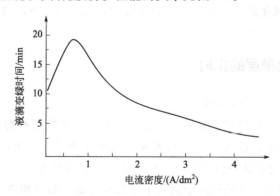

图 7-9　电流密度对氧化膜防护性能的影响

氧化条件：$H_2SO_4$ 20%，温度 20℃

液滴条件：HCl（$d=1.19$）：25mL，$K_2Cr_2O_7$：3g，$H_2O$：75mL

**2. 氧化时间对氧化膜层的影响**

当用 20% 的硫酸电解液进行氧化处理时，随着氧化时间延长，氧化膜层厚度不断增加，抗蚀能力也不断提高。但当氧化膜层生长到一定厚度时，再延长时间，氧化膜增加不大或者

不再增加。这是由于：随着氧化膜层加厚，膜层电阻增大，导电能力下降；同时膜层表面溶解速度加快，使膜层厚度不再增加。且过长的氧化时间会使氧化膜的表层被电解液溶解，氧化膜层变粗糙，硬度降低，内应力增大，易产生裂纹，特别是在铝合金工件的尖角、小半径面更易发生。通常情况下氧化时间以不超过 60min 为宜，特别是结构复杂或需要二次成型的铝合金工件，氧化时间都不宜过长。如特殊情况下需要长时间氧化，应在较低温度和较低硫酸浓度的电解液中进行。

氧化膜层最大厚度及达到最大厚度的氧化时间因合金成分、电解液温度、电流密度等条件不同而异。氧化时间和氧化膜厚度的关系曲线见图 7-10。

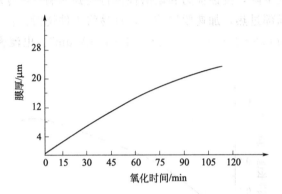

图 7-10  氧化时间与氧化膜厚度的关系曲线

氧化条件：$H_2SO_4$ 20%，电流密度 $1A/dm^2$

要获得厚度低于极限值且具有一定性能的氧化膜层，所需氧化时间可按下式进行计算：

$$t = \sigma / (KI)$$

式中  $t$——所需时间，min；

$\sigma$——膜层厚度，$\mu m$；

$K$——系数，当氧化铝密度 $d = 3.42kg/dm^3$ 时，$K \approx 0.309$，也可以是实验的实测值；

$I$——电流密度，$A/dm^2$。

## 九、其他因素对氧化膜层的影响

### 1. 其他杂质对氧化膜层的影响

氯离子、氟离子、硝酸根离子等阴离子含量高时，能使膜层孔隙增大，导致膜层疏松、粗糙，甚至发生局部腐蚀。这些杂质在电解液中的允许含量为：氯离子小于 100mg/L，氟离子小于 50mg/L。当超过这一极限值时，铝合金工件表面将不能形成合格的氧化膜层，甚至会发生穿孔现象而报废。这些阴离子杂质主要来自配制电解液和清洗工序的水源，特别是氯离子。因而必须严格控制水质，所以在配制硫酸电解液时尽量采用去离子水或蒸馏水配制。

铝合金中含有铜、硅等元素时，随着氧化的进行，会溶解在电解液中而成为杂质。铜离子含量超过 100mg/L 时，会使氧化膜层出现暗色条纹和黑色斑点。在一般情况下可向电解液中添加少量硝酸或适量铬酸来降低电解液中铜离子对氧化膜质量的影响。当电解液中铜离子含量较高时，可采用直流低电流处理，阳极电流一般控制在 0.1～0.2A/dm² 。定期刷洗阴极板表面沉积物也可以除掉电解液中铜离子等高电位的金属离子。

硅在硫酸电解液中不溶解，主要在溶液中悬浮，使电解液浑浊度增大，并易于以褐色粉状物吸附在阳极工件表面使膜层产生斑点。经常过滤电解液一般都能有效地除掉。

搅拌使用的压缩空气带来的油脂同样会阻碍氧化膜层的正常生长，使膜层发生局部浸蚀，或是进入孔隙中而使膜层出现斑痕，影响着色效果。

### 2. 电压、电流、时间因素对氧化膜的影响

电压决定电流的大小，再通过时间就可决定氧化膜的厚度。现在的氧化电源都具有恒流和恒压方式的选择。恒流方式最能直观反应单位面积电流密度，厚度也易于通过时间控制。但在生产过程中，氧化的工件大部分外形都比较复杂，在同一个氧化槽中还存在多种工件的同时氧化处理，要准确计算实际表面积有一定困难。只有形状简单且大批量单一固定的工件，才使用恒电流加工方式。在更多情况下，都是采用恒电压控制方式进行阳极氧化处理。对不同要求的工件有不同的氧化膜厚度要求，也就有了不同的控制电压和阳极氧化时间。表 7-12 列出了一些通常用途的阳极氧化电压及氧化时间以供参考。

**表 7-12　常用铝合金工件阳极氧化电压与氧化时间**

| 加工要求 | 直流电压/V | 氧化时间/min | |
|---|---|---|---|
| 高光氧化 | 13～15 | 10～25 | |
| 本色砂银氧化 | 12～15 | 15～45 | 备注：$H_2SO_4$ 200～220g/L，温度 19～22℃ |
| 丝纹氧化银色 | 12～15 | 15～25 | |
| 染浅色调氧化 | 13～15 | 15～25 | |
| 染深色调氧化 | 13～15 | 30～70 | |

## 十、硫酸电解液维护及常见故障的处理

### 1. 硫酸电解液的维护和调整

（1）硫酸电解液使用一段时间后，液面会出现油污和泡沫等悬浮杂质。因此每天上班应对电解液表面进行检查，发现油污等悬浮杂质应及时除去。对电解液要定期进行分析，并及时调整电解液中硫酸浓度在工艺控制范围。

（2）电解液中的铜、铁等金属杂质可通过刷洗阴极板除去。也可在 $0.1～0.2A/dm^2$ 的电流密度下通电处理，使铜、铁等金属杂质在阴极上沉积而除去。

（3）当铝离子含量高于 10g/L 时，可以将电解液升温到 40～50℃后，在不断搅拌下加入硫酸铵，使电解液中的铝离子与硫酸铵生成硫酸铝铵复盐沉淀除去，也可以更换部分电解液。

（4）在除去电解液中的各种较大量杂质时，最好结合技术和经济指标，综合考虑后决定。如花费太大，可重新配制新的电解液。对于电解液中杂质的控制，最常用的方法就是定期更换部分电解液，这在很多氧化厂都得到成功应用。

（5）硫酸阳极氧化工作条件对氧化膜层性能的影响见表 7-13。

表 7-13  硫酸阳极氧化工作条件对氧化膜层性能的影响

| 工作条件变化 | 极限厚度 | 硬度 | 附着力 | 耐蚀性 | Al 的溶解速度 | 孔隙率 | 电压 |
|---|---|---|---|---|---|---|---|
| 提高温度 | ↓ | ↓ | ↑ | → | ↑ | ↑ | ↓ |
| 提高电流密度 | ↑ | ↑ | ↓ | → | ↓ | ↓ | ↑ |
| 缩短阳极处理时间 | → | ↑ | ↓ | ↓ | ↓ | ↓ | ↑ |
| 降低硫酸浓度 | ↑ | ↑ | ↓ | ↓ | ↓ | ↓ | ↑ |
| 采用交流电 | ↓ | ↓ | ↓ | ↓ | ↑ | ↑ | ↓ |
| 提高合金结构均匀性 | ↑ | ↑ | ↓ | ↑ | ↓ | ↓ | ↓ |
| 采用活性较低的电解液 | ↑ | ↑ | ↓ | → | ↑ | ↓ | ↑ |

注：表中↑为增加；↓为降低；→为通过最大值。

## ➡ 2. 硫酸阳极氧化常见故障原因及排除方法

硫酸阳极氧化常见故障的产生原因及排除方法见表 7-14。

表 7-14  硫酸阳极氧化常见故障的产生原因及排除方法

| 常见故障 | 产生原因 | 排除方法 |
|---|---|---|
| 工件局部电烧伤 | 1. 工件和阴极接触发生短路<br>2. 工件之间接触发生短路 | 1. 详细检查，防止工件与阴极接触<br>2. 加大工件之间的距离 |
| 工件与夹具接触处烧伤 | 1. 夹具氧化膜层没有退除干净<br>2. 工件和夹具接触不良 | 1. 采用铝挂具时，每次氧化后都要用碱液将氧化膜退除干净<br>2. 夹紧工件，保证夹具和工件之间的可靠接触 |
| 氧化膜层疏松，用手可擦掉 | 1. 电解液浓度高<br>2. 电解液温度过高<br>3. 氧化处理时间太长<br>4. 工作电流密度太高<br>5. 电解液中 Al³⁺ 含量过高或过低 | 1. 稀释电解液，降低 $H_2SO_4$ 浓度<br>2. 开动冷却设备，降低温度<br>3. 严格控制时间，可适当提高电流密度以缩短氧化时间<br>4. 降低电流密度<br>5. 通过分析控制在最佳范围 |
| 氧化膜有泡沫状或网状花纹 | 疏忽了化学脱脂后的出光处理，遗留在表面的水玻璃形成硅胶 | 加强出光处理和水清洗 |
| 气体或液体流痕 | 1. 工件在装挂时倾斜度不适当<br>2. 工件上有残存的碱流痕 | 1. 工件在装挂时应保持一定的倾角，使电解液在搅拌时利于气体排出<br>2. 加强清洗 |
| 氧化膜层有指印 | 手指接触未经封孔处理的氧化膜层 | 避免手指接触，应戴干净手套 |
| 氧化膜层暗淡不够光亮 | 1. 工件在槽中长时间断电，或者断电后又给电<br>2. 电解液浓度低<br>3. 阳极电压过高<br>4. 表面预处理质量低 | 1. 经常检查保证工件正常供电<br>2. 调整电解液浓度到规定范围<br>3. 降低电压使其在工艺规定的范围内<br>4. 提高阳极氧化前的表面光度 |
| 氧化膜层裂纹 | 1. 硫酸电解液温度低<br>2. 进入沸水封孔前工件经冷水洗<br>3. 氧化膜层受到剧烈碰击<br>4. 干燥温度过高 | 1. 提高电解液温度<br>2. 采用温水清洗以防工件表面温度急剧变化<br>3. 轻拿轻放<br>4. 干燥温度不超过 90℃ |

续表

| 常见故障 | 产生原因 | 排除方法 |
|---|---|---|
| 氧化膜层粉化或起灰 | 1. 电解液浓度高,温度高,$Al^{3+}$浓度过高,处理时间过长,电流密度过高<br>2. 氧化后清洗不彻底<br>3. 封孔液严重污染 | 1. 合理控制阳极氧化工艺参数,工件间应有适当距离,以改善散热条件<br>2. 增加清洗次数,延长清洗时间<br>3. 更换封孔液 |
| 氧化膜层出现斑点或条纹 | 1. 工件表面有油污<br>2. 电解液中有悬浮杂质<br>3. 酸中和不彻底<br>4. 电解液中含 Cu、Fe 杂质太多<br>5. 氧化后清洗不干净就进行封孔 | 1. 加强脱脂处理和工件氧化前的表面质量检查<br>2. 去除悬浮杂质或更换电解液<br>3. 增大酸浓度和延长处理时间<br>4. 用低电流除去 Cu、Fe 杂质,经常刷洗阴极板,或更换电解液<br>5. 加强氧化后的清洗 |
| 氧化膜层局部被腐蚀 | 1. 溶液中 $Cl^-$ 含量过高<br>2. 调整电流速度太快<br>3. 氧化后氧化膜上的电解液没有清洗干净 | 1. 更换部分或全部电解液<br>2. 缓慢调整,防止大电流冲击造成局部氧化腐蚀<br>3. 加强氧化后的清洗 |
| 氧化膜粗糙 | 电流密度过大 | 降低电流密度 |
| 氧化膜厚度不够 | 1. 电流密度低或氧化时间不足<br>2. 阴极不合适<br>3. 电接点少或接触不良<br>4. 阴极面积不足或分散阴极导电状况不一致<br>5. 导电杠接触不良<br>6. 铝挂具氧化膜脱除不够<br>7. 电解温度过高或局部过热<br>8. 合金中有大量重金属如 Cu、Si | 1. 根据 $t = \sigma/(KI)$ 的关系,合理控制电流密度和氧化时间<br>2. 根据工件形状,制作合适的象形阴极<br>3. 增加电接点,改进工件装夹方式<br>4. 根据阴阳面积比的要求,增大阴极面积,保证阴极导电良好<br>5. 经常检查清洁导电极杠,保持导电良好<br>6. 氧化后的铝挂具在进行第二次装挂时应彻底脱净表面氧化膜<br>7. 充分冷却电解液,加强搅拌和电解液循环<br>8. 正确选用合金材料。在条件许可的情况下严格控制合金成分含量,提高合金均匀性 |
| 氧化膜厚度不均匀 | 1. 铝合金工件装挂过于密集<br>2. 电流分布不均匀<br>3. 极间距及挂间距不适当<br>4. 阴极面积过大<br>5. 空心工件腔内电解液静置或流速降低造成管内氧化膜厚度不均匀;槽内电解液搅拌能力小或不均匀<br>6. 电解液温度高<br>7. 工件表面附着有油污或其他杂质<br>8. 电解液有油脂类杂质<br>9. 内阴极杆长度不够或穿插不到位<br>10. 合金成分影响<br>11. 部分分离阴极导电不良 | 1. 合理装挂,保证工件有一定的距离,防止工件局部过热<br>2. 工件应处于均匀电场中防止边缘效应<br>3. 力求保持阴极和阳极间距离一致,以减少工件间的厚度差,这对提高氧化的着色质量甚为重要,同槽工件每挂间距应相等<br>4. 减小阴极面积,防止边缘电流过于集中造成边缘效应<br>5. 增加内腔电解液流速,降低温度差。槽内电解液搅拌能力要强,搅拌管布孔要合理,孔道畅通,使搅拌趋于均匀<br>6. 加大对电解液的冷却量<br>7. 加强工件表面的清洁处理,严禁用手或带有油污的手套拭擦经预处理的工件表面,防止二次污染<br>8. 加强槽液管理,槽液表面油污可用干净的白纸或滤纸吸走。如太多应更换电解液<br>9. 按工件长度确定内阴极导电杆长度并装置到位<br>10. 按适用于阳极氧化处理的铝合金成分进行控制<br>11. 经常检查分散阴极导电情况,并经常清洗电接触部位,保持良好导电 |

## 十一、改良硫酸阳极氧化的方法

普通硫酸阳极氧化其操作温度一般都在 21℃ 左右，很少有超过 24℃ 的情况。氧化温度的升高将使膜层的溶解速度加快、孔隙率增大、抗蚀能力下降及耐磨性下降。当温度超过 25℃ 时膜层质量已较差，温度再高将使膜层生长困难。为了扩展操作温度范围可向电解液中添加甘油、乳酸、草酸等。不管是甘油还是草酸对操作温度的扩展范围都是有限的，一般不会超过 30℃。

小久保定次朗介绍的添加甘油的电解液配方及操作条件见表 7-15。

**表 7-15 添加甘油的电解液配方及操作条件**

| | 材料名称 | 化学式 | 含量/(g/L) | | | |
| --- | --- | --- | --- | --- | --- | --- |
| | | | 配方 1 | 配方 2 | 配方 3 | 配方 4 |
| 溶液成分 | 硫酸 | $H_2SO_4$ | 50~52 | 292~296 | 440~899 | 899~1056 |
| | 甘油 | $C_3H_8O_3$ | 50~52 | 208~212 | 100~200 | 170~200 |
| | 铝离子 | $Al^{3+}$ | 1~5 | 1~5 | 1~5 | 1~5 |
| 操作条件 | 温度/℃ | | 0±5 | 20~30 | 20~30 | 20~30 |
| | 电压/V | | 12~15 | 15 | 2~9 | 12 |
| | 电流/(A/dm²) | | — | — | 0.3~1 | 0.6~1 |
| | 时间/min | | 20~40 | 30~60 | — | — |
| | 搅拌方式 | | 压缩空气或溶液流动 | | | |

表中配方 1 可得到高硬度的氧化膜层；表中配方 2 可得到比配方 1 柔软得多的氧化膜层；表中配方 3 生成的氧化膜层呈半透明灰色，含硅的铝合金其膜层呈黑色，含铜的铝合金其膜层呈黄白色，膜层耐热，孔隙率大，吸附色素，油脂性能好；表中配方 4 生成的氧化膜层呈无色或灰白色，膜层孔隙率大，适于染色，绝缘电阻大，耐热性、耐磨性和耐蚀性能好。

## 十二、关于膜层的耐热性能

硫酸阳极氧化所获得的膜层当温度达 80~100℃ 时会出现裂纹，一般情况下氧化温度越低，抗温性能越差。通过向硫酸电解液中添加甘油可使膜层的抗热性能得到改善，但这个改善只能是提高其温度上限值，一般都不能超过 110℃。编著者对此曾做过实验，在硫酸电解液中，氧化温度越高，所获得的膜层的热稳定性也越高。在硫酸电解液中添加硼酸或硼酸和甘油时，其氧化温度可提高到 40℃（以不高于 39℃ 为好）。对于这种配方，当温度在 29℃ 时，所获得的氧化膜层在 130℃ 时也不会出现裂纹，当温度在 35℃ 时耐热性可达 150℃ 甚至更高（膜层测试厚度约 7μm）。

如果采用弱碱性氧化工艺，其膜层的耐热性能较硫酸氧化膜为高。

# 第三节 硼酸-硫酸阳极氧化

硼酸-硫酸阳极氧化（以下简称硼硫酸阳极氧化）主要是针对航空铝制件开发的。由于薄的硫酸阳极氧化膜层抗蚀性能有限，要提高抗蚀性能就需要获得较厚的氧化膜层，而较厚的氧化膜会产生较大的应力，应力的存在会使材料表面产生裂纹，使材料表面的完整性受到破坏，更易萌生疲劳裂纹，导致材料疲劳性能大幅下降，且航空铝制件多为含铜量较高的硬铝系列（比如 2A12 或 2024），在硫酸电解液中所获得的膜层抗蚀性能并不理想。所以在航空工业领域对航空件进行阳极保护处理大都采用铬酸阳极化来进行。但铬酸阳极化一则生产成本高；二则对操作环境污染较大；三则污水处理成本高，泥渣量大。针对这一情况波音公司于 1990 年提出了以硫酸和硼酸组成混合电解液在室温下进行阳极氧化的方法，可获得有优良的耐蚀性和与油漆有良好结合力的氧化膜层，且不会引起基体的应力疲劳损失。这种新方法克服了上述两种工艺的缺点，在航空领域得到了迅速推广，并部分取代了铬酸阳极氧化。

## 一、硼硫酸阳极氧化

硼硫酸阳极氧化的成膜机理与硫酸阳极氧化基本相同，在氧化过程中对膜的厚度及质量影响最大的因素是硫酸的浓度，硫酸浓度的高低会影响膜层的厚度及质量。为了降低阳极氧化对材料疲劳性能的影响，不能采用较高浓度的硫酸，高浓度的硫酸对基材表面的浸蚀作用强，使合金相溶解加快，在厚膜层时易产生应力裂纹，但也不能太低，否则使膜层不均匀。一般控制在 $50\sim80g/L$ 为宜。

电解液中的硼酸本身对氧化膜的生长可能并无直接关系，其对氧化膜的影响可能主要是通过对氧化膜层界面酸碱平衡的调节而现实的。硫酸是强酸，在电解液中几乎全部电离，但硼酸是一个弱酸，在电解液中电离度很小，这就使得硼酸在电解液中的结构上带有大量的碱基（—OH），它能中和界面膜中的氢离子，降低膜层的溶解速度，从而使氧化界面膜的氧化还原进程降低，进而影响氧化膜阻挡层和多孔层的结构，改善膜层的外观使更加致密，即便是较薄的氧化膜层同样具有较高的耐蚀性。硼酸的加入量不能低于 0.5％也不能高于1％，以 0.8％为宜。

电解液温度高会加速膜层的溶解，使膜层厚度下降，当温度高于 26℃时膜层会出现疏松起粉的现象，温度控制在 20～25℃为宜。

由于硼硫酸氧化膜层较薄，应力较小，不会像硫酸阳极氧化膜哪样容易产生疲劳裂纹，同时，由于硼硫酸氧化膜的膜层结构有别于硫酸氧化膜层，可形成压应力，压应力可提高材料的疲劳强度。硼硫酸阳极氧化的工艺方法见表 7-16。

表 7-16　硼硫酸阳极氧化的工艺配方及操作条件

| | 材料名称 | 化学式 | 含量/(g/L) | |
|---|---|---|---|---|
| | | | 配方 1 | 配方 2 |
| 溶液成分 | 硫酸 | $H_2SO_4$ | 40～70 | 40～70 |
| | 硼酸 | $H_3BO_3$ | 5～10 | 5～10 |
| | 磷酸 | $H_3PO_4$ | — | 50 |
| 操作条件 | 温度/℃ | | 20～25 | 20～25 |
| | 电压/V | | 13～16 | 13～16 |
| | 时间/min | | 20～25 | 20～25 |
| | 搅拌方式 | | 溶液循环 | |

配方 1 可称为标准的硼硫酸工艺配方；配方 2 是经过添加磷酸改良的硼酸-硫酸-磷酸阳极氧化，通过这种工艺获得的膜层孔隙率高，孔径大，膜层较厚，吸附性能更强，抗蚀性能和抗疲劳性能会更好，甚至可以完全代替铬酸阳极氧化。

在进行氧化时先将电压调到 5V，然后在 5～7min 以内调到规定电压。为了防止电解液发霉可加入适量的苯甲酸，其加入量以不超过 1g/L 为宜。

经氧化的工件需要进行封闭，一般采用稀铬酸封闭，封闭条件见表 7-17。

表 7-17 稀铬酸封闭工艺条件

| | 材料名称 | 化学式 | 含量/(g/L) |
|---|---|---|---|
| 溶液成分 | 铬酐 | $CrO_3$ | 0.0006～0.002 |
| | 重铬酸钠 | $Na_2Cr_2O_7$ | 0.0002～0.0006 |
| 操作条件 | pH 值 | | 3.2～4.2 |
| | 温度/℃ | | 85～95 |
| | 时间/min | | 8～20 |

经封闭后可不经水洗直接烘干，烘干温度不超过 70℃，也可在通风处自然干燥。

经硼硫酸阳极氧化后的工件表面因硼酸、硫酸的浓度及合金的成分不同而有差异，呈乳白或约显黄色。

对于采用硼硫酸阳极化的航空件，最好不要采用传统的碱蚀工艺，经除油后采用一种酸性浸蚀工艺除去表面的钝化层，具体方法见前处理部分。

也有研究者采用己二酸代替硼酸进行阳极氧化，其工艺要求及配方和硼硫酸阳极氧化相似，只是用相同质量的己二酸代替硼酸，阳极氧化后也是采用稀铬酸封闭。但这种方法目前采用得比较少，有待更进一步的完善。

## 二、改良硼硫酸阳极氧化

以上介绍的硼硫酸阳极化主要针对航空所用的硬铝和超硬铝合金，其膜层较薄，同时膜层的色泽因合金成分的不同而约显黄色，如果用于装饰性阳极氧化，以上配方并不适合，为此，可以对以上配方进行改良，以获得无色透明膜层。并可以在较宽的温度范围内进行阳极化。改良的硼硫酸阳极氧化工艺配方及操作条件见表 7-18。

表 7-18 改良的硼硫酸阳极氧化工艺配方及操作条件

| | 材料名称 | 化学式 | 含量/(g/L) | |
|---|---|---|---|---|
| | | | 配方 1 | 配方 2 |
| 溶液成分 | 硫酸 | $H_2SO_4$ | 110～130 | 150～180 |
| | 硼酸 | $H_3BO_3$ | 10(10～20) | 10(10～20) |
| | 铝离子 | $Al^{3+}$ | 1～10 | 1～10 |
| | 钾离子 | $K^+$ | 0～2 | 0～2 |
| 操作条件 | 温度/℃ | | 17～20 | 18～24 |
| | 电压/V | | 10～15 | 12～15 |
| | 时间/min | | 17～29 | 17～29 |
| | 搅拌方式 | | 压缩空气或溶液循环 | 压缩空气或溶液循环 |

表中配方所得到的氧化膜层无色透明，对染料吸附能力强，膜层光滑，且生长速率较快，在阳极氧化行业中应该给予推广。

表7-19是在29℃时氧化后膜层的厚度。

**表7-19　29℃时氧化时间与厚度的关系**

| 序号 | 试片面积 /dm² | 温度 /℃ | DC电压 /V | DC电流 /A | 时间 /min | 厚度 /μm | 膜层生长系数 | 试片型号 | 备注 |
|------|------|------|------|------|------|------|------|------|------|
| 1 | 1 | 29 | 8 | 1 | 10 | 3.5 | 0.35 | 1050 | |
| 2 | 1 | 29 | 8 | 1 | 20 | 6.4 | 0.32 | | 用氢氧化钠溶解硼酸 |
| 3 | 1 | 29 | 8 | 1 | 10 | 3.3 | 0.33 | 5052 | |
| 4 | 1 | 29 | 8 | 1 | 20 | 6.0 | 0.3 | | |
| 5 | 1 | 29 | 8 | 1 | 10 | 3.1 | 0.31 | 6061 | |
| 6 | 1 | 29 | 8 | 1 | 20 | 6.3 | 0.315 | | |
| 7 | 1 | 29 | 8 | 1 | 10 | 3.3 | 0.33 | 1050 | |
| 8 | 1 | 29 | 8 | 1 | 20 | 6.3 | 0.315 | | 用氢氧化钾溶解硼酸 |
| 9 | 1 | 29 | 8 | 1 | 10 | 3.0 | 0.3 | 5052 | |
| 10 | 1 | 29 | 8 | 1 | 20 | 5.4 | 0.27 | | |
| 11 | 1 | 29 | 8 | 1 | 10 | 3.0 | 0.3 | 6061 | |
| 12 | 1 | 29 | 8 | 1 | 20 | 5.8 | 0.29 | | |

表中数据只是一个参考，在配制电解液时并不需要先用氢氧化钠或氢氧化钾与硼酸反应，可直接将硼酸加入硫酸电解液中。

# 第四节　铬酸阳极氧化

铬酸阳极氧化最早由英国人Bengough同Stuart在20世纪20年代首先发明，后经改良后成为应用广泛的阳极氧化加工方法，在第二次世界大战中曾被大量采用。

铬酸阳极氧化是在3％～10％的铬酸电解液中通入直流电对铝合金工件进行阳极氧化的加工方法。铬酸阳极氧化对铝材疲劳性能的影响最低，现在仍是航空硬铝材料常用的阳极氧化方法。

## 一、铬酸阳极氧化的特点

铬酸阳极氧化所得的膜层薄，一般只有2～5μm。氧化膜层质地较软，耐磨性较差，但膜层弹性好。铬酸阳极氧化所得的膜层颜色由灰白色到深灰色或彩虹色，膜层孔隙率低，难以进行染色处理。铬酸阳极氧化膜层对有机物结合力良好，是油漆涂层的良好底层。

铬酸阳极氧化膜层致密，即使在不封闭的情况下也可使用。铬酸对铝的溶解度小，特别适用于尺寸容差小和表面光度高的铝合金工件的阳极氧化加工。对松孔度较大的铝合金铸件、铆接件、焊接件等采用铬酸阳极氧化都能得到较好的成绩，而这些铝合金工件用普通硫酸阳极氧化方法却较难得到满意的结果。铬酸对铜的溶解度较大，所以铬酸阳极氧化不适宜用于加工含铜量太高的铝合金工件。

铬酸电解液中六价铬毒性大，不管是电解液成本还是加工成本都比普通硫酸阳极氧化高得多，使用受到极大限制，只在一些特殊要求的铝工件上有少量使用。

温度变化对铬酸阳极氧化膜层质量影响较大，应保持在（36±2）℃范围内，最好加装温度控制装置。

阴极、阳极面积比不是太重要，在（2∶1）～（6∶1）之间为好。当比值大时，电解液中三价铬还原少。如用电解槽为阴极，当氧化工件面积较小时，为减少阴极面积，可用绝缘材料将阴极屏蔽一部分。

铬酸阳极氧化的最大特点就是经氧化后的工件疲劳强度损失最小，这对于航空铝件是非常有用的。目前，铬酸阳极氧化主要用航空领域及对材料疲劳强度有高要求的场合。

## 二、铬酸阳极氧化的方法

### 1. Bengough-Stuart 法

此法为英国人发明，也可称为分段电压调节法，也是目前仍普遍采用的方法。该法采用2.5%的铬酸作为电解液，要求铬酐纯度在99.5%以上，电解液中氯离子浓度应在0.015%以下，否则会影响膜层的性能。温度保持在40℃，要求温度变化不大于2℃，最好设温度调节装置，在氧化过程中最好能不断过滤电解液，溶液搅拌可采用洁净的压缩空气或机械搅拌。

该法电压调节比较复杂，在开始氧化的10min，电压从0V上升到40V，在40V维持20min，然后在5min内上升到50V，在50V保持5min，全部时间为40min。以电压调节电流的时间若不能按上述方法严密进行，工件有可能被腐蚀，因此这种方法不宜用于自动调节。

对于含铜量较高的铸件，可将温度调到25～30℃，电压分八段调节，每段电压增加5V，在10min内使电压从0V上升到40V，并在此电压下维持30min，阳极氧化后，工件经冷水洗，再以温水清洗，干燥。

该法所得的膜层厚度较薄，一般为2～5μm，膜层较软，抗蚀性能较好，但耐磨性能稍差。膜层颜色因材料组成不同而带暗灰色，这种膜层由于孔隙度低，不易进行染色处理，同时对膜层的溶解速度较快，所以膜层的极限厚度小，且工件的尺寸变化较大。

含大量铜的合金会阻碍膜层的生成，但很适用于氧化含铜在5%以下的合金材料，要求电压不宜超过50V，膜层一般为灰色。经研磨后的工件在进行阳极氧化时，依氧化时间的不同而呈现三种完全不同的外观。其一是灰色，膜层光滑，有光泽并有玻璃般的外观，耐蚀性优良；其二是古银色，透明的古银色膜层在达到最大厚度之前形成，耐蚀性不如前述的灰色膜层，用于室内有很强的装饰性；其三是极薄的膜层，可保持研磨表面的光泽，且因薄膜层的反射呈现晕彩，膜层薄，耐蚀性差而不适于室外装饰，但可用于室内装饰。

在电解液中添加铬酸锌、铬酸锆或其他可溶性铬酸盐，可改变膜层的色泽及性能。如在5%至饱和的铬酸水溶液中添加铬酸锌0.5%～20%、铬酸锆0.5%～20%，也可添加铬酸镁或单独添加铬酸锌等。以10～20V电压、在20～80℃的条件下氧化所得到的膜层有较大的孔隙度，可进行染色处理。

### 2. 促进铬酸法

此方法是美国 Bureau of Standards 所发明，与上法最大的不同之处在于它不需要将电压按严格的要求进行分段调节，而是以一定电压进行阳极处理。促进铬酸法的电解液浓度为 5％～10％ 的铬酸，电压为 40V，温度为 30～40℃，氧化时间约 30min。膜层厚度为 2～3μm。此法生成的膜层可在 82～93℃ 的热水中进行封闭处理，染色后也可在醋酸镍溶液中进行封闭处理。

电解液中若混入氯离子，对工件会有腐蚀作用，使铬酸消耗增加。当电解液中的六价铬含量少时，三价铬及铝含量会增加。为了降低电解液中三价铬的生成速度，可尽量减少阴极面积。电解液中六价铬含量低会影响膜层的耐蚀性能。

电解液中硫酸根离子的存在会影响膜层的颜色，同时硫酸根离子的存在会使铬酸的寿命缩短。电解液中的硫酸根离子可用氢氧化钡进行沉淀除去。经沉淀的钡盐不会影响氧化的进行，不必立即过滤电解液。但硫酸根离子较多时，经沉淀后应过滤电解液。

### 3. 改良铬酸法

改良法是 Slunder 及 Pray 在第二次世界大战中因铬酸缺乏而发明的，这一发明的最大特点在于铬酸电解液中硫酸根离子的存在并不是有害的而是有益的。

在标准高浓度铬酸电解液中，约有一半的铬酸消耗于 $Al_2O_3$ 的生成，其余在电解中为游离铬酸，在生产过程中约有超过一半用于中和溶解的铝以维持电解液的 pH 值。

新配的电解液在电解过程中溶液 pH 值会上升，这时需要添加铬酐，铬的含量增加，经过一段时间后，电解液的寿命就会告终，这时必须要更换电解液或废弃一部分旧液补加一部分新液。改良法是最初电解液配制时只含有铬酸，而通过添加硫酸来维持其溶液的 pH 值。改良铬酸法由以下成分组成：

六价铬　　50.3％

三价铬　　0.3％

氧化铝　　14.8％

硫酸盐　　4.7％

电解液中硫酸盐浓度的变化会影响电压的高低进而影响电流密度。改良铬酸法所得的膜层有近乎硫酸膜层的外观。

### 4. Seo 法（Siemens elektrische oxidation）

这种方法采用交流电流进行氧化，两个电极都要挂上待氧化的工件。电解液铬酸浓度为 10％～25％，电压及电流密度因合金材料不同而有一定的差异。通常情况下最高电压为 40～50V，温度约为 50℃。交流电氧化所得到的膜层颜色两极工件微有不同（比如一方为灰色，另一方为灰白色），这种情况合金铝较纯铝为明显。如果在氧化前先采用直流电流预先氧化使表面生成一层薄的氧化膜，再进行交流电氧化就可以避免这一现象的发生，目前交流电氧化法已很少使用。

### 5. Enalium 法

此法是日本专利，是在 3％ 的铬酸电解液中添加铬酸用量 3％～5％ 的硅酸钠，阴极用电解钢板，温度 35℃，最大电压 60V，最大电流 0.6A/dm²，在 60min 内将电压从 0V 升到 60V。

该法所得到的膜层颜色因合金种类不同而异，含铜量高的合金膜层颜色为乳白色到透明，含硅量高的合金膜层颜色从淡乳白色到灰白色，含镁量高的合金膜层颜色为灰色到渐成灰黑色。该法所得的膜层厚度较其他铬酸氧化膜为厚，膜层的封闭处理可采用过热蒸汽。

## 三、铬酸阳极氧化操作方法

### 1. 铬酸阳极氧化电解液组成

铬酸阳极氧化电解液成分及操作条件见表7-20。

**表7-20 铬酸阳极氧化电解液成分及操作条件**

| 电解液成分 | 材料名称 | 化学式 | 含量/(g/L) | | |
|---|---|---|---|---|---|
| | | | 配方1 | 配方2 | 配方3 |
| | 铬酸酐 | $CrO_3$ | 95～100 | 50～55 | 30～35 |
| 操作条件 | 温度/℃ | | 35～39 | 35～37 | 38～42 |
| | 时间/min | | 35 | 40 | 60 |
| | 电流密度/(A/dm²) | | 0.3～2.5 | — | 0.2～0.6 |
| | 电压/V | | 0～40 | 0～23 | 0～40 |
| | pH值 | | <0.8 | <0.8 | 0.65～0.8 |
| | 阴极材料 | | 铅板或石墨 | 铅板或石墨 | 铅板或石墨 |
| 适用范围 | | | 油漆底层防护，一般工件和焊接件 | 航空件硬铝合金 | 尺寸容差小，经抛光的工件 |

表中配方2编著者曾用于航空件2A12的小批量阳极氧化，电压5min之内升到23V，然后再保持35～40min。

铬酸改良电解液基本组成及加工条件见表7-21。

**表7-21 铬酸改良电解液成分及加工条件**

| | 材料名称 | 化学式 | 含量/(g/L) | | | |
|---|---|---|---|---|---|---|
| | | | 配方1 | 配方2 | 配方3 | 配方4 |
| 溶液组成 | 铬酸酐 | $CrO_3$ | 50～200 | 50～200 | 50～200 | 50～200 |
| | 铬酸锌 | $ZnCrO_4$ | 5～100 | 5～100 | — | — |
| | 铬酸镁 | $MgCrO_4$ | — | 5～100 | 5～100 | — |
| | 铬酸锆 | $Zr(CrO_4)_2$ | — | — | — | 5～100 |
| 操作条件 | 电压/V | | 20～60 | 20～60 | 20～60 | 20～60 |
| | 电流密度/(A/dm²) | | 1.8～2.5 | 1.8～2.5 | 1.8～2.5 | 1.8～2.5 |
| | 温度/℃ | | 20～80 | 20～80 | 20～80 | 20～80 |
| | 时间/min | | 40～60 | 40～60 | 40～60 | 40～60 |

### 2. 铬酸电解液的配制

① 首先根据所配电解液的容积计算所需铬酐的量并选择合适的电解槽。

② 将电解槽先用清水洗净，再用蒸馏水或去离子水洗三遍后加入所需容积4/5的蒸馏水或去离子水。

③ 加入计算量的铬酐，并搅拌溶液，使铬酐溶解完全，加蒸馏水或去离子水到规定体积。

④ 将温度保持在工艺要求范围，取样分析，保证铬酐含量在工艺规定范围内。

⑤ 经试生产合格后，方可正式对铝合金工件进行阳极氧化加工。

### 3. 铬酸阳极氧化操作方法

① 经预处理的铝工件挂在阳极导电杠上，立即开启抽气系统，并检查阳极导电杠上的工件之间的间隔是否一致，检查阳极和阴极之间有无相互接触。

② 打开电源，小心调整电流/电压至工艺规定范围。由于在铬酸电解液中，随着氧化膜的增厚膜的电阻亦增大，造成电流密度下降，所以在氧化过程中小心调节电压以保持电流恒定是非常重要的，同时也可获得高质量的氧化膜层。将几种电压调节方法介绍如下：

a. 起始电压在 15min 内使电压逐渐由 0V 升到 40V，然后在 40V 的电压下持续氧化 45min，因而全过程为 60min；

b. 起始电压在 10min 内使电压逐渐由 0V 上升到 40V，在 40V 的条件下保持 20min，然后在 5min 内上升到 50V，并在 50V 保持 5min，因而全过程为 40min；

c. 处理铸造铝合金工件时，电压分八段，每段各增加 5V 电压，在 10min 内由 0V 上升到 40V，并在 40V 保持 30min，因而全过程为 40min。

③ 电压调节时间间隔尽量保持一致，否则工件可能被腐蚀。

④ 氧化结束后，切断电源，取出工件，经彻底清洗后，在 60～80℃ 的条件下干燥即可。是否需要进行填充处理视要求而定。

在铬酸电解液中，可加入第二物质进行改良。常见的是在铬酸电解液中加入 Zn、Mg、Zr 等金属离子，这些添加物能使氧化膜层呈现出乳白光泽效果，用于高档装饰。

需要说明一点，因为钛在铬酸电解液中并不能形成有效的阻挡层，使氧化膜层质量差，不均匀。所以铬酸阳极氧化不能用钛作挂具，而只能用铝作挂具。

铬酸阳极氧化后可采用稀铬酸封闭处理，稀铬酸封处理同硼硫酸阳极氧化。

## 四、铬酸电解液的维护及常见故障处理

### 1. 铬酸电解液的维护和调整

铬酸电解液中游离铬酸的含量及杂质对铬酸电解液正常工作有决定作用。在氧化过程中，由于部分溶解的铝和铬酸反应生成铬酸铝及羟基铬酸铝，因而造成电解液中游离铬酸含量降低，使氧化能力下降。因此，对电解液要定期进行分析，并根据需要适当补充铬酸，调整到工艺要求范围。

为了减少铬酸损失，20 世纪 40 年代美国人 Slunder 和 Pray 提出在铬酸电解液中添加 4%～5% 硫酸或硫酸盐以降低铬酸消耗量，在第二次世界大战期间由于缺少铬酸，这种方法曾被大量使用。

铬酸电解液中的硫酸根离子杂质含量不可以超过 500mg/L。这是因为硫酸根离子含量增大，会使阴极上生成的重铬酸盐膜溶解，使六价铬还原量增大，电解液中三价铬含量增高，氧化膜质量下降；氯离子含量不可以超过 200mg/L，电解液中氯离子含量高会引起工件浸蚀现象发生。当电解液中的硫酸根离子太多时，可加入氢氧化钡，使硫酸根离子和钡离子反应生成不溶性的硫酸钡而除去。电解液中氯离子含量太多时，通常采用稀释电解液或更换电解液的方法来解决。

电解液中的硫酸根离子和氯离子一般都来自配制用水和清洗水，特别是氯离子，所以在加工过程中一定要注意所用水质的质量。

在铬酸电解液中，随着电解的进行，电解液中部分六价铬会在阴极还原成三价铬，当电解液中三价铬含量过高时，会使氧化膜质量变差。电解液中三价铬可用电解法除去。用铅板作阳极，电流密度 $0.25A/dm^2$，用钢板或不锈钢板作阴极，电流密度 $10A/dm^2$，使三价铬在阳极上氧化成六价铬。

在铬酸电解液中，铬的总含量不应超过 $70g/L$。超过这一值，电解液氧化能力降低，这时应稀释电解液或更换电解液。

**2. 铬酸阳极氧化常见故障产生原因及处理方法**

铬酸阳极氧化常见故障产生原因及处理方法见表 7-22。

**表 7-22　铬酸阳极氧化常见故障产生原因及处理方法**

| 故障现象 | 产生原因 | 处理方法 |
|---|---|---|
| 铝合金工件被烧伤 | 1. 工件与挂具之间接触不良<br>2. 工件之间相互接触，工件和阴极接触<br>3. 氧化电压过高 | 1. 改良装夹方法，使夹具和工件之间及夹具和导电杠之间保持良好导电<br>2. 通电氧化之前认真检查工件与工件之间，工件与阴极之间有无接触现象<br>3. 降低氧化电压，随时观察氧化过程中的电压变化情况 |
| 铝合金工件被腐蚀成较深的坑 | 1. 电解液中铬酸含量低<br>2. 合金材料在冶炼中存在缺陷，合金成分不均匀，热处理不完善 | 1. 通过分析调整到工艺规定范围<br>2. 更换合金材料 |
| 氧化膜薄有发白现象 | 1. 工件、夹具、导电杠之间接触不良<br>2. 氧化时间短<br>3. 电流密度太小 | 1. 改良装夹方法，使夹具和工件之间及夹具和导电杠之间保持良好导电<br>2. 加长氧化时间<br>3. 调整电流密度到工艺规定范围 |
| 氧化膜上有粉末 | 1. 电解液温度太高<br>2. 电流密度太大 | 1. 调整电解液温度到工艺规定范围<br>2. 调整电流密度到工艺规定范围 |
| 氧化膜层发黑 | 1. 合金材料质量问题<br>2. 工件上有未清洗干净的抛光膏及其他残余物 | 1. 更换合金材料<br>2. 加强工件氧化前的清洗工作 |
| 氧化膜腐蚀，表面呈现黄色斑点 | 1. 电解液内铬酸含量过低<br>2. 合金材料不纯，合金中含 Cu 量偏高 | 1. 分析调整电解液的铬酸浓度到工艺规定范围<br>2. 更换合金材料 |
| 氧化膜层发红 | 1. 工件氧化前表面处理不佳<br>2. 导电杠、铝工件、夹具之间接触不良 | 1. 加强工件氧化前的预处理工作<br>2. 改良装夹方法，使夹具和工件之间及夹具和导电杠之间保持良好导电 |

## 五、硫酸氧化法和铬酸氧化法比较

硫酸阳极氧化法主要用于装饰性、保护性和耐磨性工件的生产加工。铬酸阳极氧化主要用于防护及铸造件的生产加工。硫酸阳极氧化膜和铬酸阳极氧化膜的性质对比见表 7-23。

表 7-23 硫酸阳极氧化膜和铬酸阳极氧化膜的性质对比

| 膜层性能 | $H_2SO_4$ 法 | 铬酸法 |
|---|---|---|
| 阳极氧化膜的透明性 | 透明 | 半透明到不透明 |
| 阳极氧化膜色调 | 在纯铝及绝大多数合金材料上可得无色透明膜层。但在含 Si 的合金表面则是暗色 | 在纯铝表面上是浅灰色,在含 Si 量高的合金表面则为暗红紫到灰色 |
| 染色氧化膜层外观 | 颜色鲜亮清晰,透过氧化膜层可见到金属光泽 | 深色,并不显示出金属光泽 |
| 阳极氧化膜的光泽 | 具有金属光泽 | 金属表面光泽被阳极氧化膜所破坏,但仍保持有平滑表面 |
| 阳极氧化膜的抗蚀性 | 良好 | 在不封闭的情况下都优于 $H_2SO_4$ 法 |
| 阳极氧化膜的延性 | 较硬,较之铬酸法获得的膜层具有较小的延性,但可以通过修改电解液的添加成分而生产出较好延性的膜层 | 具有良好的延性 |
| 阳极氧化膜的抗磨损性 | 良好,可通过调整工艺参数使膜层进一步硬化 | 良好 |

## 六、铬酐-草酸钛钾法

### ➔ 1. 工艺方法

这是一日本发明的专利技术,用这种方法获得的膜层不透明、色调柔和优美、硬度高、抗蚀及耐磨性能好。具有格调高雅的珐琅状美丽光泽表面,具有极好的装饰效果。工艺配方及操作条件见表 7-24。

表 7-24 铬酐-草酸钛钾法工艺配方及操作条件

| | 材料名称 | 化学式 | 含量/(g/L) |
|---|---|---|---|
| 溶液成分 | 铬酐 | $CrO_3$ | 40~70 |
| | 草酸钛钾 | $K_2TiO(C_2H_4)_2$ | 1~20 |
| 操作条件 | 温度/℃ | | 30~60 |
| | 电压/V | | 30~60 |
| | 时间/min | | 15~25 |

### ➔ 2. 影响因素

(1) 草酸钛钾 当草酸钛钾低于 1g/L 时,氧化膜表面不能产生草酸钛钾的沉积层而使膜层质量达不到要求,随着草酸钛钾浓度的升高,膜层质量得到改善,当草酸钛钾浓度高于 20g/L 时,多余的草酸钛钾在电解液中游离,并不能使膜层获得进一步的改善,反而使成本增加。

(2) 铬酐 当铬酐浓度低于 40g/L 时,膜层的生长速率会受到影响,难以获得 4~6$\mu$m 的膜层厚度。当铬酐浓度高于 70g/L 时,会增加草酸钛钾的分解和膜的溶解,得不到所需膜层的优良品质。

（3）其他因素　当操作温度低于30℃时，电流效率差，只有当温度高于30℃时才有良好的电流效率。但当温度高于60℃时膜层的溶解速度加快，难以获得所需厚度的膜层。

# 第五节　草酸阳极氧化

草酸法多用于日本及德国，在日本称为 almite 法，在德国称为 Eloxal-verfahren 法。Eloxal 法的电解液是草酸添加其他适当物质，以促使氧化膜层的生长，最常用的添加成分为0.3%的铬酸，Eloxal 法常用配方及操作条件见表 7-25。

**表 7-25　Eloxal 法工艺配方及操作条件**

| | 材料名称 | 化学式 | 含量/(g/L) | | | | | |
|---|---|---|---|---|---|---|---|---|
| | | | GS | GX | GXh | WX | XS | Fa |
| 溶液成分 | 硫酸 | $H_2SO_4$ | 110～230 | — | — | | 适量 | — |
| | 草酸 | $(COOH)_2$ | — | 30～50 | 30～50 | 30～50 | 30～50 | 适量 |
| | 铬酸 | $CrO_3$ | — | — | — | | — | 适量 |
| 操作条件 | 电压/V | | DC 15～18 | DC 60 | DC 30～35 | AC 40 | 交直流叠加 AC 25 DC 30～40 | DC 20～30 |
| | 电流密度/(A/dm²) | | 1.5～1.8 | 1.4 | 1.5 | 2～3 | — | 2～2.5 |
| | 温度/℃ | | 20～22 | 18～22 | 35～40 | 35 | — | 20～25 |
| | 时间/min | | 20～40 | 40 | 20～40 | 40 | AC 15；DC 40 | 60 |
| | 电压消耗/(kW·h/m²) | | 0.8～1.8 | 5～6 | 1.5～3 | 6～8 | 3～6 | 4～7 |

注：表中 S 代表硫酸；X 代表草酸；h 代膜层色调更明朗；G 代表直流电流；W 代表交流电流；Fa 代表特殊处理。

GS 膜层为硫酸膜层，膜层为无色透明，适宜用于装饰及着色，改变硫酸的浓度，氧化膜层的硬度也随之改变。

GX 膜层色调随合金材料不同而异。纯铝及含镁合金为淡黄色，含铜的合金呈带蓝灰色，含硅的合金呈现为暗灰色，含有少量镉的合金呈现为褐色。这些膜层都具有较好的硬度和耐蚀性能。

GXh 膜层的色调比 GX 膜层更明朗，即色泽更浅，但这种膜层的硬度和耐蚀性不如 GX 膜层。

WX 膜层为交流电氧化，膜层颜色呈黄铜色或黄金色，且电流密度越大，颜色越浓，膜层耐折弯性能越好，这种膜层不宜着色，可直接用于装饰。

XS 电解液为硫酸和草酸混合组成，采用交直流叠加的方式进行氧化。

Fa 为特殊处理方法，可得到无色透明的膜层。

日本 almite 法采用的电解液为 1%～3%的草酸溶液，温度在 30℃以下，电压在 100V以下，电流密度 5～20A/dm²，氧化时间 60～120min，氧化膜层的厚度随氧化时间的延长而增厚（在极限厚度以内）。如采用直流电流氧化可得到灰色至灰白色的膜层，如采用交流电流可得到黄金色到黄色膜层，膜层的颜色随厚度增加而加深，在生产中可采用交直流叠加的方法以防止阳极腐蚀，缩短氧化膜生成时间，改善膜层的耐蚀性能及电绝缘性能，改良膜层色调。交直流叠加以叠加三相交流电为最好，此时的电解液宜采用 4.5% 的草酸溶液。日本草酸法的常用配方及操作条件见表 7-26。

表 7-26　日本草酸法的常用配方及操作条件

| 溶液成分 | 材料名称 | 化学式 | 含量/(g/L) | | | | | |
|---|---|---|---|---|---|---|---|---|
| | | | 配方 1 | 配方 2 | 配方 3 | 配方 4 | 配方 5 | 配方 6 |
| | 草酸 | $(COOH)_2$ | 10～30 | 10～30 | 10～30 | 35 | 50～90 | 100 |
| | 高锰酸钾 | $KMnO_4$ | — | — | — | 1 | — | — |
| 操作条件 | 电压类型 | | DC 或 AC | DC 或 AC | 交直叠加 | DC 或 AC | DC | DC 或 AC |
| | 电压/V | | — | 60～100 | DC 60～90<br>AC 60～120 | 120 | 100 | 40～60 |
| | 电流密度/(A/dm²) | | 草酸时：<br>5～10<br>草酸盐：<br>10～15 | 5～3 | 5～20 | — | — | — |
| | 温度/℃ | | | <30 | | 25 | 25 | 15～60 |
| | 膜层性质 | | 耐热,电绝缘性能好,耐蚀性好,膜层呈珐琅状褐色 | 耐热性和耐蚀性好,膜层呈珐琅状淡黄到灰色 | 电绝缘性能好,耐蚀性好 | 电绝缘性能优良 | — | 因氧化条件的不同,膜层呈硬、软、致密或粗糙 |

表中配方 1、配方 3 也可采用草酸盐。配方 2 也可采用丙二酸或其盐类。配方 4 中的高锰酸钾也可改为硝酸、磷酸、过氧化氢、铬酸或重铬酸钾。配方 6 可在电解液中加入适量氧化剂。

## 一、草酸阳极氧化的特点

草酸阳极氧化法是在 2%～10% 的草酸电解质溶液中以直流电或交流电对铝合金工件进行阳极氧化的加工方法。

草酸阳极氧化法所取得的膜层硬度低于硫酸阳极氧化法所取得的膜层硬度，不太适合对膜层有较高硬度要求的氧化加工。草酸电解液对表面膜层的溶解度小于硫酸电解液，所以，易于取得比硫酸电解液更厚的氧化膜层，同时对于不含铜的纯铝或合金铝可以取得银色、青铜色或黄褐色的氧化膜，这一特点非常适用于表面装饰性处理。

草酸阳极氧化法获得的氧化膜致密性比硫酸法好，其氧化膜有更好的抗蚀性能。

草酸阳极氧化法如用交流电所获得的氧化膜层比直流电所获得的膜层软，弹性较小。此种膜层如用于铝线绕组是良好的绝缘层。

无可否认，草酸阳极氧化法成本高，一般认为比硫酸阳极氧化法成本高 3～5 倍。草酸电解液的电阻比硫酸电解液和铬酸电解液都大，因此在氧化过程中消耗电能高，电解液易发热，必须配备功率更大的冷却设备。草酸有一定毒性，在阴极上会被还原为羟基乙酸，在阳极上被氧化成二氧化碳，导致电解液稳定性变差。氧化膜色泽随工艺条件变化而异。由于这些原因的存在，草酸阳极氧化法在工业上的广泛应用受到一定限制，一般只做特殊情况下的应用，如电气绝缘保护层、食品容器等。

## 二、草酸阳极氧化操作方法

### 1. 草酸阳极氧化电解液组成

对草酸阳极氧化法来讲，如果采用不同的操作条件，可以得到不同性质及用途的氧化膜层。常用草酸阳极氧化工艺规范见表 7-27，不同工艺条件下获得的膜层性质见表 7-28。

表 7-27　常用草酸阳极氧化工艺规范

| | 材料名称 | 化学式 | 含量/(g/L) | | | |
|---|---|---|---|---|---|---|
| | | | 配方 1 | 配方 2 | 配方 3 | 配方 4 |
| 溶液组成 | 草酸 | $C_2H_2O_4 \cdot 2H_2O$ | 30～50 | 50～70 | 80～85 | 50～100 |
| | 甲酸 | $CH_2O_2$ | — | — | 55～60 | — |
| 操作条件 | 温度/℃ | | 15～35 | 25～32 | 12～18 | 30 |
| | 电压/V | | 20～100 | 30～60 | 40～50 | 50～60 |
| | 电流密度/(A/dm²) | | 1～3 | 1～2 | 4～4.5 | 1 |
| | 电源 | | AC/DC | DC | AC/DC | DC |
| | 氧化时间/min | | 20～150 | 30～40 | 15～25 | 10～30 |

注：配方 1 为通用配法，并随温度、电流、电源方式、电压、时间的不同，所得的膜层有较大差异，将在表 7-28 中单独讨论；配方 2 在不含重金属的合金材料上可得到淡金色且耐磨性、耐晒性都较好的膜层，为常用的装饰性氧化方法；配方 3 生成的氧化膜层呈微黄色，随工艺条件的变化，可由淡黄到黄棕色，适宜染金色，多用于装饰用途；配方 4 可获得半透明的氧化膜层，在英美等国家使用较多。

表 7-28　3%～5%草酸电解液在不同工艺条件下获得的膜层性质

| | 电压/V | 40～60 | 30～35 | 20～60 |
|---|---|---|---|---|
| 操作条件 | 电源方式 | DC | DC | AC |
| | 电流密度/(A/dm²) | 1～2 | 1～2 | 2～3 |
| | 温度/℃ | 18～20 | 33～35 | 25～35 |
| | 时间/min | 40～60 | 20～30 | 40～60 |
| 膜层性能及用途 | | 如合金材料不含重金属，所得膜层为黄色，且耐磨性能好 | 此法在纯铝上可得无色氧化膜，由于膜层孔隙率较大，膜层适用于染色和照相感光加工技术。膜层较薄较软 | 此法所获得的氧化膜层较软，适于铝线的阳极氧化和弹性要求较高的阳极氧化。当工作电压从 20V 逐渐升到 60V 时，所获得的氧化膜层为黄色 |

### 2. 草酸电解溶液配制

（1）首先根据所配电解液的体积计算所需草酸的用量及合适的电解槽。

（2）将电解槽先用清水洗净，再用蒸馏水或去离子水洗三遍，加入所需容积 3/5 的蒸馏水或去离子水。

（3）加入计算量的草酸，并对电解液进行加热和搅拌，使草酸溶解完全，加蒸馏水或去离子水至规定体积。

（4）将温度保持在工艺要求范围，取样分析，保证草酸含量在工艺规定范围内。

（5）经试生产合格后，方可正式对铝合金工件进行阳极氧化加工。

### 3. 草酸阳极氧化操作方法（以绝缘草酸厚膜氧化为例）

先将电解液温度调到工艺要求范围，开启抽气及搅拌装置；将装挂好的铝工件放在阳极导电杠上，并保证导电良好，工件最好带电放入氧化槽中（小阳极电流）。为防止氧化不均匀，必须逐步升高电压，切不可操之过急。

氧化过程采用梯形提升电压方式：

$0\sim60V$：5min（电流密度保持在 $2\sim2.5A/dm^2$）

70V：5min

90V：5min

$90\sim110V$：15min

110V：$60\sim90min$

电压不允许超过120V，采用梯形方式升高电压是因为草酸氧化膜层很致密，电阻高，要想获得一定厚度的氧化膜层，只有提高电压。在规定电压下氧化到规定时间后，断电取出工件。

氧化过程中电流突然上升（电压下降）往往是膜层被击穿所致，特别是到了氧化后期，这时的槽电压很高，工件在装挂时如选点不善或点位太少很容易造成膜层击穿。当电压过高时，也容易使电解液温度不均匀而影响膜层的质量，所以在整个氧化过程中应严格控制氧化温度。温度太高要采用强制冷却方式，因为太高的温度不仅会影响膜层的质量，同时也增加氧化膜层的溶解速度，降低膜层的厚度。

为了提高膜层的绝缘性能，可在氧化膜上浸渍一层高绝缘漆。

使用直流电氧化时，用铅、石墨或不锈钢作阴极，与阳极面积之比为 $(1:2)\sim(1:1)$。

## 三、草酸阳极氧化电解液维护及常见故障处理

### 1. 草酸阳极氧化电解液的维护及调整

草酸电解液中的铝离子不能超过 2g/L，氯离子不能超过 200mg/L，超过这一极限范围，需要稀释或更换电解液。在草酸电解液中不得有任何杂质及污物混入，电解液可采用连续过滤方式。

在氧化过程中，草酸电解液中的草酸会被消耗，所以需要定期分析并补加到工艺规定的含量。也可按安时计算补加。

1A·h 消耗 $0.13\sim0.14g$ 草酸，同时 1A·h 有 $0.08\sim0.09g$ 的铝溶于电解液生成草酸铝，需要消耗 5 倍于铝量的草酸，总消耗量为：

草酸安时消耗量＝$(1A·h)\times[0.135g/(A·h)+5\times0.085g/(A·h)]$。

### 2. 草酸阳极氧化常见故障产生原因及处理方法

草酸阳极氧化常见故障及处理方法见表 7-29。

表 7-29　草酸阳极氧化常见故障及处理方法

| 故障现象 | 产生原因 | 处理方法 |
|---|---|---|
| 氧化膜薄 | 1. 草酸浓度太低<br>2. 电解液温度太低<br>3. 电压太低<br>4. 氧化时间不够 | 1. 分析草酸含量并调整到工艺规定范围<br>2. 提高电解液温度到工艺规定范围<br>3. 提高电压到工艺规定范围<br>4. 延长氧化时间 |

| 故障现象 | 产生原因 | 处理方法 |
|---|---|---|
| 氧化膜层疏松并有掉粉现象 | 1. 草酸浓度过高<br>2. $Al^{3+}$浓度超过 3g/L<br>3. $Cl^-$浓度超过 200mg/L<br>4. 电解液温度过高 | 1. 稀释电解液,降低电解液中草酸含量至工艺规定范围<br>2.3. 稀释电解液或更换新的电解液<br>4. 降低电解液温度至工艺规定范围 |
| 产生电腐蚀 | 1. 装挂缺陷造成接触不良<br>2. 电压升得太快<br>3. 电解液搅拌力太小<br>4. 合金材料问题 | 1. 改良装夹方法,使夹具和工件之间及夹具和导电杠之间保持良好导电<br>2. 采用阶梯式逐步升高电压的方法进行电压调节<br>3. 加强搅拌力度,如采用压缩空气可采取加大气压及气流量的方式解决<br>4. 更换合金材料。应急处理:可降低电压,缩短氧化时间 |
| 氧化膜层有腐蚀斑点 | 电解液中 $Cl^-$ 含量超过 200mg/L | 稀释或更换电解液 |

# 第六节　硬质阳极氧化

硬质阳极氧化亦是一种厚氧化膜层阳极氧化。这种方法最早为德国和前苏联采用,并大量用于工业生产。

## 一、硬质阳极氧化的特点

硬质氧化膜的色泽从褐色到深褐色,灰色到黑色,一般根据合金材料不同、加工工艺的差异而不同。氧化膜层越厚,电解液温度越低,所得氧化膜层颜色越深。

这种方法可取得厚度较高的氧化膜层,最大可达 $250\mu m$。根据这一特点可用于铝合金工件磨损部位的修复。

硬质氧化膜层硬度很高,在合金铝上可达 $400\sim600HV$,在纯铝上可达 $1500HV$,其硬度值内层大于外层,根据这一特点可用来代替传统电镀硬铬工艺。

硬质氧化膜层具有微小孔隙,能吸附各种润滑剂,因而具有较高的减摩能力。不同的合金经硬质氧化后可以取得不同的疏孔度。纯铝可以取得 20%的疏孔度,合金铝其疏孔度增大。如用于制造飞机活塞的合金铝:含 2.2%Cu,1.6%Mg,1.35%Fe,0.85%Si,1.25%Ni,0.19%Ti 的合金,经硬质氧化后所取得的疏孔度约为 35%,同时膜层在 1500℃仍具有抗热性能。

硬质氧化膜的熔点可达 2050℃,热导率低达 $67kW/(m\cdot K)$,是极好的耐热材料。

硬质氧化膜的电阻系数大,经过封闭处理或浸涂绝缘涂层后,其击穿电压达 2000V,是极好的电气绝缘层。

硬质氧化膜在大气中有极好的耐蚀性能,在 3%的 NaCl 溶液中经数千小时而不发生腐蚀。

硬质氧化膜和其他方法所取得的氧化膜层一样,都是由基体金属本身在电场作用下发生氧化过程而形成的,所以和基体金属有极好的结合力,使用一般机械方法难以从基体金属表面剥离。

## 二、硬质阳极氧化的工艺要求

锐角倒圆：铝工件如有锐角、毛刺或其他尖锐的棱角，在进行氧化之前必须先打磨使之圆滑。倒圆半径不小于0.5mm。否则这些部位将因电流过于集中而引起局部发热以致烧毁工件。

工件表面粗糙度：经硬质阳极氧化的工件其表面粗糙度会起一定变化。平滑的工件表面经硬质氧化后其平滑度有所降低，较粗糙的工件表面经硬质氧化后会比原来更平滑。

尺寸余量：经硬质阳极氧化后的工件尺寸会增加，大致是氧化膜层厚度的一半左右。所以工件在氧化前的尺寸必须根据氧化膜厚度和尺寸允许公差来确定。图7-11为工件经硬质阳极氧化后尺寸增加示意图。

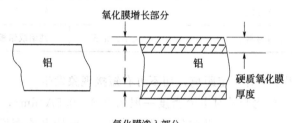

图 7-11　硬质氧化膜尺寸变化示意图

专用夹具：硬质氧化夹具在氧化过程中要承受高电压和高电流，所以一定要保证夹具和工件接触十分完善，否则会被击穿而烧毁工件。在氧化过程中要经受电解液剧烈搅拌，所以夹具应有足够的强度和刚性，以免工件在搅拌电解液时脱落。

冷冻设备：在硬质氧化过程中由于电压高，电流大，电解液升温剧烈，必须要有功率足够的冷冻装置以保证电解液温度恒定。

## 三、硫酸硬质阳极氧化工艺方法

用硫酸电解液进行硬质阳极氧化的处理方法，与普通硫酸阳极氧化处理方法有所不同。硫酸硬质阳极氧化所用硫酸电解液温度在-10~10℃。

由于硬质氧化所生成的氧化膜层具有较高的电阻，会直接影响电流强度和氧化作用的进行。为了获得较厚的氧化膜层，必须提高外加电压，以消除氧化膜层电阻大的影响，使电流密度保持恒定，保证工件表面继续进一步氧化。

通过较大电流时会产生大量的发热现象，加上氧化膜的生成本身也会放出大量的热量，会使工件周围电解液温度剧升。温度的升高一则使氧化膜层溶解加剧，二则温度过度集中易造成接触位烧毁。所以在氧化过程中要有大功率制冷系统，并有强制剧烈搅拌，以抑制温度的上升和局部过热现象发生。

**1. 电解液成分和加工方法**

硫酸硬质阳极氧化工艺规范见表7-30。

在进行硫酸硬质阳极氧化时应注意：

① 氧化之前，启动冷却装置将电解液冷却至工艺规定范围，开启抽气系统和打气装置。

② 将氧化工件装夹牢固，在加工过程中不得有松动脱落现象发生。工件装夹应合理，以保证氧化电流分布均匀。工件间应有一定距，以利于热量传递。各挂具和阳极导电杠确

表 7-30　硫酸硬质阳极氧化配方及工艺条件

| 溶液成分 | 材料名称 | 化学式 | 含量/(g/L) | | |
|---|---|---|---|---|---|
| | | | 配方 1 | 配方 2 | 配方 3 |
| | 硫酸(CP,98%) | $H_2SO_4$ | 200～300 | 15% | 10% |
| 操作条件 | 电流密度/(A/dm²) | | 2～5 | 2～2.5 | 2.5～10 |
| | 电压/V | | 40～90V | 由 25V 升到 60V | 由 40V 升到 120V |
| | 温度/℃ | | -8～10 | 0 | -5～5 |
| | 时间/min | | 120～180 | 120 | 120 |
| | 搅拌方式 | | 强力压缩空气 | 强力压缩空气 | 强力压缩空气 |
| | 阴极材料 | | 纯铝或铅板 | 纯铝或铅板 | 纯铝或铅板 |

保导电良好。工件和阴极应有一定距离，切不可有短接现象发生。

③ 采用恒电流法。氧化开始时电流密度一般为 0.3～0.5A/dm²，在 25min 内，分 5～10 次逐渐升高至 2.5A/dm²（或工艺规定的电流密度），保持电流密度恒定，每隔 5min 观察并调整一次电流密度直到氧化结束。开始氧化电压一般取 6～9V，最终电压视氧化膜厚度而定。

④ 在氧化过程中应随时观察电压与电流变化情况。如发现电压突降，说明有部分工件氧化膜被溶解击穿，应立即断电取出氧化膜已被溶解击穿的工件，其余工件再继续氧化。

**2. 影响氧化膜硬度和氧化膜生长速度的因素**

（1）电解液浓度的影响　用硫酸电解液进行硬质阳极氧化时，其硫酸浓度范围在 10%～30%。当浓度低时，获得的膜层硬度高，特别是纯铝更加明显。但含铜量较高的合金材料例外，因为含铜量较高的合金中存在 $CuAl_2$ 金属化合物，在氧化过程中溶解速度较快，易成为电流聚集中心而被击穿。所以对含铜量较高的合金材料，应采用较高浓度的硫酸电解液进行硬质氧化。

（2）电解液温度　电解液温度对氧化膜层的硬度和耐磨性有较大影响。一般来讲，温度降低，膜层耐磨性增大。主要是因为在低温情况下，电解液对膜的溶解作用明显减弱，为了获得耐磨、硬度高的膜层，应采用低温氧化，并控制温度变化不超过 ±2℃。如采用纯铝来进行硬质阳极氧化，温度接近 0℃时其硬度反而下降。所以为了获得高硬度氧化膜层，对于有包铝的工件，在 4～8℃ 的条件下进行硬质阳极氧化为宜。

（3）电流密度　提高电流密度，氧化膜生长速度加快，氧化时间缩短，膜层受硫酸溶解时间减少，膜层溶解量减少，膜层硬度和耐磨性提高。但当电流密度超过极限电流时，由于氧化时发热量大增，阳极工件界面温度过高，膜的溶解速度加快，膜的硬度反而降低。如电流密度过低，电压升高过于缓慢，虽然发热量减少，但要获得较厚的氧化膜，氧化时间必然加长，导致膜层受硫酸溶解的时间延长，所以氧化膜硬度降低。电流密度和氧化膜硬度、耐磨性、氧化膜生长速度的关系比较复杂，要想得到理想的氧化膜层，要根据不同的合金材料来选择合适的电流密度，通常取 2～2.5A/dm²。

（4）合金成分的影响　铝合金成分和杂质对硬质氧化膜的质量有较大影响。主要表现在对膜层的均匀性和完整性的影响。对于铝-铜、铝-硅、铝-锰合金，采用直流电硬质阳极氧化困难较大。当合金中铜含量超过 5％，硅含量超过 7.5％时，不适宜采用直流硬质阳极氧化。如采用交直流叠加或脉冲电流法进行硬质阳极氧化，合金元素及杂质含量范围可以扩大。

（5）氧化膜层生长速度　提高电流密度和降低电解液温度时，氧化膜层生长速度提高。电解液浓度低时，对膜层的溶解量减少，可促使氧化膜层的生长。欲获得致密、耐蚀性强的氧化膜层，必须降低膜的生长速度。

## 3. 硫酸硬质阳极氧化常见故障原因及处理方法

硫酸硬质阳极氧化常见故障原因及处理方法见表 7-31。

表 7-31　硫酸硬质阳极氧化常见故障原因及处理方法

| 故障现象 | 原因 | 处理方法 |
| --- | --- | --- |
| 氧化膜厚度不够 | 1. 氧化时间太短<br>2. 电流密度太低<br>3. 氧化面积计算不准确 | 1. 延长氧化时间<br>2. 增大电流密度至工艺规定范围<br>3. 准确计算被氧化工件有效面积 |
| 氧化膜硬度不够 | 1. 溶液温度太高<br>2. 电流密度太大<br>3. 氧化膜厚度太厚 | 1. 降低电解液温度至工艺规定范围<br>2. 降低电流密度至工艺规定范围<br>3. 缩短氧化时间 |
| 氧化膜被击穿或工件被烧毁 | 1. 合金中铜含量太高<br>2. 工件散热不好<br>3. 工件和挂具接触不良<br>4. 氧化时电压升高太快 | 1. 更换合金材料<br>2. 增大工件之间的间隙，加强电解液搅拌和冷却<br>3. 改善工件装挂质量<br>4. 逐步升高电压 |

# 四、混酸硬质阳极氧化

混酸硬质阳极氧化工艺规范见表 7-32。

表 7-32　混酸硬质阳极氧化配方及操作条件

| 材料名称 | 化学式 | 含量/(g/L) | | | |
| --- | --- | --- | --- | --- | --- |
| | | 配方 1 | 配方 2 | 配方 3 | 配方 4 |
| 溶液成分 | 硫酸(CP,98％) | $H_2SO_4$ | 5～12 | — | 20％ | 120～150 |
| | 苹果酸 | $C_4H_6O_5$ | 30～50 | — | — | — |
| | 磺基水杨酸 | — | — | 90～150 | — | — |
| | 草酸 | $C_2H_2O_4 \cdot 2H_2O$ | — | 40～50 | 20 | 10～15 |
| | 乳酸 | $C_3H_6O_3$ | — | — | — | 5～15 |
| | 硼酸 | $H_3BO_3$ | — | — | 0～20 | 0～20 |
| | 丙二酸 | $C_3H_4O_4$ | — | 30～40 | — | — |
| | 硫酸锰 | $MnSO_4 \cdot 5H_2O$ | — | 3～4 | — | — |
| | 甘油 | $C_3H_8O_3$ | — | — | 50 | — |

| 操作条件 | 温度/℃ | 变形铝合金 15～20<br>铸铝 15～30 | 10～25 | 10～15 | 15～25 |
|---|---|---|---|---|---|
| | 电压/V | 15～25 | 起始 40～60<br>最终＞100 | 25～27 | 16～22 |
| | 电流密度/(A/dm²) | 变形铝合金 5～6<br>铸铝 5～10 | 2.5～3 | 2～2.5 | 2～3 |
| | 时间/min | 30 | 60～100 | 40 | 40～60 |
| | 阴极材料 | 铅 | 铅 | 铅 | 铅 |
| | 搅拌方式 | 电解液循环 | 阳极移动<br>(27～30 次/min) | 电解液循环或<br>空气搅拌 | 电解液循环或<br>空气搅拌 |

注：配方 1 所得膜层依合金材料不同呈现为均匀深黑色、蓝黑色或褐色。膜厚约 50μm，硬度 HV＞300。适用于含铜 5％以下的合金材料及深盲孔氧化。配方 2 所得膜层细致，硬度 HV＞474～868，厚度可达 40～60μm。配方 3 所得膜层厚度可达 40μm，特别适用于含铜量高的铝合金硬质阳极氧化。

### 五、硫酸硬质阳极氧化法和混酸硬质阳极氧化法比较

硫酸硬质阳极氧化一般都需要在低温下进行，因此，必须要有配套的大功率冷却设备及无油冷冻压缩空气。这给生产带来一定的难度，同时增加了冷冻设备的投入。但这种方法简单成熟，电解液成本低，维护方便，膜层硬度、耐磨性、电气性能优良，氧化膜极限厚度高。

混酸硬质阳极氧化由于在电解液中加入了有机酸，允许在稍高温度下进行氧化，一则便于生产，二则降低了冷冻设备投入，降低电能消耗，提高膜层质量。但这种方法电解液成本和硫酸法相比高得多，电解液成分相对复杂，维护困难，维护成本高，所得膜层极限厚度和最大硬度较硫酸法为低。

综上所述，这两种方法各有利弊，在生产中应根据实际情况正确选取。通常情况下应优先考虑使用硫酸硬质阳极氧化工艺方法，在硫酸法不能满足的情况下才考虑使用混酸硬质阳极氧化工艺方法。

# 第七节　其他阳极氧化方法

### 一、磷酸阳极氧化与 T 技术简介

磷酸阳极氧化与硫酸法、草酸法相比，其氧化膜层的孔径更大，更有利于填充功能性材料，但是，磷酸氧化膜的厚度只有几个微米（大多在 5μm 以下），远远小于硫酸膜或草酸膜的十几甚至几十微米的厚度，这就限制了在其装饰和其他功能上的应用，但其大孔径和良好的吸附性能是电镀、粘接和涂层的良好底层，近十几年铝合金与塑料一体化的纳米成型技术（也就是人们常说的 T 技术）在手机上的应用进一步扩展了磷酸阳极化的应用领域。虽然在纯磷酸电解液中获得的氧化膜层较薄，但可以通过对电解液进行改良来增加膜层的厚度，不管是用于粘接还是用于 T 技术，膜层的厚度与膜层的孔径大小及孔隙率成一定的比例才是

最合理的。关于膜厚、孔径大小与孔隙率这三者的最佳比例，目前未见有权威报道。氧化膜层太薄，不管孔径有多大都不能有效地抓住与之需要结合的树脂，甚至根本就不能黏合。当膜层太厚，而孔径较小时，树脂不能顺利地渗入孔隙中同样会造成粘接不牢。当膜层厚度在 $5\mu m$ 左右时，孔径以 $40\sim60nm$ 为宜。如果在 $8\mu m$ 左右，孔径以 $80\sim120nm$ 为宜。

在纯磷酸电解液中，要提高膜层厚度，可通过降低温度、电解液浓度，提高电压及阳极氧化时间来获得。也可在磷酸电解液中添加硫酸、硼酸、有机酸或有机羟酸（比如乳酸、柠檬酸、酒石酸、苹果酸等）等进行改良，其中改良电解液的方式对膜层厚度的影响最大。

对粘接和 T 技术来说，在磷酸阳极氧化之前对铝表面进行粗化是必要的，特别是对于 T 技术甚至可以通过微粗化后直接浸 T 液而省去磷酸阳极化。对于粘接，粗化的方式可以采用喷砂、化学蚀刻砂面等方式进行。T 技术采用碱蚀较多，但碱蚀形成的微观粗糙度是有限的，当阳极氧化不良或 T 液处理不当时很容易造成与树脂粘接不牢。对 T 技术的微粗化处理的改进，一则可参考碱性纹理蚀刻进行；二则也可以在碱蚀溶液中添加氟化物；三则也可采用氟化氢铵来进行。其中以在碱蚀溶液中添加氟化物为最方便，并且也能提高处理后的表面微粗化效果。将铝件置于 3% 的硅氟酸盐中在 90℃ 的条件下处理数分钟，然后再用稀硝酸剥离掉铝表面的氟化铝钠膜层也能获得良好的微粗化效果。

在一些 T 处理介绍中，经碱蚀后的酸处理可包括两个方面，一是通过含氟的酸处理在表面获得如树枝状的纳米级孔洞；二是采用大孔径的磷酸或混酸阳极氧化，或两者组合进行。如不进行微粗化处理，寄希望于通过磷酸阳极氧化来满足其注塑质量的保证，其稳定性会受到很大的影响。

对微粗化处理后的工件进行磷酸阳极氧化，磷酸阳极氧化工艺方法可参照表 7-33 中所示方法进行。

表 7-33　磷酸阳极氧化工艺方法

| | 材料名称 | 化学式 | 含量/(g/L) | | | |
|---|---|---|---|---|---|---|
| | | | 配方 1 | 配方 2 | 配方 3 | 配方 4 |
| 溶液成分 | 磷酸 | $H_3PO_4$ | $120\sim240$ | $40\sim60$ | $25\sim40$ | $70\sim100$ |
| | 硫酸 | $H_2SO_4$ | — | — | — | $40\sim60$ |
| | 有机羟酸 | — | — | $8\sim12$ | — | — |
| | 丙三醇 | $C_3H_8O_3$ | — | — | — | $16\sim24$ |
| | 草酸 | $C_2H_2O_4$ | — | — | $10\sim24$ | $5\sim10$ |
| 操作条件 | 温度/℃ | | $17\sim22$ | $15\sim17$ | $10\sim15$ | $20\sim24$ |
| | 时间/min | | $15\sim20$ | $40\sim120$ | $40\sim120$ | $20\sim30$ |
| | 电压或电流密度 | | $15\sim24V$ | $0.1\sim0.2A/dm^2$ | $0.1\sim0.2A/dm^2$ | $18\sim24V$ |
| | 搅拌方式 | | 采用电解液循环或压缩空气搅拌 | | | |
| | 阴极板 | | 铅板 | | | |

纯磷酸电解液获得的膜层薄，但孔径较大，添加硫酸的电解液，孔径比纯磷酸法小，但孔隙率增大明显，膜层厚度增大。要想获得大孔径的较厚膜层，可通过采用低电解液浓度、高电压、长的氧化时间来实现。

经磷酸阳极化处理后的膜层，据介绍可以通过采用磷酸来进行扩孔处理，但这种方法必须要有一个较厚的膜层为前提，否则在磷酸扩孔过程中会将膜层部分或全部溶解，反而失去原有磷酸阳极氧化膜的功能。

要实现 T 技术，不管是微粗化还是磷酸阳极化处理后都要浸渍 T 液，T 液组成是商业秘密。其实所谓的 T 液应该是一种带氨基的偶联剂或是氨、肼及衍生物、水溶性胺类之一种或多种配成的一定浓度的水溶液，也可在这些化学物质组成的溶液中加入适当的氟化物。其水溶液的 pH 值应调整到被处理氧化物表面的等电离点值（$Al^{3+}$ 的等电离点值为 9.1），否则有可能会影响 T 液成分在膜层表面的吸附。浸过 T 液的铝件经水洗后烘干即可进行注射成型。

经 T 成型后的产品，由于其热固型树脂具有优良的耐化学品性能，注射成型后可进行化学抛光、电解抛光、阳极氧化等后续加工而不会影响其成品率。

## 二、瓷质阳极氧化

瓷质氧化实际上是在铬酸或草酸电解液中添加其他物质衍生而来。阳极氧化过程中在生成氧化膜的同时，一些灰色物质被吸附于正在生长的氧化膜中，从而获得厚度为 $6 \sim 20\mu m$ 均匀、光滑而有光泽的、不透明的、类似于瓷釉和搪瓷色泽的氧化膜，这种氧化膜层具有以下特性：

① 膜层基体金属结合力良好，可以经受冲压加工；

② 膜层致密，有较高的硬度和耐磨性，良好的绝热性和电绝缘性，其氧化膜层的抗腐蚀性能优于硫酸氧化膜；

③ 膜层具有不透明性并有良好的吸附能力，可以染成各种较深的色彩，以增强装饰效果；

④ 虽然这种膜具有不透明性，可以遮盖铝表面的轻微缺陷，但瓷质氧化成本高，为了达到高质量的装饰效果，在进行阳极氧化之前必须对铝材表面进行抛光处理以保证铝表面无缺陷；

⑤ 瓷质氧化主要有两种电解液，即非铬酸型电解液和铬酸型电解液。

非铬酸型电解液是在草酸或硫酸电解液中添加钛、锆、钍等的盐类，在氧化过程中，这些添加物质发生水解产生发色体沉积于整个氧化膜的孔隙中，形成类似于釉的膜层，这层膜质量好，硬度较高，可以保持零件的高精度和高光洁度。其工艺方法见表 7-34。

### ➲ 1. 以配方 1 为例的简要说明

当草酸钛钾在溶液中含量不足时，所得氧化膜层是疏松的，甚至是粉末状的，所以草酸钛钾的含量必须控制在工艺范围内，使膜层具有致密、耐磨和耐蚀性。

电解液中草酸能促进氧化膜的正常生长，含量低，膜层变薄；含量过高，电解液对膜层的溶解速度过快，使膜层疏松，降低膜层的硬度和耐磨性。

柠檬酸和硼酸均对膜层的光泽性和乳白色有明显影响，还能对电解液起到缓冲作用，提高电解液的稳定性，且适当地提高浓度可提高氧化膜层的硬度和耐磨性。

### ➲ 2. 工艺条件对氧化膜的影响

在电解过程中随时间的延长，氧化膜厚度增加，以草酸钛钾为例，氧化膜厚度可达 $30\mu m$ 左右。

电解液的温度升高，膜层的生长速度加快，但过高，膜层的厚度反而降低，透明度增大，

表 7-34　瓷质氧化工艺方法

| 材料名称 | | 化学式 | 含量/(g/L) | | |
|---|---|---|---|---|---|
| | | | 配方 1 | 配方 2 | 配方 3 |
| 溶液成分 | 草酸钛钾 | $TiO(KC_2O_4)_2 \cdot H_2O$ | 40～45 | — | — |
| | 硼酸 | $H_3BO_3$ | 8～12 | — | 5～10 |
| | 草酸 | $C_2H_2O_4$ | 1.3～2 | — | 60～85 |
| | 甲酸 | $HCOOH$ | — | — | 40～60 |
| | 柠檬酸 | $C_6H_8O_7 \cdot H_2O$ | 1～1.5 | — | — |
| | 硫酸 | $H_2SO_4$ | — | 180～360 | — |
| | 硫酸锆 | $Zr(SO_4)_2 \cdot 4H_2O$ | — | 20～50 | — |
| 操作条件 | 温度/℃ | | 55～60 | 34～36 | 15～25 |
| | 电流密度/(A/dm²) | | 初始 2～3,<br>终了 1～1.5 | 1.5～2 | — |
| | 直流电压/V | | 90～120 | 16～20 | 30～45 |
| | 时间/min | | 30～40 | 40～60 | 20～40 |
| 膜层性质 | 厚度/μm | | 10～16<br>(可达 30 左右) | 15～25 | 具有仿瓷装饰外观,防护、硬度及绝缘性能都较高 |
| | 颜色 | | 灰色 | 白色 | |
| | 显微硬度 | | 4000～5000 | 400～4500 | |

表面粗糙而无光泽。在恒电压条件下,电流密度随温度的升高而增大,因此氧化膜的透明度及光泽度的变化是温度和电流密度相互影响的综合结果,起主导作用的是温度的变化。

电压主要影响膜层的色泽,在过低的电压下,膜层薄而透明。过高时,膜层由灰色转为深灰色,达不到装饰的目的。

在实际操作中,以恒定电压、温度,变动时间或者是恒定温度、时间,变动电压的方式进行控制。

铬酸型瓷质氧化可参与铬酸阳极氧化相关内容,同时铬酸的毒性大,并难以形成厚的膜层而很少采用。

经瓷质阳极氧化后可对膜层进行第二次抛光以提高膜层的光滑性,进一步增强其装饰性能。

## 三、纳米氧化模板的制备简介

铝多孔氧化模板（AAO）是通过电化学氧化的方式在纯铝表面形成的具有高度规整孔结构的氧化铝膜层。这种模板的制备最早见于 1953 年 Keller 等的报道,1995 年,日本京都大学的 Masude 等人提出了采用两步法制备多孔阳极氧化模板,所谓两步法即我们常说的二次氧化法,通过两步法制成的多孔氧化铝模板孔径分布更均匀,孔洞规整有序。两步法的提出也极大地推动了多孔铝阳极氧化模板的制备与应用研究,目前多孔氧化铝模板被广泛用作制备纳米材料的模板。

多孔氧化铝模板紧靠铝基体表面是一层薄而致密的氧化铝阻挡层,上面则是较厚且疏松的多孔层,多孔层的膜胞是六角密堆排列,每个膜胞中心有一个纳米级的孔道,孔径一般为

10~200nm，多孔层的厚度一般为 5~50μm，且孔基本与表面垂直并具有高度的规整性。这种特异的结构使得这种多孔膜在纳米结构有序阵列的制备中发挥着独特的优势，因而也成为当前纳米材料与技术研究的热点之一。

### ➡ 1. AAO 模板的制备流程

AAO 模板的制备一般都采用二次阳极氧化法，二次阳极氧化法由一次氧化法改进而来。在去除一次氧化膜的铝片上留下的一次氧化后的凹坑上继续二次氧化，得到的 AAO 模板的孔洞排列更加均匀、有序，其制备流程：

高纯铝材料准备→清洗→化学抛光→一次单侧阳极氧化→去除一次氧化膜→二次单侧阳极氧化→去除铝基底→去除阻挡层→制得 AAO 模板。

试片经退火处理后，需进行化学抛光，化学抛光对制备有规整的多孔氧化铝模板是一个十分重要的步骤，其作用是使表面整体平整以消除材料表面的机械损伤等缺陷并获得光亮而平滑的表面。

在进行阳极氧化时，只需对材料的一面进行，而另一面不需要阳极氧化以便于剥离铝基板。

在进行第一次阳极氧化后获得的氧化膜表面孔洞的有序度较低，表现为孔洞分布不均匀，有组织条纹的产生等。所以经过第一次阳极氧化后的膜层需要溶解掉，常用的方法是采用磷酸 50mL/L＋铬酸 30g/L 进行。

除去第一次氧化时的氧化层后，留下了排布比较均匀的凹槽，然后在同样条件下进行第二次阳极氧化就能获得孔洞规整且孔径更大的多孔膜层。

经二次阳极氧化后膜层的剥离是一件细致的活，如操作不当容易造成氧化膜层破碎或溶解。常用的方法有化学剥离法和逆电剥离法。高氯酸-甲酸法电解剥离可获得较大面积的膜层，但对膜层厚度有一定要求，同时操作时有一定的危险性，现大多都采用逆电剥离法。

化学剥离法采用饱和氯化汞溶液去除铝基体，利用汞与铝能生成汞齐，而与氧化膜不发生反应的原理，将氧化膜与铝基体分离开来，该法可用于各种氧化膜的剥离，但难以获得大面积的剥离膜。经剥离后的膜层还需用 5％的磷酸除去阻挡层，在除去阻挡层时，膜孔也会被溶解，如控制不当，会使阻挡层面的孔径变大甚至产生连孔。为了防止溶解阻挡层时对膜孔的腐蚀，可在二次阳极氧化完成后在膜层正面涂上一层溶解好的硝化纤维素和聚酯树脂的混合胶液，然后再进行剥离和去除阻挡层，一方面可防止膜孔被腐蚀造成孔大和连孔，另一方面也为膜层提供一个支撑，避免操作过程中发生破裂。

经氯化汞剥离后的膜层（未溶解阻挡层）不管是膜的厚度还是膜层的构造变化都非常小，基本维持原貌，仍保留有阻挡层。

逆电剥离法，所谓逆电剥离法就是在同一阳极氧化槽中，将已生成氧化膜的铝片作为阴极通以反向阴极电流，使氧化膜剥离的方法。由于阳极氧化后膜层的阻挡层较厚（当电压高时会更厚），为了能顺利剥离，可先进行阶梯电流回复，使阻挡层变薄，以利于逆电剥离的顺利进行。

所谓阶梯电流回复，是当第二次阳极氧化完成后，采用逐步分段降低阳极氧化电压的方法到一个最低电压值。当开始降低电压时，电流会近乎零，这时阳极过程停止，阻挡层会被腐蚀，随后电流又恢复，然后再降低相同的电压直至降到规定的最低电压值。根据阻挡层厚度与阳极电压的关系可知，阳极电压越低，阻挡层越薄，当电压回降到 2V 时阻挡层就很薄了。这就非常有利于逆电剥离。对于硫酸电解液，每次降低电压 2～3V（根据阳极电压高低而定），直至降到 2V。如果是草酸电解液和磷酸电解液或它们的混合电解液，按每次 5V 的幅度进行，电流回复至 20V 时，将试片移入 10％的硫酸电解液中按每次不低于 2V 的幅度进行，电流回复到 2V 为止。当试片在硫酸电解液中电压回复到 2V 时即交换电极进行逆电剥离。

逆电剥离的关键是要氢气泡均匀地从试片表面析出，这样才能在试片上产生均匀的氢气压力关系，使氧化膜与铝基体剥离，但这时的氧化膜只是浮在溶液中，并未离开试片。

将氧化膜与铝基体剥离的试片小心清洗，干燥后，用薄的聚酯片小心插入氧化膜与铝基体之间使氧化膜分离。

采用逆电分离技术可以获得较大面积的氧化膜，且重现性好。

经逆电剥离后的膜层厚度不会受到影响，这是由于在剥离过程中阻挡层变薄，同时在电解液中的时间较长，所以经逆电剥离后的膜层孔会变大，也同样会在膜的内层出现连孔。但经逆电剥离后的膜层基本为多孔层，阻挡层几乎已不存在，这与化学剥离是不同的。

在逆电剥离过程中为了防止对孔的腐蚀和连孔的发生，一般采用 5％磺基水杨酸＋0.2％的硫酸电解液进行逆电剥离。

对膜层的剥离更先进的方法是干蚀法，它通过聚焦高能粒子束来去除阻挡层，主要有等离子蚀刻法（plasma etching）和离子磨光技术（ion milling）。干蚀法效率高，对氧化膜本身的孔径无影响，但投资大，成本高，工艺参数复杂，技术操作难度高。

### ▶ 2. 影响氧化模板制备的因素

AAO 模板的质量要求主要有三点：膜层孔洞的规整性；膜层孔径与孔间距的大小；膜层厚度。影响这三点的因素较多，其中以电压以及所选用的电解液成分对膜层的孔径的影响最具代表性。

制备多孔阳极氧化膜常用的电解液有硫酸、草酸、磷酸以及混合酸等。其中以硫酸电解液获得的膜层孔径最小，但单位面积孔数量多；草酸次之，同时草酸电解液制备的膜层孔洞分布均匀，工艺成熟可靠，重复性好，但高电压下反应容易失控；磷酸孔径最大，同时也可在高电压下进行，但磷酸电解液形成的孔洞有序度不如草酸电解液；磷酸-草酸电解液取磷酸和草酸各自的长处，可在较高电压下在获得大孔径的同时得到孔洞分布均匀的膜层。磷酸-乙醇组成的电解液，乙醇能改变电解液的电阻性能，并能抑制酸对膜层的溶解，以获得更好的多孔膜层。

在硫酸和磷酸电解液中获得的膜层为无色透明；在草酸电解液中获得的膜层为带黄色半透明。

硫酸和草酸电解液剥离的膜层性较脆，而磷酸电解液剥离的膜层性较软。

孔的大小与电压成正比关系，在电解液类型和浓度一定的情况下，随着氧化电压的升高，孔径和孔间距也随之增大。为了获得大孔径的多孔氧化膜，往往需要更高的电压，不管是草酸还是硫酸，在过高电压下都是难以控制的。因此在高电压下，往往都会选用磷酸电解液，但磷酸电解液形成的孔有序度不如草酸电解液，有研究者将磷酸和草酸配成混合酸，在 90V 电压下即可获得孔径在 190～220nm 的膜层，且孔径分布比较均匀。

电解温度根据电解液的不同而不同，但是现在常用的几种电解液的电解温度都不高，都在室温以下。温度过高直接影响 AAO 模板孔洞排列有序性和成孔质量。

氧化时间越长，成膜越厚，AAO 孔道越长，孔洞的排列越趋向周期性的规则排列。

几种电解液与氧化电压和孔径、孔间距之间的关系见表 7-35。

表 7-35　几种电解液与氧化电压和孔径、孔间距之间的关系

| 电解质类型 | 电解质温度/℃ | 氧化电压/V | 孔径/nm | 孔间距/nm |
|---|---|---|---|---|
| 10%(质量分数)硫酸 | 0~15 | 12~25 | 18~26 | 20~35 |
| 0.3mol/L 草酸 | 0~15 | 30~60 | 30~60 | 90~100 |
| 10%(质量分数)磷酸 | 0 | 60~160 | 100 | 200~500 |
| 磷酸+乙醇 | -10~10 | 195 | 250 | — |
| 磷酸+草酸 | -5~15 | 90 | 200 | — |

综上所述，如果需要制备小孔径、小孔间距的铝氧化模板，可采用硫酸电解液并在较低电压下进行制备。如果需要大孔径和大孔间距，则采用磷酸电解液和高电压，或者采用改良的磷酸电解液。

## 四、水溶性树脂复合氧化工艺

该方法在一弱碱性的电解质溶液中溶解并分散适量的水溶性树脂，进行通电氧化而获得一层氧化膜和树脂的复合层，这层复合膜可达 20~30μm。膜层光泽性好，平滑，耐碱、耐热性优良。其工艺配方及操作条件见表 7-36。

表 7-36　复合氧化膜工艺配方及操作条件

| | 材料名称 | 化学式 | 含量/(g/L) |
|---|---|---|---|
| 溶液成分 | 氟化铵 | $NH_4F$ | 10 |
| | 碳酸铵 | $(NH_4)_2CO_3$ | 11.4 |
| | 柠檬酸铵 | $(NH_4)_3C_6H_5O_7 \cdot H_2O$ | 18.4 |
| | 水溶性树脂(75%异丙醇溶液,酸价50%) | — | 5 |
| | 氨水 | $NH_3 \cdot H_2O$ | 150mL/L |
| 操作条件 | 温度/℃ | | 20 |
| | 电压/V | | 32~42 |
| | 电流密度/(A/dm²) | | 2 |
| | 时间/min | | 20 |

表中水溶性树脂可以是丙烯腈树脂、乙烯基树脂、聚酯树脂等。

经氧化处理后的工件经清洁后再经热水洗，接着在 150℃的条件下烘 30min 即可。

## 五、弱碱性白色氧化工艺

这是一种可以获得白色氧化膜的工艺方法，其膜层美观、耐磨、经久耐用。工艺配方及操作条件见表 7-37。

表中以配方 3 和配方 4 获得的膜层质量最好。氧化后需要进行封孔处理。

## 六、红宝石膜的加工方法

要获得红宝石膜必须使在铝合金表面生成的膜成为 α-$Al_2O_3$，而采用一般的铝氧化法进

表 7-37 白色氧化工艺配方及操作条件

| | 材料名称 | 化学式 | 含量/(g/L) | | | |
| | | | 配方 1 | 配方 2 | 配方 3 | 配方 4 |
|---|---|---|---|---|---|---|
| 溶液成分 | 碳酸钠 | $Na_2CO_3$ | 25 | 25 | 25 | 25 |
| | 氟化钠 | NaF | 10 | 10 | 10 | 10 |
| | 聚乙二醇 | — | — | 适量 | — | — |
| | 乙醇 | $CH_3CH_2OH$ | — | — | 50mL/L | — |
| | 甘油 | $C_3H_8O_3$ | — | — | — | 50mL/L |
| 操作条件 | 温度/℃ | | 60～70 | 60～70 | 60～70 | 60～70 |
| | 电压/V | | 40～80 | 40～80 | 40～80 | 40～80 |
| | 电流密度/(A/dm²) | | 2.4 | 2.4 | 2.4 | 2.4 |
| | 时间/min | | 20 | 20 | 20 | 20 |

行阳极氧化时获得的膜层为无定形氧化铝，这时就要通过其他的一些方法来使无定形的氧化铝转变成 $\alpha-Al_2O_3$。转变的方法有很多种，在这里只作简要介绍。

经普通硫酸阳极氧化后的工件，放入草酸电解液中进行第二次电解，使无定形氧化铝先转化为 $\gamma$，$\gamma'-A_2O_3$，再转化为 $\eta-Al_2O_3$，接着再用碳酸钠溶液进行漂白处理。随后放入硫酸氢钠和硫酸氢铵的熔盐中进行电解，温度 150～170℃，电压 150V，电流密度依据纯铝或合金材料的不同而异，取值范围为 1～5A/dm³，纯铝取较低的电流密度，合金铝可取较高的电流密度。随着熔盐电解的进行，最终使 $\eta-Al_2O_3$ 进一步转化为 $\alpha-Al_2O_3$。最后可根据所需要的颜色深浅不同，浸入含量分别为 1g/L、10g/L、100g/L、400g/L 的铬酸铵溶液中，在温度为 70℃ 的条件下浸泡约 30min。

通过以上处理，使金属离子吸附在氧化膜的孔壁里，这时的膜层就会放射出红色的荧光。改变浸入的铬酸盐溶液的成分可获得更多的颜色，浸入铬酸铁和铬酸钾溶液中，生成的膜为灰色并放出紫色的光；浸入铬酸铁和铬酸钠溶中，生成的膜层为淡黄色，并发射出深紫色的荧光。

生成红宝石膜的另一种方法和上面有所不同，其过程也是通过多次氧化来获得，具体方法如下：

第一次阳极氧化：铝合金工件经前处理后在普通硫酸电解液中进行第一次阳极氧化，在氧化时应注意工艺条件的控制以获得多孔且有一定厚度的氧化膜层，否则在下一步吸附铬酸盐时会使吸附量降低而影响膜层的最终效果。经硫酸阳极氧化处理后，也可根据需要采用磷酸阳极氧化进行扩孔，以利于提高吸附量。

吸附：工件经第一次阳极氧化后浸入铬酸铵溶液中进行吸附处理，铬酸铵浓度、温度和时间都会影响吸附量的多少，一般采用 10～300g/L 的浓度范围，温度宜控制在 50～80℃，吸附时间 20～40min。

第二次阳极氧化：将经过吸附处理的工件在由硫酸氢钠和硫酸氢铵组成的熔盐中进行电解，其电解工艺和上面所讲述的方法相同。

## 七、脉冲与直流叠加对高硅铝的氧化

高硅铝中由于含有大量的硅，采用普通阳极氧化形成的膜层质量较差，同时也不能生成具有染色性能的膜层，现介绍一种采用脉冲与直流叠加的方式进行阳极氧化并能获得可染黑色的氧化膜层的工艺方法。高硅铝经前处理后在表 7-38 规定的工艺范围内进行阳极氧化。

表 7-38　高硅铝脉冲与直流叠加阳极氧化工艺配方及操作条件

| | 材料名称 | 化学式 | 含量/(g/L) |
|---|---|---|---|
| 溶液成分 | 硫酸 | $H_2SO_4$ | 130～150 |
| | 有机酸 | — | 40～50 |
| | 硼酸 | $H_3BO_3$ | 0～20 |
| | 铝离子 | $Al^{3+}$ | 1～10 |
| 操作条件 | 温度/℃ | | 20～30 |
| | 平均电流密度/(A/dm²) | | 1～2 |
| | 时间/min | | 40～60 |
| | 搅拌方式 | | 空气搅拌或溶液循环 |

注：电源参数，脉冲频率：1000Hz；脉冲宽度：400μs；脉冲平均电压：16V；三相直流电压：16V。

表中有机酸可以是柠檬酸、乳酸、丙二酸、丁二酸等多元酸。

对于高硅铝的阳极氧化，也可采用一种对铝表面腐蚀性很低的弱碱性除油工艺进行清洁处理（在阳极氧化前轻微的腐蚀是必要的），在其后的酸洗过程中采用硝酸或添加少量氟化氢铵进行，阳极氧化采用硫酸电解液（100～150g/L）再添加适量硼酸（10～20g/L），通过分段提高电压的方式也能获得一种性能较好的深色膜层。采用这种方法即使用普通硫酸电解液同样也能获得具一定防护性能的膜层。

除油可采用第三章表 3-9 中的配方 3 或表 3-10 中的配方 4 或其他弱碱性除油工艺。

## 八、铝合金微弧氧化技术简介

铝合金微弧氧化也被称为铝合金陶瓷层氧化技术。将铝合金工件置于一弱碱性电解质溶液中，在较高电压、较大电流的条件下，首先在铝表面生成一薄的氧化物绝缘层，随着阳极氧化电压的继续提高，当电压超过某一临界值时，绝缘层会被击穿放电产生微电弧区，并在放电处产生数千开尔文的高温而导致氧化膜层和基体金属被熔融甚至气化，金属元素和氧元素在放电通道中发生强烈扩散并相互反应形成新的化合物，这些新形成的熔融物与电解质溶液接触后便会激冷而形成陶瓷膜层，这层陶瓷膜层主要由 $\alpha\text{-}Al_2O_3$、$\gamma\text{-}Al_2O_3$ 等相组成。有研究表明，一般情况下越接近膜层内层 $\alpha\text{-}Al_2O_3$ 所占的比例越大，而膜的外层主要以 $\gamma\text{-}Al_2O_3$ 为主。铝合金微弧氧化从加工方法上看与普通阳极氧化无异，但所用电解液对环境的污染更轻，其主要差别是要采用高电压（最高可达 1000V），并使膜层的形成机理与普通阳极氧化有了明显的区别，进而形成一种全新的技术而被众多的研究机构重视。

铝合金微弧氧化工艺在形成微弧氧化铝陶瓷层过程中，在理论上属于不消耗电解质和电极材料的工艺方法，因而可用非消耗性的不锈钢作阴极，避免了重金属离子从阴极溶入并随废水流出污染环境，所以铝合金微弧阳极氧化也可称为清洁阳极氧化工艺。通过微弧阳极氧化获得的膜层具有很高的硬度、耐磨性和耐蚀性，而通过常规阳极氧化获得的氧化膜层不管在硬度还是在耐磨性、耐蚀性等方面都是无法与之相比的。该项技术早期主要应用于航空、航天、兵工等高技术领域。随着该项技术的不断成熟和推广，近十多年来在机械、电子、装饰等民用领域也得到了较多应用。微弧氧化技术所获得的膜层与普通阳极氧化所获得的膜层相比在性能上虽然有很大的优势，但也存在着一个明显的缺点：能耗高，成膜效率较低。国内相关领域的研究人员对在电解质溶液中添加某些添加物质（如在硅酸盐电解质溶液中添加钨酸钠、EDTA、柠檬酸盐、甘油等）以及对电源波形及频率的优化选择可提高微弧氧化的成膜效率和降低能耗等进行过大量研究并获得较大成功，但要使这一技术在中小企业普及应用还有一定的距离。

铝合金微弧阳极氧化所用的电解液主要有三种方案：一是以硅酸钠与氢氧化钠为主的电解液，这类溶液成分简单，对环境污染轻而被较多采用，但这类溶液使用寿命短，能耗较高；二是以磷酸盐为主的电解液，主要成分是各种磷酸盐、硼酸盐等，这类电解液获得的膜层致密性、均匀性和硬度都有显著提高，但溶液的浓度较高，对环境污染较重而较少采用；三是以铝酸钠为主的电解液，主要成分有铝酸钠和氢氧化钠，这类溶液成分简单，对环境污染轻，应用较为广泛，但缺点是溶液中铝酸盐水解产物易发生聚合反应而使溶液成分发生变化，降低电解液的稳定性。

铝合金微弧氧化工艺近几十年来虽然有大量的研究成果报道，但仍有很多技术问题需要解决，这些技术问题主要集中在四个方面，一是对电源波形及频率的研究以期更进一步降低能耗并降低设备费用；二是对电解液的研究以获得寿命长、污染轻、稳定性好、成本低、利于高质量膜层的生长的新型电解液；三是能适用于广大中小民企的工艺标准的研究及相关技术标准的完善；四是加强工艺员和技术工人的培训工作以提高从业人员的技术水平和业务能力。这些问题的解决需要从事于这方面的广大研究人员不断努力并毫无保留地奉献于社会，假以时日势必使我国的微弧阳极氧化技术得到更为显著的发展，并取得更大的社会效益和经济效益。

# 第八章
# 氧化膜层着色技术

在金属表面彩色技术领域中，铝是最容易着色的金属之一，近几十年来随着铝在轻工、建筑等方面的应用越来越普遍，对铝合金表面的装饰要求也越来越高，铝合金氧化后最常用的装饰技术就是铝合金表面的彩色处理技术。其目的就是为铝合金表层提供色彩鲜艳、耐光、耐气候的更精美的表面装饰效果。

铝合金氧化膜着色的方法，根据着色物质和色素体在氧化膜层中的分布不同，可以把铝阳极氧化膜的着色分为三种：即染料吸附着色法（也称为化学染色法）、电解着色法和自然发色法或电解发色法。这三种着色方法的机理不同，发色体在氧化膜层中的沉积部位也不相同。染料吸附法着色时，发色色素体通过吸附沉积在氧化膜孔隙的上部；电解着色时金属发色体沉积在多孔膜层孔隙的底部；电解发色法比前两种要复杂得多，根据电解液和铝材的不同，发色体在多孔层的夹壁中或发色体的胶体粒子在多孔层的夹壁中，本章将对这三种着色方法进行讨论。

## 第一节　吸　附　染　色

需要进行染色的工件要求阳极氧化膜层为无色透明，特别是染浅色时对膜层的透明度要求更高，在常用的阳极氧化工艺中以硫酸阳极氧化膜层的透明度最好，是目前最常用的吸附染色氧化膜层的制造方法。

吸附染色法根据所用材料不同，分为无机染色法和有机染料染色法两种。有机染料染色法由于色彩鲜艳，染料类型多，是目前采用得最多的染色方法。

染色方法根据要求不同可分为单次染色和多次染色。单次染色是为了得到单一的色彩效果以满足产品设计时要求的突显标识的部位或为整个产品提供一个色彩外观。多次染色通过两次以上的染色处理，给产品外观提供一个由多色彩组成的层次感和动态感，同时也为产品标识提供色彩差异以便于识别。但在这里应注意一个问题，产品的本色虽然也提供了一个色调，但这不属于通过染色技术所形成的色彩对比，属于产品的原色。

# 一、色彩的基本知识

## 1. 色彩基本知识

色彩从理论上讲可分为无彩色系和有彩色系两大类。

（1）无彩色系　无彩色系是指白色、黑色和由白色、黑色两种基色调和而成的各种深浅不同的灰色。无彩色系按照一定的变化规律，可以排成由白色渐变到浅灰、中灰、深灰到黑色，色度学上称之为黑白系列。黑白系列中由白到黑的变化可以用一条垂直轴表示，一端为白，一端为黑，中间有各种过渡的灰色。纯白是理想的完全反射的物体，纯黑是理想的完全吸收的物体。可是在现实生活中并不存在纯白与纯黑的物体，颜料中采用的锌白和铅白只能接近纯白，煤黑只能接近纯黑。无彩色系的颜色只有一种基本性质——明度。它们不具备色相和纯度的性质，也就是说它们的色相与纯度在理论上都等于零。色彩的明度可用黑白度来表示，愈接近白色，明度愈高；愈接近黑色，明度愈低。黑与白作为颜料，可以调节物体色的反射率，使物体提高明度或降低明度。

（2）有彩色系（简称彩色系）　有彩色系是指红、橙、黄、绿、青、蓝、紫等颜色。不同明度和纯度的红、橙、黄、绿、青、蓝、紫色调都属于有彩色系。彩色由光的波长和振幅决定，波长决定色相，振幅决定色调。

有彩色系的颜色具有三个基本特性：色相、纯度（也称彩度、饱和度）、明度。在色彩学上也称为色彩的三大要素或色彩的三属性。

① 色相　色相是有彩色系的最大特征。所谓色相是指能够比较确切地表示某种颜色色别的名称。如玫瑰红、橘黄、柠檬黄、钴蓝、酒红、翠绿等等，从光学物理上讲，各种色相是由射入人眼的光线的光谱成分决定的。对于单色光来说，色相的特征完全取决于该光线的波长；对于混合色光来说，则取决于各种波长光线的相对量。物体的颜色由光源的光谱成分和物体表面反射（或透射）的特性决定。

② 纯度（彩度、饱和度）　色彩的纯度是指色彩的纯净程度，它表示颜色中所含有色成分的比例。含有色成分的比例愈大，则色彩的纯度愈高，含有色成分的比例愈小，则色彩的纯度就愈低。可见光谱的各种单色光是最纯的颜色，为极限纯度。当一种颜色掺入黑、白或其他彩色时，纯度就产生变化。当掺入的色达到很大的比例时，在眼睛看来，原来的颜色将失去本来的光彩，而变成掺和了的颜色。当然这并不等于说在这种被掺和的颜色里已经不存在原来的色素，而是大量掺入其他色彩使得原来的色素被同化，人的眼睛已经无法感觉出来了。

有色物体色彩的纯度与物体的表面结构有关。如果物体表面粗糙，其漫反射作用将使色彩的纯度降低；如果物体表面光滑，那么，全反射作用将使色彩比较鲜艳。对铝合金表面处理而言，抛光的表面色彩更为鲜艳，而喷砂或哑光的表面色彩更柔和。

③ 明度　明度是指色彩的明亮程度。各种有色物体由于它们反射光量的区别而产生颜色的明暗强弱变化。色彩的明度有两种情况：一是同一色相不同明度。如同一颜色在强光照射下显得明亮，弱光照射下显得较灰暗模糊；同一颜色加黑或加白掺以后也能产生各种不同的明暗层次。二是不同颜色的不同明度，每一种纯色都有与其相应的明度，黄色明度最高，蓝紫色明度最低，红、绿色为中间明度。色彩的明度变化往往会影响纯度，如红色加入黑色以后明度降低，同时纯度也降低；如果红色加白则明度提高，纯度却降低。

**⟶ 2. 常见颜色的基本性质**

（1）红色　红色是一种暖色调，性格刚烈而外向，令人兴奋且能给人留下深刻的印象。红色代表着生命、热情和活力，给人以富于朝气而蓬勃向上的诱导力。在传统观念中，红色往往与吉祥、好运、喜庆相联。同时红色又会让人产生恐怖、危险以及骚动不安的感觉。只有那些需要有醒目标志的场合才会用到纯粹的红色，更多的时候是红色和其他颜色的调和色。比如，在红色中加入少量的蓝，会使其热性减弱，趋于文雅、柔和。在红中加入少量的白，会使其变得柔和，趋于含蓄、羞涩、娇嫩。

以纯红色作为图形颜色，而以铝的本色作为底色，如果搭配得当，同样可以给人以热情奔放而不过于刺激的视觉效果。这种做法必须使图形线条和铝的本色在空间上配合好，2008年奥运火炬上的图形就是以红色和铝的本色组成的，给人以热情、活力但又不失平和的感觉。

（2）黄色　黄色的性格冷漠、高傲而敏感，是一种快乐且带有少许兴奋性质的色彩，是非常明亮和娇美的颜色，有很强的光感，具有极强的视觉效果。代表着明亮、辉煌、醒目和高贵，使人感到愉快。纯黄色很少用于铝合金染色，但以黄色为基色的金色系用得很普遍，在黄中加入其他颜色而成的调和色也同样得到了广泛应用，很多色彩都是以黄色为基色来进行调配的。比如，在黄色中加入少量的蓝，会使其转化为一种鲜嫩的绿色，其高傲的性格也随之消失，趋于一种平和、潮润的感觉。在黄色中加入少量的红，则具有明显的橙色感觉，其性格也会从冷漠、高傲转化为一种有分寸感的热情、温暖。在黄色中加入少量的黑，其色感和色性变化最大，成为一种具有明显橄榄绿的复色印象，其色性也变得成熟、随和。

（3）蓝色　蓝色属于冷色调，性格朴实而内向，是一种有助于人头脑清醒的颜色。蓝色的朴实、内向性格，常为那些性格活跃、具有较强扩张力的色彩提供一个深远、广阔、平静的空间，成为衬托活跃色彩的友善而谦虚的朋友。蓝色还是一种在淡化后仍然能保持较强个性的色。在色彩配合中可将蓝色用为底色，而图案、文字则以其他色彩来搭配。

（4）绿色　绿色属于冷色调，是介于黄、蓝之间的色彩，既有黄色的明朗，又有蓝色的沉静，两者的柔和使绿色在宁静、平和之中又富于活力。绿色是大自然的色彩，具有平衡人类心理的作用，同时绿色还是环保的标志性色彩。在绿色中黄的成分较多时，其性格就趋于活泼、友善，具有幼稚性。

（5）橙色　橙色是黄色与红色的混合色，也属于暖色调，是色彩中最温暖的颜色，易于被人们接受。代表温馨、活泼、热闹，给人以明快感。一些成熟的果实和富于营养的食品大多呈橙色，因此这种色彩适于与营养、香甜有关的场合。如果在橙色中黄的成分较多，其性格趋于甜美、亮丽、芳香。

（6）紫色　紫色代表着神秘、高贵、威严。给人以优雅、雍容华贵之感。提高其明度，可产生妩媚、优雅的效果，反之则失去其光彩。但铝合金表面需要用到紫色时，不能使紫色太深，而应使紫色浅淡一些，将更显魅力，否则会产生沉闷的感觉。

（7）白色　白色给人以和平、纯洁的印象，这种色彩具有显示任何魅力的作用。在铝合金阳极氧化中，银色是一种应用很广的处理方式，但银色并不代表白色，在铝合金上获得白色的效果一是通过染色，二是通过前处理来预先获得嫩白的效果。嫩白是一种非常高雅的颜色，也是很多高级电子产品壳体上常用的加工方法，同时还能赋予金属以柔软感而备受女性青睐。

（8）黑色　黑色一方面象征着悲哀、肃穆、死亡、绝望；而另一方面又给人以深沉、庄重、坚毅之感。在铝合金阳极氧化中，金属感强烈而又不反光的黑色是一种很高档的颜色，也是很多高档机壳的常用染色方案。

## 二、吸附染色的基本要求

### ➜ 1. 对氧化膜层的要求

并不是所有氧化膜层都适于进行染色处理，其一要求膜层是无色透明的；其二要求膜层应有一定的孔隙率以利于吸收更多的染料色素体；其三要求膜层厚度和所需染色色调的深浅相配合，根据色调深浅的不同一般要求膜层厚度在 $5\sim20\mu m$，对于经过化学抛光或电解抛光的光滑表面，$3\sim5\mu m$ 的较薄膜层也能进行浅色调的染色处理；其四膜层晶相结构上无重大差别，如结晶粗大和偏析等。

为了满足上述膜层的要求需要在阳极氧化过程中有三个方面的配合，一是氧化电解液，就目前而言只有硫酸电解液具备这些基本功能；二是氧化温度，一般情况下，氧化温度越低，膜层的溶解速度越慢，越容易得到厚的膜层，但温度低膜层致密孔隙率低，不易于吸附染料，为了得到孔隙率较高的氧化膜层，普通阳极氧化可在 $18\sim22℃$ 进行，改良的硫酸阳极氧化可在 $20\sim27℃$ 进行；三是电流密度，膜层孔隙率随电流密度的增大而增大，需要进行染色的膜层可取 $1.5\sim2A/dm^2$ 的电流密度以得到孔隙率较高的膜层，因为孔隙率越大，单个晶胞中毛细管的直径越粗，吸附染料就越多，同时吸附的深度也越大，其耐晒和耐候性就越好。

### ➜ 2. 对染料的要求

有了符合染色要求的膜层还需要有适合于染色的染料才能对氧化膜层进行染色，在理论上凡能溶于水中的染料都可以进行染色，但实际上并不是所有染料都可以用于铝及合金氧化膜层的染色。对可以用于铝及合金氧化膜层进行染色的染料，其基本要求有：其一染料在水溶液中有较好的稳定性，可以较长时间保存而不影响其染色效果；其二染料有较好的耐光性和耐候性；其三原材料相对易得，成本适中。

为了保证染色质量的可靠性，选择合适的染料非常关键，可用于铝及合金氧化膜层染色的染料有以下几种类型。

（1）媒染染料　媒染染料也称为酸性媒介染料，这种染料分子结构中有能与金属螯合的磺酸基、羧基等基团，这些基团能与金属盐类以共价键、配价键或氢键络合生成不溶性有色络盐，这种有色络盐吸附在膜层毛细管内具有很好的耐晒性能，这类染料有茜素红 S、媒介橙 1、媒介黑 9 等。

（2）直接染料　这类染料大多是芳香族化合物的磺酸钠盐，可溶于水，是含有磺酸基的偶氮染料，直接染料一般可分为直接染料、直接耐晒染料和铜盐直接染料三种，其中直接耐晒染料具有很高的耐晒牢固度，也是铝氧化膜常用的染料，如直接耐晒桃红 G、直接耐晒翠蓝等。

（3）酸性染料　在酸性（或中性）环境中进行染色的染料叫酸性染料，这种染料的分子结构中含有磺酸基、羧基等基团，根据分子结构的不同有偶氮、蒽醌、酞菁等染料。如酸性大红、酸性黑、酸性蓝等。

（4）活性染料　活性染料又称为反应染料。它由染料母体、反应性基团和桥基三部分组成。染料母体有偶氮、蒽醌、酞菁结构，可溶于水，色泽鲜艳，匀染性好。如活性艳橙、活性艳红等。

（5）可溶性还原染料　还原染料本身不溶于水，可溶性还原染料是指还原染料隐色体的钠盐能溶于水。主要有蒽醌型和硫靛型两类。还原性染料的染色由两步组成，即在可溶性还原染料染色后，经清洗再浸入显色液中，才能显出所需要的色彩。显色液一般用含 2％硫酸的 1％亚硝酸钠溶液，如溶蒽素金黄 IRK。

在以上各种染料中，以直接染料和酸性染料应用得最多，其原料易得，价格合理。媒介染料和活性染料次之。可溶性还原染料使用得最少。

染料根据其成分的组成可分为原色染料和复配染料。所谓原色染料是指由单一成分组成的染料，这种染料只有一种成分，所染的色调稳定，但品种少，很难满足色彩多样性的需要。复配染料由两种以上的原色染料复配而成，这种复配染料可根据色彩配合原理配制出无穷个色彩以满足于生产中的各种需要。

在市场上有很多种色彩的染料供我们选择，在这些染料中大部分属于复配染料，因为在有机合成中很难合成可以用于铝氧化膜染色的可以涵盖很多色彩的单组分染料（当然也不排除会有一种新的技术，在进行染料有机合成时可以按某一精确比例同时得到两种或两种以上的染料复合体），更多的是进行染料的复配来满足生产中对色彩种类的需要。从事氧化膜染色的从业人员都会发现，很多染料在使用一段时间后，其色调会发生变化，这时仅仅添加新的染料并不能完全恢复新配溶液的色调，有经验的技术员可以通过添加一些其他的单色染料进行调配，这种技能一则需要从业者对颜色的精确判断能力，二则需要有足够的经验，三则需要精通颜色复配的基本原理及方法。对颜色的判断需要有先天的辨色能力，而经验可以通过资料的查阅及在生产中积累，所以在招聘染色人员时应注意对色觉的检查。

## 三、染色的基本原理及染色液的配制

### 1. 染色的基本原理

硫酸阳极氧化膜层有高达 30％的孔隙率，故有巨大的比表面积和化学活性，染料分子通过氧化膜的物理和化学吸附沉积于膜层的毛细管上部而显色。如图 8-1 所示。

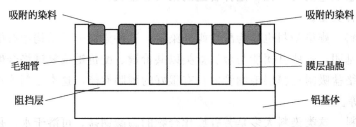

图 8-1　吸附染色染料在毛细管中的吸附位置示意图

在染色过程中染料在膜层毛细管中的吸附有物理吸附和化学吸附两种。由染料分子和离子的静电力进行的吸附称为物理吸附，吸附力取决于膜层的表面电荷和染料性质。在弱酸性染色液中氧化膜带正电荷，对阴离子型的酸性染料有较强的物理吸附力；染料色素体与氧化膜之间通过化学键、共价键形成络合物形式的结合称为化学吸附。两种吸附相比，化学吸附具有更强的吸附力。

在染色过程中，染料色素体在膜层毛细管内的吸附要经过以下 4 个阶段：

① 染料扩散到膜层的表面；

② 染料在膜层表面向毛细管口界面的扩散；

③ 染料被吸附到毛细管内；

④ 染料扩散进行入毛细管内。

以上 4 个阶段，以①、②、④三个阶段最为重要，染料色素体与膜层之间通过化学键、共价键所形成的化学结合在第④阶段完成。染料扩散到毛细管内部越深，吸附的染料就越多，其耐晒和耐候性越好，颜色也越深。

染色过程可以看作是染料色素体向膜层毛细管内聚集的相转移过程，在一定浓度的染色溶液中，在温度、压力、溶液 pH 值不变的情况下，染料色素体不断扩散到膜层毛细管表面并吸附进入毛细管内，随着毛细管内吸附染料色素体的增多，染色速度逐渐变慢，当其吸附为零时，即达到染色平衡。染色平衡也是一个动态平衡，当达到染色平衡时，再增加染色时间，色彩深浅不再发生变化。

染料的染色速度在达到平衡之前是一个变值，染料吸附量为平衡吸附量的一半时所需的时间称为半染时间，这是染色速度的一种表示方法。半染时间越短，说明染料在毛细管内的吸附速度越快，染料趋向于平衡的速度也就越快。半染时间的长短除与染料的性质有关外，还与溶液的 pH 值、染色的方式、染色温度、膜层的孔隙率及膜层毛细管内的清洁程度等密切相关。

实际染色中，当染料浓度、染色溶液 pH 值、染色温度一定时，在达到染色平衡之前，可以通过对时间的调节而得到任意的由浅到深的颜色深度选择。

#### 2. 染色液的配制

染料的选择和染色液的配制是决定染色质量的两个关键因素。作为染料，至少应满足以下几点要求：

① 染料应是可溶的，并能以真溶液状态长期保存。

② 染料本身要有足够的分散能力，并对氧化膜孔隙有极强的渗透能力。

③ 染料能为氧化膜的孔隙所吸收，同时有足够的耐光性。

氧化膜层染色后的耐光性取决于所用染料的耐光值，氧化膜层的获得方法及厚度，染色后的封闭时间和封闭效果。

染色溶液的配制：称取所需染料，用少量去离子水或蒸馏水调成糊状，再加入一定量的去离子水或蒸馏水，恒量煮沸 30～180min，使染料完全溶解，过滤后倒入染色槽中。最后加去离子水或蒸馏水至工艺要求体积，用醋酸调 pH 值至工艺规定范围，经试染合格后即可投入生产。

常用有机染料染色工艺规范见表 8-1。

### 四、影响染色质量的因素

（1）铝合金材质的影响　合金材料不同，所获得氧化膜的透明度不同，会直接影响氧化膜层的染色效果。高纯铝、铝-镁、铝-锰合金经硫酸阳极氧化后，几乎都能获得无色透明的氧化膜层，有最佳的染色性能，可以染成各种鲜艳的颜色。而含硅和含铜的合金材料，视其含量多少，经氧化后获得氧化膜层颜色发暗，只适用于染深色或黑色的单色调。

（2）氧化膜层质量的影响　氧化膜质量的主要指标，是指氧化膜层厚度、氧化膜层孔隙率、氧化膜层透明度。足够的厚度、足够的孔隙率及最大透明度是获得最佳染色质量的先决条件。

表 8-1  常用有机染料染色工艺规范

| 颜色 | 染料名称 | 含量/(g/L) | 染色条件 | |
|---|---|---|---|---|
| | | | 时间/min | 温度/℃ |
| 黑色 | 苯胺黑 | 5~10 | 15~30 | 60~70 |
| | 酸性粒子元(NBL)<br>冰醋酸(98%) | 12~16<br>0.8~1.2mL/L | 15~30 | 60~65 |
| | 酸性元青 | 10~12 | 10~15 | 60~70 |
| 红色 | 茜素红<br>冰醋酸(98%) | 5~10<br>1.0mL/L | 10~20 | 60~70 |
| | 酸性红 B<br>冰醋酸(98%) | 4~6<br>0.5~1.0mL/L | 15~30 | 15~40 |
| 蓝色 | 直接耐晒蓝 | 3~5 | 15~20 | 15~25 |
| | 酸性蒽醌蓝 | 5 | 5~15 | 50~60 |
| 绿色 | 酸性绿 | 5 | 15~20 | 70~80 |
| | 直接耐晒翠绿 | 3~5 | 15~20 | 15~25 |
| 金黄色 | 茜素黄<br>茜素红 | 0.3<br>0.5 | 1~3 | 75~85 |
| | 活性艳橙 | 0.5 | 5~15 | 70~80 |

关于氧化膜厚度的选择，主要根据所染色调的深浅及经验来决定。很多氧化厂从时间成本考虑，往往都是取所需氧化膜厚度的下限值，这样可以节约时间，同时由于氧化膜层薄，也可以防止染色过度现象发生。但这种做法如果控制不严就会出现氧化膜厚度不足的情况，造成上色不均匀，染色深度不够。从成本和染色两方面考虑，染浅色调的氧化膜层厚度取 5~8μm，染中间色调氧化膜层厚度取 8~12μm，染深色调氧化膜层厚度取 12~20μm 或更厚。

氧化膜层孔隙率低，对染料的吸附量少，色调浅。氧化膜孔隙率高，对染料的吸附能力大，吸收的染料多，色调深。

氧化膜厚度和孔隙率与氧化工艺有关，通过适当调节氧化温度、电解液浓度、电流密度和氧化时间，可以得到不同厚度及不同孔隙率的氧化膜层，以获得所需最佳染色质量的氧化膜。

氧化膜透明度是保持色调纯正的必要条件。只有透明度高的氧化膜才能获得最佳的染色效果，才能染出各种鲜艳的颜色。氧化膜层透明度主要受合金材料的影响，电解液成分也对氧化膜层透明度产生一定影响。所以在生产中根据染色要求，选择合适的合金材料及合适的工艺参数是很重要的。

(3) 染色液温度的影响  染色通常分为冷染和热染两种方法。

冷染也就是室温染色。这种方法上色慢，所需染色时间较长。但室温染色不需要对染色液加温，操作方便，色调深浅及均匀性易于控制，是目前采用得最多的染色方法。

热染是将染色液加温到 40~60℃ 进行染色的方法。热染上色速度快，染色时间短。但对浅色调的色度及均匀度不易控制。这种方法多用于深色调的染色。

热染的温度不能超过 60℃，过高的温度会使染料分子还没有完全渗透到氧化膜层孔隙的深处即被封闭，从而大大降低染色的牢度和染色的均匀度。

(4) 染色时间的影响  染色时间不同也会影响染色的质量和耐光性。时间短，颜色浅，耐光性差。时间长，颜色深暗，易发花。一般以 3～15min 为好。最佳时间需要经过试验确定，再形成工艺文件。

（5）染色液浓度的影响　染色液的浓度随所用染料性能不同及铝工件对颜色深浅要求不同而异。染料浓度与色调的基本关系如下：

| | |
|---|---|
| 很浅色调 | 0.1～0.3g/L |
| 浅色调 | 0.5～1g/L |
| 暗色调 | 3～5g/L |
| 黑色调 | 8～12g/L |

通常，为了获得最佳染色效果，除黑色调以外，往往都采用较低浓度而不采用较高浓度。这样虽然适当延长了染色时间，但染料分子能充分渗透到氧化膜孔隙深处，这对于保持色的牢固度很重要，同时也便于对染色深浅的调节。

（6）染色液酸度的影响　氧化膜层对染料的吸收主要取决于染色液的 pH 值，因此染色之前要小心调节溶液 pH 值。一般用 HAc 来调节，通常控制 pH 值在 4～5.5 之间为佳。pH 值过高或过低，都会产生染料吸附不良、染色不牢、流色、发花等现象，从而导致染色质量降低。

（7）染色液浑浊度的影响　染色液的浑浊度对染色质量有很大影响，只有溶解十分完全，溶液无其他微粒杂质的染色液才能染出色彩鲜艳、光亮度好的成绩，同时也能延长染色液的使用寿命。对染色液清洁度的保持可采用以下方法：

① 用去离子水或蒸馏水配制染色液，以防止碱土金属和重金属离子与染料发生络合反应，使染料变质，浑浊，降低染色质量。并严格控制清洗水的水质，经清洗后最好再用去离子水或蒸馏水清洗再进行染色。

② 严格遵守染色工艺规程，严防酸、碱和氧化性物质残留液带入染色槽。

③ 经常保持染色液清洁，使用微孔循环过滤泵过滤染色液，染色工作结束后要用塑胶盖盖好，防止尘土或其他异物掉入染色槽，如发现应及时清除。

染色槽材料的选择也同样重要，有些染料与某些金属（比如铁、铜等）会发生化学反应破坏色素体而影响染色的正常进行。最合适的染色槽材料应是铝、陶瓷及 PP 等，其中以 PP 性价比最好。

## 五、染色操作方法

阳极氧化后的工件在进行染色之前需要进行预处理，其预处理包括两个过程，一是清洗，二是对毛细管孔壁进行电荷调整。清洗的目的主要有两个：一是将工件表面及盲孔内的残余硫酸清洗干净；二是将毛细管中的残余硫酸清洗干净。电荷调整的目的是采用带正电荷的化学品进行处理，使毛细管孔壁上带正电荷，更有利于吸附阴离子型染料分子。

清洗一般通过四级水洗即可将工件表面的残余硫酸清洗干净，对带盲孔的工件的清洗可采用超声波加强其清洗效果，也可采用不影响染色效果的有机酸或有机酸盐通过"替代法"进行助洗。所谓替代法是指在清洗过程中有机酸或有机酸盐进入盲孔或工件上的缝隙，将里面的残余硫酸"挤出"而代之以微量的有机酸或有机酸盐，达到去除残余硫酸的目的。

电荷调整一般采用阳离子表面活性剂来进行，浓硝酸也可达到同样的效果，但浓硝酸对环境污染大而受到极大的限制。在处理过程中也可将有机酸盐和阳离子表面活性剂进行复配使用，使残余硫酸清洗与电荷调整在同一工序完成。

采用有机酸助洗及毛细管孔壁电荷调整也并非必要，对于结构不复杂的工件，通过合理的水洗即可满足其染色要求。对于有盲孔的工件可采用延长水洗时间的方法或经过一次20%的硝酸清洗也可改善对残余硫酸的清洗质量。

采用磷酸扩孔的方法也可提高其染色速度和均匀性，但应注意磷酸对膜层的溶解及扩孔时间。

需染色的工件在染色槽中进行染色时，工件之间要有一定的距离，避免相碰。浸染到规定时间后取出，用流动清水洗干净，检查染色质量，合格后方可进行下一工序。

有机染料染色，如发现膜层颜色不均匀，有斑点、亮点且染色膜易擦掉等缺陷时，在要求不高的前提下，可在68%的硝酸溶液中退除颜色，经清洗后再重新染色。如果是因为氧化膜层本身的质量问题，则应退除氧化膜重新氧化。

部分有机染料的染色工艺方法见表8-2。

**表 8-2　部分有机染料的染色工艺方法**

| 色别 | 染料名称 | 浓度/(g/L) | 温度/℃ | 时间/min | pH 值 |
|---|---|---|---|---|---|
| 黑色 | 酸性毛元(ATT) | 10～20 | 室温 | 10～20 | 4.5～5.5 |
| | 酸性粒子元(NBL) | 12～16 | 50～70 | 10～15 | 5～5.5 |
| | 酸性蓝黑 | 10～20 | 室温 | 5～15 | 4～5.5 |
| | 苯胺黑 | 5～10 | 50～70 | 10～20 | |
| 红色 | 直接雪利桃红 G | 2～5 | 50～70 | 5～10 | 4.5～5.5 |
| | 直接耐晒桃红 G | 2～5 | 50～70 | 5～10 | 4.5～5.5 |
| | 酸性大红 GB | 4～6 | 室温 | 2～10 | 4.5～5.5 |
| | 酸性紫红 B | 4～6 | 20～40 | 15～30 | 4.5～5.5 |
| | 活性橙红 | 2～5 | 60～80 | 2～15 | |
| | 茜素红 S | 5～10 | 60～70 | 10～20 | 4.5～5.5 |
| 蓝色 | 直接耐晒翠蓝 | 3～5 | 60～70 | 1～3 | 4.5～5 |
| | 直接耐晒蓝 | 3～5 | 20～30 | 15～20 | 4.5～5.5 |
| | JB 湖蓝 | 3～5 | 室温 | 1～3 | 5～5.5 |
| | 活性橙蓝 | 4～6 | 室温 | 1～5 | |
| | 酸性蓝 | 2～5 | 60～70 | 2～15 | 4.5～5.5 |
| 绿色 | 酸性绿 | 4～6 | 70～80 | 15～20 | |
| | 直接耐晒翠绿 | 3～5 | 20～30 | 15～20 | |
| | 酸性墨绿 | 3～6 | 70～80 | 5～15 | |
| 金黄 | 茜素黄 R(或 GG)<br>茜素红 S | 0.3<br>0.5 | 50～80 | 1～5 | 4.5～5.5 |
| | 活性艳橙 | 0.5 | 70～80 | 5～15 | 4～5 |
| | 活性嫩黄 | 1～2 | 25～35 | 2～6 | |
| | 铅黄 GLW | 2～5 | 室温 | 2～5 | 5～5.5 |

注：表中染色时间只是一个参考，应根据色彩深浅及氧化膜厚度通过实验而定。

## 六、有机染料染色常见故障原因及处理方法

有机染料染色常见故障原因及处理方法见表8-3。

表 8-3　有机染料染色常见故障原因及处理方法

| 故障现象 | 产生原因 | 处理方法 |
| --- | --- | --- |
| 染不上色 | 1. 染料已被分解<br>2. 染色液 pH 值太高<br>3. 氧化膜太薄<br>4. 放置时间过长,氧化膜自然封闭<br>5. 染料选择不当 | 1. 重新配制染色液<br>2. 将 pH 值调至工艺要求范围<br>3. 延长氧化时间或提高电流密度<br>4. 氧化后的工件应尽快进行染色处理<br>5. 选择合适的染料 |
| 部分着不上色或颜色太浅 | 1. 氧化膜被油污弄脏<br>2. 染料浓度太低<br>3. 装挂不当,造成氧化膜不均匀<br>4. 染色液被污染<br>5. 染料溶解不完全 | 1. 加强氧化后的现场管理,防止污染<br>2. 调高染料浓度<br>3. 正确装挂<br>4. 重新更换染色液<br>5. 搅拌染色液使其溶解完全 |
| 染色后表面有白色水雾 | 1. 返工零件褪色液浓度太浓<br>2. 返工零件褪色时间太长 | 1. 降低褪色液浓度<br>2. 严格控制褪色时间 |
| 染色后表面发花 | 1. 染色液 pH 值太低<br>2. 氧化后清洗不良<br>3. 染料溶解不完全<br>4. 染色液温度太高 | 1. 调整 pH 值到工艺规定范围<br>2. 加强氧化后的清洗工作,对表面质量要求高的工件应用蒸馏水或纯水清洗<br>3. 搅拌染色液使染料溶解完全<br>4. 调低染色温度至工艺规定范围 |
| 染色后表面有斑点 | 1. 氧化膜被灰尘、油污污染或氧化后与酸碱接触<br>2. 染料内有不溶性杂质 | 1. 加强现场管理<br>2. 过滤染色液或更换染色液 |
| 染色后易褪色 | 1. 染色液 pH 值太低<br>2. 氧化膜孔隙小<br>3. 染色时间短<br>4. 封闭液 pH 值太低,封闭盐浓度不够<br>5. 封闭时间太短<br>6. 封闭温度低,造成封闭不完全 | 1. 调整 pH 值到工艺规定范围<br>2. 适当提高氧化温度或电解液浓度<br>3. 延长染色时间<br>4. 调整 pH 值到工艺规定范围,通过分析添加封闭盐<br>5. 延长封闭时间<br>6. 升高温度至工艺要求范围 |
| 着色后表面易擦掉 | 1. 氧化膜质量不良<br>2. 染色温度过低<br>3. 氧化膜粗糙 | 1. 加强对氧化液和氧化操作过程的管理<br>2. 提高染色液温度<br>3. 降低氧化温度,加强氧化电解液的管理 |
| 颜色过暗 | 1. 染色液太浓<br>2. 染色温度过高<br>3. 染色时间过长 | 1. 稀释染色液至正常范围<br>2. 调低温度至工艺规定范围<br>3. 正确控制染色时间 |

# 七、无机染色

无机染色是指氧化膜在染色过程中,生成一有色的无机化合物沉积在氧化膜孔隙中,使工件染上颜色的方法。所以无机染色也可称为反应染色。无机染色种类不多,色泽也不够鲜艳。但无机染色具有极好的耐光性,经久亦无褪色现象。

无机染色一般都要经过两种溶液来完成染色过程,也有个别颜色是经过一次完成。举例如下:

红棕色:将工件先浸入 $CuSO_4$ 溶液中,清洗后再浸入 $K_4[Fe(CN)_6]$ 溶液中,其染色化学原理:

$$2CuSO_4 + K_4[Fe(CN)_6] === Cu_2[Fe(CN)_6] \downarrow + 2K_2SO_4 \tag{8-1}$$

黄色：先浸入 $PbAc_2$ 溶液中，清洗干净后再浸入 $K_2Cr_2O_7$ 或 $K_2CrO_4$ 溶液中，其染色化学原理：

$$PbAc_2 + K_2Cr_2O_7 === PbCr_2O_7 \downarrow + 2KAc \tag{8-2}$$

白色：先浸入 $PbAc_2$ 溶液中，清洗后再浸入 $Na_2SO_4$ 溶液中，其染色化学原理：

$$PbAc_2 + Na_2SO_4 === PbSO_4 \downarrow + 2NaAc \tag{8-3}$$

蓝色：先浸入 $K_4[Fe(CN)_6]$ 溶液中，清洗后再浸入 $Fe_2(SO_4)_3$ 溶液中，其染色化学原理：

$$3K_4[Fe(CN)_6] + 2Fe_2(SO_4)_3 === Fe_4[Fe(CN)_6]_3 \downarrow + 6K_2SO_4 \tag{8-4}$$

黑色：先浸入 $CoAc_2$ 溶液中，清洗后再浸入 $Na_2S$ 溶液中，其染色化学原理：

$$CoAc_2 + Na_2S === CoS \downarrow + 2NaAc \tag{8-5}$$

常用无机染色方法见表8-4。

表8-4　常用无机染色方法

| 颜色 | 染料名称 | 含量/(g/L) | 温度/℃ | 时间/min | 所得发色物质 |
|------|----------|------------|--------|----------|--------------|
| 红褐色 | $CuSO_4 \cdot 5H_2O$ | 10~100 | 80~90 | 10~20 | $Cu_2[Fe(CN)_6]$ |
| | $K_4[Fe(CN)_6]$ | 10~50 | 80~90 | 10~20 | |
| 褐色 | $AgNO_3$ | 50~100 | 75 | 5 | $Ag_2Cr_2O_7$ |
| | $K_2Cr_2O_7$ | 5~10 | 75 | 10 | |
| 深褐色 | $PbAc_2$ | 100~200 | 90 | 5 | $PbS$ |
| | $(NH_4)_2SO_4$ | 50~100 | 75 | 10 | |
| 黄色 | $CdSO_4$ | 50~100 | 75 | 5 | $CdS$ |
| | $(NH_4)_2S$ | 50~100 | 75 | 10 | |
| 白色 | $Ba(NO_3)_2$ | 10~50 | 60 | 15 | $BaSO_4$ |
| | $Na_2SO_4$ | 10~50 | 60 | 30 | |
| 黑色 | $CoAc_2$ | 50~100 | 90~100 | 10~15 | $CoO$ |
| | $KMnO_4$ | 15~25 | 90~100 | 20~30 | |
| 蓝色 | $Fe_2(SO_4)_3$ | 10~100 | 90~100 | 10~20 | $Fe_4[Fe(CN)_6]_3$ |
| | $K_4[Fe(CN)_6]$ | 10~50 | 90~100 | 5~10 | |
| 金黄色 | $Na_2S_2O_3 \cdot 5H_2O$ | 10~50 | 90~100 | 5~10 | |
| | $KMnO_4$ | 10~50 | 90~100 | 5~10 | |
| 金色 | $NH_4Fe(C_2O_4)_3 \cdot 2H_2O$ | 5(浅),25(深)<br>(pH 5~6) | 50~60 | 2 | |
| 古铜色 | $KMnO_4$ | 5~30(pH 7~8) | 50 | 2 | |
| | $CoAc_2$ | 0~10(pH 6~7) | 50 | 2 | |

在进行无机染色时，如发现色度不够，可重复进行一直到所需要的色度。经过无机染色后的工件，清洗后，在 60~80℃ 的烘箱中干燥。为提高氧化膜层抗蚀能力，经染色后的表面应喷涂有机涂料或进行其他封闭处理。

在无机染色中最具有价值的是用草酸高铁铵 $[NH_4Fe(C_2O_4)_3 \cdot 2H_2O]$ 进行浅金到深金色的染色。这种方法操作简单，只需一步即可完成，色调易于控制。笔者曾用草酸高铁铵进行过小批量生产，效果较好。

## 八、溶剂染色

这是一项由英国人发明的染色技术，常规染色方法都是在水溶液里进行，一些耐光质高及抗老化性能好的染料大多不溶于水，用水基染色方法难以实现。最早人们提出并使用过的方法是将非水溶性的染料溶于丙酮中配制成丙酮基染色液，以此来代替在水溶液中的染色，这样就可以使用那些不溶于水的染料，这些染料往往都具有高度的抗老化能力。这种方法是在室温下进行，但该法也有其不便之处，采用丙酮基染色时不能将水带入染色液中，所以在染色之前需对清洗后的工件用暖风将膜层上的水分烘干。

随后，有研究者发现，采用卤代烃溶剂代替丙酮，不仅可以使用不溶于水的染料，同时也可使用水溶性染料。使用水溶性染料时是通过添加适量的阳离子表面活性剂在卤代烃中形成乳化液。其基本过程如下：

① 铝件经常规硫酸阳极氧化后用清水清洗干净；

② 将清洗后的铝件浸入沸腾的三氯乙烯和溴代十六烷吡啶的混合溶液中处理10min；

③ 接着将铝件浸入沸腾的三氯乙烯＋溴代十六烷吡啶＋染料的混合液中进行染色处理10min；

④ 将经染色后的铝件放入清洁的沸腾的三氯乙烯中浸泡10min，以便把溴代十六烷吡啶残痕及过剩的未吸收的染料清洗掉。

经染色后的工件可用沸水或蒸汽封闭。卤代烃、染料、阳离子表面活性剂三者之间的常用组合见表8-5。

**表8-5 卤代烃、染料、阳离子表面活性剂组合方式**

| 序号 | 溶剂 | 染料 | 表面活性剂 |
|---|---|---|---|
| 1 | 三氯乙烯 | 1,4-双(对正丁基苯胺)-5,8-二羟基蒽醌 | 溴代十六烷吡啶(HFixanol C) |
| 2 | 三氯乙烯 | 1,4-双(对正丁基苯胺)-5,8-二羟基蒽醌 | 二(甲基·戊基)硫代丁二酸钠(Manoxol MA) |
| 3 | 三氯乙烯 | Waxoline Green G(绿) | 溴代十六烷吡啶(HFixanol C) |
| 4 | 三氯乙烯 | 1,4-双(对正丁基苯胺)-5,8-二羟基蒽醌 | 溴代十六烷吡啶(HFixanol C) |
| 5 | 三氯乙烯 | Waxoline Red O(红) | 溴代十六烷吡啶(HFixanol C) |
| 6 | 三氯乙烯 | Waxoline Red O(红) | 二(甲基·戊基)硫代丁二酸钠(Manoxol MA) |
| 7 | 三氯乙烯 | Lithofor Yellow A(黄) | 溴代十六烷吡啶(HFixanol C) |
| 8 | 三氯乙烯 | Lithofor Yellow A(黄) | 二(甲基·戊基)硫代丁二酸钠(Manoxol MA) |
| 9 | 三氯乙烯 | 1-氨基-4-羟基蒽醌 | 溴代十六烷吡啶(HFixanol C) |
| 10 | 三氯乙烯 | 1-氨基-4-羟基蒽醌 | 二(甲基·戊基)硫代丁二酸钠(Manoxol MA) |
| 11 | 三氯乙烯 | 1-氨基-2-甲基蒽醌 | 溴代十六烷吡啶(HFixanol C) |
| 12 | 三氯乙烯 | 1-氨基-2-甲基蒽醌 | 二(甲基·戊基)硫代丁二酸钠(Manoxol MA) |
| 13 | 1,1,1'-三氯乙烯 | Waxoline Red O(红) | 二(甲基·戊基)硫代丁二酸钠(Manoxol MA) |
| 14 | 1,1,1'-三氯乙烯 | Lithofor Yellow A(黄) | 二(甲基·戊基)硫代丁二酸钠(Manoxol MA) |

| 序号 | 溶剂 | 染料 | 表面活性剂 |
|---|---|---|---|
| 15 | 二氯甲烷 | 1,4-双(对正丁基苯胺)-5,8-二羟基蒽醌 | 二(甲基·戊基)硫代丁二酸钠(Manoxol MA) |
| 16 | 二氯甲烷 | Waxoline Purple A(紫) | 二(甲基·戊基)硫代丁二酸钠(Manoxol MA) |
| 17 | 二氯甲烷 | 1-氨基-2-甲基蒽醌 | 溴代十六烷吡啶(HFixanol C) |
| 18 | 1,1,2-三氯乙烯、1,1,1'-三氯乙烯 | 1,4-双(对正丁基苯胺)-5,8-二羟基蒽醌 | 二(甲基·戊基)硫代丁二酸钠(Manoxol MA) |
| 19 | 1,1,2-三氯乙烯、1,1,1'-三氯乙烯 | 1,4-双(异丙胺)-蒽醌 | 环状胺十二烷基衍生物(Imidrol LC) |
| 20 | 1,1,2-三氯乙烯、1,1,1'-三氯乙烯 | Waxoline Red O(红) | 环状胺十二烷基衍生物(Imidrol LC) |
| 21 | 全氯乙烯 | 1,4-双(对正丁基苯胺)-5,8-二羟基蒽醌 | 二(甲基·戊基)硫代丁二酸钠(Manoxol MA) |
| 22 | 全氯乙烯 | 1,4-双(异丙胺)-蒽醌 | 环状胺十二烷基衍生物(Imidrol LC) |
| 23 | 全氯乙烯 | 1-氨基-4-羟基蒽醌 | 二(甲基·戊基)硫代丁二酸钠(Manoxol MA) |

在配制中，表面活性剂的用量为 0.03%～0.3%（与卤代烃的质量比，下同），染料用量为 0.1%～1%，水溶性染料水的添加量为 1%，使用水溶性染料时染料用量应低一些。

## 九、二次氧化染色

二次氧化染色是一种很成熟的加工方法，在此只对其基本过程进行简介，二次氧化染色分两大类，流程简图见图 8-2。

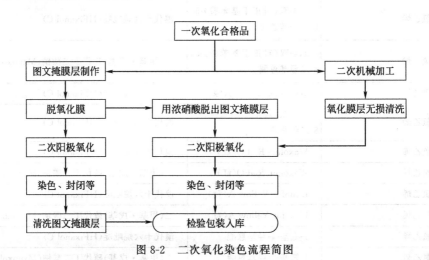

图 8-2  二次氧化染色流程简图

第一类方式是经第一次氧化染色后，再对工件的某些部位进行再加工，这种加工一般都是高光的，加工完成后需要进行氧化，有时还需要进行染色，一般以染浅色为主。采用这种方式的二次氧化染色的关键是第一次染色的封孔质量，以保证在进行第二次氧化时原有的膜层不被破坏。一般可在进行第二次氧化之前再用高温封闭数分钟。经过第二次机械加工后，表面清洗不可采用对膜层有破坏作用的强碱和强酸，可用无水乙醇擦洗，也可采用对铝表面不腐蚀的除油方法进行清洗（可参见第三章相关内容），在进行第二装挂时，要小心进行，不可将第一次氧化膜划伤或碰伤，装挂时应保证可靠接触以保证其良好的导电性。

第二类方式是经第一次氧化染色后，再进行丝印或感光制作图文（图文掩膜材料必须能抗碱和酸），经固化后，用碱蚀法溶解暴露的氧化膜层。到这一步同样有两种可选方案，一是经脱氧化膜层后直接进行第二次阳极氧化、染色、封闭等，最后用有机溶剂除去图文掩膜层；二是经脱氧化膜层后先用浓硝酸脱出图文掩膜层，然后进行第二次氧化、染色、封闭等。采用这种方法应注意第一次染的色是否能抗浓硝酸的处理，同时第一次氧化后要封闭好以防第二次氧化时膜层被硫酸电解液破坏。

当采用丝印进行图文掩膜时应注意丝印质量，其常见丝印质量问题及解决方法如下：

### ➋ 1. 网孔堵塞

网孔堵塞是丝网印刷过程中最常见的故障之一。网孔堵塞初期，清晰的线条变成锯齿状，随后线条越来越细，直至印不出图文。产生网孔堵塞的主要原因及排除方法：

① 油墨中有粗颗粒，相比之下丝网孔径小，因而堵塞网孔。这时应将油墨取出重新更换新油墨进行印刷。调好的油墨最好用高目数丝网过滤后再用。

② 油墨干燥过快造成干版，因而引起网孔堵塞。丝印工作环境温度较高，溶剂挥发速度太快，所以丝印最好在恒温房中进行。为了调节溶剂挥发速度也可在油墨中加入高沸点溶剂，比如松节油、松节醇等。

③ 油墨黏度大，流动性差，丝印时透过性不良，易产生网孔堵塞。这时可向油墨中添加稀释剂，进行充分搅拌后即可使用。

④ 在丝网印刷过程中如发现有网孔堵塞现象，应重新调整油墨，并立即清洗网版再进行丝印。如果不顾网孔堵塞强行丝印，一则丝印的产品质量低劣，二则堵塞会更加严重，甚至造成丝印网版报废。

### ➋ 2. 附着不良

在蚀刻图文印刷中，如果操作不当，油墨选择不当，干燥不彻底，均极易发生这类故障。

工件在进行预处理时，表面油污一定要清除干净。经氧化或脱脂的工件，烘干后在转运过程中严禁赤手触摸，拿放都必须戴细纱手套，防止工件表面二次玷污。

工件在烘干时一定要彻底，如果烘干不彻底，在丝印时，会在工件表层和丝印油墨之间形成一层微细水膜，严重影响丝印附着力。

铝件经处理时，有清洁或封孔的残留物在表面形成极薄的不连续膜，而引起油墨不浸润，从而使油墨和铝件表面微观分层，造成丝印图文附着不良。

抗蚀油墨的选择很重要。如果油墨选择不当，在进行蚀刻、氧化等酸、碱处理时，丝印图文油墨将会脱落。所以对购进的油墨或自行配制的油墨，经过实验合格后才能用于生产。抗蚀油墨应注意保质期，超过保质期的油墨不应使用。

抗蚀油墨丝印后一定要干燥彻底，否则油墨在后续加工过程中极易脱落。干燥条件可根据油墨提供的参数，再通过实验确定。

油墨附着不良是一种不可逆转的故障，往往要经过蚀刻、氧化等加工后才能发现，一旦发现这类问题，经加工后的工件将无法补救，所以在进行丝网印刷之前一定要注意各工序质量控制。对于新购的油墨一定要进行实验确定其使用参数。

### 3. 针孔和起泡

出现针孔和起泡的原因主要有以下几种：

① 印版上有异物。这种情况多数发生在制版显影期间，水膜干燥后，仍有极少量感光胶附在丝网图文上（这种现象称为余胶），在涂布或在粘贴感光乳剂时混入灰尘黏附在丝网上。余胶和乳剂中的灰尘都会阻碍油墨的通过，在丝印图文时出现针孔或白点（大的针孔即是白点）。这些故障如果在丝印前仔细检查可以发现，同时也可修补。

② 丝印时版上落入灰尘等异物也会堵塞网孔而出现针孔或白点。在开印前，可先用吸墨性能好的纸试印几张，异物就会被油墨吸附在纸上，使版面清洁。

③ 铝件经一次氧化后，清洗不良或在转运过程中环境尘埃沾污都会在铝表面留下肉眼难以发现的残余物，这些残余物在丝印时黏附在网版上形成针孔。

④ 油墨中有气泡是起泡的主要原因。搅拌油墨时容易混进气泡，黏度低的油墨经过一段时间后会自行消失，但黏度高的油墨却难以消失。这种气泡有的在丝印时会自行消失，有的气泡会包裹在油墨中形成起泡。为了消除油墨中的气泡，油墨调好后要放置一段时间再用，同时向油墨中加入消泡剂。添加量一般在 $0.3\% \sim 1\%$。消泡剂有市售的硅类消泡剂，也可添加正丁醇。油墨调好后用 300 目的丝网过滤也能有效地消除气泡。过滤用的丝网目数越低，消泡效果越差。

### 4. 粘网

粘网是指丝印后，印版和工件不能分离或分离不良。粘网使丝印难以正常进行，同时也会使丝印后的图文表面不饱满，形成微细针孔。造成粘网的主要原因如下：

① 丝网版张力不够，使丝网版没有足够的弹性恢复，造成网版和工件分离不良。

② 油墨太稠，丝印压力过大，使油墨印得过厚引起粘网。

③ 网版和工件之间距离太近，特别是在丝印大图文时，网版和工件要有足够的距离以保证网版和工件的正常分离。

### 5. 渗墨

渗墨是指在丝印时，油墨通过图文网孔向刮板行进方向横向逸出，劣化丝印图文的现象。防止渗墨的方法主要有以下几种：

（1）网版图文边缘轮廓 网版图文边缘轮廓清晰是保证丝印图文清晰的重要前提。一般厚的感光层都容易得到边缘轮廓清晰的图文，以现代的感光材料和感光技术不难做到。更重要的是工件表面与网版图文边缘必须紧贴，因此应做到以下几点：

① 刮板要有足以使网版与工件表面贴紧的压力。

② 网版要有适当的厚度和弹性，容易与承印物表面贴紧。

③ 调节油墨黏度以限制渗墨区幅度，必要时可添加增黏剂。

（2）狭窄图文间的糊墨 这是印制精细高密度图文最易发生的情况。这种图文的丝印如控制不当，往往被油墨连接在一起形成一片模糊，为防止这种现象的发生，可采取如下措施：

① 线条排列方向与刮板刮动方向一致时不容易发生渗墨。线条边缘就如两个堤坝，当网版图文线条与刮板运动方向一致时，油墨就会沿着图文边缘这个堤坝运动，防止油墨的分流产生，从而减少甚至消除渗墨现象的发生。

② 丝网斜绷可以有效防止图文线条劣化和渗墨。线条方向和刮板运动方向一致时线条边缘的堤坝效应可防止渗墨现象发生，但丝网的纬线会成为遏流的抗体促使油墨分流，扑向边缘堤坝。如果丝网是斜绷网就能缓和这种分流趋势的发生，使边缘堤坝效应发挥得更好。

上述的油墨渗漏会影响丝印图文再现性，劣化图文印刷质量。当渗墨刚发生时，用吸墨性好的纸印几张则可以阻止渗墨的进一步恶化。当严重时应洗网后再丝印。

## 十、其他染色技术

上面介绍的染色方法都离不开两个基本要求：其一工件是浸在染色溶液中进行染色；其二都是要求表面均匀地染色。下面介绍其他几种具有批量操作性的染色方法。

### 1. 印染染色技术

印染改变了传统的浸染方式，是用色浆代替染色液进行染色的方法。印染油墨的配方见表 8-6。

表 8-6　印染油墨配方

| 材料名称 | 用量/% | 材料名称 | 用量/% |
| --- | --- | --- | --- |
| 羧甲基纤维素 | 55 | 色基 | 30 |
| 海藻酸钠 | 15 | 山梨酸 | 4 |
| 六偏磷酸钠 | 0.6 | 甲醛 | 0.4 |

表中的羧甲基纤维素、海藻酸钠、六偏磷酸钠、色基、山梨酸等应分别用热水溶解后再混合在一起，最后加入甲醛，经充分搅拌均匀后备用。所用色基必须是可用铝阳极氧化膜的染料。

操作方法：铝件经阳极氧化后，充分清洗干净，在低于 60℃ 的温度下干燥或晾干，在操作时必须戴上干净的细纱手套。然后用丝网漏印的方式把色浆印在铝件表面，可以根据需要进行多次套丝色形成彩色，印完最后一种色浆后，停留一段时间，洗掉印料后再进行必要的封闭处理（不可用含氟的方法进行封闭）。

采用这种方法可以一次氧化进行多次染色。这种方式也被称为渗透染色，其油墨也称为渗透油墨。

### 2. 转移染色技术

转移染色是先将图案印在一种专用的纸上，然后再转印到经阳极氧化后的工件表面，使之吸收染料，显现图案的工艺方法。其基本操作如下：采用分散染料将图案制成印花纸；铝件进行阳极氧化，清洗干净后在通风处晾干；将已制成的印花纸图案面贴在阳极氧化膜的表面，通过热压使印花纸上的分散染料升华成气体转移到氧化膜的微孔内而染上色；染好的工件揭下印花纸，清洗干净并晾干即为成品。

### 3. 抽象染色技术

抽象染色是铝件经阳极氧化后，清洗干净，然后再浸在含有一定量油脂的水中，这时铝件表面会沾上不连续不均匀的油脂，再进行染色时氧化膜表面会出现深浅不一的抽象花纹。油脂的含量和浸泡时间的长短对抽象花纹的最终形态有很大的影响，对同一批产品应采用相同的工艺条件，否则会使抽象花纹有较大差别。

# 第二节 封 闭 处 理

铝合金表面生成的多孔膜层有很强的吸附能力，表面容易被污染。特别是在腐蚀性环境中，腐蚀介质进入孔内容易引起腐蚀，影响外观和使用性能。因此，经过阳极氧化的氧化膜层不管着色与否，都要进行封闭处理，以提高氧化膜的抗蚀性、耐磨性等。

封孔处理方法按封孔原理可分以下两种：

填充封孔：这类封孔主要采用一些惰性物质，如熔化状态的脂类、凡士林、石蜡，或一些成膜性能优良的液态物质、油漆、干性油等。这类封孔是以固体成分直接填充在氧化膜孔隙中以达到封孔的目的。这类封孔的特征是：封孔物质不和氧化膜内的铝氧化物发生化学反应，同时自身也不发生化学反应。这一方法操作过程比较复杂，且对环境安全防火有较高要求，同时在封孔前也需要对封孔铝工件进行干燥处理，不便于规模量产。所以这一方法目前很少有使用，只有在对耐蚀性有特殊要求时才会采用。

反应封孔：这类封孔是采用水、无机盐水溶液对氧化膜的孔隙进行封闭的处理方法。这类封孔方法的特征是：封孔介质和氧化膜的铝氧化物及水发生化学反应，使孔隙内氧化物吸水膨胀或封孔剂中金属离子水解生成不溶性物质沉积在孔隙内共同完成封孔过程。这一方法由于操作简单，易于控制，是目前采用得最多的方法，本节着重介绍这一方法。

## 一、水合封孔

水合封孔的本质是水合反应，是将具有很高化学活性的非晶质氧化膜转变为钝态的结晶质氧化膜的过程，其水解方程式如下：

$$Al_2O_3 + nH_2O \longrightarrow Al_2O_3 \cdot nH_2O$$

这种水合反应结合水分子的个数为 1~3 个，与反应温度有关。

一种是在低于 80℃，氧化膜中的 $Al_2O_3$ 与 $H_2O$ 结合生成拜尔体 $Al_2O_3 \cdot 3H_2O$，即：

$$\gamma\text{-}Al_2O_3 + H_2O = 2AlO(OH) + 2H_2O = Al_2O_3 \cdot 3H_2O \tag{8-6}$$

这种结合仅是物理结合，过程是可逆的。

另一种是在 80℃ 以上的中性水中，氧化膜中的 $Al_2O_3$ 与 $H_2O$ 化合生成勃姆体 $Al_2O_3 \cdot H_2O$，即：

$$\gamma\text{-}Al_2O_3 + H_2O \longrightarrow 2AlO(OH) \longrightarrow Al_2O_3 \cdot H_2O \tag{8-7}$$

这就是通常所说的水合封孔的反应过程，勃姆体的密度（3.014g/cm³）比 $Al_2O_3$ 的密度（3.420g/cm³）小，体积增大约 33%，堵塞氧化膜的孔隙从而达到封孔的目的。如果是生成拜尔体，其体积会增大 100%，但耐蚀性和稳定性差，并具有可逆性，水温越低可逆性越大，所以反应(8-7)才是需要的封孔水解方程式。

（1）热水封孔　采用热水封孔时，对水质的要求较高。对封孔质量影响最大的杂质及允许上限浓度见表 8-7。

**表 8-7　封孔水中有害杂质及允许上限浓度**

| 影响最大的有害杂质 | $SO_4^{2-}$ | $Cl^-$ | $PO_4^{3-}$ | $F^-$ | $SiO_3^{2-}$ |
|---|---|---|---|---|---|
| 最高允许浓度/(mg/L) | 100 | 50 | 15 | 5 | 5 |

为了维护水的质量，延长使用寿命，经阳极氧化后的工件在封孔前应进行充分清洗，最好是采用纯水进行清洗。

生产实践证明，用蒸馏水进行封孔时效率最高，特别是 pH 值在 5.5～6，水温在 100℃时，封闭 30min 几乎可达到 100% 的封闭效率。如用接近中性的自来水进行封闭，即使是在最理想的封闭温度下，也只能取得 80% 的封闭效率，而蒸馏水在 80℃ 时就可以取得良好的封闭效果。

但采用中性蒸馏水封闭，在工件表面容易产生雾状，影响表面光亮度，采用微酸性的蒸馏水可得到良好的封闭效果。调节方法：可在水中加入 0.003～0.01g/L 磷酸氢二铵和 0.006～0.01g/L 硫酸调节，最好用醋酸来调节。热水封闭工艺条件如下：

温度：95～100℃ 时间：10～30min

pH 值：5.5～6 封孔速度：2～3min/$\mu$m

在沸水中也可添加适量的三乙醇胺或在封孔之前先将工件浸渍在 3% 左右的三乙醇胺溶液中数分钟（温度 30℃ 左右），再进行沸水封孔，可节约 2/3 的时间。

（2）水蒸气封孔 蒸汽封孔是经阳极氧化后的工件在有一定压力的水蒸气中进行封孔的一种方法，水蒸气封孔对压力并没有严格的要求，但温度要保证在 100℃ 以上，否则将失去蒸汽封孔的意义。温度越高，压力越大，封孔速度也越快，但过高的温度会影响膜层的硬度和耐磨性，同时过高的温度也应考虑设备的耐压条件和安全因素等。

水蒸气封孔的效果比沸水封孔更好，但成本较高，只适用于要求较高的装饰铝工件。与热水封闭相比，蒸汽封孔速度快，效果好，耐蚀性好，对水质和 pH 值的要求低于热水封孔，并且"粉霜"现象较为少见。蒸汽封孔还可以防止染料在水中的流色现象，加压蒸汽对氧化膜有压缩作用，可提高氧化膜层致密性。蒸汽封闭工艺条件如下：

温度 100～110℃

压力 0.05～0.1MPa

时间/膜厚 4～5min/$\mu$m

需要进行二次着色氧化的产品，第一次氧化着色后的封闭采用蒸汽封孔，在脱氧化膜进行二次氧化时表面均匀，质量更容易保证。

## 二、重铬酸盐和硅酸盐封孔

重铬酸盐封孔利用重铬酸盐有强氧化性，在较高温度下与氧化膜作用，生成碱式铬酸铝或碱式重铬酸铝，其反应如下：

$$2Al_2O_3 + 3K_2Cr_2O_7 + 5H_2O \longrightarrow 2Al(OH)CrO_4 \downarrow + 2Al(OH)Cr_2O_7 \downarrow + 6KOH \qquad (8\text{-}8)$$

在封孔过程中，氧化膜多孔层中的氧化铝同时也会和热水作用生成一水合氧化铝和三水合氧化铝，这些都会对铝氧化膜的微孔起到封闭作用。

对于在高温环境下使用的铝件，经过重铬酸盐封闭的氧化膜层比采用其他方法封闭的氧化膜层防开裂性能要好，这可能是由于重铬酸盐封闭过程中产生的水合物较少，生成的封闭层在高温下体积收缩小而不容易形成裂纹，而其他方法封闭的氧化膜其水合物较多，高温时水合产物脱水收缩率较大而使氧化膜容易开裂而形成裂纹。

重铬酸盐封孔防护性能好，对压铸铝及含铜较高的硬铝合金有良好的封孔质量，但六价铬的毒性大，除特殊需要以外已很少采用。常用重铬酸盐封孔工艺见表 8-8。

**表 8-8 常用重铬酸盐封孔工艺方法**

| | 材料名称 | 化学式 | 含量/(g/L) 1 | 含量/(g/L) 2 |
|---|---|---|---|---|
| 溶液成分 | 重铬酸钾 | $K_2Cr_2O_7$ | 12～17 | 50～60 |
| | 无水碳酸钠 | $Na_2CO_3$ | 2～6 | — |
| 操作条件 | pH 值 | | 6～7 | 6～6.5 |
| | 温度/℃ | | 80～95 | 80～95 |
| | 时间 | | 依膜层厚度而定 | |

硅酸盐封孔工艺方法见表 8-9。

**表 8-9 硅酸盐封孔工艺方法**

| | 材料名称 | 化学式 | 含量/(g/L) |
|---|---|---|---|
| 溶液成分 | 硅酸钠 | $Na_2SiO_3$ ($Na_2O$：$SiO_2$=1：3.3) | 30～60 |
| 操作条件 | pH 值 | | 7.5～8.5 |
| | 温度/℃ | | 85～100 |
| | 时间 | | 依氧化膜厚度而定 |

硅酸盐封闭的氧化膜层耐碱性特别优良，适合在碱性环境下使用的铝件。

## 三、水解盐封孔

水解盐由镍、钴的硫酸盐或醋酸盐的水溶液组成，其中以醋酸盐应用得最多，在 80℃以上，利用镍、钴金属离子渗透到氧化膜孔隙中后发生水解作用，生成相应的氢氧化物沉淀，填充在孔隙内从而达到封闭的目的。其封孔化学反应如下：

$$Ni(Ac)_2 + 2H_2O \longrightarrow Ni(OH)_2 \downarrow + 2HAc \tag{8-9}$$

$$Co(Ac)_2 + 2H_2O \longrightarrow Co(OH)_2 \downarrow + 2HAc \tag{8-10}$$

这些氢氧化物几乎是无色透明的，由于这些镍、钴金属离子还能与某些有机染料分子形成络合物，所以染色后的工件用这种方法封闭后色调和色度有轻微变化，使颜色稳定。这种方法特别适用于防护装饰性氧化膜经着色后的封闭处理。

水解盐封孔结合了热水封孔和氟化镍封孔的优点，水解盐封孔大多在 80℃以上，因此在封孔过程中同样有勃姆体的生成，同时生成镍的氢氧化物。勃姆体和镍的氢氧化物的共沉积可以更好地封闭氧化膜的多孔层，勃姆体和镍的氢氧化物对提高阳极氧化膜层的耐蚀性具有协同作用，所以，水解盐的封孔质量比热水封孔及氟化镍封孔都好。其相关的水解反应如下：

$$\gamma\text{-}Al_2O_3 + H_2O \longrightarrow 2AlO(OH) \longrightarrow Al_2O_3 \cdot H_2O \tag{8-11}$$

$$Ni^{2+} + 2OH^- \longrightarrow Ni(OH)_2 \downarrow \tag{8-12}$$

水解盐封孔对水质的要求比热水封孔约低，杂质允许量更宽，这样可以适当降低水质标准，延长溶液的使用寿命，降低生产成本。但镍盐对环境和操作人员有一定的危害，面临着被新的无镍封孔工艺取代的局面。水解盐封孔工艺条件见表 8-10。

**表 8-10　水解盐封孔工艺方法**

<table>
<tr><td rowspan="2"></td><td rowspan="2">材料名称</td><td rowspan="2">化学式</td><td colspan="2">含量/(g/L)</td></tr>
<tr><td>配方 1</td><td>配方 2</td></tr>
<tr><td rowspan="5">溶液组成</td><td>醋酸镍</td><td>$Ni(Ac)_2 \cdot H_2O$</td><td>4.2～5</td><td>—</td></tr>
<tr><td>醋酸钠</td><td>$NaAc \cdot 3H_2O$</td><td>4.8</td><td>5.5</td></tr>
<tr><td>醋酸钴</td><td>$Co(Ac)_2 \cdot H_2O$</td><td>0.7～1</td><td>0.1～0.3</td></tr>
<tr><td>抑灰剂</td><td>—</td><td>1～2</td><td>1～2</td></tr>
<tr><td>硼酸</td><td>$H_3BO_3$</td><td>—</td><td>3.5</td></tr>
<tr><td rowspan="3">操作条件</td><td colspan="2">pH 值</td><td>4.5～5.5</td><td>4.5～5.5</td></tr>
<tr><td colspan="2">温度/℃</td><td>80～85</td><td>80～85</td></tr>
<tr><td colspan="2">时间/min</td><td>15～20</td><td>15～20</td></tr>
</table>

表中抑灰剂是为了防止封孔后工件挂灰，可用于抑灰剂的材料有胺类、羟基羧酸、萘磺酸盐、甲醛、尿素等。

对水解盐封孔和沸水封孔后的水洗可先在热水中清洗，然后再用冷水清洗。

## 四、低温封孔

低温封孔也称为常温封孔，是相对于沸水及水解盐封孔而言的，其封孔温度在 30℃左右，与沸水封孔和水解盐封孔相比，温度要低得多，在能源消耗方面占有较大优势。

常温封孔的主要材料是氟镍化合物及氟化物，在封孔过程中氟是促进剂，首先是氟离子进入多孔层，在孔表面吸附，并有如下反应：

$$Al_2O_3 + 6F^- + 3H_2O \longrightarrow 2AlF_3 \downarrow + 6OH^- \tag{8-13}$$

以上反应的进行，改变了氧化膜孔的电性能，便于镍离子的进入，使其在孔中与氢氧根离子反应生氢氧化镍沉淀将孔封住，其反应式如下：

$$Ni^{2+} + 2OH^- \longrightarrow Ni(OH)_2 \downarrow \tag{8-14}$$

常温封孔主要是阳极氧化膜层的氧化铝转化为氢氧化铝，并同氢氧化镍、氟化铝共同完成封孔，而热水封孔中的勃姆体要在温度高于 80℃时才形成，所以，经常温封孔后的工件需要经过一个熟化的过程。

低温封孔大多采用商品制剂，其主要成分是镍-氟或镍-钴-氟及其他一些添加物质。在采用低温封孔时应注意如下几方面的问题：

① 封孔液中镍离子要求＞0.8g，游离氟离子要求＞0.6g。所以在生产中要定期分析并及时添加。

② 尽量保证封孔液的 pH＝6，其变化范围最好不要超过±0.3。封孔温度以 30～35℃为宜，温度过高会出现彩虹色甚至粉霜。

③ 在操作过程中，要注意对工件的清洗，切不可带入外来杂质。工件在进行封孔之前最好采用去离子水清洗。

④ 封孔时间不宜过长，在 30℃时封孔速度一般为 2～3$\mu$m/min，进行过长会产生粉霜。经低温封孔的工件最好能在水解盐或热水中再处理 5～10min。

⑤ 低温封孔只适用于铝本色，不适用于染色后的工件封孔。

低温封孔更多的操作注意事项可参照封孔剂的产品使用说明书。

## 五、无镍封孔

镍盐封孔曾经作为水合封孔的替代技术，并有良好的封孔质量而风靡一时。然而，随着使用时间的延长，人们发现镍对环境和人类的危害性已不可忽视而提出了无镍封孔。顾名思义，无镍封孔即是所采用的封孔溶液中不含有镍离子的工艺方法。早期的沸水封孔以及蒸汽封孔都属于无镍封孔，只是这些封孔工艺能耗大，封孔时间长而使其应用受到一定限制。无镍封孔的发展方向主要有两个途径，一是对早期的沸水封孔进行更进一步的研究，通过添加一些第二或第三物质来改善其封孔性能，以期降低封孔温度，缩短封孔时间并获得不低于镍盐封孔的封闭质量；二是选择新的就目前而言对环境及人类健康无害的 pH 值在 4.5～5.5，具有可溶性，而在封孔过程中渗入孔隙后随着 pH 值升高发生水解而生成氢氧化物的其他金属盐来代替镍盐。

在沸水中添加三乙醇胺、氨、无水碳酸钠或在沸水封孔之前用三乙醇胺进行预处理，以此来提高封孔速度、强化封孔效果可以认为是对早期沸水封孔的改进。代替镍盐的选择中有钙盐、钴盐、铝盐、铈盐、铁盐、锆盐等。

编著者对无镍封孔进行过较多的研究，也获得一些应用，在此介绍给广大读者。

### ➡ 1. 常温无镍封孔

常温无镍封孔一般都采用氟锆酸盐或氟钛酸盐，从成本上说氟钛酸盐更合适，同时钛的离子半径比锆更小些，更容易进入氧化膜的多孔层中。从实验观察，在相同条件下，氟钛酸钾的封孔速度约高于氟锆酸钾。

氟钛酸钾的封孔原理比氟化镍要复杂，但引发机制和氟化镍相似，只是在后续反应中氟钛酸离子与氧化膜的反应更复杂，其相关反应式如下：

$$2TiF_6^{2-}+3Al_2O_3+9H_2O \longrightarrow 2Al_3(OH)_3F_6+2Ti(OH)_4 \downarrow +4OH^- \tag{8-15}$$

$$2TiF_6^{2-}+3Al_2O_3+7H_2O \longrightarrow 2Al_3(OH)_3F_6+2TiO(OH)_2 \downarrow +4OH^- \tag{8-16}$$

从以上反应可知，氧化膜微孔内出现碱性环境，而氟钛酸离子扩散进氧化膜的微孔内会发生如下水解反应：

$$TiF_6^{2-}+4H_2O \longrightarrow Ti(OH)_4 \downarrow +6F^- +4H^+ \tag{8-17}$$

以上反应产物 $TiO(OH)_2$、$Ti(OH)_4$ 都是抗腐蚀性产物，都填充在膜孔内，从而对氧化膜起到封闭作用。

氟钛酸钾封孔工艺配方及操作条件见表 8-11。

表中配方已开过大槽使用，经封闭后的表面手感顺滑。封孔速度与氟镍封孔相当，对于 $5\mu m$ 左右的膜层，封闭 30～60s 就不易染色。表中配方不能封闭经过染色的工件，只能封闭铝本色，这一点和氟镍封闭相同。

### ➡ 2. 无镍高温封孔

对于无镍高温封孔，著者主要对铈盐配方和无金属盐配方进行过研究工作，现介绍给广大读者。高温无镍封孔配方及操作方法见表 8-12。

表 8-11　氟钛酸钾封孔工艺配方及操作条件

<table>
<tr><th colspan="2" rowspan="2"></th><th rowspan="2">材料名称</th><th rowspan="2">化学式</th><th colspan="2">使用方法</th></tr>
<tr><th>含量/(g/L)</th><th>商品配方/(g/10kg)</th></tr>
<tr><td rowspan="5">溶液成分</td><td colspan="1">氟钛酸钾</td><td>$K_2TiF_6$</td><td>3.0～3.5</td><td>6920</td></tr>
<tr><td>氟化钠</td><td>NaF</td><td>0.05～0.2</td><td>0</td></tr>
<tr><td>无水乙酸钠</td><td>NaAc</td><td>0.9～1.2</td><td>2390</td></tr>
<tr><td>EDTA-2Na</td><td>$C_{10}H_{14}O_8N_2Na_2 \cdot 2H_2O$</td><td>0.25～0.5</td><td>690</td></tr>
<tr><td>TX-10</td><td>—</td><td>0.01～0.02</td><td>30</td></tr>
<tr><td rowspan="3">操作条件</td><td colspan="2">pH 值</td><td>4.8～5.5</td><td rowspan="3">以上共配成 10.03kg,在使用时可按 3～5g/L 进行配制,操作条件同左</td></tr>
<tr><td colspan="2">温度/℃</td><td>20～25</td></tr>
<tr><td colspan="2">时间/min</td><td>1～5</td></tr>
</table>

表 8-12　高温无镍封孔配方及操作条件

<table>
<tr><th colspan="2" rowspan="2"></th><th rowspan="2">材料名称</th><th rowspan="2">化学式</th><th colspan="4">含量/(g/L)</th></tr>
<tr><th>配方 1</th><th>配方 2</th><th>配方 3</th><th>配方 4</th></tr>
<tr><td rowspan="7">溶液成分</td><td colspan="1">乙酸铈</td><td>$Ce(C_2H_3O_2)_3 \cdot nH_2O$</td><td>5</td><td>—</td><td>—</td><td>2～4</td></tr>
<tr><td>三乙醇胺</td><td>$C_6H_{15}NO_3$</td><td>2～3</td><td>15</td><td>7</td><td></td></tr>
<tr><td>丙三醇</td><td>$C_3H_8O_3$</td><td>2</td><td></td><td>3</td><td></td></tr>
<tr><td>溴化钾</td><td>KBr</td><td>1～5</td><td></td><td></td><td></td></tr>
<tr><td>乙酸钠</td><td>$CH_3COONa$</td><td></td><td></td><td></td><td>2～4</td></tr>
<tr><td>防沉淀剂</td><td></td><td></td><td>1～3</td><td></td><td>1～2</td></tr>
<tr><td>TX-10</td><td>—</td><td>0.005～0.01</td><td>0.005～0.01</td><td>0.005～0.01</td><td>0.005～0.01</td></tr>
<tr><td rowspan="3">操作条件</td><td colspan="2">pH 值</td><td>5.5～6.0</td><td>5.5～6.0</td><td>5.5～6.0</td><td>5.5～6.0</td></tr>
<tr><td colspan="2">温度/℃</td><td>65～85</td><td>80～90</td><td>80～90</td><td>70～75</td></tr>
<tr><td colspan="2">时间/min</td><td>15～25</td><td>15～25</td><td>15～25</td><td>15～25</td></tr>
</table>

表中配方有乙酸铈和三乙醇胺混配的,应先用乙酸将三乙醇胺的 pH 值调到 5～5.5 后再加入已溶解好的乙酸铈溶液中,然后再用乙酸和氨水调 pH 值到规定的范围。铈盐配方如果不加防沉淀剂,在使用过程中很容易产生浑浊而影响使用效果,防沉淀剂可以选用一些对铈盐有较强络合力的络合剂。铈盐封孔应采用 PP 槽或内衬 PP 的不锈钢槽,加热可采用石英加热管或铁氟龙加热管。

表中配方都具有较好的封孔效果,但只进行过小批应用。其他无镍封孔工艺还在进一步实验中,在此亦不作介绍。

无镍封孔技术除以上介绍的外,还有在电场作用下的稀土盐封孔技术、硫酸铝双向脉封孔技术以及己二酸铵自修复封孔技术等,由于这些技术目前应用较少,在此不作介绍,有兴趣的读者可去查阅相关资料。

## 六、不合格氧化膜的退除

阳极氧化后,有些铝工件可能因氧化、染色、封闭或其他原因而达不到所需表面质量要求,必须将工件表面氧化膜退除后,再重新氧化。下面介绍几种常用的氧化膜退除方法供大家参考。见表 8-13。

**表 8-13　氧化膜退除工艺方法**

| | 材料名称 | 化学式 | 配方 1 | 配方 2 | 配方 3 | 配方 4 |
|---|---|---|---|---|---|---|
| 溶液<br>成分<br>含量 | 磷酸($d=1.75$)/(ml/L) | $H_3PO_4$ | 35 | — | — | — |
| | 铬酸/(g/L) | $CrO_3$ | 20 | — | — | — |
| | 硫酸($d=1.84$)/(ml/L) | $H_2SO_4$ | — | 100 | — | — |
| | 氢氟酸(40%)/(ml/L) | HF | — | 15 | 40~80 | — |
| | 葡萄糖酸/(g/L) | — | — | — | 100~150 | — |
| | 氢氧化钠/(g/L) | NaOH | — | — | — | 60~80 |
| | 葡萄糖/(g/L) | — | — | — | — | 10~20 |
| | 明胶/(g/L) | — | — | — | — | 10~40 |
| | 氟化钾/(g/L) | KF | — | — | — | 5~15 |
| | 柠檬酸钠/(g/L) | $Na_3C_6H_5O_7 \cdot 2H_2O$ | — | — | — | 5~10 |
| | 磷酸钠/(g/L) | $Na_3PO_4 \cdot 12H_2O$ | — | — | — | 0~20 |
| | 咪唑啉衍生物/(g/L) | — | — | — | — | 0.01~0.02 |
| 操作<br>条件 | 温度/℃ | | 沸点 | 室温 | 室温 | 室温 |
| | 时间 | | 退尽为止 | 退尽为止 | 退尽为止 | 退尽为止 |

# 第三节　电解着色法

电解着色是将经阳极氧化后的工件清洗后，置于无机盐电解质溶液中进行交流电解，溶液中的金属离子渗透到膜层孔隙底部还原沉积从而使膜层显色的方法，也称为二次电解着色。对于干涉着色，在着色之前需用磷酸阳极氧化使膜层毛细管孔扩大，这时也称为三次电解着色。

## 一、电解着色的基本原理及特点

### ➡ 1. 电解着色的基本原理

铝合金工件表面氧化膜由致密的阻挡内层和多孔外层组成。薄而致密的阻挡内层具有半导体特性，在靠近金属一侧的氧化层里有过多的铝离子，而靠近电解液一侧则有过剩的氧离子（$O^{2-}$），因此阳极氧化层存在着一个具有半导体特性的 p-n 结。也正因为这样，电解着色体系相当于一个由电阻、电容和半导体二极管组成的等效电路。在交流电解过程中，负半周时，着色工件呈阴极，由于电压波形的畸变，阴极电流增大，阻挡层强烈吸引金属离子并使之获得电子被还原沉积在阻挡层表面；正半周时，着色工件呈阳极，沉积金属离子及基体金属发生缓慢氧化作用，使阻挡层缓慢增厚，沉积金属被缓慢氧化。电解液中金属离子被还原与缓慢氧化作用交替进行，以胶体微粒和少量氧化物的形式沉积在氧化膜孔底 $3\sim6\mu m$ 处，通过沉积金属的多少及被缓慢氧化的最终形式和比例而显现出不同的色调。这种电沉积出的金属颗粒直径是不均匀的，同时这些颗粒的分布也并非均相而使经电解着色后的膜层显现出不同的色彩。特别是当金属沉积量较多时，显色色彩的范围要更宽一些。但应注意的一个问题是在电解着色时所沉积的金属粒径的分布随着金属种类的不同而有较大的差异。电解着色和前面所讨论的染料染色其色素体在毛细管中的位置是不同的，电解着色其色素体在毛细管的底部，如图 8-3 所示，其抗老化性能比吸附染色法要高得多。

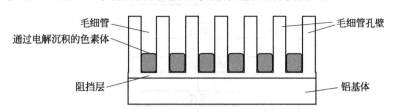

图 8-3 电解着色法色素体在毛细管中的位置示意图

从理论上讲，凡能从水溶液中电沉积出来的金属都可以用在电解着色上，但在实际生产中只有锡、镍、钴等少数几种金属具有实用价值，铜单独使用不多。所以电解着色的色调除铜单独使用呈红色外，其他基本上都是由青铜到黑色。电解着色的色调变化主要受两个方面因素的影响。其一是电解着色所选金属离子种类和金属的沉积量；其二是氧化膜厚，一般要求氧化膜厚度为 $8 \sim 20 \mu m$。在这两种因素中以第一种因素的影响最大。表 8-14 列出了不同阳极氧化电压和不同电解着色电压下所得膜层的颜色。

以上是以硫酸阳极氧化膜层为底层所进行的电解着色，其色调主要取决于电解着色的工艺配方及电解电压，下面来看看磷酸阳极氧化膜的电解着色情况。磷酸阳极氧化时间对电解着色的膜层颜色有很大的影响，随着氧化时间的延长，得到的色彩增多，以磷酸阳极氧化后再经镍盐交流电解着色为例来说明颜色与磷酸阳极氧化时间的关系。当磷酸阳极氧化 10min、20min 后，经电解着色只能在窄小的范围内得到变化不大的色彩，当阳极氧化时间达到 40min 以上时，经电解着色后开始得到多种变化的颜色，当阳极氧化达到 60min 时，经电解着色后几乎可以得到所有的颜色，此时的颜色变化顺序为：暗棕色→蓝色→黄色→橙色→红色→暗红绿色→绿色→暗红紫色→黑色。由此可以看出，电解着色得到的膜层颜色由磷酸阳极氧化的时间决定。

### 2. 电解着色的特点

由于电解着色时在氧化膜孔隙内沉积的金属粒子对氧化膜层本身的结构影响很小，所以电解着色后的表面与硫酸阳极氧化膜层的硬度和耐磨性能相同。

由于电解着色是依靠无机金属微粒在氧化膜层孔隙内的沉积来完成的，所以经电解着色后的氧化膜层具有极好的耐紫外线照射性能，特别适用于室外使用的建筑材料的防护与装饰。

由于电解着色的色素体是无机物，所以具有极好的耐热性能。在 500℃ 的环境中放置 1h 亦不会有明显变化。

氧化膜在电解着色过程中增加了阻挡层厚度，所以电解着色具有国际公认的很好的耐蚀性能。

交流电解着色的关键是电解液的选择，要求电解液有良好的导电性和渗透性，易于着色且色差小，成本低，稳定性好，同时在电泳时沉积在孔隙底部的金属氧化物色素体不易泳出，着色层不发生脱落现象。

## 二、电解着色工艺

### 1. 电解着色的常用工艺配方

电解着色工艺流程见图 8-4。

常用电解着色方法见表 8-14，不同金属盐所能获得的颜色见表 8-15。

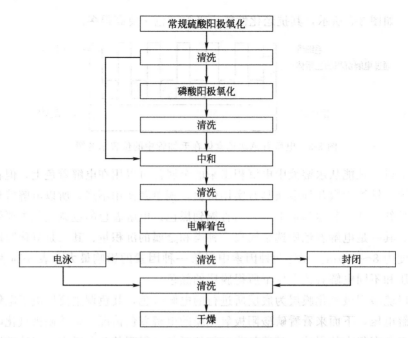

图 8-4 电解着色工艺流程

表 8-14 常用电解着色工艺方法

| 盐类 | 溶液组成 | 含量 /(g/L) | pH 值 | 电流密度 /(A/dm²) | 电压 /V | 温度 /℃ | 时间 /min | 对应电极 | 备注 |
|---|---|---|---|---|---|---|---|---|---|
| 镍盐 | $NiSO_4 \cdot 6H_2O$ | 25 | 4.4 | 0.1~0.8 | 7~15 | 15~25 | 2~15 | 镍 | 由浅到深的青铜色系 |
| | $(NH_4)_2SO_4$ | 15 | | | | | | | |
| | $MgSO_4 \cdot 7H_2O$ | 20 | | | | | | | |
| | $H_3BO_3$ | 25 | | | | | | | |
| | $NiSO_4 \cdot 6H_2O$ | 50 | | 0.5 | 12 | 20 | 1~10 | 石墨 | 浅青铜色到黑色 |
| | $SnSO_4$ | 5 | | | | | | | |
| | $H_2SO_4$ | 10 | | | | | | | |
| | 甘氨酸 | 5 | | | | | | | |
| 锡盐 | $SnSO_4$ | 20 | | 0.2~0.8 | 5~15 | 室温 | 5~15 | 锡,不锈钢,石墨 | 青铜色系 |
| | $H_2SO_4(98\%)$ | 10mL/L | | | | | | | |
| | 苯酚磺酸 | 10mL/L | | | | | | | |
| | $SnSO_4$ | 20 | | 0.2~0.8 | 5~15 | 室温 | 5~15 | 锡,不锈钢,石墨 | 青铜色系 |
| | $H_2SO_4(98\%)$ | 10mL/L | | | | | | | |
| | $H_3BO_3$ | 10 | | | | | | | |
| | 磺酞酸 | 4~5 | | | | | | | |
| | $SnSO_4$ | 4~7 | 1.2~1.3 | 0.4~0.8 | <20 | 20 | 3~10 | 锡,不锈钢,石墨 | 青铜色系 |
| | $C_6H_8O_7 \cdot H_2O$ | 10~12 | | | | | | | |
| | $(NH_4)_2SO_4$ | 6~10 | | | | | | | |
| | $N_2H_5HSO_4$ | 4 | | | | | | | |
| | 氨基磺酸 | 13~17 | | | | | | | |

| 盐类 | 溶液组成 | 含量 /(g/L) | pH 值 | 电流密度 /(A/dm²) | 电压 /V | 温度 /℃ | 时间 /min | 对应电极 | 备注 |
|---|---|---|---|---|---|---|---|---|---|
| 钴盐 | $CoSO_4$ | 25 | 4~4.5 | 0.2~0.8 | 17 | 20 | 13 | 铝 | 黑色 |
| | $(NH_4)_2SO_4$ | 15 | | | | | | | |
| | $H_3BO_3$ | 25 | | | | | | | |
| 铜盐 | $CuSO_4 \cdot 5H_2O$ | 35 | 1~1.3 | 0.2~0.8 | 10 | 20 | 5~20 | 石墨 | 赤紫色 |
| | $MgSO_4 \cdot 7H_2O$ | 20 | | | | | | | |
| | $H_2SO_4$ | 5 | | | | | | | |
| 银盐 | $AgNO_3$ | 0.5 | 1 | 0.5~0.8 | 10 | 20 | 3 | 石墨 | 金绿色 |
| | $H_2SO_4$ | 5 | | | | | | | |
| 锰盐 | $KMnO_4$ | 20 | 1.6 | 0.5~0.8 | 15 | 20 | 5 | 石墨 | 芥末色 |
| | $H_2SO_4$ | 20 | | | | | | | |
| 碲盐 | $Na_2TeO_4$ | 1.5 | 0.5 | 0.5~0.8 | 13 | 20 | 10 | 石墨 | 深金黄色 |
| | $H_2SO_4$ | 7 | | | | | | | |
| 硒盐 | $Na_2SeO_4$ | 5 | 2 | 0.5~0.8 | 8 | 20 | 8 | 石墨 | 深黄绿色 |
| | $H_2SO_4$ | 10 | | | | | | | |
| 锡铜盐 | $SnSO_4$ | 15 | 1.3 | 0.1~1.5 | 6~14 | 20 | 1~8 | 石墨 | 红褐至黑色 |
| | $CuSO_4 \cdot 5H_2O$ | 7.5 | | | | | | | |
| | $H_2SO_4$ | 10 | | | | | | | |
| | $C_6H_8O_7 \cdot H_2O$ | 16 | | | | | | | |
| 镍钴盐 | $NiSO_4 \cdot 6H_2O$ | 50 | 4.2 | 0.5~1.0 | 8~15 | 20 | 1~15 | 石墨 | 青铜色至黑色 |
| | $CoSO_4$ | 50 | | | | | | | |
| | $H_3BO_3$ | 40 | | | | | | | |
| | 磺基水杨酸 | 10 | | | | | | | |

**表 8-15　不同金属盐所能获得的颜色**

| 颜色 | 淡褐色 | 淡红色 | 淡黄色 | 淡蓝色 |
|---|---|---|---|---|
| 金属盐 | 锡盐、镍盐、铜盐 | 铜盐、金盐 | 银盐 | 钼盐 |

表 8-15 中所述的颜色只代表通过电解液成分的配合及操作条件的选择所能达到的一种颜色效果。

### ➢ 2. 电解着色的工艺过程

电解着色一般包括四个主要步骤：第一步，硫酸阳极氧化以获得一定厚度的多孔氧化膜层；第二步是可选步骤，在磷酸、铬酸或其他有机酸中进行第二次电解；第三步，电解着色，将经阳极氧化后的工件放在含有金属盐的电解液中通交流电使电解液中的金属离子沉积在多孔膜层的底部并被慢慢氧化呈现出一定的颜色；第四步，经电解着色后采用电泳涂装或沸水封闭。下面以镍盐电解着色为例来说明电解着色的四个主要工序。

（1）硫酸阳极氧化　这一步是为了获得多孔的氧化膜层，膜层厚度根据产品要求而定。硫酸阳极氧化方法见表 8-16。

表 8-16　硫酸阳极氧化方法

| | 材料名称 | 化学式 | 含量/(g/L) |
|---|---|---|---|
| 溶液成分 | 硫酸 | $H_2SO_4$ | 170～200 |
| | 甘油 | $C_3H_8O_3$ | 0～60 |
| | 铝 | Al | 1～10 |
| 操作条件 | 温度/℃ | | 20～22 |
| | 电压/V | | 15～18 |
| | 电流密度/(A/dm²) | | 1～1.5 |
| | 时间/min | | 20～30 |
| | 搅拌方式 | | 压缩空气 |

（2）第二次磷酸阳极氧化　这一步为可选方法，只有特别要求的电解着色才选用。硫酸阳极氧化后得到的氧化膜层其阻挡层较薄，且厚薄不一，这时可以通过第二次电解来增加阻挡层厚度或使阻挡层厚度趋于均匀。一般来说，在磷酸电解液中进行阳极氧化，可增加阻挡厚度并使其厚度趋于均匀化，并能使膜层毛细管孔扩大；如果采用铬酸、温硫酸或其他有机酸也可使阻挡层厚度趋于均匀，并可使电解着色的色彩在一定范围内发生新的变化。磷酸阳极氧化工艺配方及操作条件见表 8-17。

表 8-17　第二次磷酸阳极氧化工艺配方及操作条件

| | 材料名称 | 化学式 | 含量/(g/L) |
|---|---|---|---|
| 溶液成分 | 磷酸 | $H_3PO_4$ | 130～200 |
| 操作条件 | 温度/℃ | | 20～25 |
| | 时间/min | | 10～20 |
| | 电压/V | | 8～12 |
| | 阴极材料 | | 铅板 |

（3）交流电解着色　以下所述的交流电解着色工艺配方及操作条件资料来源于古成业翻译的美国专利，见表 8-18。

表 8-18　交流电解着色方法工艺配方及操作条件

| | 材料名称 | 化学式 | 含量/(g/L) | |
|---|---|---|---|---|
| | | | 配方 1 | 配方 2 |
| 溶液成分 | 硫酸铜 | $CuSO_4 \cdot 5H_2O$ | 5 | 7.5 |
| | 硫酸亚锡 | $SnSO_4$ | — | 15 |
| | 硝酸银 | $AgNO_3$ | 0.5 | — |
| | 有机酸 | — | 2～10 | 10 |
| | 硫酸 | $H_2SO_4$ | 2～10 | 10 |
| | 硼酸 | $H_2BO_3$ | — | 0～10 |
| 操作条件 | 温度 | | 20～25 | 20～25 |
| | pH 值 | | 1.2 | 1.3 |
| | 电解后获得的颜色 | | 见表 8-14 | 见表 8-15 |
| | 电压类型 | | 交流 | |
| | 对应电极 | | 石墨 | |

表 8-18 中有机酸可用柠檬酸、酒石酸、马来酸、琥珀酸、乳酸、丙二酸等中的至少一种，柠檬酸是一种常用的有机酸。表中两种配方根据其电压及电解时间的不同而呈现出不同的颜色，表中配方 1 根据电压和时间的不同可获得黄色（银离子的作用）和褐色（铜离子的作用），颜色变化见表 8-19、表 8-20。

表 8-19　铜、银电解着色色阶变化

| 颜色 | | 交流电压/V | 电解时间/min |
|---|---|---|---|
| 色阶1(黄色) | 淡黄 | 8 | 1 |
| | 中黄 | 8 | 5 |
| | 深黄 | 8 | 10 |
| 色阶2(褐色) | 淡褐 | 14 | 1 |
| | 中褐 | 14 | 2.5 |
| | 深褐 | 14 | 10 |

表 8-20　铜、锡电解着色色阶变化

| 颜色 | | 交流电压/V | 电解时间/min | 电流密度/(A/dm$^2$) | |
|---|---|---|---|---|---|
| | | | | 开始 | 终了 |
| 色阶1 | 青铜带灰 | 14 | 1 | 1.5 | 0.25 |
| | 深褐色 | 16 | 1.5 | 1.5 | 0.3 |
| | 黑色 | 6(依次递增) | 1 | 1.5 | 0.3 |
| | | 8 | 0.5 | 1.5 | 0.3 |
| | | 10 | 0.5 | 1.5 | 0.3 |
| | | 12 | 0.5 | 1.5 | 0.3 |
| | | 14 | 8(共10.5min) | 1.5 | 0.3 |
| 色阶2 | 淡红带灰 | 8 | 5 | 1.5 | 0.3 |
| | 紫红带褐 | 10 | 8 | 1.5 | 0.3 |
| | 黑 | 12 | 15 | 1.5 | 0.3 |

（4）封闭处理　经电解着色后的工件可用沸水或蒸汽封孔，也可采用电泳涂装。经电泳涂装后可提高膜层的抗蚀、耐磨性能及装饰性能。电泳涂装方法见表 8-21。

表 8-21　电泳涂装方法

| 溶液成分 | 材料名称 | 化学式 | 含量 |
|---|---|---|---|
| | 水溶性丙烯酸透明漆 | — | 10%～14% |
| 操作条件 | 温度/℃ | | 20～25 |
| | pH 值 | | 8.8～9.6 |
| | 电压/V | | DC 100～250 |
| | 电流密度/(A/dm$^2$) | | 0.2～0.5 |
| | 时间/min | | 1.5～3 |

经电泳后的膜层需在 150～180℃ 的条件下烘烤 30min 左右。

## 三、电解着色工艺说明

① 对应电极表面积应与着色面积相当，并在对应电极上均匀分布，以获得着色均匀的最佳效果。对应电极材料必须采用电位比铝更正的金属或非金属材料，以防止通电过程中发生极性对换。一般多采用不锈钢、石墨或和电解金属离子相同的金属材料。

② 同一导电杠上不要同时处理不同成分的合金材料，挂具材料要与处理合金材料相同。

③ 严格控制电解液的 pH 值，使之尽量恒定保持在工艺规定的范围内，并定期分析电解液成分，确保电解液各组分都在工艺控制范围内。

④ 电解着色过程中，电压要缓慢从 0 V 升高到工艺规定电压值，缓慢升压方式可以采用台阶式也可采用连续式，切不可急剧升压，升压时间一般控制在 60s 内。升压方式见图 8-5。

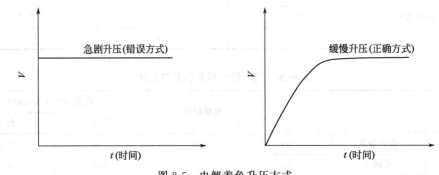

图 8-5 电解着色升压方式

⑤ 电解着色过程中随电压增高上色速度加快，这对于需要着深色调很重要，因为可以在较短的时间内完成深色调的着色过程。但电压过高（超过氧化电压时），或在着色周期开始时电压增加的速度太快，会使氧化膜层局部产生碎裂使着色表面出现白斑。电压对着色速率的影响见图 8-6。

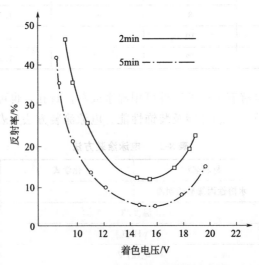

图 8-6 电压对着色速率的影响示意图

图 8-6 中所示的电压与着色速率的关系是以锡盐着色为例，锡盐着色电解液：锡 10g/L，硫酸 20g/L。从图中可以看出，在 15～16V 时，着色速率最大，在需要颜色较深的效果时，可取这一电压值的附近。图中以反射率最低来表示着色率最大。

⑥ 电解着色的最小电流为 $0.1A/dm^2$，最佳着色有效电流密度为 $0.1\sim0.4A/dm^2$。在刚通电时，电流密度较大，可能会高达 $1A/dm^2$ 左右，但过 $10\sim20s$ 后即恢复到 $0.2\sim0.4A/dm^2$ 并保持恒定。

⑦ 为了获得恒定的颜色色度及色调，严格控制操作方法至关重要。可采用恒定时间调节电压的方法和恒定电压调节时间的方法。从可操作性讲，以恒定电压调节时间更易控制色调及色度的变化。具体着色时间应根据所需色调及色度通过试验确定。

以锡盐电解着色为例，其着色时间范围在 15s 到 15min 之间变化，其过渡颜色范围从浅香槟色一直到黑色。锡盐电解着色与时间、电压的关系见表 8-22。

表 8-22　锡盐电解着色与时间、电压的关系

| 颜色 | 时间/min | 电压/V |
|---|---|---|
| 香槟色 | $10\sim20s$ | 10 |
| 浅青铜色 | $10\sim80s$ | $16\sim18$ |
| 青铜色 | $2\sim3$ | $16\sim18$ |
| 深青铜色 | $5\sim7$ | $16\sim18$ |
| 黑色 | 15 | $16\sim18$ |

⑧ 为了保证电解着色质量和延长电解液使用寿命，对电解液应进行定期或连续过滤，以除去不溶性物质。

⑨ 电解液中的杂质对着色效果有一定影响，这一影响随电解液组成不同而有较大差异性和适应性，比如：镍盐着色电解液对外来杂质离子的干扰极为敏感，特别是钠离子和钾离子。

锡盐电解液对外来离子干扰有较高的允许量。电解液中钠离子和钾离子大于 2g/L 时才会产生影响，当钾离子大于 5g/L 时电流密度才有显著增加，纯粹由着色前各种溶液带来，很难使电解液中钠离子和钾离子达到这一浓度。电解液中硝酸根离子高于 1.5g/L 时将不能进行正常着色。电解液中氯离子浓度在 2g/L 时，整个氧化膜开始从铝表面脱离，同时电流密度快速增高，因此氯离子含量应控制在 1g/L 以内。杂质浓度对电解着色的影响见图 8-7。

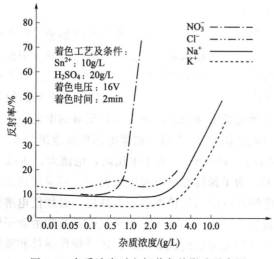

图 8-7　杂质浓度对电解着色的影响示意图

以上介绍的是经二次电解进行着色的工艺，还有一种通过一次电解着色的工艺，这里所说的一次电解着色和下一节所要讨论的电解发色有一定的区别，一次电解着色和二次电解着色一样是通过金属离子的沉积来使膜层显色，而电解发色是通过在有机酸中的电解来使膜层显色。一次电解着色是在硫酸或草酸电解液中添加某些金属盐，使其在阳极氧化过程中生成彩色膜层。在硫酸或草酸电解液中添加的金属盐主要有锆盐、铬盐、钨盐、钼盐、钡盐、铅盐等。

# 第四节　电解发色

电解发色也称为整体发色法和自然着色法，是铝工件在特定的电解液中在完成氧化膜生长的同时在膜层中渗入着色微粒而使膜层显色的电解方法。这种电解液一般都以磺基水杨酸、氨基磺酸、草酸等有机酸为主体，再添加少量硫酸以改善其导电性能。经电解发色的膜层具有极佳的耐光性、耐候性而被广泛用于户外建筑、工艺美术等铝制品的表面精饰处理。

## 一、电解发色的工艺特点

电解发色的显色方式和前面的两种方法都不同，在电解的过程中膜层的生长和发色过程在同一电解液中完成，其显色方式是显色体渗入膜层毛细管的管壁中，也即是整个膜层显色，这有别于染料的表面显色和电解着色的底部显色。这种不经染料染色的彩色氧化膜层抗晒性能好，颜色经久不变。

电解发色的色彩变化由两个方面来决定，一是选择适宜的酸对铝工件进行电解发色，可以得到彩色膜层，但色彩的范围较窄；二是选择合适的铝合金再配以合适的有机酸电解液进行电解发色，这一方法可以扩大膜层色彩范围。例如，含铬 0.5% 左右的铝合金在硫酸电解液中即可获得金黄色膜层。当合金材料一定时，膜层的色彩宽窄与所采用的工艺方法密切相关。

关于电解发色的机理到目前为止并没有明确的定论，可能与以下两个因素有关：一是在电解过程中，电解液中的有机酸渗入膜层中在电解作用下分解生成碳化合物；二是合金中的合金成分在有机酸电解液中通过电解作用生成一些金属，与有机酸所形成的胶粒嵌入膜层的毛细管孔壁中，改变了膜层对光波吸收的特性，使膜层选择性地吸收某些特定波长的光波，余下的波长部分被反射而显色。

在有机酸电解液中以草酸电解液最为简单，但这种电解液只能得到金黄色系，颜色变化不大。在电解发色中应用得更多的是磺基水杨酸、磺酰水杨酸、甲酚磺酸、氨基磺酸、磺基马来酸等带磺基的有机酸。这些有机酸既可以单独使用也可以混合使用。在电解液中可添加少量硫酸，一则调整 pH 值到工艺规定范围，二则可以改善电解液的导电性。

总的来说，有机酸的导电性能都较差，为了获得足够的电流密度，在电解着色过程中电压都会取得较高。通常为硫酸法的 3～5 倍，也即电压取值范围为 60～100V。电流密度比硫酸法高 2～3 倍，通常为 1.5～3A/dm²。由于电压高，电流大，所以在电解过程中电功率消耗较大，电解液发热量大。为了保持电解液温度的恒定（不应超过工艺规定的 ±2℃），必须进行强制冷却，为了使电解液温度均匀使着色一致性好，必须使电解液处于循环状态，这时可采用连续过滤或空气搅拌的方式来实现（压缩空气需进行除油和干燥处理）。

电解发色除与合金成分和电解液组成有关外，还受操作条件和膜层厚度的影响，在操作条件中以电源波形的影响最为显著。以草酸电解发色为例：当使用直流电时，可获得黄至棕色的氧化膜层；当使用整流不完全的直流电源时，可获得暗棕色的氧化膜层；当使用脉冲电源时，脉冲电压的高低对膜层的颜色影响很大，相对于直流电压来说，当电压较低时，膜层的颜色几乎不受脉冲电压的影响，电压越高，膜层的颜色越深，可得到棕黑色的氧化膜层。

## 二、电解发色的工艺方法

采用得较多的电解发色工艺方法见表 8-23、表 8-24。

**表 8-23　电解发色工艺方法（一）**

| 材料名称 | | 化学式 | 含量/(g/L) | | | | |
|---|---|---|---|---|---|---|---|
| | | | 配方 1 | 配方 2 | 配方 3 | 配方 4 | 配方 5 |
| 溶液成分 | 磺基水杨酸 | $(HO)HO_3SC_6H_3COOH$ | 62～68 | 15% | — | — | — |
| | 硫酸 | $H_2SO_4$ | 5.6～6 | 0.5% | 2.5 | 0.4～4.5 | 3 |
| | 铝离子 | $Al^{3+}$ | 1.5～1.9 | — | — | — | — |
| | 磺酰水杨酸 | — | — | — | 60～70 | — | — |
| | 草酸 | $(COOH)_2$ | — | — | — | 5～饱和 | 10～20 |
| | 草酸铁 | $Fe(COOH)_2$ | — | — | — | 5～80 | — |
| | 马来酸 | | — | — | — | — | 100～300 |
| 操作条件 | 温度/℃ | | 15～35 | 20 | 20 | 20～22 | 15～25 |
| | 电压/V | | 35～65 | 45～75 | 40～70 | 20～60 | 40～80 |
| | 电流密度/(A/dm²) | | 1.3～3.2 | 2～3 | 1.3～4.0 | 5.2 | 1.5～3 |
| | 膜层厚度/μm | | 18～25 | 20～30 | 20～30 | 15～25 | 18～40 |
| | 膜层色调 | | 青铜色系 | | 茶褐色，青铜色 | 红棕色或琥珀色 | 青铜色系 |

**表 8-24　电解发色工艺方法（二）**

| 材料名称 | | 化学式 | 含量/(g/L) | | | | | |
|---|---|---|---|---|---|---|---|---|
| | | | 配方 1 | 配方 2 | 配方 3 | 配方 4 | 配方 5 | 配方 6 |
| 溶液成分 | 磺基马来酸 | — | — | 50～200 | — | — | — | — |
| | 硫酸 | $H_2SO_4$ | 1～10 | 0.5～8 | 0.1～2 | 6 | 5%～10% | — |
| | 酒石酸 | $C_4H_6O_6$ | — | — | 50～300 | — | — | — |
| | 酚磺酸 | — | — | — | — | 90 | — | — |
| | 草酸 | $(COOH)_2$ | — | — | 5～30 | — | 5%～10% | — |
| | 草羧酸 | — | — | — | — | — | — | 9%～11% |
| | 马来酸 | — | — | 100～400 | — | — | — | — |
| | 二羧酸 | — | — | — | — | — | 10%～15% | — |
| 操作条件 | 温度/℃ | | 20～30 | 15～30 | 15～50 | 20～30 | 15～25 | 18～20 |
| | 电压/V | | — | — | — | 40～60 | — | 75 以下 |
| | 电流密度/(A/dm²) | | 1～3 | 1～4 | 1～3 | 2.5 | 2.5～5 | 1.5～1.9 |
| | 膜层厚度/μm | | 20 | 18～30 | 20 | 20～30 | 50～100 | 25～35 |
| | 膜层色调 | | 青铜色系 | | 金色、青铜色、中灰色 | 琥珀色 | 褐色 | 金色 |

电解发色工艺在表中虽然列举了很多种方法，但其基本工艺过程都大同小异，现在以表8-24 中配方 1 为例来进行说明。电解发色主要由三大部分组成：

（1）铝合金前处理部分 这部分包括除油、碱蚀、抛光、纹理蚀刻等，其目的一方面是在铝合金表面得到一个洁净的表面以利于下一步的正常进行；另一方面也可通过抛光或纹理蚀刻在铝合金表面得到某种装饰用途的表面效果。

（2）电解发色部分 这是主要部分，在这一过程中要注意加电操作的三个阶段。

① 通电阶段 这是电解发色的开始阶段，先采用低电流密度进行，在开始 1min 内逐步增加电流密度使其达到 $0.5A/dm^2$ 并保持 3min，然后在 1min 内，把电流升到工艺规定的电流密度。电解着色时间以电流达到工艺规定的值时开始计算。在通电阶段，电流上升不应过快，否则易使工件表面粗糙。

② 恒电流阶段 在这段时间内，电流密度按规定值保持恒定，此时，随着膜层的增厚，电阻值逐渐升高，电压也随之升高，直到工艺规定的电压值。这一阶段的长短根据色泽的要求而定，一般为 12～25min。

③ 恒电压阶段 在此阶段保持电压恒定，直到膜层颜色达到要求，在恒压阶段，随着电解着色的进行，电流密度会逐渐降低。

在进行电解发色时，同槽工件的合金材料型号应一致，切不可将不同型号的工件同槽进行电解发色，在电解发色过程中，为了观察电解过程中的颜色变化，可采用与工件同种型号的合金材料试片一起电解，以便于在恒电压阶段可以定时检查颜色变化情况。

（3）封闭 铝制品经电解着色后，还需要对膜层进行封闭处理以提高膜层的耐蚀性能，可采用镍盐封闭，封孔前后应采用热水清洗，封孔并清洗干净后为了提高膜层的抗蚀性能可在工件表面涂透明而光泽性好的保护漆。封闭也可采用电泳或其他涂装方式。

为了获得光泽的表面也可先在硫酸溶液中进行预先氧化，获得一定厚度的膜层，然后再进行电解发色。

## 三、影响电解发色的因素

为了保证电解发色质量，在加工过程中要注意以下几个方面的因素。

### ➲ 1. 合金材料的影响

合金材料的影响主要表现在合金的热处理状态及合金成分两个方面，热处理状态直接影响合金的微观结构，进而影响合金在不同电解溶液中的腐蚀性能，也就影响其着色性能。合金成分对电解着色的影响在于合金元素是参与着色的重要因素，比如，6063 合金铝可以得到青铜色系，如果提高合金中铜的含量，可以得到香槟金、金色、浅青铜等色系；加入一定的锰可得到灰色系。由此，为了得到某种特定的颜色在进行铝合金加工时就可以人为地添加某种元素来改变合金的着色色彩。不同合金电解发色膜层的色彩见表 8-25。

表 8-25 不同合金材料在电解液所获得的颜色

| 合金牌号 | 主要成分/% | 普通硫酸法 | 卡尔考拉 | 杜拉诺狭克 | ALCANDOX | 弗洛克赛尔 |
|---|---|---|---|---|---|---|
| 1100 | 标准杂质含量 | 银白色 | 青铜色 | | 暗黄色 | — |
| 3003 | Mn 1.25,Fe 0.7 | 淡黄色 | 暗灰黑色 | — | — | — |
| 4043 | Si 5.5,Fe 0.8 | 灰黑色 | 灰褐色 | — | 绿灰色 | — |
| 5005 | Mg 1.0 | 银白色 | 深青铜色 | | | |

| 合金牌号 | 主要成分/% | 普通硫酸法 | 卡尔考拉 | 杜拉诺狭克 | ALCANDOX | 弗洛克赛尔 |
|---|---|---|---|---|---|---|
| 5052 | Mg 2.5, Cu 0.25 | 淡黄色 | 浅青铜色 | | 黄色 | 黄-暗褐色 |
| 5082 | Mg 4.5, Mn 0.8, Cr 0.2 | 暗灰色 | 黑色 | — | — | — |
| 5357 | Mg 1.0, Mn 0.3 | 淡灰色 | 褐色 | | | |
| 6061 | Si 0.6, Mg 1.0, Cr 0.25, Cu 0.3 | 淡黄色 | 深青铜色 | 黑色 | | |
| 6063 | Si 0.4, Mn 0.7 | 银白色 | 浅青铜色 | 青铜色 | 灰黄色 | 黄-黑褐色 |
| 6351 | Si 1.0, Mg 0.6, Mn 0.6 | 暗灰色 | — | | 暗灰褐色 | 黑色 |
| 7075 | Cu 1.6, Mg 2.5, Zn 5.5, Mn 0.3 | 淡黄色 | 暗蓝黑色 | 黑色 | — | — |
| 8013 | Cr 0.35 | — | — | 金青铜色 | | — |

在合金材料热处理状态及合金元素这两种因素中热处理状态对着色性能的影响不及合金元素。

### 2. 电解液成分的影响

电解液成分包括主成分和辅助成分，主成分是指有机酸的含量，比如，当磺基水杨酸的规定浓度为 65g/L 时，如果浓度低则达到最高电压的时间短，使颜色变深，同时也使电解液的氧化着色能力降低。辅助成分主要指硫酸浓度，硫酸的主要作用在于调节电解液的导电性能，当硫酸的规定浓度为 5.5g/L 时，浓度降低则溶液的导电性能下降，达到最高电压的时间短，膜层颜色变深。另外，电解液中的铝离子浓度对膜层的质量有很大影响，电解液中铝离子浓度增加对膜层的影响与硫酸浓度降低时的影响相同，但电解液中没有铝离子同样也会使膜层质量恶化，在新配的电解液中，可以通过低电流电解铝并适当降低硫酸浓度，然后随着生产的进行铝离子浓度增加，再逐渐补加硫酸到规定的浓度。当铝离子浓度超过规定值时，可采用离子交换的方法除去电解液中多余的铝离子。

### 3. 操作条件的影响

操作条件主要包括电解液温度、电解电压和电流密度等三个方面。

（1）温度的影响　当电解液温度升高时，电解液的导电能力提高，电阻降低，电压上升速度慢，同样时间所能达到的电压较低，颜色较浅。所以采用不同的温度可产生不同的颜色，但不能过高，否则会影响氧化膜层的正常生长。

（2）电压的影响　在恒电流阶段，电压升高速度越快，膜层颜色越深。在恒压阶段，电压值对膜层的颜色起着决定性的作用，在许可范围内，电压越高，膜层颜色越深。

（3）电流密度的影响　在电解过程中，电流密度越高，膜层颜色越深。电解发色应特别注意的一个问题就是整个工件电流密度分布的均匀性，这关系到膜层颜色的均匀性。在实际电解过程中电流的分布并不是十分均衡的，工件的边缘突起部分电流相对集中，工件的平面和工件的凹面相比，平面的电流密度较大，前者可以采用多挂点的形式使电流分布尽可能地均匀，后者可根据工件凹面的面积来对电流密度进行修正。同时还应保持导电杆有充分的导电能力，这可以通过经常清洁导电杆的方式来解决，对应电极面积应适当，分布要合理。

# 第九章
# 铝合金化学镀与电镀技术

本章主要讨论铝合金的化学镀和电镀技术,从理论上讲任何镀种都可以找到一种方法施镀在铝合金表面。仅从功能与装饰用途而言,在铝合金表面处理中以化学镀镍、钴,电镀镍、电镀铬应用得最多,本章即围绕这几方面的内容展开讨论,至于其他镀种,有兴趣的读者可查阅电镀与化学镀相关资料。

## 第一节 化学预浸处理

由于铝的活泼性很强,电位较负,在进行电镀或化学镀之前的预浸处理非常关键,常用的预浸处理有碱性浸锌、碱性浸锌-铁合金、酸性浸锌、酸性浸锌-镍-硼合金等。预浸处理的目的有二,一是为化学镀提供一快速引发层;二是为化学镀层或电镀层提供较强的结合力,在铝制品的化学镀或电镀过程中,这两个目的都是必不可少的。

铝合金的预浸其实就是对铝合金的浸镀处理,是将铝合金工件经前处理后放入预浸溶液中,在铝合金基体表面,以化学置换的方式沉积出锌或锌合金层的方法。在预浸溶液中不含有还原剂,是以铝合金自身作为还原剂,将溶液中离子态的金属还原为单质而沉积在铝合金表面形成置换镀层。

### 一、碱性浸镀锌

碱性浸镀锌是铝合金预浸处理早期常用的方法,主要是以氧化锌和氢氧化钠配制而成的锌酸盐溶液,其成本低,配制容易,曾被大量使用。

**1. 浸镀锌的原理**

铝在锌酸盐溶液中的浸镀过程是分两步进行的,第一步是铝表面钝化层被锌酸盐溶液中的氢氧化钠溶解的过程,其反应式如下:

$$Al_2O_3 + 2OH^- \longrightarrow 2AlO_2^- + H_2O \tag{9-1}$$

铝表面钝化层被溶解后,裸露的铝基体和锌酸盐发生置换反应,锌被电位更负的铝还原而沉积在铝基体表面,其反应式如下:

$$2Al+3ZnO_2^{2-}+2H_2O \longrightarrow 3Zn+2AlO_2^-+4OH^- \tag{9-2}$$

由于铝和锌的电位都比较负，所以锌的置换反应比较缓慢。

锌是两性金属，被置换出来的锌也能和碱反应并析出氢，氢氧根离子在强碱性溶液中的浓度很低，在锌上有较高的过电位，所以锌与碱的反应受到抑制。也就是说，在铝件表面形成的置换锌层不会有大量的氢气放出，因而铝表面不会受到严重腐蚀，可保证在铝表面上获得细致、均匀的锌层，从而阻止铝表面钝化膜的生成。

以上是简化了的铝表面锌置换化学原理，在实际的浸锌溶液中锌是以 $Zn(OH)_4^{2-}$ 的形式存在的，其浸锌的实际反应过程是：

阳极反应：

$$Al+3OH^- \longrightarrow Al(OH)_3+3e^- \tag{9-3}$$

$$Al(OH)_3 \longrightarrow AlO_2^-+H_2O+H^+ \tag{9-4}$$

阴极反应：

$$Zn(OH)_4^{2-} \longrightarrow Zn^{2+}+4OH^- \tag{9-5}$$

$$Zn^{2+}+2e^- \longrightarrow Zn \tag{9-6}$$

$$H^++e^- \longrightarrow [H] \longrightarrow 1/2H_2\uparrow \tag{9-7}$$

以上是溶液中只含有锌的浸锌化学反应历程，在实际应用中往往都会采用改良的浸锌工艺，即在锌酸盐溶液中添加少量的铁离子，这时置换出来的已不是锌而锌-铁合金，这种合金在浸酸后其表面仍有残余的置换镀层，经第二次浸镀后获得的镀层结合力要比无铁离子的溶液高得多。

### 2. 浸锌的工艺配方

浸锌溶液根据材料成分的多少可分为高、中、低三种方法，浸锌溶液的典型配方及操作方法见表9-1。改良型浸锌典型配方及操作条件见表9-2。

表9-1 低、中、高浓度浸锌溶液的组成和操作条件

| | 材料名称 | 化学式 | 含量/(g/L) | | |
|---|---|---|---|---|---|
| | | | 低浓度 | 中浓度 | 高浓度 |
| 溶液成分 | 氢氧化钠 | NaOH | 50 | 120 | 500 |
| | 氧化锌 | ZnO | 5 | 20 | 100 |
| 操作条件 | 温度 | | 室温 | | |
| | 时间/s | | 10～30 | | |

表9-2 改良型低、中、高浸锌溶液组成及操作条件

| | 材料名称 | 化学式 | 含量/(g/L) | | |
|---|---|---|---|---|---|
| | | | 低浓度 | 中浓度 | 高浓度 |
| 溶液成分 | 氢氧化钠 | NaOH | 5 | 120 | 500 |
| | 氧化锌 | ZnO | 5 | 20 | 100 |
| | 酒石酸钾钠 | $NaKC_4H_4O_6 \cdot 4H_2O$ | 5 | 10 | 15 |
| | 硝酸钠 | NaNO$_3$ | 1 | 1 | |
| | 三氯化铁 | FeCl$_3$ | 2 | 2 | 2 |
| 操作条件 | 温度 | | 室温 | | |
| | 时间/s | | 10～30 | | |

### 3. 溶液的配制方法

① 根据配制量准备一合适的 PP 工作缸，洗净备用。

② 将需要量的氢氧化钠用所需配制体积 1/2～2/3 的纯水溶解，注意在溶解过程中要不停地搅拌以防止因氢氧化钠溶解造成局部过热而溅出。

③ 将需要量的氧化锌先用纯水调成糊状，然后在不断搅拌下，缓慢倒入已溶解好的氢氧化钠溶液中，并断续搅拌至氧化锌完全溶解。

④ 将计算量的酒石酸钾钠、硝酸钠、三氯化铁分别溶解于纯水中，混合后倒入以上配制好的锌酸盐溶液中。

⑤ 加纯水到规定体积，除去沉积物即可使用。

为了获得均匀的锌层，在浸镀时需要经过二次浸锌来满足，即一次浸镀→水洗→30％～50％硝酸洗→水洗→二次浸镀→水洗→化学镀或电镀镍。

## 二、无氰碱性浸锌-铁或浸锌-铁-镍合金

上述浸锌或浸锌-铁合金溶液稳定性较差，使用时容易产生沉淀。提高稳定性的简单方法就是加入少量的氰化钾，这给生产现场带来了很大的不安全因素，也增加了现场管理的难度。下面介绍一款编著者曾用过的无氰碱性浸锌-铁合金和碱性浸锌-铁-镍合金，稳定性好，镀层结合力好。其工艺方法见表 9-3。

**表 9-3　碱性浸锌合金工艺配方及操作方法**

| 材料名称 | | 化学式 | 含量/(g/L) | | |
|---|---|---|---|---|---|
| | | | 配方 1 | 配方 2 | 配方 3 |
| 溶液成分 | 氧化锌 | ZnO | 5 | 5 | 25 |
| | 亚铁氰化钾 | $K_4Fe(CN)_6 \cdot 3H_2O$ | 20 | 20 | 100 |
| | 酒石酸钾钠 | $NaKC_4H_4O_6 \cdot 4H_2O$ | 60 | 60 | 300 |
| | 镍 | $Ni^{2+}$ | 1～1.5 | — | 0～25 |
| | 氢氧化钠 | NaOH | 60 | 60 | 300 |
| | 十二烷基硫酸钠 | — | 0～0.01 | 0～0.01 | 0～0.05 |
| 操作条件 | 温度 | | 室温 | | 浓缩液配成 1L 体积 |
| | 时间/s | | 10～30 | | |

表 9-3 中配方，硫酸镍是选加成分，当不加硫酸镍时溶液呈黄色，加入硫酸镍后成为绿色。配方 3 是浓缩液，在使用时用纯水稀释即可。表中酒石酸钾钠也可用葡萄糖酸钠代替。

配制方法：

① 将氧化锌用少量纯水调成糊状。

② 用所需体积的 1/3～1/2 的纯水溶解氢氧化钠，注意在溶解过程中要不停地搅拌以防止因氢氧化钠溶解造成局部过热而溅出。

③ 在不断搅拌的条件下将刚配好的②倒入①中搅拌至氧化锌完全溶解，溶解完后溶液变清。

④ 分别溶解酒石酸钾钠、亚铁氰化钾、硫酸镍，然后再混合，此时混合后溶液有沉淀，这是因为 pH 值低，不用理会。

⑤ 在搅拌条件下将冷却后的③慢慢倒入④中，此时原来浑浊的溶液变清。并加纯水到规定体积。

⑥ 如果是配来用于生产，则经过滤试用后即可用于生产。如果是配制浓缩液，则可装入塑料桶中入库，做好标识，写好配制日期，并加盖配制人员印章。

## 三、酸性浸锌及锌合金

上面介绍的碱性浸锌虽然有着成本低、配制容易、使用方便等特点，但也存在溶液稳定性欠佳、放置时间长会有沉淀出现（但不影响使用），同时浸镀层较厚的缺点，铸造件与镀层结合力并不十分理想，下面介绍一种综合性能更好的酸性浸锌工艺方法。

### 1. 酸性浸锌及锌合金的化学原理

酸性浸锌是将氧化锌溶解在氟硼酸溶液中制得氟硼酸锌，这时调节到合适的 pH 值是关键，太低的 pH 值会使锌的置换速度过快而造成置换镀层结合力差，一般用硼酸来调节 pH 值。在酸性浸锌溶液中添加镍可以使浸镀层的结合力更好，这种方法称为改良浸锌-镍合金或锌-镍-硼合金工艺。

酸性浸锌的化学原理比碱性锌酸盐浸锌更为复杂，但也可以按分两步的方式进行思考。首先是铝表面的钝化层溶解，然后裸露的铝基体才能和锌、镍等发生置换反应而得到镀层。对铝表面钝化层的溶解通过氟硼酸根离子的作用来实现。铝表面钝化层溶解后，裸露的铝基体和锌、镍等发生置换反应完成浸镀。其相关的化学反应式如下：

$$Al_2O_3 + 6HBF_4 \longrightarrow 2Al(BF_4)_3 + 3H_2O \tag{9-8}$$

$$3Zn(BF_4)_2 + 2Al \longrightarrow 2Al(BF_4)_3 + 3Zn \tag{9-9}$$

$$3Ni(BF_4)_2 + 2Al \longrightarrow 2Al(BF_4)_3 + 3Ni \tag{9-10}$$

通过氟硼酸盐形成的浸镀层，具有关资料介绍，其镀层中有硼的成分，所形成的镀层其实是锌-硼合金或锌-镍-硼合金，关于硼怎样在铝表面析出未见有权威定论，但从电极电位可知，铝比硼更负，当然仅从电位的正负并不足以说明在氟硼酸盐体系中硼可以在铝表面析出，更为可能的解释应该是氟硼酸锌、氟硼酸镍在和铝发生置换反应的同时，氟硼酸根离子中的硼被铝还原与锌或镍共沉积于镀层中形成合金镀层。

### 2. 浸锌及浸锌合金工艺配方

浸锌及浸锌合金的工艺配方及操作方法见表 9-4。

**表 9-4　浸锌及浸锌合金的工艺配方及操作方法**

| | 材料名称 | 化学式 | 含量/(mol/L) | |
|---|---|---|---|---|
| | | | 浸锌 | 浸锌-镍合金 |
| 溶液成分 | 氧化锌 | ZnO | 0.01～0.06 | 0.01～0.06 |
| | 碱式碳酸镍 | $NiCO_3 \cdot 2Ni(OH)_2 \cdot 4H_2O$ | — | 0.003～0.015 |
| | 硼酸 | $H_3BO_3$ | 0.05～0.082 | 0.016～0.032 |
| | 氢氟酸(40%) | HF | 10mL/L | — |
| | 氟硼酸(40%) | $HBF_4$ | — | 40～50mL/L |
| 操作条件 | pH 值 | | 4～4.5 | 4～4.5 |
| | 温度/℃ | | 20～26 | 20～26 |
| | 时间/s | | 5～10 | 5～10 |

## 四、浸锌或浸锌-镍合金工艺规范

### 1. 范围

（1）主题内容　本规范规定了铝及合金化学浸锌或浸锌-镍合金的通用工艺方法。

（2）适用范围　本规范适用于铝合金需要进行化学镀或电镀的化学浸锌或浸锌-镍合金的加工。

### 2. 引用文件

铝合金表面处理前质量验收技术条件、铝合金化学除油工艺规范。

其他文件：略。

### 3. 要求

（1）铝合金浸锌或浸锌-镍合金工艺流程　工件验收→装挂→化学除油→水洗→酸洗→水洗→碱蚀→水洗→酸洗→水洗→前处理其他工序（可选过程）→水洗→酸洗→水洗→第一次浸镀→水洗→酸洗→水洗→第二次浸镀→水洗→转化学镀或电镀镍。工艺流程见图 9-1。

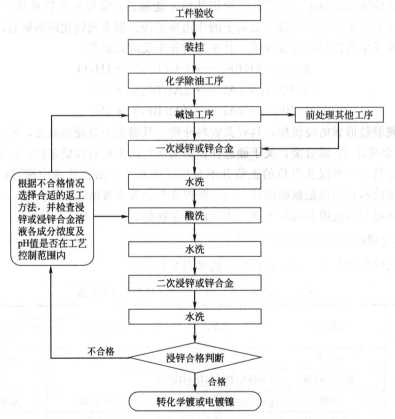

图 9-1　铝合金浸锌或浸锌-镍合金工艺流程图

（2）主要工序说明

① 工件验收　按铝合金表面处理前质量验收技术条件相关内容进行。

② 装挂　根据工件形状及大小，选择合适的挂具。工件装挂必须接触良好、挂位合理、

装挂牢固、位置适当。如果不进行电镀，所用挂具可采用非金属材料制作。

③ 化学除油　化学除油按铝合金化学除油工艺规范相关内容进行。

④ 水洗　一般采用三级水洗，温度：室温；时间：20～40s。

⑤ 酸洗　酸洗按表9-5进行。

表 9-5　酸洗加工方法

| | 材料名称 | 化学式 | 含量/(g/L) | |
| --- | --- | --- | --- | --- |
| | | | 配方 1 | 配方 2 |
| 溶液成分 | 硝酸 | $HNO_3$ | 400～500 | 600～800 |
| | 氢氟酸 | HF | | 100～300 |
| | 铬酐 | $CrO_3$ | 0～5 | — |
| 操作条件 | 温度 | | 室温 | |
| | 时间/s | | 5～10 | |
| | 适用范围 | | 纯铝及铝合金 | 铸铝或高硅铝 |

⑥ 碱蚀　碱蚀按表9-6进行。

表 9-6　碱蚀加工方法

| | 材料名称 | 化学式 | 含量/(g/L) |
| --- | --- | --- | --- |
| 溶液成分 | 氢氧化钠 | NaOH | 40～50 |
| | 葡萄糖酸钠 | $C_6H_{11}NaO_7$ | 3～5 |
| | EDTA-2Na | $C_{10}H_{14}O_8N_2Na_2 \cdot 2H_2O$ | 3～5 |
| | 铝 | Al | 5～60 |
| 操作条件 | 温度/℃ | | 50～60 |
| | 时间/s | | 40～100 |
| | 搅拌方式 | | 手摇动挂具 |

⑦ 前处理其他工序　这是一选择过程，如没有特殊要求，碱蚀后的工件经清洗后即可进行浸锌或锌-镍合金处理。如需要进行化学抛光、纹理蚀刻，可按前面章节所介绍的相关工艺规范进行。

⑧ 浸锌或浸锌-镍合金　按表9-7进行。

经过第二次浸镀后，需要对浸镀层进行自检，合格的镀层为表面均匀而微黄或略带灰色。

铸铝采用弱酸浸锌或弱酸浸锌合金为好，纯铝或合金铝可采用碱性浸锌合金。

⑨ 转化学镀或电镀镍　经浸镀后的铝合金工件应立即实施化学镀或电镀，不可在工作间放置。

### 4. 溶液配制与调整

(1) 弱酸浸锌溶液的配制

① 根据配制量选择一合适的 PP 缸，洗净后备用。

② 加入所需体积 1/3 的纯水，在有抽风装置和不断搅拌下加入计算量的氢氟酸。

表 9-7　浸锌或浸锌-镍合金的工艺配方及操作方法

| 材料名称 | 化学式 | 含量/(g/L) | | |
| --- | --- | --- | --- | --- |
| | | 弱酸浸锌 | 碱性浸锌合金 | 弱酸浸锌-镍合金 |
| 溶液成分 氧化锌 | ZnO | 2～5 | 4～6 | 5～10 |
| 碱式碳酸镍 | $NiCO_3 \cdot 2Ni(OH)_2 \cdot 4H_2O$ | — | — | 3～6 |
| 硼酸 | $H_3BO_3$ | 3.5～5 | — | 1～2 |
| 氢氟酸(40%) | HF | 15～25mL/L | — | — |
| 氟硼酸(40%) | $HBF_4$ | — | — | 60～70mL/L |
| TX-10 | — | 0～0.01 | — | 0～0.01 |
| 亚铁氰化钾 | $K_4Fe(CN)_6 \cdot 3H_2O$ | — | 18～25 | — |
| 酒石酸钾钠 | $NaKC_4H_4O_6 \cdot 4H_2O$ | — | 20～30 | — |
| 硫酸镍 | $NiSO_4 \cdot 6H_2O$ | — | 0～6 | — |
| 氢氧化钠 | NaOH | — | 30～60 | — |
| 十二烷基硫酸钠 | | — | 0～0.01 | — |
| 操作条件 pH 值 | | 3.5～4.5 | | 3.5～4.5 |
| 温度/℃ | | 20～26 | 室温 | 20～26 |
| 时间/s | | 5～10 | 5～10 | 5～10 |

③ 将计算量的氧化锌用少量纯水调成糊状，在不断搅拌下加入②中，并搅拌至氧化锌完全溶解。

④ 在不断搅拌下加入硼酸，按最低量进行添加，待硼酸完全溶解后，用精密试纸测试pH 值，如低于规定值，继续添加硼酸至 pH 值达到工艺规定的范围。如 pH 值偏高，则添加氟硼酸将 pH 值调至工艺规定范围。

⑤ 加纯水到规定体积，搅拌均匀后滤出沉积物即可用于生产。

注：也可直接用氟硼酸与新配制的碳酸锌反应制得（氟硼酸用量：20～30mL/L）。这时的 pH 值以新配制的碳酸锌进行调配，但每升溶液中游离硼酸的量为 1～2g。碳酸锌可采用硫酸锌和碳酸钠进行反应制得。

碳酸锌的配制方法如下（配制时所用化学品均为 CP 或 AR 级）：

① 将体积为 3L 的烧杯洗净后加入约 1L 纯水，准确称取 100g 七水合硫酸锌在不断搅拌下放入烧杯中，并搅拌至完全溶解。

② 将体积为 2L 的烧杯洗净后加入约 1L 纯水，称取 38～40g 无水碳酸钠在不断搅拌下放入烧杯中，并搅拌到碳酸钠完全溶解。

③ 将配制好的碳酸钠溶液在不断搅拌下倒入已配制好的硫酸锌溶液中，这时可见有白色的碳酸锌沉淀生成，碳酸钠溶液加完后，再搅拌 30～60s 使其反应完全；待反应完全后，静置 4h 以上，碳酸锌沉降后取出上清液，再加纯水至 2L 左右搅拌成糊状。然后进行过滤并洗涤沉淀。

④ 先将一大小合适的过滤盘（大多采用多孔塑胶盘）洗净，取一块大于过滤盘展开面积的过滤布贴在过滤盘表面，再将过滤纸小心放在过滤布上。用纯水小心润湿滤纸表面，然后将配制好的碳酸锌倒入过滤盘中，并用纯水洗涤烧杯，洗涤液一同倒入过滤盘中，待过滤盘中的水滤干后，再放入热的纯水，放入量以高于碳酸锌沉积层为宜，如此连续数次，以滤

液中不含硫酸根离子为洗涤合格。

100g 七水合硫酸锌配制的碳酸锌相当于 27.9g 氧化锌。用不完的碳酸锌可用塑胶瓶或桶保存，但应保持碳酸锌呈稀糊状，切不可使其干燥。

（2）弱酸浸锌-镍合金溶液的配制

① 根据配制量选择一合适的 PP 缸，洗净后备用。

② 在有抽风装置的环境中加入计算量的氟硼酸。

③ 将计算量的氧化锌用少量纯水调成糊状，在不断搅拌下加入②中，并搅拌至氧化锌完全溶解。

④ 在不断搅拌下加入新配制的碱式碳酸镍调溶液 pH 值至工艺规定的范围。

⑤ 加纯水到规定体积，搅拌均匀后滤出沉积物即可用于生产。

配制过程中所用的氧化锌也可采用新配的碳酸锌，碳酸锌的配制方法同上。

（3）碱式碳酸镍的配制方法（配制时所用化学试剂均为 CP 级或 AR 级）

① 将体积为 3L 的烧杯洗净后加入约 1L 纯水，准确称取 100g 六水合硫酸镍在不断搅拌下放入烧杯中，并搅拌至完全溶解。

② 将体积为 2L 的烧杯洗净后加入约 1L 纯水，称取 32～35g 无水碳酸钠在不断搅拌下放入烧杯中，并搅拌到碳酸钠完全溶解。

③ 将配制好的碳酸钠溶液在不断搅拌下倒入已配制好的硫酸镍溶液中，这时可见有淡绿色的碱式碳酸镍沉淀生成，碳酸钠溶液加完后，再搅拌 30～60s 使其反应完全。待反应完全后，静置 4h 以上，碱式碳酸镍沉降后取出上清液，再加纯水至 2L 左右搅拌成糊状。然后进行过滤并洗涤沉淀（过滤方法及保存同碳酸锌配制）。

100g 六水合硫酸镍的镍含量约相当于 47g 四水合碱式碳酸镍。

对于酸性浸锌或锌-镍合金，随着加工数量的增多，溶液中的锌和镍会消耗，同时 pH 值会下降，这时可用碳酸锌或碱式碳酸镍回调 pH 值。也可通过分析溶液中的锌含量，先将锌的含量调到工艺规定范围，然后用碱式碳酸镍调 pH 值至工艺规定范围。

浸镀时间的掌握很重要，时间短镀层不连续，会影响电镀或化学镀的正常进行和镀层结合力；如果过长，则浸镀层太厚，同样会影响化学镀或电镀层的结合力。

（4）碱性浸锌合金的配制见前。

## 5. 辅助材料

辅助材料应符合表 9-8 的规定。

表 9-8　辅助材料的规格

| 序号 | 材料名称 | 化学式 | 材料规格 |
|---|---|---|---|
| 1 | 氢氧化钠 | NaOH | 电镀级 |
| 2 | 磷酸钠 | $Na_3PO_4 \cdot 12H_2O$ | 电镀级 |
| 3 | 无水碳酸钠 | $Na_2CO_3$ | 电镀级 |
| 4 | 九水合偏硅酸钠 | $Na_2SiO_3 \cdot 9H_2O$ | 电镀级 |
| 5 | OP-10 | — | CP |
| 6 | 十二烷基苯磺酸钠 | — | 电镀级 |
| 7 | 磺酸 | — | 电镀级 |

| 序号 | 材料名称 | 化学式 | 材料规格 |
|------|----------|--------|----------|
| 8 | 硫酸 | $H_2SO_4$ | 电镀级 |
| 9 | 磷酸 | $H_3PO_4$ | 电镀级 |
| 10 | 氢氟酸 | HF | 电镀级 |
| 11 | EDTA-2Na | $C_{10}H_{14}O_8N_2Na_2 \cdot 2H_2O$ | 电镀级 |
| 12 | 葡萄糖酸钠 | — | 电镀级 |
| 13 | 氧化锌 | ZnO | 电镀级 |
| 14 | 硫酸锌 | $ZnSO_4 \cdot 7H_2O$ | 电镀级 |
| 15 | 硫酸镍 | $NiSO_4 \cdot 6H_2O$ | 电镀级 |
| 16 | 铬酐 | $CrO_3$ | 电镀级 |
| 17 | 硼酸 | $H_3BO_3$ | 电镀级 |
| 18 | 氟硼酸 | $HBF_4$ | 电镀级 |
| 19 | TX-10 | — | 优质品 |
| 20 | 十二烷基硫酸钠 | — | CP |
| 21 | 酒石酸钾钠 | $NaKC_4H_4O_6 \cdot 4H_2O$ | 电镀级 |
| 22 | 亚铁氰化钾 | $K_4Fe(CN)_6 \cdot 3H_2O$ | 电镀级 |

# 第二节 化学镀镍

镍的化学符号 Ni，原子序数 28，原子量 58.69。镍属于元素周期表中第Ⅷ族铁系元素，外围电子排布为 $3d^8 4s^2$。镍有良好的延性和适中的强度，并在多种介质中有很高的抗蚀性。它在高温下可保有较高强度，而且在极低温度仍保持有金属延性。目前广泛使用的化学镀镍技术都是采用次磷酸盐作为还原剂的化学镀镍溶液，从这种化学镀镍溶液中获得的镀镍层是无序的金属镍和磷化镍的复合镀层。这种复合镀层硬度高，耐磨性好。当镀层中磷含量大于 8% 时，镀层是非磁性的，有优异的抗蚀性和抗氧化性。

由于化学镀镍层具有上述特点，加之化学镀镍溶液比较稳定，因此，化学镀镍技术获得了广泛应用。近年来越来越多的铝及合金制品采用化学镀镍作为装饰与防护及功能镀层。

## 一、化学镀镍的机理

化学镀镍是镍盐溶液在强还原剂的作用下使镍离子还原成单质镍，按一定的晶格顺序沉积在被镀物体表面的金属镍层。常用的还原剂有次磷酸盐、硼氢化物及其衍生物、肼等。这些还原剂在还原镍时其自身转变为磷、硼、氮等，同时与镍一起析出，所以化学镀镍根据所用还原剂的不同在镀件上获得是镍-磷、镍-硼、镍-氮等合金镀层。化学镀镍溶液中所用的还原剂不同，其化学镀的机理亦不同，在本节以次磷酸盐为例来简要介绍化学镀镍的机理。

次磷酸盐作为还原剂的镀镍过程其反应机理就目前而言有"电化学理论""氢化物理论"和"原子氢态理论"三种，现分述如下。

### 1. 电化学理论

电化学理论有两种解释，一种解释是在化学镀过程中次磷酸根被氧化而释放出电子，镍还原的分步骤反应机理如下：

① 次磷酸根被氧化而释放电子：

$$H_2PO_2^- + H_2O \longrightarrow H_2PO_3^- + 2H^+ + 2e^- \tag{9-11}$$

② 镍离子得到电子还原成金属镍：

$$Ni^{2+} + 2e^- \longrightarrow Ni \tag{9-12}$$

③ 氢离子得到电子还原成氢气：

$$2H^+ + 2e^- \longrightarrow H_2\uparrow \tag{9-13}$$

④ 次磷酸根得到电子析出磷：

$$H_2PO_2^- + e^- \longrightarrow P + 2OH^- \tag{9-14}$$

⑤ 镍还原的总反应式：

$$Ni^{2+} + H_2PO_2^- + H_2O \longrightarrow H_2PO_3^- + 2H^+ + Ni \tag{9-15}$$

从以上总反应式可以看出，这其实是第一步和第二步的反应之和而忽略了第三步和第四步反应，这是因为，后两步反应的速率并不和关键的第二步反应式成正比，它随溶液成分的比例、溶液的 pH 值、温度以及添加剂的不同而有较大的变化。

这一理论的另一种解释是依靠在化学镀过程中产生原电池的作用，在电池阳极与阴极分别发生如下反应：

阳极反应：

$$H_2PO_2^- + H_2O \longrightarrow H_2PO_3^- + 2H^+ + 2e^- \tag{9-16}$$

阴极反应：

$$Ni^{2+} + 2e^- \longrightarrow Ni \tag{9-17}$$

$$2H^+ + 2e^- \longrightarrow H_2\uparrow \tag{9-18}$$

$$H_2PO_2^- + e^- \longrightarrow P + 2OH^- \tag{9-19}$$

### 2. 氢化物理论

持这一理论的学者认为次磷酸盐与溶液中的氧离子作用生成还原能力更强的氢负离子，在催化表面上，氢负离子使镍离子还原生成单质镍，其相关反应如下：

$$H_2PO_2^- + O^{2-} \longrightarrow [HPO_3]^{2-} + H^- \tag{9-20}$$

$$Ni^{2+} + H^- \longrightarrow Ni + H^+ \tag{9-21}$$

溶液中的氢离子和氢负离子相互作用生成氢气，同时氢负离子在酸性介质中还原次磷酸根生成单质磷，与单质镍共沉积而形成合金镀层，其相关反应式如下：

$$H^+ + H^- \longrightarrow H_2\uparrow \tag{9-22}$$

$$2PO_2^{3-} + 6H^- + 4H_2O \longrightarrow 2P + 3H_2 + 8OH^- \tag{9-23}$$

镍的总还原反应式为：

$$Ni^{2+} + H_2PO_2^- + O^{2-} \longrightarrow [HPO_3]^{2-} + H^+ + Ni \tag{9-24}$$

### 3. 原子氢态理论

这一理论认为，在化学镀镍过程中依靠工件表面的催化作用，使次磷酸根分解而析出初生态原子氢，生成的初生态原子氢还原镍离子成为金属镍，同时原子态氢也与次磷酸根作用使磷还原成单质磷，还有部分原子氢相互作用生成氢气逸出，其相关反应式如下：

$$Ni^{2+} + 2H \longrightarrow Ni + 2H^+ \tag{9-25}$$

$$H_2PO_2^- + H \longrightarrow P + H_2O + OH^- \tag{9-26}$$

$$2H \longrightarrow H_2 \uparrow \tag{9-27}$$

次磷酸根的氧化和镍离子的还原的总反应式为：

$$Ni^{2+} + H_2PO_2^- + H_2O \longrightarrow HPO_3^{2-} + 3H^+ + Ni \tag{9-28}$$

## 二、高温化学镀镍配方及配制方法

化学镀镍以还原剂的不同可分为次磷酸盐型镀液、硼氢化钠型镀液及水合肼型镀液，在本节中只介绍使用得最多的次磷酸盐型镀液，也称为普通化学镀镍液。次磷酸盐型镀镍体系依其溶液 pH 值的不同又可分为酸性镀液和碱性镀液两种。

### 1. 酸性镀液

酸性镀液是 pH 值为 4～6 的镀液，酸性化学镀镍溶液稳定性较高、易于维护、沉积速度较快，是目前使用得较多的镀液。但酸性镀液施镀温度较高，生产过程中能耗大是其缺点。虽然也有一些中温和室温的化学镀镍配方，但这种配方的镀速较慢，同时镀层的装饰性及综合性能不及高温镀液，在铝合金的化学镀镍上应用不多。常用酸性镀镍配方见表 9-9。

表 9-9　酸性化学镀镍的组成及操作条件

| | 材料名称 | 化学式 | 含量/(g/L) | | | | | | | |
|---|---|---|---|---|---|---|---|---|---|---|
| | | | 配方 1 | 配方 2 | 配方 3 | 配方 4 | 配方 5 | 配方 6 | 配方 7 | 配方 8 |
| 溶液成分 | 氯化镍 | $NiCl_2 \cdot 6H_2O$ | — | 30 | — | — | — | 16 | — | — |
| | 硫酸镍 | $NiSO_4 \cdot 6H_2O$ | 21 | — | 35 | 30 | 20 | — | 25 | 30 |
| | 次磷酸钠 | $NaH_2PO_2 \cdot H_2O$ | 24 | 10 | 20 | 10 | 27 | 24 | 24 | 26 |
| | 醋酸钠 | $NaCH_3COO \cdot 3H_2O$ | — | — | 15 | 10 | — | — | — | 10 |
| | 羟基醋酸钠 | $CH_2(OH)COONa$ | — | 50 | — | — | — | — | — | 10 |
| | 乳酸 | $C_3H_6O_3$ | 34 | — | — | — | — | — | — | 15 |
| | 丙酸 | $C_3H_6O_2$ | 2.2 | — | — | — | — | — | — | — |
| | 柠檬酸钠 | $Na_3C_6H_5O_7 \cdot 2H_2O$ | — | — | — | 10 | — | — | — | 10 |
| | 琥珀酸钠 | $Na_2C_4H_4O_4$ | — | — | — | — | 16 | — | — | — |
| | 琥珀酸 | $C_4H_6O_4$ | — | — | — | — | — | 16 | 16 | — |
| | 苹果酸 | $C_4H_6O_5$ | — | — | — | — | — | 18 | 24 | — |
| | 添加剂 | — | 适量 | | | | | | | |
| 操作条件 | pH 值 | | 4.5～6.5 | 4～6 | 5～6.5 | 4～6 | 4.5～5.5 | 5.9～6 | 5.8～6 | 4.5～5.6 |
| | 温度/℃ | | 90～98 | 88～98 | 80～90 | 90 | 94～98 | 100 | 90～93 | 80～90 |
| | 镀速/(μm/h) | | 25 | 12 | 7 | 25 | 25 | 48 | 48 | 10 |
| | 时间 | | 视厚度而定 | | | | | | | |
| | 搅拌方式 | | 连续过滤 | | | | | | | |

酸性镀液中 pH 值调高剂有氨水、氢氧化钠、三乙醇胺等，其中以三乙醇胺为最好。调低 pH 值可用硫酸。表中添加剂可用醋酸铅、硫酸脲等，添加量不可太多，否则镀液会中毒而不能进行化学镀。

### 2. 碱性镀液

　　碱性镀液通常是指 pH 值为 8～11 的化学镀镍配方。碱性镀液和酸性镀液相比，具有工作 pH 值范围宽、镀层光亮度较高的优点，但碱性镀液对杂质较为敏感，维护较难，在铝合金化学镀镍上应用较少。碱性镀液根据 pH 值调节方式不同可分为氢氧化钠碱性镀液和氨碱性镀液。氢氧化钠镀液需要加入过量的柠檬酸盐作为强络合剂，与镍络合后才能调节 pH 值，否则容易产生氢氧化镍沉淀，碱性镀液的常用配方见表 9-10。

　　氨碱性镀液是以氨水调节 pH 值，氨碱性配方的稳定性较碱性配方为高，但化学镀过程中会有氨蒸发，影响操作环境的空气质量，氨碱性镀液的常用配方见表 9-11。

表 9-10　碱性镀液的配方及操作条件

| | 材料名称 | 化学式 | 含量/(g/L) | |
| --- | --- | --- | --- | --- |
| | | | 配方 1 | 配方 2 |
| 溶液成分 | 氯化镍 | $NiCl_2 \cdot 6H_2O$ | 24 | 24 |
| | 柠檬酸三钠 | $Na_3C_6H_5O_7 \cdot 2H_2O$ | 60 | 60 |
| | 次磷酸钠 | $NaH_2PO_2 \cdot H_2O$ | 20 | 20 |
| | 硼酸 | $H_3BO_3$ | — | 40 |
| | 硼砂 | $Na_2B_4O_7 \cdot 10H_2O$ | 38 | — |
| 操作条件 | pH 值 | | 8～9 | 8～9 |
| | 温度/℃ | | 90 | 90 |
| | 镀速/(μm/h) | | 10～13 | |

表 9-11　氨碱性镀液的配方及操作条件

| | 材料名称 | 化学式 | 含量/(g/L) | | | | |
| --- | --- | --- | --- | --- | --- | --- | --- |
| | | | 配方 1 | 配方 2 | 配方 3 | 配方 4 | 配方 5 |
| 溶液成分 | 氯化镍 | $NiCl_2 \cdot 6H_2O$ | 30 | 45 | 30 | 45 | 30 |
| | 次磷酸钠 | $NaH_2PO_2 \cdot H_2O$ | 10 | 20 | 10 | 11 | 10 |
| | 氯化铵 | $NH_4Cl$ | 50 | 50 | 50 | 50 | 50 |
| | 柠檬酸三钠 | $Na_3C_6H_5O_7 \cdot 2H_2O$ | 100 | 45 | — | 100 | — |
| | 柠檬酸三铵 | $(NH_4)_3C_6H_5O_7 \cdot H_2O$ | — | — | — | — | 65 |
| 操作条件 | pH 值 | | 8～9 | 8～8.5 | 8～10 | 8.5～10 | 8～10 |
| | 温度/℃ | | 90 | 80～85 | 90～96 | 90～96 | 90～96 |
| | 镀速/(μm/h) | | 6 | 10 | 10 | 6 | 7 |

### 3. 镀液的配制方法

　　① 称取计算量的镍盐、络合剂、还原剂、添加剂等，分别用少量蒸馏水溶解。

　　② 将已溶解好的镍盐溶液在不断搅拌下加入络合剂溶液中。

　　③ 将溶解好的还原剂在不断搅拌下加入按②配好的镀液中。

　　④ 将已溶解好的添加剂在不断搅拌下加入按③配好的镀液中。

　　⑤ 用蒸馏水稀释至计算体积。

　　⑥ 用稀酸液或稀碱液调整 pH 值至工艺规定范围。

⑦ 过滤镀液，经试镀合格后即可用于生产。

## 三、中低温化学镀镍

以上所介绍的化学镀镍配方不管是酸性还是碱性温度都在80℃以上，更多的是超过90℃，也称为高温镀液，接下来要介绍的是低于80℃高于40℃的化学镀镍工艺，即中低温化学镀镍。温度在40℃以下的则称为低温镀液，这类配方通常情况下都会采用焦磷酸钠作为络合剂（碱性配方），低温配方非常适用于塑胶件的化学镀，常见的中低温化学镀镍工艺见表9-12。

表 9-12　常用的中低温化学镀镍工艺配方及操作条件

| | 材料名称 | 化学式 | 含量/(g/L) | | | | |
|---|---|---|---|---|---|---|---|
| | | | 配方1 | 配方2 | 配方3 | 配方4 | 配方5 |
| 溶液成分 | 氯化镍 | $NiCl_2 \cdot 6H_2O$ | 25 | — | — | 40～60 | 30 |
| | 硫酸镍 | $NiSO_4 \cdot 6H_2O$ | — | 25 | 30 | — | — |
| | 焦磷酸钠 | $Na_4P_2O_7 \cdot 10H_2O$ | 60～70 | 50 | 60 | — | — |
| | 次磷酸钠 | $NaH_2PO_2 \cdot H_2O$ | 25 | 25 | 30 | 30～60 | 30 |
| | 三乙醇胺 | $N(CH_2CH_2OH)_3$ | — | — | 60～100 | — | — |
| | 柠檬酸三钠 | $Na_3C_6H_5O_7 \cdot 2H_2O$ | — | — | — | 60～90 | 20 |
| | 羟基乙酸钾 | $CH_2(OH)COOK$ | — | — | — | 10～30 | — |
| 操作条件 | pH值 | | 10～11 | 10～11 | 10 | 5～6 | 3～4 |
| | 温度/℃ | | 70～75 | 65～75 | 30～35 | 60～65 | 25～30 |
| | 镀速/(μm/h) | | 20～23 | 15 | 10 | — | — |

表中配方1、配方2、配方4用氨水调pH值；配方5用盐酸调pH值。

表中配方1所得镀层含磷量为7%～8%，镀层孔隙率低，结合力好，维氏硬度为600～700kg/mm²，经热处理后硬度可达900～1000kg/mm²。

表中配方2可以在较宽的温度范围内工作，所得镀层含磷量较配方1低，约为5%，该种镀液在补加硫酸镍时应先将硫酸镍溶于氨水后再加入，且pH值应大于10，以防镀液分解。

表中配方3采用三乙醇胺调节pH值，以保证在较低温度下仍有较高的镀速，这种镀液在补加镍时，应先将硫酸镍用三乙醇胺络合后加入，否则容易产生沉淀。

下面再介绍几种使用效果不错的中温化学镀镍配方，见表9-13。

表中混合络合剂配制方法：

乙酸钠：2300g（也可不加）

分析乳酸（85%～90%）：1000mL

丙酸（99%～100%）：65mL

三乙醇胺：1400mL

纯水：935mL

以上试剂完全溶解后得到5200mL络合液，如不加乙酸钠，在配制时应先将乳酸和丙酸用纯水稀释后再加入三乙醇胺中。

表 9-13　化学镀镍的工艺配方及操作条件

| 材料名称 | 化学式 | 含量/(g/L) | | |
| | | 配方 1 | 配方 2 | 配方 3 |
| | | | | | | | |
| 溶液成分 硫酸镍 | $NiSO_4 \cdot 6H_2O$ | 20 | 20 | 20 |
| 次磷酸钠 | $NaH_2PO_2 \cdot H_2O$ | 24 | 20 | 20 |
| 柠檬酸钠 | $Na_3C_6H_5O_7 \cdot 2H_2O$ | 75 | 50 | |
| 三乙醇胺 | $N(CH_2CH_2OH)_3$ | 60 | 80 | 9～15 |
| 硼酸 | $H_3BO_3$ | 15 | 10 | |
| 醋酸铅 | $Pb(Ac)_2$ | — | 0.0008 | 0.0004 |
| 硫脲 | $CH_4N_2S$ | — | 0.0004 | 0.0002 |
| 混合络合剂 | | | | 40mL/L |
| 操作条件 pH 值 | | 9 | 9 | 5～6 |
| 温度/℃ | | 70～75 | 60～70 | 60～75 |
| 镀速/(μm/h) | | 10 | — | — |
| 时间 | | 视厚度而定 | | |
| 搅拌方式 | | 连续过滤 | | |

## 四、镀液中各成分的作用

### ► 1. 镍盐对沉积速度的影响

镍盐是镀液中二价镍的供给源，是化学镀可以连续进行的必备条件。在化学镀中首先用硫酸镍，其次是氯化镍，也可采用醋酸镍，其中以硫酸镍成本最低，也是最常用的二价镍源。

在酸性镀液和碱性镀液中，提高二价镍浓度都可以改善沉积速度，但对浓度的变化范围有较大的差异。

在酸性镀镍中当硫酸镍浓度小于 25g/L 时，增大硫酸镍浓度沉积速度明显加快，特别是当硫酸镍浓度小于 10g/L 时这种加快更加明显。当硫酸镍浓度在 25～50g/L 内变化时，随硫酸镍浓度的增大，沉积速度无明显增加，甚至还有下降的趋势；当硫酸镍浓度大于 50g/L 时，沉积速度趋于稳定。如果在高镍的镀液中通过增大次磷酸钠的浓度来达到进一步提升沉积速度的目的并不是明智之举，这是因为次磷酸钠浓度的提高势必增加镀液的位能，使镀液的稳定性降低，镀液容易产生自发分解。硫酸镍浓度对沉积速度的影响见表 9-14。

表 9-14　硫酸镍浓度对沉积速度的影响

| 硫酸镍/(g/L) | 5 | 10 | 20 | 30 | 40 | 50 | 60 |
| --- | --- | --- | --- | --- | --- | --- | --- |
| 沉积速度/(μm/h) | 12 | 19 | 24 | 21 | 20 | 20 | 20 |

注：表中数据摘自《化学镀技术》95 页。镀液中其他成分：次磷酸盐 20g/L；醋酸钠 20g/L。化学镀操作条件：pH＝5.5；温度：82～84℃。

在实际化学镀中，硫酸镍用量在 10～25g/L 的范围内变化，在这一浓度范围内化学镀镍沉积速度较快，再增大硫酸镍浓度对沉积速度的提升意义不大，同时更高的硫酸镍浓度在较高 pH 值环境下如没有强力络合剂容易生成氢氧化镍或亚磷酸镍沉淀,这将会影响镀镍液的稳定性,同时也降低镀层质量。

在碱性镀镍中,当硫酸镍浓度在 20g/L 以内时,提高硫酸镍浓度,沉积速度明显加快,但高于 20g/L 后,再增大硫酸镍浓度沉积速度趋于稳定。

### 2. 络合剂对化学镀镍的影响

镀液中加入络合剂是保证镍离子生成稳定络合物的必要条件,这对于防止氢氧化镍和亚磷酸镍的生成是非常重要的。

在酸性镀液中镍离子的络合剂主要有柠檬酸、醋酸钠、乳酸、丙酸、琥珀酸、苹果酸、羟基乙酸等。在这些络合剂中以乳酸+丙酸和琥珀酸+苹果酸的沉积速度最快,也是最常用的组合方式,但这种组合施镀温度较高,如果采用三乙醇胺来调节镀液的 pH 值,在低于80℃的条件下也能获得较快的沉积速度。

在碱性镀液中镍离子的络合剂主要有柠檬酸钠、焦磷酸盐以及酸性镀液中的一些络合剂。以柠檬酸盐作为络合剂的镀液中,沉积速度最慢,但稳定性最好,在柠檬酸盐镀液中添加硼酸盐则可明显提高镀速;也可在其他高速镀液中添加适量的柠檬酸盐来提高镀液的稳定性。

在镀液中络合剂浓度的增大可增强镀液的稳定性,但过高的络合剂浓度将使沉积速度明显降低,合适的络合剂浓度对保持高速的沉积速度是很重要的。络合剂对沉积速度的影响见表 9-15。

表 9-15　络合剂对沉积速度的影响

| 络合剂 | 无络合剂 | 柠檬酸盐 | 水杨酸 | 琥珀酸 | 乙二醇酸 | 乳酸 |
|---|---|---|---|---|---|---|
| 沉积速度/(μm/h) | 5 | 7.5 | 12.5 | 17.5 | 20 | 27.5 |

### 3. 次磷酸盐与极限沉积速度

增大镀液中次磷酸盐的浓度,可以加速与镍离子的反应速度,从而提高沉积速度。但浓度的增大并不能无限制地增加沉积速度,而存在一个极限速度。当超过了极限速度再增大次磷酸盐的浓度,反而使镀液稳定性下降,镀层质量降低。

这个极限沉积速度的产生原因可能是在镀镍反应过程中,镀层表面和镍离子浓度与整个镀液中的平均浓度是不同的,也就是说存在浓差极化。即使增大次磷酸盐浓度,沉积速度也不会再增加。镍沉积反应开始后,镀层表面液层存在一个缺少离子的扩散层,随着镀液中镍离子的不断减少,镀液内部与镀层表面液层的浓度梯度越小,其扩散速度就越低。这时增大次磷酸盐的浓度,镀液内部和镀层表面的浓度梯度较镍离子大,其扩散速度也大,由于这两种离子往镀层表面中的补给速度相差越来越大,因此,当次磷酸盐的浓度增大到一定数值后,镍离子放电超电位增加的速度与次磷酸盐氧化电位增加的速度相当,此时,总的氧化还原电位便停止增加,从而出现极限沉积速度。

化学镀镍极限沉积速度的出现除与次磷酸盐的浓度有关外,还与镍离子浓度、络合剂种类及浓度、施镀温度等有很大关系。不同镀液中次磷酸盐浓度与极限沉积速度之间的关系见表 9-16。

表 9-16　不同镀液中次磷酸盐浓度与极限沉积速度的关系

| 序号 | 镀液成分 | | | 次磷酸二氢钠浓度/(g/L) | 工艺条件 | | 沉积速度/(μm/h) |
| | 材料名称 | 化学式 | 含量/(g/L) | | 温度/℃ | pH 值 | |
|---|---|---|---|---|---|---|---|
| 1 | 硫酸镍 | $NiSO_4 \cdot 6H_2O$ | 30 | 15 | 83～85 | 4.2～4.6 | 12 |
| | | | | 20 | | | 16 |
| | 醋酸钠 | $CH_3COONa \cdot 3H_2O$ | 20 | 25 | | | 21 |
| | | | | 30 | | | 18 |
| | | | | 35 | | | 17 |
| 2 | 硫酸镍 | $NiSO_4 \cdot 6H_2O$ | 30 | 5 | 82～84 | 5.0～5.6 | 4 |
| | | | | 10 | | | 9 |
| | 醋酸钠 | $CH_3COONa \cdot 3H_2O$ | 20 | 20 | | | 20 |
| | | | | 25 | | | 17 |
| | | | | 30 | | | 17 |
| 3 | 硫酸镍 | $NiSO_4 \cdot 6H_2O$ | 5 | 5 | 80～84 | 5.7～6.4 | 9 |
| | | | | 10 | | | 9 |
| | 醋酸钠 | $CH_3COONa \cdot 3H_2O$ | 20 | 15 | | | 8 |
| | | | | 20 | | | 7 |
| | | | | 25 | | | 6 |
| 4 | 硫酸镍 | $NiSO_4 \cdot 6H_2O$ | 20 | 15 | 82～84 | 4.4～4.8 | 12 |
| | | | | 20 | | | 10 |
| | 醋酸钠 | $CH_3COONa \cdot 3H_2O$ | 15 | 25 | | | 10 |
| | | | | 30 | | | 8 |
| | | | | 35 | | | 6 |

注：表中数据摘自《化学镀技术》98 页。

### 4. 添加物质的作用

在化学镀镍溶液中除了主盐、络合剂、还原剂以外还有其他添加物质，这些添加物质有pH 调节剂、镀液稳定剂、加速剂以及润湿剂等。

（1）pH 调节剂　加入 pH 调节剂的目的在于稳定镀液的 pH 值，使其保持在工艺要求的范围内。调低 pH 值采用硫酸即可，调高 pH 值有三种选择，一是氢氧化钠，选用这种方式沉积速度比较低；二是氨水，用氨水调 pH 值其沉积速度较氢氧化钠为高；三是三乙醇胺。在这三种方案中以三乙醇胺为最好，不管是碱性镀液还是酸性镀液，采用三乙醇胺调节pH 值都有不错的沉积速度，同时三乙醇胺还是很好的络合剂，但三乙醇胺的成本也是最高的。

（2）镀液稳定剂　在化学镀过程中，镀液的稳定性是保证镀层质量与生产成本的关键问题。在无稳定剂的配方中，由于种种原因不可避免地会在镀液中产生活性的结晶核心，导致镀液中沉积物的生成，如不及时清理，镀液会迅速分解。加入稳定剂后就可以对这些结晶核心进行掩蔽，从而达到防止镀液分解的目的。常用的稳定剂有硫脲、醋酸铅等。醋酸铅的加入会明显降低沉积速度，加入过多会使镀液中毒而使镍不能在工件表面沉积，添加量一般都在 1mg/L 以内。加入硫脲可见镀层表面氢气析出减少，这是因为硫脲能吸附在镀层表面抑制氢气的发生并提高还原剂的效率，丹宁酸、硒酸的加入也有同等功效。硫脲的加入量不能过高，否则会过分抑制氢气的产生而使镀速变慢甚至不能使镍在镀件表面沉积，添加量约为醋酸铅的一半。在镀液中醋酸铅与硫脲的合理配合，不仅能提高镀液的稳定性使镀液能长期使用，而且还能提高镀层的光亮度，并可维持较高的沉积速度。在生产过程中硫脲的消耗速度比醋酸铅快，施镀一定面积后应根据情况酌情补加硫脲。

酒石酸锑钾、碘酸钾等都是很好的化学镀镍稳压剂。

（3）加速剂　加速剂通过减弱络合剂和稳定剂的作用并通过活化次磷酸根阴离子来达到加速镍的沉积速度的目的，在酸性镀液中可以通过加入琥珀酸、脂肪酸以及碱金属的氟化物来实现，在柠檬酸盐碱性镀液中可以通过加入硼酸或硼酸盐来提高镍的沉积速度。有些稳定剂同时也具有增加光泽及沉积速度的作用，比如一些硫脲的衍生物。

（4）润湿剂　润湿剂的作用是降低镀液与镀层表面之间的表面张力，提高润湿能力，进而改善镀层质量。常用的润湿剂有十二烷基硫酸钠。添加量与两个因素有关，一是镀液的体积，二是镀液的表面积。

## 五、工艺条件的影响

### 1. pH 值的影响

在酸性镀液中提高镀液的 pH 值可使沉积速度明显加快，同时也使镀层的光亮度增加，但过高的 pH 值易导致镀液的分解，在酸性镀液中 pH 值以不超过 6 为宜。

在碱性镀液 pH 值工作范围内，继续提高镀液的 pH 值，其沉积速度并无明显的加快，反而会降低镀液的稳定性。若想通过增加 pH 值来增加沉积速度还必须适当添加主络合剂和辅助络合剂才能有一定效果。

### 2. 温度的影响

在一般情况下，化学反应的速度随温度的升高而增加。在酸性镀液中，随着温度的升高，沉积速度会迅速提高，当温度低于 60℃ 时镀速很慢，甚至不能沉积，当温度高于 80℃ 时才会有可观的沉积速度。

在碱性镀液中温度的升高虽然也能加快沉积速度，但和酸性镀液相比，其增加的程度要低得多。但在低温时，碱性镀液的沉积速度比酸性镀液要高得多。

在铝合金的化学镀中，温度较低时对镀层的引发非常不利，往往要经过较长时间才能在铝工件表面形成初始镀层，引发时间过长会使镀层质量降低，所以在铝合金化学镀镍中施镀温度不能太低。酸性镀液施镀温度应在 70℃ 以上，碱性镀液应在 65℃ 以上。

### 3. 搅拌的影响

在化学镀过程中不断搅拌溶液可以尽快地消除浓差极化，加速镍离子与次磷酸根离子往镀层表面的补给速度，从而提高和稳定沉积速度。

常用的搅拌方法有机械搅拌、压缩空气搅拌以及连续过滤等方法。

## 六、影响镀液稳定性的主要因素

在化学镀镍过程中，防止镀液自发分解，提高镀层质量是化学镀镍生产中的重要工作。镀液稳定性的提高也是降低生产成本的有效方法，所以对化学镀镍稳定性的讨论是非常重要的。

### ➜ 1. 镀液的配比

（1）次磷酸盐浓度过高　虽然提高次磷酸盐浓度可使沉积速度得到提升，但当达到极限沉积速度时，再增大次磷酸盐的浓度，不仅沉积速度不能提高，反而提高了镀液的位能而容易造成镀液自发分解。在酸性镀液中如果镀液的 pH 值较高，这种自发分解的现象更易发生。

次磷酸盐浓度过高除了使位能升高以外还容易产生亚磷酸镍的沉淀，如果镀液的 pH 值也较高，就会使亚磷酸镍的沉淀点降低。在没有络合剂的镀液中，当 pH=2.6 时，亚磷酸镍的沉淀点是 180g/L；当 pH=3.1 时，亚磷酸镍的沉淀点只有 20g/L。如果镀液中有亚磷酸镍的产生就会使镀液发生浑浊并进而引发自发分解。

这里所说的次磷酸盐浓度过高所导致的镀液不稳定性增加是针对同一种镀液在相同条件下，仅对次磷酸盐的浓度进行比较而言。如果配方及工艺条件改变，次磷酸盐浓度的变化对镀液稳定性的影响会存在很大的差异。次磷酸盐对镀液稳定性的影响见表 9-17。

**表 9-17　次磷酸盐浓度对镀液稳定性的影响**

| 序号 | 溶液成分 | | | 次磷酸二氢钠浓度/(g/L) | 操作条件 | | 镀液稳定情况 |
|---|---|---|---|---|---|---|---|
| | 材料名称 | 化学式 | 含量/(g/L) | | 温度/℃ | pH 值 | |
| 1 | 硫酸镍 | $NiSO_4 \cdot 6H_2O$ | 30 | 5 | 82~84 | 5.0~5.6 | 清洁,无自发分解 |
| | | | | 10 | | | 稍浑浊,无自发分解 |
| | 醋酸钠 | $CH_3COONa \cdot 3H_2O$ | 20 | 20 | | | 浑浊,无自发分解 |
| | | | | 25 | | | 浑浊,有自发分解 |
| | | | | 30 | | | 浑浊,有自发分解 |
| 2 | 硫酸镍 | $NiSO_4 \cdot 6H_2O$ | 5 | 5 | 80~84 | 5.7~6.4 | 清洁,无自发分解 |
| | | | | 10 | | | 稍浑浊,无自发分解 |
| | 醋酸钠 | $CH_3COONa \cdot 3H_2O$ | 20 | 15 | | | 浑浊,有自发分解 |
| | | | | 20 | | | 浑浊,有自发分解 |
| | | | | 25 | | | 浑浊,有自发分解 |
| 3 | 硫酸镍 | $NiSO_4 \cdot 6H_2O$ | 30 | 15 | 82~84 | 4.4~4.8 | 清洁,无自发分解 |
| | | | | 20 | | | 清洁,无自发分解 |
| | 醋酸钠 | $CH_3COONa \cdot 3H_2O$ | 15 | 25 | | | 清洁,有自发分解 |
| | | | | 30 | | | 清洁,有自发分解 |
| | | | | 35 | | | 清洁,有自发分解 |

注：表中数据摘自《化学镀技术》116 页。

（2）镍盐浓度过高　提高镍盐浓度虽然可以提高沉积速度，但当镍盐浓度过高，同时镀液 pH 值也较高时，则容易生成亚磷酸镍或氢氧化镍沉淀，使镀液发生浑浊而极易引发镀液的自发分解。

（3）络合剂浓度过低　络合剂在镀液中有两个作用，一是络合镀液中的镍离子，以维持镀液中镍离子的稳定；二是提高镀液中亚磷酸镍的沉淀点。如果镀液中络合剂浓度过低，随着化学镀镍的进行，亚磷酸根离子浓度将会不断增大，会迅速达到亚磷酸镍的沉淀点而出现沉淀，这些沉淀物是引起镀液自发分解的诱因之一。

**⊃ 2. 镀液的配制方法不当**

(1) 配制镀液的顺序不当　配制镀液时，所用试剂应各自溶解，然后在不断搅拌的条件下将镍盐溶液倒入络合剂溶液中，待混合均匀后，在不断搅拌的条件下将还原剂溶液倒入镍盐-络合剂溶液中，最后用酸或碱小心调节 pH 值到工艺规定范围。如果顺序错乱或所用试剂没有完全溶解就进行配制，就容易产生镍的沉淀物质而影响镀液的稳定性。

(2) 次磷酸盐添加太快　在配制镀液时，次磷酸盐未完全溶解或添加太快，都会使镀液局部次磷酸钠浓度过高，也会生成亚磷酸镍沉淀。

(3) 调 pH 值时碱加得太快　碱加得太快或碱的浓度太高，都会使镀液局部的 pH 值过高，容易产生氢氧化镍沉淀。同时 pH 值过高还会降低亚磷酸镍的沉淀点，增加镍化合物沉淀的数量。

(4) 配制时未充分搅拌　在配制溶液的过程中，即使所用试剂预先都已完全溶解，但在进行溶液混合时，不进行充分地搅拌，同样也会产生细微的镍不溶性化合物，成为镀液不稳定的潜在因素。

**⊃ 3. 生产中各种因素对镀液稳定性的影响**

(1) 局部过热　当采用电炉或蒸汽管直接加热时，如果不采取适当的搅拌措施，很容易出现局部过热现象，当镀液 pH 值偏高时很容易引起镀液的自发分解。

(2) 镀液负荷失调　镀液负荷的过低和过高都会影响镀层的沉积速度，在生产中对镀液稳定性影响最大的还是负荷过高。特别是在高速沉积时，所获得的镀层比较粗糙，镍颗粒可能从镀层上脱落到镀液中，形成催化活性中心，促使镀液自发分解。过高的负荷使反应过于激烈，镀液中会有大量的氢气泡，这就给镀液自发分解创造了条件。

(3) 补加材料不及时或补加的方法不正确　化学镀时，要消耗镀液的各种成分，其中以镍离子和还原剂的消耗为最快，若不及时补加镍盐和还原剂，或者在补加时有下述现象，都容易影响镀液的稳定性。

① 以固体形式加入各种材料。

② 补加材料时，镀液温度已超过化学反应的温度。

③ 补加材料时，未进行充分搅拌。

④ 补加材料的速度过快。

⑤ 补加材料过多或没有按比例补加。在进行补加时，镍盐、还原剂、络合剂一般可按下面的关系补加或通过分析后补加：

硫酸镍：次磷酸盐：络合剂＝1：(1.1～1.2)：0.3

(4) 没有及时过滤溶液　镀液在连续使用一段时间后不可避免地会在镀液中产生沉淀物，如果不及时将这些沉淀过滤，会严重影响镀液的稳定性。

(5) 没有及时调整镀液的 pH 值　有人曾提出，亚磷酸根的积累浓度的限度是随 pH 值的降低而提高的。如在酸性镀液中，当 pH＝6.0 时，亚磷酸根的积累深度限度为 $3\times10^{-3}$ mol/L；pH＝5.0 时为 $3\times10^{-2}$ mol/L；pH＝4.0 时则为 $2.5\times10^{-1}$ mol/L。随着化学镀镍反应的进行，镀液的 pH 值会逐渐降低，如果不及时地进行 pH 值的调整，则亚磷酸的积累就会增加一个数量级，显然，这对镀液的稳定来说是很不利的。

(6) 没有及时除净镀槽壁上的沉淀物　连续进行一段时间化学镀镍后，就会发现在镀槽壁上有镍的沉淀物，镍具有沉积反应的自催化活性，如不及时除去，就会加速镀液的自发分解。

(7) 空气中灰尘的污染　空气中有许多灰尘，当这些灰尘过多地落入镀液中后，很可能会成为镀液中的诱发物，成为导致镀液不稳定的因素。

### 4. 镀液自发分解的发生

镀液开始自发分解时，气体不只是在镀层表面放出，而是在整个镀液中缓慢而均匀地放出，这种情况的出现是镀液自发分解的先兆，如不及时采取有效措施，则气体的析出会越来越快，并有大量的气泡产生，使镀液呈泡沫状。到了这一步镀液的分解已不可逆转，接下来就是在镀件及容器壁上开始生成粗糙的黑色镀层，或在镀液中产生许多形状不规则的黑色颗粒状沉积物。这些沉积物的生成更进一步加速镀液的分解，随着镀液分解的进行，镀液颜色越来越浅，待镀液颜色接近无色且镀液中已无气泡析出时，则表示镀液已完全分解。

## 七、提高化学镀镍溶液稳定性的方法

### 1. 严格按工艺条件进行操作，加强镀液维护

镀液加温要均匀，温度不得超过工艺规定的上限，且加温后要尽快进行化学镀加工，不可长时间空载。镀液加温如果条件允许，最好采用水浴套以保证加温均匀。

镀液 pH 值不要超过工艺规定的范围，每次装载量要符合工艺要求，最低不得少于 $0.5dm^2/L$，过低不仅利用率低，镀层粗糙，而且也会导致镀液分解，最高不可大于 $1.25dm^2/L$，最佳装载量为 $1dm^2/L$。在同一槽内，工件要分布均匀，不可局部工件过于密集。

提高镀前清洗质量，不可将酸、碱或其他重金属杂质带入镀液中。

停止使用后应及时加盖，如发现镀液中有沉积物或掉入工件时，应立即清除。

镀槽、加热管、挂具表面如有镀层，应随时清除。

镀液应定期补加，补加方法以化学分析为最好，凭经验控制需要严格计算好每次施镀面积及厚度，然后通过理论计算出镍及次磷酸盐的消耗量，但对于长期使用来说，应通过化学分析验证。如有条件也可采用计算机对镀液进行自动分析和调整。

### 2. 添加稳定剂

化学镀镍的稳定剂可分为四类：一是重金属离子，如二价铅、二价锡、锌、镉、锑等；二是一些含氧酸盐，如钼酸盐、碘酸盐、钨酸盐等；三是含硫化合物，如硫脲及其衍生物、巯基苯并噻唑、硫氰酸盐等；四是一些有机酸衍生物。在这些稳定剂中以二价铅化合物应用较多，同时对提高镀液的稳定性作用很大，添加 0.1mg/L 时即有作用。

### 3. 控制亚磷酸根的浓度

根据化学镀镍的机理，在化学镀镍的过程中会有亚磷酸根的产生，并随着化学镀镍的进行，亚磷酸根会不断积累增加。亚磷酸根对镀液稳定性的影响前面已进行过讨论，为了将镀液中亚磷酸根的含量控制在一个允许范围内，应采用一些方法将多余的亚磷酸根从镀液中清除。常用的清除方法有：更换部分旧液法、化学沉淀法和提高镀液 pH 值沉淀法。

(1) 更换部分旧液法　这是一种最为简单的方法，同时也是中小型厂采用得较多的方法。这种方法是新配的镀液在规定的工艺条件范围内，每次负荷都在镀液的允许范围内，当镀液中的亚磷酸根离子达到某一值后（亚磷酸根离子可以通过化学分析得知，也可根据溶液体积和每一次镀镍的沉积量来计算得出），就可称之为旧液。然后在每次施镀之前弃掉部分

旧液（弃掉旧液的多少可根据每次工件被镀面积及厚度来计算），每次废弃的旧液应是容器最下部分，然后补加同样体积的新液，这种方法看起来很浪费，但操作方法简单，采用这种方法来处理亚磷酸根不断增高的问题也不失为一种可行的办法。

更为简单的方法是对新配液每次的施镀面积都在规定范围内，且每次都是相同面积的条件下施镀 14 次，从第 15 次开始每镀一次弃掉镀液的 7.62% 即可，采用这种方法的前提是每次施镀面积和施镀时间都要一致。

（2）提高镀液 pH 值沉淀法　在不同 pH 值条件下，亚磷酸根都有一个最大允许量，这时就可以通过对镀液 pH 值的调节来使亚磷酸根沉淀出来，这时是以亚磷酸镍的形式沉淀，所以在调 pH 值时要预先加入硫酸镍。其步骤如下：

通过化学分析测定镀液中的亚磷酸根含量，并计算出需要加入的硫酸镍的质量，其计算方法如下：

$$W=[(A1-A2)\times V]/1.537$$

式中，$W$ 表示需要加入的六水硫酸镍的质量，g；$A1$、$A2$ 分别表示镀液在两种 pH 值时所对应的亚磷酸镍沉淀点的浓度，g/L；$V$ 表示被处理的镀液的体积，L。

调节过程如下：

① 用部分被处理的镀液充分溶解计算量的硫酸镍，在搅拌的条件下，加入待处理的镀液中；

② 用 5% 氢氧化钠溶液在剧烈搅拌的条件下加入镀液中，调 pH 值到预先设定的范围；

③ 将镀液加温到 70℃ 左右，使亚磷酸镍沉淀；

④ 待镀液冷却后进行过滤；

⑤ 取样分析经处理后的镀液中主盐、络合剂、还原剂的含量及 pH 值，调整至工艺规定的范围即可。

采用这种方法会消耗大量的硫酸镍，处理方法也比较复杂，与化学沉淀法相比不需要再添加沉淀剂到镀液中，镀液不会被污染。

采用这种方法时，也可将硫酸镍换成新配的碱式碳酸镍来进行，一方面补充了沉淀所消耗的镍，另一方面也调高了溶液的 pH 值，100g 六水硫酸镍的镍含量相当于 47g 碱式碳酸镍的镍含量。

（3）化学沉淀法　这种方法是往待处理的镀液中加入一种可以和亚磷酸根离子生成沉淀的化学试剂来沉淀亚磷酸根的方法。常用的沉淀剂是铁离子，比如：三氯化铁、硫酸高铁、硫酸高铁铵等。在操作时应注意一次加入的三氯化铁应少于计算量的 1/3，以防止铁离子对镀液的污染；铁盐先用纯水完全溶解后方可加入；操作时将温度控制在 50～60℃，pH 值控制在 5 左右；沉淀过滤后要分析镀液并调整镀液各成分及 pH 值到工艺规定的范围。

化学沉淀法看起来成本较低，但操作比较复杂，如果在处理时操作不当镀液容易被铁离子污染，在实际生产中应用较少。

## 八、影响镀层外观及硬度的因素

### ➡ 1. 影响镀层外观的因素

以次磷酸盐为还原剂的化学镀镍层一般是光亮或半光亮并略带黄色，镀层的外观主要与三个因素有关：

（1）工件表面的光洁度　工件表面的光洁度越高，获得的镀层的光亮度才越好。如果需要获得光亮度高的镀层，则需要对铝工件进行预先抛光处理。

（2）镀层厚度 当镀层厚度小于 $20\mu m$ 时，镀层的光泽性随厚度的增加而升高；当镀层厚度大于 $20\mu m$ 时，则镀层的光泽性随厚度的增加已不明显并可能略有降低。

（3）操作条件对光亮度的影响 在极限温度范围内，温度升高，沉积速度加快，镀层光亮度增加。当镀液的 pH 值升高时，沉积速度加快，同时镀层中磷含量降低，镀层光亮度增加。操作条件及镀层含磷量对光亮度的影响见表 9-18。

表 9-18 pH 值、沉积速度、镀层含磷量对镀层光亮度的影响

| 溶液成分 | | | 温度/℃ | pH 值 | 沉积速度/($\mu m$/h) | 磷含量/% | 镀层外观 |
|---|---|---|---|---|---|---|---|
| 材料名称 | 化学式 | 含量/(g/L) | | | | | |
| 硫酸镍 | $NiSO_4 \cdot 6H_2O$ | 30 | 84~88 | 1.0 | 测不出 | | 灰色 |
| | | | | 3.5 | 3.0 | 11.0 | 半光亮 |
| 醋酸钠 | $CH_3COONa \cdot 3H_2O$ | 20 | | 4.0 | 6.0 | 9.07 | 光亮 |
| | | | | 4.5 | 11.0 | 8.29 | 光亮 |
| 次磷酸二氢钠 | $NaH_2PO_2 \cdot H_2O$ | 20 | | 5.6 | 22.0 | 6.00 | 全光亮 |
| | | | | 6.0 | 25.0 | 5.60 | 全光亮 |

注：表中数据摘自《化学镀技术》141 页。

虽然表中数据只是参考，但经编著者多次试验，当镀液 pH 值较高时所获得的镀层光亮度高，预先经过化学抛光的工件可得到镜面光泽效果。而要获得含磷量较高的镀层，除镀液中次磷酸盐浓度及络合剂的种类外，适当低的 pH 值和提高施镀温度亦是有效的方法。

### 2. 影响镀层硬度的因素

化学镀镍层的硬度一般为 $300 \sim 600 kg/mm^2$，最高可达 $700 kg/mm^2$ 以上，比电镀镍的硬度高得多（电镀镍硬度仅为 $160 \sim 180 kg/mm^2$）。化学镀镍层的硬度与热处理温度及热处理介质、镀层中的磷含量等两大因素有关。

（1）热处理温度对镀层硬度的影响 当热处理温度在 200℃ 以下，经过约 60min 处理后对镀层的硬度无影响，但可降低镀层的内应力；当热处理温度达 200℃ 时，镀层硬度提高很慢，即使延长时间效果也不明显；当热处理温度达到 400℃ 时，保温 120min，可使硬度达到最大值，超过这个温度，镀层硬度反而有所下降。

提高镀层硬度的合适热处理温度是 $380 \sim 400℃$，处理时间为 $60 \sim 120min$，最好在氢气或氮气氛围或真空炉中进行，以防止镀层变化。

（2）镀层中磷含量的影响 化学镀镍层的硬度随磷的含量增加而升高，影响镀层中磷含量的因素也会影响镀层的硬度。在这里镀液的组成、镀液各组分之间的比例，特别是次磷酸盐与镍盐的比例、镀液 pH 值、温度等都会影响镀层的磷含量，进而也影响镀层的硬度。

但是镀层的磷含量也并不是越高越好，镀层经热处理后其硬度的提高是与 $Ni_3P$ 相的析出数量和弥散成正比来实现的，但当镀层的磷含量超过 $12\%$，热处理温度超过 400℃ 时，$Ni_3P$ 相开始较明显地集中，使其在镀层中的弥散度减小，因而降低镀层的硬度。在工业上为了使镀层有较高的硬度和稳定性，镀层中的磷含量控制在 $7\% \sim 10\%$ 为宜。化学镀镍硬度与镀液成分、pH 值、热处理温度的关系见表 9-19。

表 9-19　化学镀镍硬度与镀液成分、pH 值、热处理温度的关系

| 编号 | 溶液成分 | | | 操作条件 | | 热处理温度/℃ | 硬度（HV）/(kg/mm²) | | | | | |
|---|---|---|---|---|---|---|---|---|---|---|---|---|
| | 材料名称 | 化学式 | 含量/(g/L) | 温度/℃ | pH 值 | | 1 | 2 | 3 | 4 | 5 | 平均值 |
| 1 | 硫酸镍 | NiSO₄·6H₂O | 30 | 95 | 4.2 | 200 | 315 | 333 | 351 | 302 | 379 | 335 |
| | 次磷酸二氢钠 | NaH₂PO₂·H₂O | 10 | | | 400 | 724 | 599 | 572 | 437 | 548 | 566 |
| | | | | | | 600 | 274 | 413 | 333 | 383 | 390 | 358 |
| | 柠檬酸三钠 | Na₃C₆H₅O₇ | 15 | | | 未处理 | 302 | 274 | 333 | 266 | 274 | 290 |
| 2 | 硫酸镍 | NiSO₄·6H₂O | 30 | 95 | 4.2 | 200 | 279 | 287 | 292 | 302 | 292 | 290 |
| | | | | | | 400 | 317 | 413 | 345 | 446 | 370 | 398 |
| | 次磷酸二氢钠 | NaH₂PO₂·H₂O | 10 | | | 600 | 262 | 274 | 279 | 274 | 258 | 269 |
| | | | | | | 未处理 | 240 | 254 | 254 | 237 | 254 | 248 |
| 3 | 硫酸镍 | NiSO₄·6H₂O | 30 | 95 | 4.2 | 200 | 503 | 493 | 473 | 514 | 503 | 497 |
| | 次磷酸二氢钠 | NaH₂PO₂·H₂O | 10 | | | 400 | 657 | 642 | 525 | 583 | 483 | 578 |
| | 柠檬酸三钠 | Na₃C₆H₅O₇ | 15 | | | 600 | 279 | 279 | 351 | 297 | 240 | 289 |
| | 醋酸钠 | NaAc | 10 | | | 未处理 | 525 | 483 | 327 | 455 | 446 | 447 |
| 4 | 硫酸镍 | NiSO₄·6H₂O | 30 | 95 | 4.6~4.8 | 200 | 624 | 613 | 585 | 585 | 572 | 596 |
| | 次磷酸二氢钠 | NaH₂PO₂·H₂O | 10 | | | 400 | 974 | 1003 | 946 | 974 | 946 | 968 |
| | | | | | | 600 | 464 | 492 | 464 | 548 | 548 | 503 |
| | 醋酸钠 | NaAc | 10 | | | 未处理 | 560 | 572 | 572 | 548 | 525 | 555 |
| 5 | 硫酸镍 | NiSO₄·6H₂O | 20 | 95 | 4.2 | 200 | 525 | 503 | 483 | 514 | 503 | 505 |
| | 次磷酸二氢钠 | NaH₂PO₂·H₂O | 2~3 | | | 400 | 762 | 847 | 945 | 1098 | 762 | 899 |
| | | | | | | 600 | 390 | 311 | 446 | 390 | 376 | 382 |
| | 乳酸 | CH₃CHOHCOOH | 15 | | | 未处理 | 464 | 464 | 455 | 464 | 455 | 460 |
| 6 | 硫酸镍 | NiSO₄·6H₂O | 20 | 95 | 4.6~4.8 | 200 | 383 | 363 | 421 | 345 | 363 | 375 |
| | 次磷酸二氢钠 | NaH₂PO₂·H₂O | 2 | | | 400 | 464 | 464 | 397 | 383 | 390 | 419 |
| | 乳酸 | CH₃CHOHCOOH | 2.7 | | | 600 | 283 | 297 | 311 | 322 | 322 | 311 |
| | 丙酸 | C₂H₅COOH | 0.2 | | | 未处理 | 322 | 311 | 311 | 322 | 345 | 322 |

注：表中数据摘自《化学镀技术》148 页。

从表中的数据分析，以编号 4 和编号 5 的化学镀工艺所获得的镀层硬度最好，编著者对镀液中络合剂的改变进行过多次试验，发现以醋酸钠和乳酸为络合剂的配方获得的镀层的色泽更偏黄，即含磷量更高一些，相应硬度也更好一些。当提升镀液 pH 值到 5 以上，6 以下时，镀速加快，同时镀层色泽变浅。在乳酸中添加丙酸后，镀层色泽变浅。在这些络合剂中，以醋酸钠为络合剂时获得的镀层含磷量最高（只根据编著者有限的试验而言），编著者在进行试验时，对编号 5 和编号 6 中次磷酸二氢钠的浓度进行了调整，调整后的浓度为10g/L。编号 6 中的乳酸和丙酸分别调整为：27g/L、2g/L。

## 九、镀层应力与孔隙率

### 1. 镀层应力

镀层应力是一项和电镀、化学镀紧密相连的伴生体，只要有镀层就会有残余应力，这种

隐藏在镀层中的残余应力对镀层的性能影响很大。应力分为张应力和压应力，当镀层中张应力较大时，容易造成镀层起皮、破裂，降低镀层结合力。但适当的压应力，有助于提高附着力。影响镀层应力的因素主要有镀层磷含量、热处理、添加剂等三种。

镀层中磷的含量主要与镀液的组成及工艺条件有关，一般情况下，镀层磷含量超过10%时镀层的压应力大；热处理后一般都会使镀层压应力降低、张应力增加，所以在是否采用热处理的问题上应根据实际需要来确定热处理的方式及时间。镀层磷含量与热处理对镀层应力的影响见表9-20。

表 9-20　镀层磷含量与热处理对镀层应力的影响

| 编号 | 溶液成分 | | | 操作条件 | | 磷含量/% | 应力/(kg/mm²) | |
|---|---|---|---|---|---|---|---|---|
| | 材料名称 | 化学式 | 含量/(g/L) | 温度/℃ | pH 值 | | 热处理前 | 热处理后 |
| 1 | 硫酸镍 | $NiSO_4 \cdot 6H_2O$ | 22 | 82 | 5.0 | 6.9 | 2.7 | 8.0 |
| | | | | 88 | 5.0 | 7.0 | 1.0 | 7.3 |
| | | | | 94 | 4.9 | 7.2 | 0.8 | 6.6 |
| | 次磷酸二氢钠 | $NaH_2PO_2 \cdot H_2O$ | 25 | 93 | 4.5 | 8.1 | 1.3 | 6.9 |
| | | | | 93 | 4.5 | 8.4 | 4.4 | 14.2 |
| | | | | 97 | 4.0 | 10.7 | −5.5 | 3.0 |
| | 乳酸 | $CH_3CHOHCOOH$ | 32 | 94 | 4.0 | 11.6 | −9.0 | 0.0 |
| | | | | 93 | 4.0 | 12.2 | −7.4 | −0.8 |
| | | | | 91 | 4.0 | 12.4 | −10.8 | −2.7 |
| 2 | 氯化镍 | $NiCl_2 \cdot 6H_2O$ | 30 | 95 | 4.5 | 8 | 3.5 | 6.5 |
| | 醋酸铵 | $CH_3COONH_4$ | 38 | | | | | |
| | 次磷酸二氢钠 | $NaH_2PO_2 \cdot H_2O$ | 10 | | | | | |
| 3 | 硫酸镍 | $NiSO_4 \cdot 6H_2O$ | 15 | 90 | 5.4 | 8.5 | 6.0 | — |
| | 次磷酸二氢钠 | $NaH_2PO_2 \cdot H_2O$ | 18 | | | | | |
| | 三氧化钼 | $MoO_3$ | 2 | | | | | |
| | 丙酸 | $C_2H_5COOH$ | 10 | | | | | |

注：表中数据摘自《化学镀技术》151 页。

对镀层应力的影响除了上述镀层磷含量与热处理外，镀液中的添加剂同样会影响应力，在镀液中加入糖精或其他有机硫化合物能降低镀层的张应力，香豆素也同样能降低镀层张应力并使其为压应力。

🡆 2. 影响镀层孔隙率的因素

一般而论，镀层越厚，其孔隙率越低，当镀层厚度达到 $15\mu m$ 时，镀层基本无孔隙。在同等厚度的情况下酸性镀层的孔隙率较碱性镀层为低，镀液中能提高光亮度的添加剂也能使镀层的孔隙率降低。另一个更为重要的因素是工件表面的光洁度，工件表面的光洁越高，所获得的镀层孔隙率也就越低。抛光工件厚度在 $10\mu m$ 以内即可满足一般要求，而喷砂工件厚度大于 $30\mu m$ 才能满足要求。镀液的清洁度也是保证镀层结晶致密的重要因素。

# 十、化学镀镍常见故障及处理方法

化学镀镍常见故障的原因及排除方法见表 9-21。

表 9-21　化学镀镍常见故障的产生原因及排除方法

| 序号 | 故障现象 | 产生原因 | 排除方法 |
|---|---|---|---|
| 1 | 镀层结合力差 | 1. 工件除油不净<br>2. 镀前预浸不良 | 1. 加强工件除油管理<br>2. 检查预浸工序所用溶液是否在工艺规定的范围内,并及时调整或更换 |
| 2 | 不能沉积出镀层 | 1. 没有预浸或没有预浸上锌或锌合金层<br>2. 镀液中添加剂过多使镀液中毒 | 1. 铝合金工件化学镀镍前需要进行预浸处理,如预浸不上应及时调整或更换预浸溶液<br>2. 通过补充不含添加剂的新液来降低添加剂的浓度 |
| 3 | 沉积速度低 | 1. 镀液 pH 值太低<br>2. 镀液温度过低<br>3. 镀液中次磷酸钠浓度低<br>4. 镀液镍盐浓度不足<br>5. 添加剂浓度太高 | 1. 可用氢氧化钠、氨水或三乙醇胺来调节镀液 pH 值至工艺规定范围<br>2. 升温到工艺规定范围<br>3. 通过分析添加次磷酸钠到工艺规定范围<br>4. 通过分析添加镍盐到工艺规定范围,在添加镍盐时应补充相应的络合剂<br>5. 补加不含添加剂的新液 |
| 4 | 反应剧烈,镀层呈灰颗粒或粉状 | 1. 镀液 pH 值太高<br>2. 镀液温度过高或局部过热<br>3. 镀液中次磷酸钠浓度过高<br>4. 工件装载量过大<br>5. 镀液不清洁 | 出现这种情况的首要处理方式就是迅速降低温度并取出工件,然后再根据原因进行排除<br>1. 可用 20% 的硫酸或盐酸将镀液 pH 值调至工艺规定的范围<br>2. 镀液在加温时应采用合适的方法使温升均匀,防止局部过热,不管是采用水浴加温还是发热体直接加温,都应注意对镀液的搅拌。在加温时要防止温度过高<br>3. 通过分析补加不含次磷酸钠的新液来降低次磷酸钠的浓度<br>4. 每次化学镀时,工件装载量要与镀液体积相配合,不可过低或过大<br>5. 镀液有杂质时应及时过滤镀液 |
| 5 | 镀槽及挂具有镍沉积 | 1. 局部温度过高<br>2. 镀液不清洁,镀液中的杂质颗粒沉积在槽壁而引发镍的沉积<br>3. 镀槽和挂具长期不清理 | 1. 防止温度过高,加强镀液搅拌<br>2. 过滤镀液,保持溶液清洁<br>3. 镀槽和挂具应定期清理,防止镍在镀槽和挂具上沉积 |
| 6 | 镀液中出现沉淀 | 1. 镀液 pH 值太高<br>2. 镀液中亚磷酸根离子浓度太高<br>3. 络合剂含量不足 | 1. 可用 20% 的硫酸或盐酸将镀液 pH 值调至工艺规定的范围<br>2. 定期分析并清理镀液中过多的亚磷酸离子<br>3. 通过分析添加相应的络合剂到工艺规定范围 |
| 7 | 镀层发暗 | 1. 镀液 pH 值太低<br>2. 镀液中锌、铜等杂质浓度过高 | 1. 可用氢氧化钠、氨水或三乙醇胺来调节镀液 pH 值至工艺规定范围<br>2. 用低电流密度处理或添加适量的次磷酸钠用废工件进行化学镀处理,直至镀层光亮度恢复正常 |
| 8 | 镀层有麻点 | 气泡停留在镀层上 | 搅拌溶液以利于气泡的排出,同时也可适当添加少量表面活性剂 |

# 第三节　化 学 镀 钴

化学镀钴层具有优良的磁性能,因此常被作为功能性镀层用于计算机中的"记忆"元件的加工，Fisher 等于 20 世纪 60 年代初首先提出了化学镀钴层在磁记录介质中的应用，并进行了大量的研究工作。到 20 世纪 70 年代曾试图将化学镀钴用作磁鼓介质和模拟记录盘，但直到 20 世纪 80 年代才真正应用到硬磁盘系统中。

硬磁盘片的加工方法有：涂布法、化学镀覆法、溅射法以及化学镀覆溅射混合法。化学镀覆法由盘基加工、化学镀覆加工、涂保护层和润滑层等几个部分组成。

盘基要求表面光洁度小于 $0.01\mu m$，化学镀覆分四个部分进行，其一是在高光洁度的盘基上化学沉积成厚度为 $50\mu m$ 的镍-磷合金层；其二对化学镀镍-磷合金层进行研磨抛光；其三化学镀内衬厚度为 $0.03\mu m$ 的镍-磷合金层；最后再化学镀钴-镍-磷合金厚度为 $0.08\mu m$ 的介质层。

经化学镀覆后的盘基片再用涂布法涂二氧化硅保护层和润滑层。

化学镀钴在铝合金表面处理中主要用于获得磁性镀层。

## 一、化学镀钴配方及配制方法

化学镀钴和镀镍一样，次磷酸盐、硼氢化合物及肼都可以作为还原剂，在本节只讨论以次磷酸盐为还原剂的化学镀钴配方及镀层性质。

### 1. 化学镀钴常用工艺配方

常用的化学镀钴溶液有柠檬酸盐-铵盐型和不含铵盐的氨碱性和强碱性镀液。柠檬酸盐-铵盐型及低温型配方见表 9-22。氨碱性和强碱性配方见表 9-23。

**表 9-22　柠檬酸盐-铵盐型及低温型化学镀钴配方及操作条件**

| | 材料名称 | 化学式 | 含量/(g/L) | | | | |
|---|---|---|---|---|---|---|---|
| | | | 配方 1 | 配方 2 | 配方 3 | 配方 4 | 配方 5 |
| 溶液成分 | 氯化钴 | $CoCl_2 \cdot 6H_2O$ | 30 | 30 | 27 | — | — |
| | 硫酸钴 | $CoSO_4 \cdot 7H_2O$ | — | — | — | 20 | 28 |
| | 次磷酸二氢钠 | $NaH_2PO_2 \cdot H_2O$ | 20 | 20 | 9 | 20 | 21 |
| | 柠檬酸三钠 | $Na_3C_6H_5O_7 \cdot 2H_2O$ | 35 | 100 | 90 | 50 | — |
| | 氯化铵 | $NH_4Cl$ | 50 | 50 | 45 | 40 | — |
| | 硫酸铵 | $(NH_4)_2SO_4$ | — | — | — | — | 66 |
| | 焦磷酸钠 | $Na_4P_2O_7$ | — | — | — | — | 106 |
| 操作条件 | 温度/℃ | | 90～92 | 90～92 | 75 | 90 | 70 |
| | pH 值 | | 9～10 | 9～10 | 7.7～8.4 | 9.2 | 10 |
| | 沉积速度/(μm/h) | | | 3～10 | 0.3～2 | 6.4 | — |

表 9-22 中配方 1 是一种柠檬酸盐/Co(Ⅱ)＜1（摩尔比）的配方，这种配方沉积速度较低；表中配方 2～配方 4 是一种柠檬酸盐/Co(Ⅱ) 接近 3 的配方（摩尔比），当柠檬酸盐/Co(Ⅱ) 的摩尔比大于 1 时，可镀出质量好的镀钴层；表中配方 5 是一种采用焦磷酸钠作络合剂的低温配方，且镀层中含磷量较高，如控制镀层磷含量在 3%～6%，可作为硬质磁性膜层。低温镀液稳定性好，沉积速度较高，镀液易于维护且具有良好的磁性能。

表 9-23　氨碱性和强碱性镀钴溶液配方及操作条件

| | 材料名称 | 化学式 | 含量/(g/L) | | | |
|---|---|---|---|---|---|---|
| | | | 氨碱配方 | | 强碱配方 | |
| | | | 配方 1 | 配方 2 | 配方 1 | 配方 2 |
| 溶液成分 | 硫酸钴 | $CoSO_4 \cdot 7H_2O$ | 20 | 14 | 28 | 22.5 |
| | 次磷酸二氢钠 | $NaH_2PO_2 \cdot H_2O$ | 17 | 16 | 21 | 21 |
| | 柠檬酸钠 | $Na_3C_6H_5O_7 \cdot 2H_2O$ | 44 | — | 59 | — |
| | 酒石酸钾钠 | $NaKC_4H_4O_6 \cdot 4H_2O$ | — | 141 | — | 141 |
| | 硼酸 | $H_3BO_3$ | — | — | 31 | 31 |
| 操作条件 | pH 值 | | 9～10 | 9～10 | 7 | 9 |
| | 温度/℃ | | 90 | 90 | 90 | 90 |
| | 沉积速度/($\mu$m/h) | | 15 | 16 | 10 | 15 |

**2. 镀液的配制方法**

① 根据配制镀液的多少准备一个合适的 PP 槽，并洗净。

② 根据设计的配方及配制量准确称取各种药品，并用纯水分别溶解。

③ 在不断搅拌下将钴盐溶液倒入络合剂溶液中，混合均匀后在不断搅拌下加入还原剂溶液。

④ 加入所需稳定剂（事先用纯水溶解），并加纯水到规定体积。

⑤ 调 pH 值至工艺规定范围，除去镀液中的沉积物，试镀合格即可用于生产。

## 二、镀液中各组分的作用

**1. 钴盐**

在镀液中维持一定浓度的钴离子对保证化学镀钴的正常进行是很重要的，常用的钴盐是硫酸钴和氯化钴。

在氨碱性镀钴溶液中，当硫酸钴浓度为 14g/L 时，有最大沉积速度，低于该浓度，沉积速度降低；在使用柠檬酸盐作络合剂的氨碱性镀液中，硫酸钴浓度在 20g/L 时，沉积速度有最大值，高于或低于这个浓度，沉积速度都会受到影响。

对于强碱性镀钴液，在柠檬酸盐镀液中，当硫酸钴浓度为 14g/L 时，沉积速度最大；在酒石酸钾钠镀液中，硫酸钴浓度在 28g/L 时，沉积速度最大。

在低温镀钴中，以焦磷酸盐作络合剂时，硫酸钴浓度在 39g/L 左右时有最大沉积速度。

**2. 还原剂**

还原剂是钴从络合态还原成金属钴所必需的材料。肼、硼氢化物、次磷酸盐都可以作为还原剂，但最为常用的是次磷酸盐。

在氨碱性镀液中，次磷酸钠的浓度在 17g/L 时，沉积速度最快；在强碱性镀液中，次磷酸钠的浓度从 10g/L 开始，沉积速度随次磷酸钠浓度升高而明显升高，当浓度超过 13g/L 时，沉积速度不再随还原剂的浓度升高而升高。

在低温镀钴中，次磷酸钠浓度在 21g/L 时沉积速度达到最大，再增加浓度沉积速度反而有所下降。

### ◆ 3. 络合剂

在氨碱性镀液中，当柠檬酸钠浓度达 44g/L 时，沉积速度最大，再增加浓度沉积速度降低；以酒石酸盐作络合剂，当浓度增加到 141g/L 时沉积速度最大，再增加浓度沉积速度降低。

在强碱性镀液中，使用柠檬酸钠作络合剂时，随柠檬酸钠浓度的增加沉积速度增加，当浓度达 59g/L 时，沉积速度最大，再增加浓度，沉积速度降低；以酒石酸盐作络合剂，当浓度增加到 141g/L 时沉积速度大，镀液稳定。当高于 282g/L 和小于 56g/L 时，沉积速度变小。

在低温镀钴溶液中，随焦磷酸钠浓度的增加，沉积速度加快，当浓度达到 132g/L 时，沉积速度最大，再增加浓度，沉积速度降低。

## 三、镀液的稳定性

镀液的稳定性与镀液中各成分浓度以及工艺条件的控制密切相关，对于氨碱性镀液，以三乙醇胺调节 pH 值时，只要各成分控制得当，一般都不会出现镀液不稳定的情况。但对于以氢氧化钠为 pH 值调节剂的镀液则不同，因为氢氧化钠对钴没有络合能力，pH 值稍偏离工艺范围或调节时添加过快都有可能产生氢氧化钴沉淀而使镀液的稳定性降低。

络合剂浓度对镀液的稳定性也有很大的影响，以酒石酸钾钠为络合剂时，当镀液 pH=9 时，酒石酸钾钠在低于 56g/L 或高于 282g/L 时，镀液都容易产生沉淀而增加不稳定因素。

还原剂浓度越高，镀液的位能越大，镀液产生不稳定的趋势也越大，所以在化学镀过程中不能过于追求在高浓度还原剂条件下的高沉积速度，应将还原剂浓度控制在工艺范围以内。

对于低温镀钴，只要控制好各成分的浓度范围，基本上就能保证镀液的稳定性。硫酸钴控制在 42g/L 以内，次磷酸钠控制在 21g/L 以内，焦磷酸钠 80～106g/L 时，镀液有较好的稳定性。除了各成分的浓度控制外，镀液的 pH 值、温度等如果控制不当更容易使镀液产生沉淀而诱发镀液的分解。权衡镀液稳定性及镀层磁性能，pH 值一般控制在 10 到 11，温度宜控制在 70～85℃。

关于化学镀钴的稳定性及提高镀液稳定性的方法可参考化学镀镍相关内容。

## 四、化学镀钴层的磁性能

化学镀钴的主要性能是镀层具有优良的磁性能，这也是化学镀钴最主要的工业用途，特别是 Co-P 合金镀层，其磁性能可在较大范围内变化，这种变化主要受两个因素的影响：一是镀层中钴沉积层的结构；二是镀层中磷的含量。所以影响镀层钴沉积层结构与磷含量的因素也影响镀层的磁性能。

当硫酸钴含量低于 20g/L 时，随着硫酸钴浓度的增加，镀层的矫顽磁力和角形比均会快速增加，当硫酸钴浓度达到 20g/L 时，矫顽磁力恒定在 400Oe（1Oe=79.5775A/m），角形比为 0.7～0.8。

镀层的磁性能还与镀层中的磷含量有关，当次磷酸钠浓度低于 21g/L 时，随次磷酸钠浓度的增加其磁性能提高，当达到 21g/L 时，磁性能最好。这是因为随着次磷酸钠浓度的提高，镀层磷的含量增加。当次磷酸钠浓度超过 21g/L 时，镀层的角形比为定值，但矫顽磁力下降。

当镀液中的焦磷酸钠浓度达到 80g/L 时，镀层的磁性能最好，矫顽磁力达 400Oe，角形比为 0.75，当浓度增加到 106g/L 时，镀层的矫顽磁力和角形比都为定值。镀液中的硫酸铵浓度为 66g/L 时镀层可获得最佳磁性能。

化学镀过程中 pH 值、温度的变化都会对镀层的磁性能产生较大的影响。以低温镀钴为例，当 pH 值在 9.5 以下时难以获得磁性能良好的镀层，只有 pH 值在 10 以上时，才能获得具有良好磁性能的镀层。温度正好相反，只有温度偏低时所沉积的镀层才具有良好的磁性能。

镀层厚度对磁性能的影响与镀层中磷的含量密切相关，当磷含量在 1.5% 时，镀层厚度对矫顽磁力影响不大，当磷含在 1%、0.5% 时，矫顽磁力随镀层厚度的增加而增加，当磷含量大于 1.5% 时，随着镀层厚度的增加其矫顽磁力下降。

## 五、化学镀钴合金

钴与镍都具有自催化沉积性能，在合金镀层中的含量变化范围较大，钴能与很多金属组成合金镀层，常用化学镀钴合金配方及操作条件见表 9-24，化学镀钴合金薄膜工艺方法见表 9-25，化学镀钴合金薄膜、合金成分对磁性能的影响见表 9-26。

**表 9-24　化学镀钴合金配方及操作条件**

| | 材料名称 | 化学式 | 含量/(g/L) | | | | |
| --- | --- | --- | --- | --- | --- | --- | --- |
| | | | 配方 1 | 配方 2 | 配方 3 | 配方 4 | 配方 5 |
| 溶液成分 | 硫酸钴 | $CoSO_4 \cdot 7H_2O$ | 25 | — | 3 | 12.6~22.5 | 3~28 |
| | 氯化钴 | $CoCl_2 \cdot 6H_2O$ | — | 8 | — | — | — |
| | 次磷酸二氢钠 | $NaH_2PO_2 \cdot H_2O$ | 40 | 4 | 2.5 | 10.6~31.8 | 21 |
| | 硫酸亚铁 | $FeSO_4 \cdot 7H_2O$ | 0~20 | — | — | — | — |
| | 硫酸铵 | $(NH_4)_2SO_4$ | 40 | — | — | 6.6~66 | 66 |
| | 柠檬酸钠 | $Na_3C_6H_5O_7 \cdot 2H_2O$ | 30 | — | 9 | — | — |
| | 柠檬酸 | $C_6H_8O_7$ | — | 15~20 | — | — | — |
| | 氯化铵 | $NH_4Cl$ | — | 13 | — | — | — |
| | 氯化锌 | $ZnCl_2$ | — | 1 | — | — | — |
| | 硫氰酸钾 | $KCNS$ | — | 0~0.002 | — | — | — |
| | 硫酸锌 | $ZnSO_7 \cdot 7H_2O$ | — | — | — | 2.88~5.75 | — |
| | 硼酸 | $H_3BO_3$ | — | — | 3 | — | — |
| | 硫酸镍 | $NiSO_4 \cdot 6H_2O$ | — | — | — | 5.3~14.5 | 2~26 |
| | 丙二酸 | $C_3H_4O_4$ | — | — | — | 21~60 | — |
| | 苹果酸 | $C_4H_6O_5$ | — | — | — | 27~80 | — |
| | 琥珀酸 | $C_4H_6O_4$ | — | — | — | 36~80 | — |
| | 钨酸钠 | $Na_2WO_4 \cdot 2H_2O$ | — | — | — | — | 4~33 |
| | 丙二酸钠 | $CH_2(COONa)_2$ | — | — | — | — | 60~130 |
| | 葡萄糖 | $C_6H_{12}O_6$ | — | — | — | — | 60~165 |
| 操作条件 | pH 值 | | 8~8.2 | 8.2 | 8.5~10 | 8.9~9.3 | 9 |
| | 温度/℃ | | 80 | 80 | 93 | 75~85 | 85 |
| | 沉积速度/(μm/h) | | 10 | | | | |

表 9-25 化学镀钴合金薄膜工艺配方及操作条件

| 材料名称 | 化学式 | 含量/(g/L) | | | |
|---|---|---|---|---|---|
| | | 横向记录介质 | 横向记录介质 | 垂直记录介质 | 垂直记录介质 |
| 溶液成分 次磷酸二氢钠 | $NaH_2PO_2 \cdot H_2O$ | 21.3 | 21.3 | 21.3 | 21.3 |
| 硫酸铵 | $(NH_4)_2SO_4$ | 13.2 | 13.2 | 66 | 66 |
| 丙二酸钠 | $CH_2(COONa)_2 \cdot H_2O$ | 49.8 | 49.8 | 124.5 | 124.5 |
| 二羟基丁二酸钠 | $C_2H_2(OH)_2(COONa)_2 \cdot 2H_2O$ | — | — | 46 | 46 |
| 羟基丁二酸钠 | $C_2H_3OH(COONa)_2 \cdot 1/2H_2O$ | 74.8 | 74.8 | 70 | — |
| 羟基丙二酸 | $CHOH(COOH)_2$ | — | — | — | 6 |
| 丁二酸钠 | $(CH_2)_2(COONa)_2$ | 81 | 81 | — | — |
| 硫酸钴 | $CoSO_4 \cdot 7H_2O$ | 16.9 | 16.9 | 16.9 | 16.9 |
| 硫酸镍 | $NiSO_4 \cdot 6H_2O$ | 10.5 | 10.5 | 42 | 21 |
| 硫酸锌 | $ZnSO_4 \cdot 7H_2O$ | — | 20 | — | — |
| 高铼酸铵 | $NH_4ReO_4$ | — | — | — | 0.8 |
| 操作条件 温度/℃ | | 80 | 80 | 80 | 80 |
| pH 值 | | 9.2 | 9.2 | 9.5 | 8.7 |

表 9-26 化学镀钴合金薄膜、合金成分对磁性能的影响

| 参数 | | Co-Ni-P | Co-Ni-Zn-P | Co-Ni-P | Co-Ni-Re-P |
|---|---|---|---|---|---|
| | | 横向记录介质 | | 垂直记录介质 | |
| 合金组成 (原子分数)/% | Co | 75 | 68 | 40 | 32 |
| | Ni | 19 | 24 | 54 | 55 |
| | Re | — | — | — | 6 |
| | Zn | — | 2 | — | — |
| | P | 6 | 6 | 6 | 7 |
| $M_s$/(emu/cm$^2$) | | 800 | 750 | 750 | 250 |
| $H_c(\text{Ⅱ})$/Oe | | 590 | 1100 | 700 | 600 |
| $H_c(\perp)$/Oe | | | | 1500 | 1200 |
| $K_\text{Ⅱ}$/($\times 10^3$ erg/cm$^3$) | | | | —4.8 | +2.9 |
| $K_\perp$/($\times 10^3$ erg/cm$^3$) | | | | +30.5 | +6.8 |

注：表中数据摘自《现代电镀》第 570 页。

表 9-24 中配方 1 为钴-铁-磷合金镀液，镀层中铁浓度为 0～10%，随铁浓度的增加，矫顽磁力下降，到 10% 以后，基本保持不变。但磁矩随镀层中铁的增加而增加，当铁含量达 25% 时，磁矩有最大值，再增加镀层铁含量磁矩反而下降。镀层铁含量对角形比的影响无明显关系。

表 9-24 中配方 2、配方 3 为钴-锌-磷合金镀液，这种镀层由于锌的作用可以得到更加优异的磁性镀层，但当硫酸锌含量过高时，镀层的矫顽磁力将会下降。

表 9-24 中配方 4 为钴-镍-磷合金镀液，在这种镀液中获得的合金镀层具有高的矫顽磁性和良好的角形比，用于计算机系统的编目记忆装置的加工。

表 9-24 中配方 5 为钴-镍-钨-磷合金镀液，这种镀层的磁性能比钴-镍-磷镀层更好，如果先化学镀镍-磷作为底层，再化学镀钴-镍-钨-磷合金，其角形比将显著提高。

# 第四节 电 镀 镍

铝合金电镀也是一种比较常用的防护与装饰处理方法，其目的在于：改善装饰性能、提高表面硬度与耐磨性能、易于焊接、提高表面的导电性能、提高反光性能等。本章主要介绍以装饰目的为主的电镀镍和电镀铬两种工艺。铝合金电镀之前的预处理方法同化学镀镍，为了简化工艺过程，铝合金工件在预处理时选择酸性浸锌-镍-硼合金。采用这种预浸处理后可直接进行电镀镍而不需要进行氰化镀铜，当然有特别要求的电镀类型则不在此要求之列。

镍是一种银白色微黄的金属，通常在其表面存在一层钝化膜，因而具有较高的化学稳定性，易溶于稀酸，但在碱性溶液中稳定性好。电镀镍层结晶细小容易抛光，不管是在装饰还是功能方面都得到了广泛的应用。

电镀镍根据镀液配方的组成不同可分为普通镀镍、半光亮镀镍、光亮镀镍以及特殊功能镀镍等，在此主要介绍在装饰方面用得比较普遍的电镀光亮镍。

早期的电镀镍如要获得光亮的效果必须经电镀暗镍后再机械抛光，这不仅会消耗大量的劳动力，同时也消耗大量的金属材料及抛光材料，其经济效益是很差的。于是人们发明了光亮镀镍，光亮镀镍的典型配方是在普通瓦特镀液中添加光亮剂，直接得到光亮的镍镀层。早期的光亮剂虽能镀出镜面光泽的效果，但其整平效果不佳，镀覆能力还不够理想，后来人们发现在初级光亮剂和次级光亮中添加辅助光亮剂后不仅能获得光泽性很好的光亮效果，同时又具有优良的整平性能。

## 一、光亮剂的作用

镀镍光亮剂可分为初级光亮剂、次级光亮剂和辅助光亮剂三种。

### ▶ 1. 初级光亮剂

初级光亮剂又称为第一类光亮剂或载体光亮剂，这类光亮剂是一些含硫的化合物，在分子结构上都含有一个或一个以上的磺化基团。初级光亮剂能获得结晶细致并有一定光泽的镀层，能降低镀层的张应力。这种光亮剂单独使用并不能获得全光亮的镀层，只有与第二类光亮剂配合使用时才能使镀层达到全光亮，如用量过多会使镀层呈现压应力。常用的初级光亮剂有：苯亚磺酸钠、对甲苯磺酰胺、苯磺酸、糖精、硫代苯-2-磺酸、丙烯磺酸等。其中以糖精使用最多，它是最有效的应力抑制剂，通常用来降低或消除镀层薄雾。初级光亮剂的浓度范围为 $0.5\sim2.5g/L$，其精确浓度取决于化合物的种类，需要通过实验来确定。初级光亮剂在电解过程中消耗速度不快，主要消耗来自随工件带出和活性炭处理。

### ▶ 2. 次级光亮剂

次级光亮剂又称为第二类光亮剂，这类光亮剂的结构中常含有双键、三键等不饱和基团，使镀液具有较好的整平性。这种光亮剂单独使用虽然也能获得光亮的镀层，但镀层脆性较大、张应力较高、光亮范围窄，同时对镀液杂质敏感性较高，当用量较大时也容易使镀层产生针孔。只有与初级光亮剂配合使用时，才可以获得全光亮、整平性、延展性能良好的镀层。这类光亮剂主要包括醛类、酮类、炔类、氰类、杂环类等五种类型，如：甲醛、水合氯醛、香豆素、二乙基马来酸酯、1,4-丁炔二醇、1,4-丁炔二醇与环氧氯丙烷的缩合物、丁炔二磺酸、苯基丙炔酸、3-羟基丙腈、喹啉甲碘化物、对氨基偶氮苯、硫脲和丙烯硫脲等。以香豆素、甲醛和1,4-丁炔二醇应用较多。其中香豆素可用于半光亮镀镍的整平剂，它使镀层的内应力增加并提升镀层的光亮度，曾被较多采用。但香豆素的阴极还原产物草木樨酸与镀层结合使镀层的韧性降低，硬度增加，必须经常使用活性炭来处理。现在多采用炔类物质来获得半光亮镀镍，炔类物质的阴极还原产物对镀层的影响小，比香豆素的半光亮镀液更容易维护，更经济，镀层稳定性更好。次级光亮剂的浓度范围为0.005～0.2g/L，次级光亮剂的消耗速率变化较大，在电解过程中应注意补加。

### 3. 辅助光亮剂

这类光亮剂除具有第一类光亮剂的某些作用外，还能防止或减少针孔。单独使用时对镀层的光亮度提高作用不大，对镀层光亮仅起辅助作用。如与第一类光亮剂和第二类光亮剂配合使用，可加快出光和整平速度，并能降低其他光亮剂的消耗量。这类光亮剂一般都具有不饱和脂肪链和磺化基团，常用的有乙烯磺酸钠、烯丙基磺酸钠、苯乙烯磺酸钠、丙炔磺酸钠、双烯丙基硫酰胺等，比较常用的是烯丙基磺酸钠。辅助光亮剂的浓度范围为0.1～4g/L。

## 二、常用光亮镀镍配方

常用光亮镀镍的配方及操作条件见表9-27。

**表9-27　常用光亮镀镍的配方及操作条件**

| 材料名称 | | 化学式 | 含量/(g/L) | | | | |
|---|---|---|---|---|---|---|---|
| | | | 配方1 | 配方2 | 配方3 | 配方4 | 配方5 |
| 溶液成分 | 硫酸镍 | NiSO₄·6H₂O | 250～300 | 250～300 | 250～300 | 250～300 | — |
| | 氯化镍 | NiCl₂·6H₂O | 30～50 | 30～50 | — | 30～50 | — |
| | 硼酸 | H₃BO₃ | 35～40 | 35～45 | 30～40 | 40～45 | — |
| | 氯化钠 | NaCl | — | — | 10～20 | — | — |
| | 糖精 | C₇H₅NO₃S | 0.6～1 | 0.6～1 | 1～2 | 0.6～1 | — |
| | 1,4-丁炔二醇 | C₄H₆O₂ | 0.3～0.5 | 0.3～0.5 | — | 0.3～0.5 | — |
| | 香豆素 | C₉H₆O₂ | — | 0.1～0.3 | 0.5～1 | — | — |
| | 十二烷基硫酸钠 | C₁₂H₂₅SO₄Na | 0.005～0.2 | 0.005～0.2 | 0.005～0.2 | 0.005～0.2 | 0～0.1 |
| | 烯丙基磺酸钠 | — | — | — | — | 0.1～0.9 | — |
| | 甲醛(37%) | HCHO | — | 0～0.3mL/L | — | — | — |
| | 二价镍 | Ni²⁺ | — | — | — | — | 56～66 |
| | 三乙醇胺 | N(CH₂CH₂OH)₃ | — | — | — | — | 200～400mL/L |
| | 甘油 | C₃H₈O₃ | — | — | — | — | 200～400mL/L |
| 操作条件 | pH值 | | 4～4.6 | 3.8～4.6 | 4～4.5 | 3.8～4.6 | 8～8.8 |
| | 温度/℃ | | 40～50 | 45～55 | 40～45 | 40～45 | 25～45 |
| | 电流密度/(A/dm²) | | 1.5～3 | 2～4 | 1.5～3 | 1.5～3 | 0.1～0.6 |
| | 搅拌方式 | | 阴极移动 | | | | |

表9-27中配方5是一种碱性的宽温光亮镀镍配方，编著者曾用这种工艺进行过小批试

用，镀液的镍离子可以采用碱式碳酸镍和柠檬酸进行反应制得，pH值用三乙醇胺进行调节，甘油用量与三乙醇胺用量相等，如果不加甘油，镀层脆性及应力大，这种镀液的特点是不用加温，同时不含有光亮剂，镀层纯度高；但缺点是镀液导电性能差，电流密度低并难以提高，由于导电性能差，槽电压高，镀液升温快，随着镀液温度的升高，导电性能有所改善。镀液中钠离子的加入会使镀层光亮度变差。而氯离子的引入虽然可以提高镀液的导电性能，提高阴极电流密度，但在室温条件下难以获得光亮镀层，而必须采用加温措施方可获得。

## 三、镀液中各组分的作用

### 1. 镍盐

在电镀镍中硫酸镍和氯化镍是常用的镍盐，氯化镍导电性能和均镀能力较好，也是阳极活化剂，但如果镀液中氯离子含量过高会使镍层的内应力增大，同时氯化镍成本高，镀液腐蚀性强。在生产中更多的是采用硫酸镍来作为主盐添加，同时辅以少量的氯化镍作为阳极活化剂，并增加镀液的导电性能。对于光亮镀镍，硫酸镍浓度较高，以 $250\sim300g/L$ 为宜。镀液中硫酸镍浓度低，镀层的光亮度和整平性差，含量过低会使低电流密度区镀层不光亮。硫酸镍浓度高使镀层的光亮度和整平性好，阴极电流密度上限及效率提高，沉积速度快，但过高的硫酸镍会使镀层变粗糙。

### 2. 氯离子

氯离子是阳极活化剂。随着电镀的进行，镀液中的镍离子会被消耗，这时就需要镍阳极不断溶解来补充消耗的镍。为了使镍阳极能正常溶解在镀镍溶液中需要加入阳极活化剂，常用的阳极活化剂为氯化钠或氯化镍，从成本上考虑以氯化钠为首选，用量一般在 $7\sim20g/L$，但钠离子会降低阴极电流的上限值，同时过多的钠离子对镀层光亮度有影响，光亮镀镍最好采用氯化镍作为活化剂，用量一般在 $30\sim50g/L$。当镀液中氯离子含量低时，阳极活化不良导致阳极钝化而影响镀层质量；氯离子浓度过低，溶液导电能力下降，槽电压升高，沉积速度变慢，影响镀层光亮度，并可能导致镀镍后套铬镀层发花。当氯离子含量过高时，加速阳极溶解，甚至使镍的金属微粒从阳极分离进入镀液并吸附在阴极上与镍共沉积，出现镀层粗糙和毛刺，氯离子含量过高也使镀层内应力增大。

### 3. 硼酸

硼酸是镀镍溶液中的缓冲剂，对维护镀液的pH值起着重要作用。pH值过低，氢离子易于在阴极放电，降低镀镍电流效率，镀层容易产生针孔。pH值过高，镍会生成氢氧化物沉淀而使镀液浑浊，这些氢氧化物会随镍的沉积而夹杂在镀层中使镀层粗糙。当镀液中的硼酸低于 $20g/L$ 时，缓冲能力弱，镀液pH值不稳定，易使镀层产生针孔。只有当硼酸浓度大于 $31g/L$ 时才具有明显的缓冲作用，但不能高于硼酸在常温下的溶解度（$40g/L$）。硼酸除了能稳定镀液的pH值外，还能使镀层结晶细致，不易烧焦。如果在镀液再添加少量氟化物，会与硼酸形成氟硼酸，缓冲作用将更好，但氟化物的加入会增加对设备的腐蚀性，同时氟化物毒性较大。

在镀液中硼酸可按 $35g/L$ 加入，然后再用过滤布袋盛装部分硼酸放入镀槽中，这样就能保证在生产中硼酸浓度在工艺范围内，同时也可防止未溶解的硼酸对镀层质量的影响。

#### 4. 防针孔剂

防针孔剂的作用是降低镀液的表面张力，使在电解过程中形成的氢气难以在表面滞留，从而防止针孔的发生。常用的防针孔剂是十二烷基硫酸钠，其浓度范围为 $0.005\sim0.1g/L$，防针孔剂在电镀过程中会被消耗，应注意每天补加。镀液经活性炭处理后，十二烷基硫酸钠会完全被除去，应重新添加。

### 四、杂质对镀层的影响

镀液中的杂质包括无机杂质和有机杂质，无机杂质主要是铜、铁、铝、硅、锌、铬等金属离子和硝酸根离子、磷酸根离子等；有机杂质包括光亮添加剂及阴极电解产物、各类油脂等。这些杂质在镀液中累积到一定浓度后就会对镀层的质量产生严重影响，所以在电镀过程中应严格控制这些杂质在镀液中的浓度，对于超过浓度范围的杂质应采取措施从镀液中清除。

#### 1. 铜杂质

在光亮镀镍中，当镀液中铜含量达 $0.01g/L$ 时，就会影响低电流密度区的光亮度使低电流密度区产生雾状和由暗到黑的镀层。对于半光亮镀镍，铜杂质的浓度上限可到 $0.2g/L$ 而看不到镀层外观有明显缺陷。铝合金电镀中的铜杂质主要来自镍盐、镍阳极中铜杂质的溶解，铜导电杆的腐蚀产物掉入镀液等。

对铜杂质的清除可采用电解法和沉淀法，电解法是采用低电流密度电解的方式除去镀液中的铜杂质，这是最为经济实用的方法。先将镀液 pH 值调到 3，用预先镀过镍的瓦楞铁板作阴极，在搅拌的情况下，以 $0.05\sim0.1A/dm^2$ 的阴极电流电解处理数小时至数十小时，具体时间以镀液中铜杂质浓度而定。沉淀法是在镀液中加入亚铁氰化钾、2-巯基苯并噻唑等能与二价离子形成沉淀的物质，使二价铜离子沉淀，过滤后即可除去，用沉淀法除去铜杂质后还需用低密度电流处理数小时。

#### 2. 铁杂质

镀液中铁杂质对镀层的影响随镀液 pH 值的高低而异，在高 pH 值的情况下，镀液中的铁杂质浓度超过 $0.03g/L$ 时就会使镀层质量降低，在镀层上形成斑点并产生粗糙的镀层，同时还会使镀层脆性增大、产生针孔等。如果镀液 pH 值较低，则镀液中铁杂质对镀层的影响较小，其允许的范围要宽一些。在铝合金电镀中，铁杂质主要来源于镍盐、镍阳极中铁杂质的溶解等。

铁杂质的除去可采用电解法也可采用化学沉淀法。电解法是用预先镀过镍的瓦楞铁板作阴极，在搅拌的情况下，以 $0.1\sim0.4A/dm^2$ 的阴极电流电解处理数小时至数十小时，具体时间以镀液中铁杂质的浓度而定。化学法是先将镀液 pH 值调到 3 左右，然后按 $1mL/L$ 的量添加 $30\%$ 过氧化氢，在搅拌下加热到 $70℃$ 左右，使镀液中的亚铁离子氧化成高铁离子，再用碳酸钡或氢氧化钡或碳酸镍调镀液 pH 值到 6 左右，使高铁离子生成氢氧化铁沉淀，静置过滤即可除去镀液中的铁杂质，过滤后同样要经过低密度电流处理数小时。

#### 3. 锌杂质

镀液中的锌杂质含量过高会使镀层发白，在低电流密度区产生暗色镀层，甚至形成亮黑色条纹。光亮镀镍对锌杂质的敏感性比普通镀镍低，在光亮镀镍中锌杂质的允许浓度范围为 $0.02\sim0.1g/L$。在铝合金电镀中，锌杂质主要来自镍盐、镍阳极中锌杂质的溶解等。

当镀液中锌杂质含量较低时可采用 $0.2\sim0.4A/dm^2$ 低密度电流处理。当镀液中有较多的锌杂质时，可采用提高镀液 pH 值的方法来使锌杂质以氢氧化锌的形式除去，此时需要将镀液 pH 值调到 6.2，加热至 $65\sim70℃$，搅拌 1h 左右，过滤即可除去锌杂质。

### 4. 六价铬

镀液中混入六价铬会使镀层上出现污点、起泡、降低镀层结合力，当镀液中六价铬浓度超过 0.003g/L 时，会使低电流密度区无镀层；当六价铬含量达到 0.01g/L 时，阴极电流效率显著降低；当六价铬含量达到 0.1g/L 时将难以获得镍镀层。

六价铬的清除需要先将六价铬还原成三价铬，然后采用调高 pH 值的方法使三价铬沉淀，也可采用低电流密度处理镀液除去三价铬。还原时先将镀液 pH 值调到 3 左右，然后加入亚硫酸氢钠或连二亚硫酸钠 $0.2\sim0.4g/L$，搅拌使六价铬还原成三价铬。如采用化学沉淀法，用碳酸钡或碳酸镍调 pH 值至 6.2，加热镀液至 $60\sim65℃$，搅拌 120min，并控制 pH 值稳定在 6.2，静置数小时后，过滤即可除去三价铬。镀液过滤后还需添加适量的过氧化氢以去除多余的亚硫酸氢钠或连二亚硫酸钠。

### 5. 其他杂质

铝和硅会使镀层在中-高电流密度区发雾，使镀层出现挂灰或细微粗糙，硅可采用活性炭处理后过滤的方法除去，铝可采用提高镀液 pH 值的方法使铝沉淀再过滤除去。

硝酸根离子会使镀层的分散能力降低，镀层具有脆性，阴极电流效率降低。硝酸根离子的去除比较麻烦，需先调 pH 值至 $1\sim2$，在 $1A/dm^2$ 以上的高电流下电解使硝酸根离子还原成氨，再逐步降低电流密度到 $0.2A/dm^2$ 左右，一直电解到镀液正常为止。

### 6. 有机杂质

当镀液被有机杂质污染时，往往会使镀层变暗，产生麻点、条纹、针孔，脆性增大。过量添加剂使镀层产生条纹、脆性增大、低电流区镀层发暗。有些添加剂过量还会使镀层钝化，给后续的镀铬带来困难。添加剂分解产物引起镀层脆性增大并使镀层的光亮度和整平性受到影响。油脂类或不恰当的润湿剂会使镀层出现橘皮状。

能被活性炭吸附的有机杂质比如油脂类及大多数润湿剂通常直接用活性炭处理即可，需要采用氧化处理的有机杂质则可通过向镀液中添加高锰酸钾或过氧化氢的方法使有机杂质氧化，采用高锰酸钾处理的步骤如下：

① 用硫酸或盐酸调 pH 值至 $1.5\sim2.5$，并将温度升至 40℃ 左右；高锰酸钾按 0.25g/L 称取所需的量，用纯水溶解；

② 在不断搅拌下将高锰酸钾溶液加入镀液中，静置约 20min；经氧化处理后的镀液如发现有多余的高锰酸钾可用少量过氧化氢使高锰酸钾还原；

③ 用碳酸镍或碳酸钡调 pH 值到 5 左右，继续搅拌约 150min；

④ 按 $2\sim5g/L$ 加入活性炭，搅拌均匀，静置数小时后过滤；

⑤ 分析调整镀液，并按工艺要求重新添加所有添加剂，经试镀合格后即可用于生产。

## 五、镀液的维护

为了保证生产的正常进行，对镀液的维护是非常重要的，工艺控制的目的不是等到事故发生再来解决，而是通过各种措施来避免事故的发生。电镀镍的维护主要从以下几个方面着手：

① 在镀液配制时要注意所用原材料的纯度，不能因为低价的原因而将一些杂质超标的各种主辅材料用于镀液的配制和补加。应该从源头上把好质量关，做到防患于未然。

② 在生产过程中严格按工艺规范操作，防止将其他溶液带入镀液中，比如浸锌-镍合金后的清洗要彻底，不可将预浸溶液带入镀液。

③ 在生产前清洁导电杠时要将铜棒拿出，在镀槽外面进行清洗，切不直接在镀槽上用酸或细砂纸清理导电铜棒上的锈斑，以防止铜进入镀液中。

④ 工件装挂要合理，防止在电镀过程中脱落掉入镀液中，如有发现应立即清除，电镀结束后镀槽应加盖防止其他杂质掉入镀液中。

⑤ 镀液要定期过滤，经常保持镀液清洁。在调整镀液时一定要经过分析再进行，切不可凭经验调整。

⑥ 镀液要定期采用低电流密度处理以防止镀液中金属杂质离子的积累，镀液使用一段时间后应进行一次大处理，这种大处理包括四个过程：一是采用高锰酸钾或过氧化氢将镀液中的有机杂质氧化；二是经氧化处理后调高镀液 pH 值使镀液中的杂质离子沉降；三是用活性炭过滤处理，在镀液中加入活性炭后最好能放置一夜再过滤，过滤时要经过二次过滤；四是镀液经过滤后分析镀液并调整到工艺规定范围，采用瓦楞板低电流处理数小时或 12h 以上，然后再分析镀液，分析合格并试镀正常后才可用于生产。

这种对镀液的大调虽然看上去比较烦琐，既费时又费物，但对维护电镀的正常进行还是很有必要的。

对光亮镀镍来说，由于镀层中含有硫，其抗蚀性能不是太好，同时因为第二类光亮剂的原因镀层应力较大。如需要提高抗蚀性能可采用多层镀镍或在镀镍后再镀铬来解决。

## 六、镀镍常见故障及排除方法

镀镍常见故障原因及排除方法见表 9-28。

**表 9-28  镀镍常见故障的原因及排除方法**

| 故障特征 | 产生原因 | 排除方法 |
|---|---|---|
| 镀层有针孔 | 1. 防针孔剂浓度过低<br>2. 添加剂分解产生的有机杂质或外来有机杂质及油脂污染<br>3. 有胶体悬浮物污染镀液<br>4. 铁杂质较多 | 1. 添加表面活性剂以降低溶液的表面张力,利于气泡的排出,对于阴极移动,可添加适量的十二烷基硫酸钠,若采用空气搅拌则应采用低泡或无泡润湿剂<br>2. 可用活性炭处理,或预先经过氧化后再用活性炭处理<br>3. 可用活性炭处理<br>4. 采用低电流密度处理或采用化学沉淀法清除 |
| 镀层粗糙 | 1. 镀液被有机杂质污染<br>2. 镀液中有固体颗粒,这些颗粒一方面来自阳极泥、未溶解的硼酸及镀液中的氢氧化物沉淀,另一方面来自空气尘埃或工件表面带入<br>3. 电流密度过大 | 1. 可用活性炭处理,或预先经过氧化后再用活性炭处理<br>2. 可用过滤方式进行处理,如颗粒较细则应用活性炭处理,同时控制水中 $Ca^{2+}$ 的含量<br>3. 将电流密度降到工艺规定范围 |
| 镀层发花与白雾 | 1. 镀液油污或有机杂质污染<br>2. 十二烷基硫酸钠溶解不好或添加不当<br>3. 处理镀液时过氧化氢去除未净<br>4. 主盐浓度过高或硼酸浓度过低 | 1. 可用活性炭处理<br>2. 十二烷基硫酸钠以 1∶500 的比例溶解,溶解后再煮沸数小时,添加时需进行稀释,溶解好的十二烷基硫酸钠保存期不可超过 15 天,最好不超过 7 天<br>3. 可通过煮沸镀液除去,或通过分析添加高锰酸钾除去<br>4. 稀释镀液以降低主盐浓度,添加硼酸到工艺规定范围 |

| 故障特征 | 产生原因 | 排除方法 |
| --- | --- | --- |
| 镀层有条纹 | 1. 镀液中锌杂质浓度太高<br>2. 有机杂质污染<br>3. 生产用水中有纤维状固体杂质污染镀液 | 1. 可用低电流密度或化学沉淀法处理<br>2. 可用活性炭处理<br>3. 可用 0.03g/L 单宁酸处理数小时, 再用活性炭处理; 加强对生产用水的过滤 |
| 镀层呈现橘皮 | 1. 油脂或其他有机杂质污染<br>2. 光亮剂或十二烷基硫酸钠含量过高 | 1. 可用活性炭处理<br>2. 可用活性炭处理, 或预先经过氧化后再用活性炭处理 |
| 镀层起泡或脱皮 | 1. 工件表面除油不净<br>2. 镀前预浸不合格 | 1. 加强除油工序的管理工作<br>2. 检查预浸溶液是否在工艺控制范围内, 必要时更换预浸溶液 |
| 镀层发脆 | 1. 两类光亮剂使用比例不当<br>2. $Fe^{3+}$、$Pb^{2+}$、$Zn^{2+}$、$NO_3^-$ 及有机杂质污染<br>3. 工艺条件不当, pH 值过高、温度过低或阴极电流密度过大 | 1. 当某种光亮剂不足时, 可补加至工艺规定范围, 当某种光亮剂过多时, 则应氧化破坏后用活性炭处理, 然后再重新添加光亮剂<br>2. 无机杂质可用低电流密或化学沉淀法处理, 有机杂质可用活性炭处理<br>3. 在电镀中注意工艺条件的控制 |
| 镀层易烧焦 | 1. 镀液成分失调, 如镍、氯化物或硼酸含量过低<br>2. 工艺条件不当, 如阴极电流密度过高、温度过低、pH 值过高或阴阳极间距过小<br>3. 有机杂质污染镀液<br>4. 工件装挂不当 | 1. 通过分析调整镀液成分至工艺规定范围<br>2. 在电镀中严格工艺条件的控制<br>3. 可采用活性炭处理<br>4. 合理装挂工件 |
| 镀液整平作用差 | 1. 镀液中主盐含量不足<br>2. 镀液中整平剂含量不足<br>3. 工艺条件不当, 镀液 pH 值过低、温度过低、电流密度低<br>4. 有机杂质污染镀液<br>5. 镀层厚度不够 | 1. 添加主盐到工艺控制范围<br>2. 添加整平剂到工艺控制范围<br>3. 在生产中严格控制工艺条件<br>4. 可用活性炭处理<br>5. 延长电镀时间以获得足够的厚度 |
| 镀层光亮度不足 | 1. 电流密度过高或过低造成凹处光亮不足<br>2. 光亮剂不足, 特别是第二类光亮剂不足<br>3. 镀液 pH 值过低<br>4. 镀液中铜、锌杂质浓度过高<br>5. 有机杂质污染 | 1. 在电镀过程中应根据工件形状及表面状态选择合适的电流密度<br>2. 分析原因, 补充光亮剂到工艺规定范围<br>3. 可以添加硼酸调高镀液 pH 值到工艺规定范围, 也可采用碱式碳酸镍来调节镀液 pH 值或用其他方法进行调节<br>4. 采用低电流密度或化学沉淀法除去<br>5. 可用活性炭处理 |
| 镀层覆盖能力差 | 1. 镀液中主盐含量过低<br>2. 镀液温度过低<br>3. 镀液中抗针孔剂过高或镀液中有残存的过氧化氢<br>4. 电流密度不当 | 1. 添加主盐至工艺规定范围<br>2. 将温度控制在工艺规定的范围<br>3. 镀液中多余抗针孔剂可用活性炭处理去除; 镀液中残存的过氧化氢可用煮沸法或高锰酸钾清除<br>4. 如镀液 pH 值偏低, 可适当提高阴极电流密度; 如镀液 pH 偏高, 可适当降低阴极电流密度 |
| 镀铬后镀层发花或镀不上铬 | 1. 镀液中糖精添加过量<br>2. 镀镍后清洗不良 | 1. 可用活性炭处理, 或预先经过氧化后再用活性炭处理<br>2. 加强镀镍后的清洗工作, 在镀镍后如需铬应立即进行, 不可久放不镀 |

# 第五节 电 镀 铬

铬是微带蓝色的银白色金属，在大气中有强烈的钝化能力，能长期保持光泽。铬镀层具有高的硬度，耐磨性能好，反光能力强，是常用的防护与装饰性镀层。

镀铬按其用途可分为两大类，一是防护-装饰性镀铬，主要用于防止基体金属的锈蚀和美化产品外观，它们具有悦目、反光、耐蚀和耐磨等优点，镀种有普通镀铬、镀黑铬、无裂纹铬和微裂纹等；二是功能性镀铬，其目的是为产品表面提供一层力学性能及耐化学性能优良的镀层，如硬度、耐磨、耐蚀、耐温等。在本节中只讨论常用的普通装饰性镀铬，也这是铝合金电镀中常用的镀种。

## 一、普通镀铬

### 1. 普通镀铬工艺配方

普通镀铬是应用最为广泛的一种镀铬工艺，由铬酐和硫酸按一定比例配制而成，按铬酐浓度的高低可分为高浓度、中浓度、低浓度三种镀液，其中，中浓度镀铬也称为标准镀铬。普通镀铬工艺配方及操作条件见表 9-29。

**表 9-29 普通镀铬工艺配方及操作条件**

<table>
<thead>
<tr>
<th colspan="2" rowspan="2">材料名称</th>
<th rowspan="2">化学式</th>
<th colspan="5">含量/(g/L)</th>
</tr>
<tr>
<th colspan="2">低浓度</th>
<th rowspan="1">中浓度</th>
<th rowspan="1">高浓度</th>
<th rowspan="1">自动调节</th>
</tr>
<tr>
<th></th><th></th><th></th><th>1</th><th>2</th><th></th><th></th><th></th>
</tr>
</thead>
<tbody>
<tr>
<td rowspan="6">溶液成分</td>
<td>铬酐</td>
<td>$CrO_3$</td>
<td>90~120</td>
<td>90~120</td>
<td>250</td>
<td>320~360</td>
<td>250~300</td>
</tr>
<tr>
<td>硫酸</td>
<td>$H_2SO_4$</td>
<td>0.45~0.65</td>
<td>0.8~1.2</td>
<td>2.5</td>
<td>3.2~3.6</td>
<td>—</td>
</tr>
<tr>
<td>氟硅酸</td>
<td>$H_2SiF_6$</td>
<td>—</td>
<td>1~1.5</td>
<td>—</td>
<td>—</td>
<td>—</td>
</tr>
<tr>
<td>氟硅酸钾</td>
<td>$K_2SiF_6$</td>
<td>0.6~0.9</td>
<td>—</td>
<td>—</td>
<td>—</td>
<td>20</td>
</tr>
<tr>
<td>三价铬</td>
<td>$Cr^{3+}$</td>
<td>0.5~1.5</td>
<td>0.5~1.5</td>
<td>2~5</td>
<td>4~7</td>
<td>2~6</td>
</tr>
<tr>
<td>硫酸锶</td>
<td>$SrSO_4$</td>
<td>—</td>
<td>—</td>
<td>—</td>
<td>—</td>
<td>6~8</td>
</tr>
<tr>
<td rowspan="2">操作条件</td>
<td colspan="2">温度/℃</td>
<td>52~56</td>
<td>52~56</td>
<td>48~53</td>
<td>48~56</td>
<td>50~60</td>
</tr>
<tr>
<td colspan="2">电流密度/(A/dm²)</td>
<td>30~40</td>
<td>30~40</td>
<td>15~30</td>
<td>15~35</td>
<td>30~45</td>
</tr>
</tbody>
</table>

### 2. 镀液成分对电镀的影响

（1）铬酐浓度的影响　镀铬过程中采用的是不溶性阳极，镀液中的金属离子通过添加铬酐来补充，所以铬酐在镀铬溶液中的浓度范围很宽，可在 90~400g/L 的范围内变化。一般而言，铬酐浓度低，电流效率高，硬度较高，分散能力好，铬酸随工件带出少，但电导率低，槽电压高；提高铬酐浓度，溶液电导率高，槽电压低，但镀液分散能力变差，镀层硬度降低，电流效率降低，铬酸随工件带出多。不同的铬酐浓度各有所长，在选择铬酐浓度时应根据镀层的用途和工件的形状复杂程度而定。通常情况下，防护与装饰用途采用铬酐浓度为 300g/L 左右，耐磨为 250g/L 以下。

对镀液中铬酐的测定没有化验条件时也可通过测定镀液的相对密度来检测铬酐的浓度，

镀铬溶液的相对密度与铬酐含量的关系见表 9-30。

表 9-30　镀铬溶液的相对密度与铬酐含量的关系

| 溶液相对密度 | 波美度 | 铬酐含量/(g/L) | 溶液相对密度 | 波美度 | 铬酐含量/(g/L) |
|---|---|---|---|---|---|
| 1.01 | 1.5 | 15 | 1.18 | 22 | 257 |
| 1.02 | 3.0 | 29 | 1.19 | 23 | 272 |
| 1.03 | 4.0 | 43 | 1.20 | 24 | 288 |
| 1.04 | 5.5 | 57 | 1.21 | 25 | 301 |
| 1.05 | 7.0 | 71 | 1.22 | 26 | 316 |
| 1.06 | 8.0 | 85 | 1.23 | 27 | 330 |
| 1.07 | 9.5 | 100 | 1.24 | 28 | 345 |
| 1.08 | 10.5 | 114 | 1.25 | 29 | 360 |
| 1.09 | 12.0 | 129 | 1.26 | 30 | 375 |
| 1.10 | 13.0 | 143 | 1.27 | 31 | 390 |
| 1.11 | 14.5 | 157 | 1.28 | 31.5 | 406 |
| 1.12 | 15.5 | 171 | 1.29 | 32.5 | 422 |
| 1.13 | 16.5 | 185 | 1.30 | 33.5 | 438 |
| 1.14 | 18.0 | 200 | 1.31 | 34.5 | 453 |
| 1.15 | 19.0 | 215 | 1.32 | 35.0 | 468 |
| 1.16 | 20.0 | 229 | 1.33 | 36 | 484 |
| 1.17 | 21 | 243 | 1.34 | 39 | 500 |

(2) 硫酸　在普通镀铬中，硫酸是必不可少的阴离子催化剂，其用量与铬酐的浓度成一定比例，控制目标在 $CrO_3/SO_4^{2-}=(80\sim120):1$ 的范围内，当比值接近 100:1 时，阴极效率最高；当比值大于 100:1 时覆盖能力好，沉积速度和镀层的光滑度有所下降，进一步增加时镀层出现黑色条纹，或生成棕色斑点；当比值小于 100:1 时镀层的光滑度有所增加，镀层致密性好，但镀液分散能力和电流效率降低；当比值更小时，镀层的裂纹增加，导电能力显著降低，分散能力恶化。镀液中硫酸根离子过高时可采用碳酸钡除去镀液中的硫酸根离子，2g 碳酸钡可以沉沉 1g 硫酸根离子。

一种高效的催化剂是采用硫酸根离子作为主催化剂，比例为 100:1，然后再以 1%～3% 的烯磺酸为第二催化剂。由这种方法配制的镀铬溶液电流效率较高，可达 25% 或以上，同时镀液的分散能力及镀层硬度都比采用单一硫酸根离子作为催化剂的镀液要好得多。

(3) 氟硅酸根离子　氟硅酸根离子具有与硫酸根离子相似的作用，但与硫酸根离子相比，一则可使电流效率提高到 20% 左右，而硫酸根离子的电流效率只有 13% 左右；二则对镀层有活化作用，镀铬过程中电流中断或二次镀铬时仍能获得光亮镀层；三则可以降低铬在阴极的析出电流密度，提高镀层覆盖能力。但氟硅酸根离子的腐蚀性较强。

(4) 三价铬　镀液中仅有主盐和硫酸时并不能获得满意的镀层，还需要有一定浓度的三价铬参与才能获得满意的镀层，当镀液中三价铬浓度低时，镀液覆盖能力差，镀层硬度低，沉积速度慢；当镀液中三价铬浓度过高时溶液导电能力降低，镀层光亮度范围缩小，光亮度差，甚至使镀层呈黑色粗糙。三价铬的控制浓度与铬酐浓度成正比，一般控制在 0.5～7g/L。

当三价铬过高时可采用电解法使三价铬在阳极上氧化成六价铬，即用细铁棒作阴极，阳极面积为阴极面积的 $10\sim30$ 倍，阳极电流密度为 $1.5\sim2A/dm^2$，电解 1h 可氧化三价铬约 0.3g。在生产中阳极面积与阴极面积比保持在 2：1 的范围内可保持三价铬含量基本稳定。

### 3. 镀液温度与阴极电流密度的关系

在镀铬工艺中，当镀液中的铬酐浓度一定时，镀层质量与镀液温度和电流密度的关系非常密切，两者配合得当，对镀液的阴极电流效率、分散能力、镀层硬度和光亮度有很大的影响。因此在电镀过程中当其中一个因素发生变化时，另一个因素也要作相应调整。比如镀铬溶液的阴极效率随电流密度的增大而增大，随溶液温度的升高而降低。但在电镀过程中并不是阴极效率越高镀层质量越好，因此结合生产的需要来确定温度和电流密度才是最为合理的。在生产中装饰镀铬一般都采用较低的温度和电流密度，即温度在 50℃左右，电流密度在 $20A/dm^2$ 左右。硬铬则选择更高的温度和更大的电流密度。

### 4. 杂质浓度的影响

镀铬溶液中铁杂质含量高，电导率降低，电流不稳定，光亮范围变窄，将明显降低镀层的覆盖能力。镀液中铬酐浓度升高对杂质的敏感性降低，所以高浓度铬酐对杂质的容忍性强，而低浓度铬酐对杂质敏感性高。对高浓度镀铬，铁的最高允许量为 8g/L，铜为 5g/L，锌为 3g/L。

镀液中氯离子浓度高，降低镀层的分散能力和覆盖能力，镀层粗糙发花。镀液中的氯离子浓度应控制在 0.02g/L 以内，氯离子的清除可将镀铬溶液升温到 70℃然后用高电流密度进行电解除去。

镀液中的硝酸离子在含量很低时就可使镀层发灰而失去光泽，严重影响镀层覆盖能力。清除硝酸根离子，可先用碳酸钡除去硫酸根离子，然后在 70℃左右通电处理数十小时甚至上百小时使硝酸根离子还原为氨除去。

## 二、低浓度镀铬

低浓度镀铬是指镀液中铬酐浓度低于 100g/L 的镀液，低浓度镀铬电流效率高，镀层硬度好，光亮范围宽，同时低浓度镀铬溶液中铬酐含量低，可减轻对环境的污染，也使溶液的配制成本降低。但是应该注意的一个问题是低浓度镀铬槽电压较高，对杂质敏感性高。常用低浓度镀铬配方及操作条件见表 9-31。

**表 9-31　常用低浓度镀铬配方及操作条件**

| | 材料名称 | 化学式 | 含量/(g/L) | | | |
|---|---|---|---|---|---|---|
| | | | 配方 1 | 配方 2 | 配方 3 | 配方 4 |
| 溶液成分 | 铬酐 | $CrO_3$ | 50 | $45\sim55$ | $30\sim50$ | $80\sim100$ |
| | 硫酸 | $H_2SO_4$ | $0.3\sim0.5$ | $0.25\sim0.35$ | $0.5\sim1.5$ | $0.5\sim0.8$ |
| | 氟硼酸 | $HBF_4$ | — | — | — | $0.75\sim1.05$ |
| | 氟硅酸钠 | $Na_2SiF_6$ | $0.5\sim0.75$ | — | — | — |
| | 氟硼酸钾 | $KBF_4$ | — | $0.35\sim0.45$ | — | — |
| | 三价铬 | $Cr^{3+}$ | — | — | $0.5\sim1.5$ | $0\sim2$ |
| 操作条件 | 温度/℃ | | $40\sim55$ | $50\sim57$ | $55\sim57$ | $50\sim57$ |
| | 电流密度/($A/dm^2$) | | $40\sim60$ | $30\sim60$ | $50\sim60$ | $30\sim60$ |
| | 阳极材料 | | 铅板或含锡 8％左右的铅-锡合金板 | | | |

### ➲ 1. 催化剂的影响

在低浓度镀铬中选择合适的催化剂是很重要的，镀铬中常用的阴离子催化剂有：硫酸根离子、氟离子、氟硅酸根离子、氟硼酸根离子、硼酸根离子、磷酸根离子和硒酸根离子。这些催化离子单独使用时都难以达到镀层光亮度范围宽、覆盖能力又好的配方。当把这些催化剂以硫酸为基础再加上任一种催化剂组合成为复合催化剂时，对镀层的光亮度及覆盖能力都优于单催化剂配方。在这些催化剂组合中据有关资料介绍，以硫酸根离子＋氟硼酸根离子的催化性为最好。在实际使用中硫酸根离子和氟硼酸根离子的配合比例是很重要的，镀层的光亮范围和镀层的覆盖能力对复合催化剂的配制比例要求并不是一致的，只有当镀层的光亮度和覆盖能力都能同时满足时，复合催化剂的比例才是有意义的。在这里首先有一个需要控制的是铬酐和硫酸的比值，其最佳比值范围和标准镀铬是一致的，在确定了硫酸用量的前提下才通过实验来确定另一种催化剂的用量。在硫酸根离子和氟硼酸根离子所组成的复合催化剂中它们之间可能存在着相互诱导催化作用，且主要是硫酸根离子诱导氟硼酸根离子进行催化，如果在配比中氟硼酸根离子浓度过高，这种诱导催化作用将减弱而使镀层出现褐色膜。

### ➲ 2. 操作条件对镀层的影响

（1）电流密度及温度　在生产过程中镀液温度和电流密度对镀层的光亮度和覆盖能力都有很大的影响，所以控制一定的温度和电流密度是极为重要的，权衡各方面的因素，温度控制在 $40 \sim 60 \,℃$ 为宜；电流密度控制在 $30 \sim 60 \mathrm{A/dm^2}$ 为宜。阴极电流密度与温度对镀铬层硬度的影响见表 9-32。

**表 9-32　阴极电流密度与温度对镀铬层硬度的影响（HV）**

| 阴极电流密度 /(A/dm²) | 镀液温度/℃ | | | | | | |
|---|---|---|---|---|---|---|---|
| | 20 | 30 | 40 | 50 | 60 | 70 | 80 |
| 10 | 900 | 1050 | 1100 | 910 | 760 | 450 | 435 |
| 20 | 695 | 670 | 1190 | 1000 | 895 | 570 | 430 |
| 30 | 675 | 660 | 1145 | 1050 | 940 | 755 | 435 |
| 40 | 670 | 690 | 1030 | 1065 | 985 | 755 | 440 |
| 60 | 695 | 690 | 840 | 1100 | 990 | 780 | 520 |
| 80 | 695 | 700 | 725 | 1190 | 1010 | 955 | 570 |

（2）三价铬　在低浓度镀铬工艺中，并不像高浓度镀铬需要预先处理生成一定的三价铬才能获得良好的镀层质量，低浓度镀铬新配的镀液即可获得光亮范围较宽的镀层。但是随着电镀的进行，随着三价铬浓度的增加，镀液的覆盖能力还是有所提高的，但镀液中三价铬浓度以不超过 2g/L 为宜（铬酐浓度 100g/L 时）。

## 三、镀铬常见故障及排除方法

镀铬常见故障产生原因及排除方法见表 9-33。

## 四、三价镀铬

六价镀铬不管浓度高低对环境的影响都是显而易见的，同时六价铬电镀还存在阴极电流效率低、电流密度大、电化转化当量低等先天不足。随着电镀工业的发展，对电镀铬的需求

表 9-33　镀铬常见故障产生原因及排除方法

| 故障特征 | 产生原因 | 排除方法 |
|---|---|---|
| 镀层光亮度不足 | 1. 温度过低或电流密度过高<br>2. 电镀过程中断电<br>3. 镀液中铁杂质含量太高<br>4. 三价铬含量太高<br>5. 硫酸含量偏低 | 1. 在电镀过程中应严格按工艺规范执行,对于大型工件可考虑在入镀前进行预热处理<br>2. 检查电接触部位,保证导电良好<br>3. 可采用离子交换或隔膜电解,也可更换部分旧液<br>4. 采用电解方式使三价铬氧化为六价铬<br>5. 分析后添加硫酸到工艺规定范围 |
| 覆盖能力差 | 1. 工艺条件控制不当,如电流低或温度过高<br>2. 硫酸含量过高<br>3. 三价铬含量不足<br>4. 铜、锌、铁等杂质含量过高 | 1. 在电镀过程中严格按工艺规范执行,操作人员不得随意更改<br>2. 分析后用碳酸钡除去多余的硫酸,也可根据情况补加铬酐达到降低硫酸相对含量的作用<br>3. 大阴极、小阳极电解<br>4. 采用离子交换或隔膜电解法除去,也可弃掉部分旧液再补充新液来降低杂质含量 |
| 镀层有蓝膜或黄膜 |  | 电镀结束后在镀槽停留片刻再取出或取出后用 3% 的硫酸溶液除去 |
| 镀层呈彩虹色 | 1. 硫酸含量不足<br>2. 镀液温度过高<br>3. 入槽时电流太小 | 1. 通过分析补加硫酸到工艺规定范围<br>2. 降低镀液温度<br>3. 适当加大入槽电流密度 |
| 镀层发灰,有斑点,镀层结合力差 | 1. 催化剂含量不足<br>2. 镀镍质量不良<br>3. 镀镍后清洗不良<br>4. 镀镍后放置时间过长,表面钝化或污染 | 1. 通过分析补充催化剂至工艺规定范围<br>2. 加强镀镍质量管理<br>3. 加强镀镍后的清洗,镀铬前可用稀硫酸处理<br>4. 镀镍后应迅速进行镀铬工序,切不可在工作间长时间停留,如因生产原因不能立即镀铬需要存放一定时间,在施镀前应进行必要的活化处理 |
| 镀层呈乳白色 | 1. 镀液温度过高<br>2. 电流密度过低 | 1. 将温度降到工艺规定范围<br>2. 适当提高电流密度 |

量越来越大,铬酸的大量使用对环境的污染日趋严重,因此人们对三价铬电镀工艺的研究越来越多,并取得了很多的专利配方。三价铬电镀和六价铬电镀相比具有毒性低、工作温度低、覆盖能力强、耐蚀性好、电流密度范围宽等优点。但三价镀铬也存在镀层硬度低、镀层色泽较暗(和六价铬电镀相比)、镀液稳定性较差、对杂质较敏感,同时难以获得厚的镀层等缺点,从而影响三价镀铬在工业上的广泛应用。

三价镀铬的另一个特点就是成分复杂,如果不具有分析条件,采用三价镀铬时对镀液成分的控制将是一个十分困难的事情。常用的三价镀铬工艺配方及操作条件见表 9-34。

**表 9-34　常用三价铬电镀配方及操作条件**

| | 材料名称 | 化学式 | 含量/(g/L) | | | | |
|---|---|---|---|---|---|---|---|
| | | | 配方 1 | 配方 2 | 配方 3 | 配方 4 | 配方 5 |
| 溶液成分 | 氯化铬 | $CrCl_3 \cdot 6H_2O$ | 100～120 | 105 | — | — | — |
| | 硫酸铬 | $Cr_2(SO_4)_3 \cdot 6H_2O$ | — | — | — | 15～20 | 140 |
| | 氟化铬 | $CrF_3$ | — | — | 42 | — | — |
| | 甲酸钾 | HCOOK | 70～90 | — | — | — | — |
| | 甲酸铵 | $HCOONH_4$ | — | 55 | — | 55～60 | — |
| | 甲酸钠 | HCOONa | — | — | 60 | — | — |
| | 溴化铵 | $NH_4Br$ | 8～12 | 10 | 10 | 8～12 | 6 |
| | 氯化铵 | $NH_4Cl$ | 54 | 90 | 100 | 90～95 | — |
| | 氯化钾 | KCl | 76 | 75 | 50 | 70～80 | — |
| | 硼酸 | $H_3BO_3$ | 40 | 50 | 50 | 40～50 | 40 |
| | 硫酸 | $H_2SO_4$ | — | 3.6 | — | 2.6～3.6 | — |
| | 无水硫酸钠 | $Na_2SO_4$ | — | — | — | 40～45 | 142 |
| | 草酸铵 | $(NH_4)_2C_2O_4$ | — | — | — | — | 144 |
| | 磺基丁二酸钠二辛酯 | — | — | — | — | — | 0.3 |
| | 润湿剂 | — | — | — | — | — | — |
| 操作条件 | pH 值 | | 2.8 | 3.4 | 3.1～3.2 | 2.5～3.5 | 3～4 |
| | 温度/℃ | | 25 | 20～25 | 20～25 | 20～30 | 25～40 |
| | 电流密度/(A/dm²) | | 0.6～108 | 1～86 | 3.3～108 | 1～100 | 10～25 |
| | 阳极材料 | | 石墨 | | | | |

# 第六节　电泳涂装与干燥技术

电泳是金属表面处理中的一项新技术，它采用电化学的方式将分散在水中的有机树脂的胶体粒子沉积在工件表面上，形成透明或各种颜色的有机涂层。根据树脂胶粒电离后的带电状态可分为阳极电泳和阴极电泳，目前采用的方法大多都是阴极电泳。

电泳涂层耐腐蚀性能极其优良，往往要用浓硝酸或浓硫酸才能将其破坏清除；抗变色能力强，经久也能保持其原有和光泽和色彩；与基体金属结合力好，经电泳后的工件可进行多种机械加工；涂层色彩鲜艳，可根据需要配制出各种颜色。电泳涂装在铝合金方面的应用主要集中在各种建筑型材和其他工件上，在一些家电产品上也已获得了较多应用。但就目前而言，电泳涂装还不太可能在短时间内取代阳极氧化在电子产品及家用小五金上的应用。

干燥是铝合金表面处理中的一个重要环节，其目的是通过合适的方式使经过表面处理后工件表面的水分或溶剂迅速蒸干，获得一个洁净而干燥的表面。本节即对电泳及干燥技术进行简要介绍。

## 一、电泳涂装原理及特点

### 1. 电泳涂装的原理

阴极电泳是一个复杂的电化学和胶体化学过程，其基本原理是电泳涂料所用的树脂经酸或碱中和后，能溶解且分散于水中，并能在水中离解成带电胶粒。在直流电场的作用下，离子化的树脂胶粒将同时发生电泳、电沉积、电渗和电解作用，在金属表面附着一层树脂膜。

电泳：电泳是带正电的水溶性树脂胶粒及其吸附的颜料在电场作用下向阴极移动的过程。

电沉积：电沉积是带正电的树脂胶粒到达工件表面后放电，形成不溶于水的有机沉积层。

电渗：电渗是指水分从沉积层中渗透而析出，当含水量下降到 5％～15％ 时即可进行烘烤。

电解：电解是指水被直流电解放出氢气与氧气的过程，水的电解会影响涂装外观同时降低涂层附着力，因此在电泳过程中应尽量减弱水的电解。

### 2. 电泳涂装的优点

电泳涂装有利于实现自动流水线生产，涂装节奏快、自动化程度高，工件经预处理后不必经过干燥等工序就可进行涂装作业，使生产效率大大提高。

涂膜厚度均匀，对阴极电泳来说，很容易通过电压调节将膜层厚度控在 $15～35\mu m$ 中的任一值。

对工件表面的覆盖性能好，特别是对有异形面及孔的工作，电泳都能较好的覆盖。

优越的环保安全作业性，电泳涂料溶液仅含有不到 3％ 的助溶剂，以水作为分散介质，没有发生火灾的危险性，也不会产生溶剂挥发污染环境及大气。电泳涂装设备都配置有超滤循环系统，使槽液得到有效利用，仅偶尔排放少量超滤液，不存在涂料液对环境的污染。电泳涂料利用率高达 95％ 以上，由于槽液黏度很低，工件带出量少并经超滤装置回收，损耗极低。

涂膜外观好，无流痕，烘干时有较好的展平性。由于湿膜仅含少量水分，烘烤时不会产生流挂现象，也不存在溶剂蒸气冷凝液对涂膜的再溶解作用。涂膜平整，光滑。

### 3. 电泳涂装的缺点

烘干温度高（180℃），设备投入大，管理要求严格。不同金属的电位不一样，所以不同种类的金属制品不能同时进行电泳涂装。

挂具必须经常清理以确保导电性，清理工作量大。

电泳涂装前必须要求工件表面无任何污染，清洁要求度高。对铝合金表面处理而言，电泳只相当于阳极氧化为其提供一个保护或装饰层，并不能代替对环境污染严重的前处理工序，对高质量要求而言，电泳的运行成本并不会比硫酸阳极氧化低，给这一技术在铝合金表面处理行业的全面推广带来一定的限制。

### 4. 电泳涂料的分类

电泳涂料按其固化形式可分为热固型电泳涂料和紫外线光固型电泳涂料，其中以热固型电泳涂料应用较为普遍。

电泳涂料按其性能和使用环境可分为防护性电泳涂料和高装饰性电泳涂料，在铝合金表面处理中使用得最多的是高装饰性电泳涂料。由这种涂料所生成的涂膜要求有光亮平滑的外观、绚丽鲜艳的色彩以及优良的耐候耐光性能等。能满足这些要求的最佳树脂是丙烯酸树脂，经调色后的丙烯酸树脂可形成多种高装饰性的彩色电泳涂料。丙烯酸涂料可分为阳极电泳涂料和阴极电泳涂料，在铝合金表面处理中常用的是阴极电泳涂料。

## 二、电泳涂装工艺主要参数控制

### 1. 槽液固形成分

电泳涂料原液的固形成分一般在 40%～60%，配制成电泳溶液后阳极电泳固形成分为 10%～15%，阴极电泳固形成分为 20% 左右。溶液中的固形成分对溶液的稳定性、泳透力及涂层厚度和外观质量都有一定的影响。当溶液中固形成分含量较低时，溶液稳定性差，泳透力下降，最终使得涂层薄而粗糙，并容易产生针孔，防蚀性能差。当溶液固形成分含量过高时，涂层厚度增加，电渗性能下降，涂层粗糙，出现橘皮，同时工件带出量增加，加大超滤系统的负荷或使损耗增加。因此，阳极电泳固形成分控制在 10%～15%，阴极电泳固形成分控制在 20% 为宜。

### 2. pH 值

溶液的 pH 值代表着电泳液的中和度及稳定性。涂料液的中和度不够，树脂的水溶分散性差，涂料液容易凝集沉降。若中和度太高，溶液电解质浓度大幅度增加，电导值升高，使电解作用过于激烈，电解产生的大量气泡造成膜层粗糙，同时过量的中和剂使得溶液对湿涂膜的再溶解性增加。在通常情况下，阴极电泳涂料的 pH 值为 5.8～6.7，阳极电泳涂料的 pH 值为 7.5～8.5。对阳极电泳来说，pH 值的进一步升高还会造成树脂水解，使稳定性恶化，而阴极电泳 pH 值的进一步降低使设备腐蚀变得严重。溶液 pH 值的变化对溶液电导率的变化也有很大影响，因此溶液 pH 值应控制在规定 pH 值±0.1 的范围内。

### 3. 电导

电导跟溶液的 pH 值、固形成分及杂质离子的含量有关。在进行电泳前的预处理过程中的水洗等工序所带入的杂质都会使溶液的杂质浓度升高，因此溶液的电导始终处于不断增加的趋势。电导增加使电解作用加剧，电压和泳透力下降，膜层粗糙多孔。阴极电泳溶液的电导率一般在 1000～2000$\mu$S/cm，阳极电泳溶液的电导率则较高。电导率的控制范围一般在 ±300$\mu$S/cm 以内。为了减少杂质，清洗水和配溶液的水都应采用纯水，其电导率应小于 25$\mu$S/cm；由 pH 引起的电导率偏高通过排放阳极（或阴极）液来降低；由杂质离子引起的电导率偏高则靠排放超滤液来调整。通常情况下，100T 的阴极电泳溶液，用 7T 去离子水代替超滤液，电导率可降低约 100$\mu$S/cm。

### 4. 溶液温度

温度升高，树脂胶粒的电泳作用增加，有利于电沉积和涂膜厚度的增加。但过高的温度使电解作用加剧，膜层变得粗糙，同时也使溶液变质加快，稳定性变差。温度太低时，溶液黏度增加，工件表面气泡不易逸出，也会造成粗糙。一般阳极电泳温度控制在 20～25℃，阴极电泳温度控制在 28～30℃。在电解过程中由于部分电能会转化为热能，应增加换热系统。

### 5. 电压

电泳涂装时，湿膜的沉积量和溶解量相等时的电压称为临界电压。工件只有在临界电压以上才能沉积上涂膜，但电压升高到某一值时，膜层会被击穿，产生粗糙、针孔、臃肿等缺陷，此时的电压称为击穿电压。因此工件的电泳电压应在临界电压和击穿电压之间。普通阳极电泳的工作电压为几十伏，而阴极电泳可高达 250V，电压的提高可使单位时间内流过的电量增加，增加的电量会使沉积量增加，膜层增厚，同时电压的升高也使电场力增大，泳透能力也大幅提高。不同电压下的泳透力及厚度见表 9-35。

**表 9-35　不同电压下的泳透力与厚度的关系**

| 电压/V | 125 | 175 | 225 | 275 | 325 |
|---|---|---|---|---|---|
| 膜厚/μm | 8.5 | 13.0 | 16.5 | 30 | 33 |
| 泳透力/cm | 21.6 | 25.4 | 27.9 | 30.5 | 32 |

注：电泳方式为阴极电泳；电泳温度 28℃；电泳时间 2min。

不同金属材料的破坏电压不一样，所以在进行电泳涂装时不可将不同的金属同时进行电泳。在电泳时为了避免起始电压过大，一般采用由低工作电压向高工作电压过渡的通电方式进行电泳涂装。间隙式生产采取不带电入槽，分两段或三段的方式进行升压通电。一般于前 15～30s 施加低工作电压，然后升至高工作电压提高泳透力。

### 6. 电泳时间

随着电泳的进行，工件表面膜层增厚，绝缘性增强，一般在 2min 左右，膜层已趋于饱和不再继续增厚。此时在内腔和缝隙内表面，随电泳时间延长，泳透力提高，便于涂膜在内表面沉积，因此对形腔复杂的工件电泳时间大都在 3min 左右。电泳时间过短，膜层不均匀；电泳时间过长，则膜层厚，颜色深，同时透明度变差。

### 7. 极距和极比

在电泳槽中工件与电极之间的电阻随极距的增加而增大。由于工件具有一定的形状，在极距过近时会产生局部大电流，造成膜层厚度不均匀。在极距过远时，电流强度太低，沉积效率差。电泳涂装的极距一般在 150～800mm，形状简单的工件可以取短距。阳极电泳极比常取 1:1，因为阳极电泳的工作电压低，泳透力差，增大对应电极面积对提高泳透力和改善膜厚均匀性均有好处。阴极电泳时，工件与阴极的面积比则取 4:1，工件表面电流密度分布均匀并有良好的泳透力。电极面积过大或过小都会使工件表面电流密度分布不均匀或泳透力差，也可能造成异常沉积。

## 三、阴极电泳涂装的工艺管理

阴极电泳涂装工序控制见表 9-36，电泳涂装线的目视管理见表 9-37。

**表 9-36　阴极电泳涂装工序控制**

| 工序 | 控制项目 | | 控制范围 |
|---|---|---|---|
| | 控制内容 | 单位 | |
| 电泳 | 槽液温度 | ℃ | 涂料品种规定的范围内 |
| | 每段电压 | V | 涂料品种规定的范围内 |
| | 每段电流值(max) | A | 涂料品种规定的范围内 |
| | 电泳时间(工件全浸没时间) | min | 视实际情况而定 |
| | 主槽与副槽液面差 | cm | <10 |
| | 电泳溶液电导率 | μS/cm | 300～1000 |
| | 电泳溶液状态 | | 无浑浊 |
| | 循环泵压力压差 | MPa | 在设备设计要求范围内 |

续表

| 工序 | 控制项目 | | | 控制范围 |
|---|---|---|---|---|
| | 控制内容 | | 单位 | |
| 超滤(UF) | UF 滤液透过量 | | L/min | 设计规定指标范围内<br>[一般为 1.0～1.2L/($m^2$ · min)] |
| | 膜件压差 | | MPa | 设备要求的范围内<br>(0.13～0.15) |
| | 温度 | | ℃ | <30 |
| | UF 过滤器压差 | | MPa | 根据设备要求 |
| | UF 泵压力 | | MPa | 0.28～3.0 |
| 0 次水洗 | 流量 | | L/min | 出槽 1min 内喷雾清洗，要求均匀地喷淋到整个工件表面 |
| | 多级 UF 水洗 | 喷淋压力 | MPa | 0.1±0.02 |
| | | 过滤器压差 | MPa | 根据设备要求 |
| UF 水洗 | 新鲜 UF 水洗 | 喷淋压力 | MPa | 0.12±0.05 |
| | | 过滤器压差 | MPa | 根据设备要求 |
| | UF 滤液供给量 | | L/min | 根据产品要求而定<br>[一般为 1.0～1.2L/($m^2$ · min)] |
| 纯水洗 | 多级纯水洗 | 出槽喷淋压力 | MPa | 0.12±0.05 |
| | | 过滤器压差 | MPa | 根据设备要求 |
| | pH 值 | | | 6.0～7.0 |
| | 新鲜纯水洗 | 喷淋压力 | MPa | 0.1±0.02 |
| | | 过滤器压差 | MPa | 根据设备要求 |
| | 新鲜纯水供给量 | | L/min | 根据产品要求而定<br>[一般为 1.0～1.2L/($m^2$ · min)] |
| 沥水 | 自然滴干 | | | |
| 烘干 | 分段设定温度 | | ℃ | 按涂膜品种的要求设定温度 |
| | 清扫频率 | | | 根据生产量的大小而定 |

**表 9-37 电泳涂装线的目视管理**

| 序号 | 检查项目 | 异常状态 | 原因 | 检查频率 |
|---|---|---|---|---|
| 1 | 电泳槽液面流动 | 流动速度慢，泡沫难溢出 | ①循环泵入口堵塞<br>②滤芯堵塞<br>③升气管、喷嘴堵塞 | 2 次/日 |
| 2 | UF 水洗线的发泡状态 | 泡沫溢出水洗线 | ①喷嘴水压过高<br>②水洗槽液面过高 | 2 次/日 |
| 3 | UF 液的浑浊度 | 滤液颜色浑浊 | UF 管有破损 | 2 次/日 |
| | | 在流量计上附着有白色结晶 | 在滤液中有碳酸铅 | |
| 4 | 阳极液的浑浊度 | 阳极液颜色浑浊 | 隔膜破损 | 2 次/日 |
| | | 隔膜电极内或极液槽内浮有白色藻类 | 阳极液中有细菌 | |

续表

| 序号 | 检查项目 | 异常状态 | 原因 | 检查频率 |
|------|----------|----------|------|----------|
| 5 | 涂膜状态 | 缩孔 | ①在涂装前或涂装后附着有油或杂质<br>②在涂装过程中附着有气泡<br>③聚硅氧烷污染 | 随时 |
| | | 有颗粒 | ①在涂装前或涂装后沾有灰尘<br>②在涂装前沾有化学物质残渣<br>③沾有涂料中的凝聚物 | |
| | | 发生二次流挂 | ①水洗水浓度上升<br>②水洗效果不良 | |
| | | 产生杂质 | ①化学前处理后水洗不良<br>②附着有从传送链、挂具上落下的污染物<br>③烘房内污染物脱落沾在涂膜上 | |
| 6 | 干燥后的涂膜颜色 | 有光泽，微发白 | 干燥不完全 | 2次/日 |
| | | 光泽过低，发黄 | 烘烤过度 | |

## 四、电泳常见故障的原因及排除方法

电泳常见故障的原因及排除方法见表 9-38。

**表 9-38　阴极电泳涂膜常见故障原因及排除方法**

| 序号 | 涂膜缺陷 | 现象 | 主要原因 | 排除方法 |
|------|----------|------|----------|----------|
| 1 | 缩孔 | 涂膜上有轻微的凹陷，可见到底材 | ①工件除油不彻底<br>②生产用压缩空气不干净<br>③槽液涂料有油、灰尘、异物混入 | ①加强工件的除油工作<br>②加强压缩空气的过滤<br>③加强现场管理，避免异物混入 |
| 2 | 凹陷 | 涂膜上的轻微的凹陷，但没有露出底材 | ①生产用压缩空气污染<br>②槽液涂料有油、灰尘、异物混入<br>③涂膜流平性不好 | ①加强压缩空气过滤<br>②加强现场管理，避免异物混入<br>③改善涂膜热流动性 |
| 3 | 针孔 | 在涂膜上有针穴样尖锐凹陷，露出底材 | ①工件表面有尘粒或前处理不良<br>②涂料质量劣化<br>③涂料中混入杂质粒子<br>④槽液固体成分含量低<br>⑤槽液 pH 值过低<br>⑥清洗水被污染<br>⑦烘烤温度升温太快 | ①加强前处理工作<br>②调整涂料以改善质量，或更换新的涂料<br>③加强现场管理，防止杂质混入，排放超滤液<br>④补充电泳原漆，使固体成分含量达到工艺规定范围<br>⑤降低槽液的 pH 值<br>⑥更换清洗水，加强水洗管理工作<br>⑦电泳后烘烤温升不要太快，应分段烘烤 |
| 4 | 全面凹陷 | 涂膜表面大部分有气泡残迹，呈凹面状 | ①湿膜电阻大<br>②槽液中涂料固形成分含量低<br>③槽液中涂料颜料比例高<br>④槽液搅拌不均匀 | ①调整涂料<br>②提高槽液涂料的固形成分含量<br>③降低槽液涂料灰分比例<br>④加强对槽液的搅拌 |
| 5 | 颗粒 | 涂膜表面上或涂膜中有异物现象 | ①混放异物或挂具上异物脱落<br>②颜料分散不好<br>③附着凝聚物 | ①清理挂具，保持挂具整洁<br>②调整涂料<br>③加强前处理水洗工作 |
| | | 前处理时带入的钠离子在涂膜中异常析出，鼓包 | 前处理残余钠离子附着在工件表面上，造成电流局部集中，引起颗粒 | 加强前处理的水洗工作 |

| 序号 | 涂膜缺陷 | 现象 | 主要原因 | 排除方法 |
|---|---|---|---|---|
| 6 | 橘皮或表面粗糙 | 涂膜表面形成像橘子表皮一样连续的麻面状态 | ①电压过高<br>②槽液温度过高<br>③槽液固体成分浓度过高<br>④极距太近<br>⑤烘烤加温太快<br>⑥pH值过高 | ①降低电压到工艺规定范围<br>②降低槽液温度到工艺规定范围<br>③稀释槽液,严格控制槽液固体成分的浓度范围<br>④加大极距<br>⑤电泳后烘烤温升不要太快,应分段烘烤<br>⑥用有机酸调槽液pH值至工艺规定范围 |
| 7 | 水滴痕迹 | 涂膜有水滴残迹,严重时形成起泡状态 | ①清洗水被污染,水洗不充分<br>②沥水不充分 | ①更新清洗水,加强水洗<br>②充分沥水 |
| 8 | 涂料痕迹 | 涂膜表面有涂料残迹 | ①清洗水被污染,水洗不充分<br>②电泳后至水洗的时间过长<br>③0次水洗喷雾氛围湿度高<br>④从缝隙部分流下涂料 | ①更新清洗水,加强水洗<br>②缩短电泳后至水洗的时间间隔<br>③加强0次水洗<br>④加强工艺管理及电泳后的水洗工作 |
| 9 | 色斑 | 颜色不均一,涂膜颜色有斑点 | ①涂料质量劣化<br>②颜料分散不好<br>③电泳后至水洗时间间隔过长 | ①调整或更换槽液涂料<br>②加强搅拌,促使颜料分散均匀<br>③调整工艺设备布局,缩短电泳后至水洗的时间间隔 |
| 10 | 斑马纹 | 在带电入槽时,膜厚不均一,形成段状的涂膜,严重时形成针孔 | ①湿膜电阻大,电流密度大<br>②烘烤时涂膜流动性小 | ①调整涂料,降低灰分,调整阳极分布<br>②改善涂料热流动性,保证设备正常运转 |
| 11 | 再溶解 | 电泳涂膜在槽中或水洗中,一部分膜层溶解,在涂膜上形成层次差别,存在没有光泽的情况 | ①水洗时水压过高,或水洗时间过长<br>②清洗水的pH值异常 | ①降低水洗压力<br>②调整清洗水pH值到工艺规定范围 |
| 12 | 膜层异常 | 膜层太薄 | ①槽液中固体成分含量低<br>②电泳电压过低<br>③槽液温度偏低<br>④槽液中溶剂含量降低<br>⑤槽液电导率降低<br>⑥阳极接触不好或极板腐蚀损失 | ①补充电泳原漆,提高槽液的固体成分含量<br>②适当调高电泳电压<br>③升高槽液温度至工艺规定范围<br>④添加专用的溶剂以补充损失<br>⑤减少超滤液的损失<br>⑥每班次都要检查极板电接触状态,并及时更换腐蚀的极板 |
| | | 膜层太厚 | ①泳透电压过高或时间过长<br>②槽液的有机溶剂含量过高<br>③槽液循环不良<br>④槽液温度过高<br>⑤槽液电导率过高 | ①降低电压,并适当缩短电泳时间<br>②排放超滤液,延长熟化时间<br>③检查压泵及管路的运行情况,及时排除故障<br>④降低槽液温度<br>⑤增加超滤液的排放量 |
| | | 彩虹 | 膜层太薄 | 适当提高电压或适当延长电泳时间 |
| | | 膜层硬度不够 | 烘烤时间短,烘烤温度低 | 严格按工艺要求进行烘烤 |

# 五、干燥方法及干燥设备

在铝合金表面处理中干燥是一个必不可少的环节,不管是加工完成后还是经图文转移后都需要进行干燥处理。常用的干燥方法有自然干燥和加温干燥（也即是烘干）两种。

### 1. 自然干燥

自然干燥适用于要求不高的铝本色氧化的工件或染色工件，这种方法由于不需要加温，所以干燥速度较慢。在南方由于环境温度较高，自然干燥也不失为一种节约干燥成本的方法。采用自然干燥时，经表面处理后的工件在清洗时一定要注意水质，以防止工件干燥后出现印迹。

### 2. 烘干

烘干是铝合金表面处理中最常用的干燥方法，按烘烤的温度不同可分为低温烘干、中温烘干和高温烘干。

（1）低温烘干　低温烘干是指烘烤温度低于100℃时的干燥方法。低温烘干主要用于铝合金阳极氧化后的干燥，普通硫酸阳极氧化干燥温度应控制在80℃以内。铝合金经阳极氧化后的图文防蚀层的干燥也应控制在100℃以内。

（2）中温烘干　中温干燥是指温度在100～150℃范围内的干燥方法。这种干燥方法适用于未经阳极氧化的干燥处理。

（3）高温烘干　干燥温度在150℃以上时属于高温干燥，只有采用电泳涂料时才会使用高温干燥，其干燥温度一般都在180～200℃。

### 3. 烘干设备

烘干室有封闭式的也有开放式的，前者就是常说的各种烘箱或烘干室，后者常用的是通道式烘干室。不管何种烘干室，都是由室体、加热系统、风幕装置及温控系统组成的。

（1）室体　室体是烘干室的主体，是需要烘干的工件放置的场所，室体的大小决定烘干室的一次装载量。室体都是采用双层钢板制成的，中间填满保温材料。箱式烘干设备的主要技术参数包括烘箱容积、电功率、温度范围等。

通道式烘干设备也称为带式或传送式烘干室，工件从入口送入，通过加热区、冷却区从出口出来，完成烘干过程，这是一种常用的烘干设备。通道式烘干设备的技术参数主要有长度、电功率、温度范围等。图9-2是几种常见烘箱的外形图。

（2）加热系统　加热系统有加热装置、空气过滤装置及风机等。加热装置即加热器，有燃油加热器、燃气燃烧式加热器、电加热器及蒸汽加热器等几种。蒸汽加热只适用于低温烘干的场所，蒸汽加热所需设备投资较大，对批量加工运行费用较低。

① 电加热　电加热器结构紧凑，效率高，便于控制，但需要配电设备，同时运行成本较高。

电加热有两种方法，一是采用电炉丝进行加热，这是传统烘箱的加热方法；二是采用远红外加热器进行加热，这是目前被广泛采用的加热方法，红外线根据波长不同可分为近红外（波长范围 $0.75～2.5\mu m$）、中红外（波长范围 $2.5～4\mu m$）和远红外（波长范围大于 $4\mu m$）。在这三种波长中，以近红外的辐射能量最高（辐射体温度为 $2000～2200℃$），中红外次之（辐射温度为 $800～900℃$），以远红外的辐射能量最低（辐射体温度为 $400～600℃$）。虽然远红外线的辐射能量低，但有机物、水分子及金属氧化物的分子振动波长都在 $4\mu m$ 以上，即在远红外线波长区域，这些物体有强烈的吸收峰，在远红外线的辐射下，分子振动加剧，能

箱式烘干箱　　　　　　　　　　　烘箱内的工件转运架（用于防蚀层干燥）

通道式烘干设备

图 9-2　箱式和通道式烘干设备

量得到有效吸收，使涂膜快速得到固化。

远红外辐射固化的特点：

a.热效率高、升温快、固化时间短，对于通道式烘干室可缩小设备长度，减少占地面积；

b.基材表层和涂膜同时被加热，使传热方向与溶剂扩散逃逸方向一致，避免涂膜表面产生气泡、针孔等缺陷；

c.设备结构简单，投资少，溶剂蒸气利用热空气上升原理自然排出，不需要大量的循环空气，室体内尘埃数量大幅度减少，膜层外观质量好。

热辐射不适于形状复杂的工件，以免工件阴影部位无法得到固化。但可以将辐射和对流结合起来，利用辐射升温快、膜层外观质量好的特点，升温段加热，保温段利用对流热空气加热均匀使膜层固化完全一致。远红外辐射对涂膜的颜色有选择性，以黑色涂膜的吸收率最高。

② 燃烧式加热　燃烧加热有直接式和间接式，直接式是将燃烧产生的高温气体与空气混合，送入烘干室，这种方法加热效率高，但空气清洁度差。间接式加热热效率较低，但热

空气清洁，热量容易调节，是燃烧加热常用的方法。

（3）风幕及温控装置　对于直通式连续通过式烘干室，为了减少热空气从两端门洞口逃逸，需设置两个独立的风幕装置，出口风速一般在 $10\sim20m/s$。温控装置主要用于控制烘干室的温度，并保持温度的恒定。

# 第十章
# 清洁生产简介

　　在人类生存环境日益恶化的今天，人们不得不反思并重新审视自己以探求人类可持续发展之路。工业技术更为发达的西方国家，对污染物的治理技术进行了有益的探索，提出了"以防为主"的方针，将污染物消除在生产过程中从而实现对工业生产的全过程控制。1984年美国就明确规定"废物最少化"，即"在可行的部位将有害废物尽可能地削减和消除"是美国的一项重要政策。1990年10月，美国国会通过了《污染预防法案》，在法律上确认污染首先应消减或消除在其产生之前。1989年联合国环境规划署工业与环境中心（UNEPIE）制定了《清洁生产计划》，提出了清洁生产的概念，并开始在全球范围内推广。那么什么是清洁生产呢？联合国环境规划署作了如下定义："清洁生产是指将综合预防的环境保护策略持续应用于生产过程和产品中，以便减少对人类和环境的风险。对生产过程，包括节约原材料和能源，革除有毒材料，减少所有排放物的排污量和毒性；对产品来说，则要减少从原料到最终处理产品的整个生命周期对人类健康和环境的影响。"在这里就包括了清洁的产品和清洁的生产过程，而选用什么样的生产过程是由产品的要求决定的，在进行产品设计时就充分考虑到生产过程需要采用的方式以及会采用到什么样的化学原料且这些原料是否有毒，是否易于处理等等，并且在进行产品设计时对其表面状态要求做出调整，这样就可以使产品在生产过程中最大限度地减少有毒或难以处理的化学原料。也就是说清洁生产实现的前提是要有清洁的产品设计。

　　将清洁生产仅限于本书所讨论的生产工艺来讲，选择什么样的加工工艺首先是由产品设计所预先规定的，而生产企业只能按照预先规定好的条款选择合适的工艺方法。比如：在前处理阶段就有三种基本规定，一是保持铝原有的表面效果；二是获得粗糙化的表面效果；三是获得光亮而平滑的表面效果。在这三种要求中以第一种产生的污染物最少；在防护与装饰阶段有阳极氧化、电镀、化学镀等加工方法，其中以硫酸阳极氧化产生的污染物最少，在阳极氧化后又以铝银色效果产生的污染物最少，显然这些基本要求都不是产品加工企业所能决定和改变的。当然我们也不能因为这个原因就使所有的铝合金产品都采用铝合金本身的表面效果来进行铝本色硫酸阳极氧化，如果真是这样的话，这个世界也就失去了精彩，毕竟五光十色的世界才是人类所追求的目标，这也是人类追求物质享受与生俱来的天性而与制度本身无关。

　　在一个既定的加工目标下，怎样做到清洁生产才是每一个从事铝合金表面处理的工作人员应尽的职责。清洁生产在表面处理行业中在很大程度上都是针对废水的处理（也包括处理酸碱废气时所产生的废水），在这里就涉及废水的来源以及对废水的无害化处理。而废水基本上都源自清洗过程，在保证清洗质量的前提下越少的清洗水，处理成本越低，也越易于回用，所以在讨论清洁生产之前对水洗技术有一个全面的了解是很有必要的。关于水洗技术已在第三章中进行了详细讨论。本章着重讨论清洁生产实现的途径和方法。在本章中所讨论的方法上都是在投资不大的前提下来考虑，并且在工艺上只以硫酸阳极氧化所涉及的各个工序以及电镀镍、电镀铬为例来展开讨论。

# 第一节　废水来源

## 一、铝合金表面处理废水的来源及分类

### 1. 废水来源

铝合金表面处理废水主要来自以下几个方面：

（1）水洗　经过每一个加工工序后都要进行水洗，以除去工件表面滞留的前一种溶液，其目的是防止对后一种溶液的污染以及两种溶液之间的反应对工件表面的影响。水洗可以说是表面处理行业中最主要的废水来源，当水洗方式选择不当时，其废水量是非常惊人的。

（2）溶液过滤　为了保证溶液的性能及表面处理质量，必须保证积溶液的清洁度。所以在表面处理过程中，不管是前处理还是氧化、化学镀、电镀等都会对溶液进行定期或不定期处理，而过滤是最为常用的方法。过滤过程中废水的来源主要有：一是对工作槽的清洗所产生的废水；二是对滤芯及过滤设备的清洗所产生的废水。

（3）溶液带出　是指工件从溶液中取出后再进入清洗槽之前滴落在地上的液滴，工件越大，传送距离越远，滴落在地上的溶液也就越多，而这些液滴最终会汇入到废水池中。

（4）溶液的废弃　在铝合金表面处理中有许多溶液都会有一定的寿命，当杂质浓度过高时，若对杂质无法处理或处理成本过高都会将溶液废弃而更换新的溶液。比如：酸洗溶液、酸性除油、一些弱碱除油溶液、化学镀溶液、封孔溶液、阳极氧化电解液等。在对溶液配方进行设计时就预先对溶液组成进行分析，预先找到可行的处理方法或使寿命延长，就会减少溶液废弃种类的数量。

### 2. 废水的分类及对环境的影响

在铝合金表面处理中根据废水的来源及特征可分为以下几种类型：

（1）酸碱废水　主要来自前处理工序的碱蚀工序、碱性纹理蚀刻工序、酸性纹理蚀刻工序、酸洗工序、酸性除油、化学抛光工序等。封孔工序、硫酸阳极氧化工序也是酸废水的重要来源。这种废水大都属于酸性废水。主要的酸根离子有硫酸根离子、磷酸根离子、硝酸根离子、硼酸根离子等。主要的金属离子有铝离子、镍离子、铜离子等。这些废水如未经处理或处理不当都会对环境产生危害。排除有毒物质，单纯对酸性废水而言，其对环境的危害也是很大的，这些酸性废水排入水体会使水体酸化而危害水生植物和水生生物的生命过程。如排入农田会使土壤酸化，改变土壤的结构，酸性土壤会使土壤微生物活动受到限制，使土壤有机物不能被正常分解而提供被植物可以吸收的肥料，影响农作物的生长；若陆地生物或人类饮用酸碱废水其危害更大。在铝合金表面处理中酸碱废水的产生是不可避免的，这也是废

水的最大来源。

（2）铬废水　主要来自前处理的铬酸清洗、化学钝化、化学氧化、铝合金电解抛光、铬酸阳极氧化及电镀铬等。铬废水同时也是重要的酸碱废水来源。在铝合金表面处理中铬废水不管是对操作人员还是对环境都是危害最大的。六价铬对皮肤、黏膜有局部刺激作用，可造成溃疡。吸入铬酸的气溶胶可造成鼻中隔软骨穿孔，使呼吸器官受到损伤，甚至造成肺硬化。一般的毒性作用表现在肝、肾、胃肠道、心血管系统的损伤。眼睛受到侵害时，会发生结膜炎，还可能失明，同时六价铬还是目前公认的强致癌物质之一。在铝合金表面处理中如果仅从铝合金阳极氧化来看，大量铬废水是可以避免的。对大多数阳极氧化厂来说，除了化学钝化都可以不采用铬酐，这会使废水处理的方法变得更为简单易行。

（3）含氟废水　主要来自前处理的酸性纹理蚀刻，主要有氟化氢铵、硼酸、氟硼酸以及铝离子等。氟化物主要损害人的骨骼系统，同时氟化物也能损害操作人员的皮肤，使皮肤发痒、疼痛、湿疹以及诱发各种皮炎等。

（4）含镍废水　主要来自镍封孔、化学镀镍及电镀镍工序。镍进入人体后，主要存在于脊髓、脑、肺和心脏，其中以肺为主，其毒性主要是抑制酶系统；进入消化道可产生急性胃肠道刺激现象，发生呕吐、腹泻等。

（5）其他废水　主要来自铝合金化学镀或电镀前的预浸工序、化学镀钴、化学镀钴合金等。

## 二、减少废水带出量的方法

从生产中可以看出，挂具和工件对溶液的带出量是一个很重要的参数，如果能减少带出量一方面可以节约用水，同时也减少了废水的处理量。影响带出量的主要因素有：工件形状、装挂方式、在工作槽上方的停留时间、溶液温度和黏度、工件提升速度、工件表面粗糙度等。

（1）工件形状与装挂方式　工件形状越简单，带出量就越少，反之则越多。对于形状简单的矩形工件，只要保持工件以竖直方向垂直装挂就能达到减少带出量的目的，对于一些形状复的工件，特别是有形腔、盲孔的工件，在装挂时应掌握好方向以利于溶液的排出，否则会增加溶液的带出量。

（2）工件的提升速度与在工作槽上方的停留时间　工件的提升速度越快，在工作槽上方停留时间越短，带出量就越多，反之则越少。工件提升速度受工件在溶液中反应剧烈程度的影响，反应越剧烈，要求提升速度越快，同时工件的提升速度和停留时间往往是成正比的，要求快速提升的工件也往往要求不可在工作槽上方停留，在整个铝合金表面处理过程中只有少数几个工序可以以较慢的速度提升，同时也可以在工作槽上方多停留数秒，它们是：酸性除油、酸洗、硫酸阳极氧化、低温封孔等。

（3）溶液的温度和黏度　溶液温度高黏度就低，带出量就会减少。溶液的黏度除受温度影响外还与溶液的浓度密切相关，所以在工艺要求允许的情况下应尽量采用低浓度配方来降低溶液黏度，减少带出量。

（4）工件表面粗糙度　工件表面粗糙度越高，带出量就越大，反之则越少。

在工件形状及大小确定的情况下，减少带出量主要应注意：其一，合理装挂工件，使挂具提出时溶液容易排出；其二，在工件与溶液反应速度允许的条件下，提升工件速度不宜太快，并在摆动挂具的条件下在工作槽上方停留数秒以利于溶液回流到工作槽中。对于需要快速提升并快速进行清洗的工件，从第一清洗槽提出时应慢速并在上方摆动挂具停留数秒。溶液带出量可按 $50\sim100\text{mL/m}^2$ 进行估算。

# 第二节 铝合金表面处理清洁生产简介

对铝合金表面处理而言，清洁生产在很大程度上就是指在生产过程中所产生的各种废水的处理问题，最理想的方式就是完全循环，即不向环境排放任何污染物，然而这种方式不管是从技术上还是成本上讲都有相当的难度，非大型厂难以采用。而一种折中的方案是达标排放再配合部分循环，是在目前情况下最容易被中小铝合金表面处理厂接受的。对各工序的清洗废水的再利用处理有较多的方案，比如：离子交换法、隔膜电解法、化学沉淀法、电解回收法、反渗透法等，关于这些方法的原理已有很多资料进行过详介，在此亦不赘述，本节只对铝合金表面处理常用的加工工序清洁生产方案进行简单介绍以供参考。本节中所述的水洗方案在没有特别注明的情况下都是采用的间隙式逆流清洗技术。

## 一、前处理部分的清洁生产

铝合金表面处理的前处理部分主要包括除油、碱蚀、化学抛光、酸性纹理蚀刻、碱性纹理蚀刻以及酸洗等六个工序，现简要讨论如下。

### ➡ 1. 除油工序的清洁生产

现在大多数氧化厂都是采用酸性除油，酸性除油对酸的选择范围较宽，硫酸、磷酸、硝酸都可以采用，这就为在化学抛光、硫酸阳极氧化过程中所产生的废酸提供了一个可以资源再利用的途径。酸性除油一般都在室温的情况下进行，溶液蒸发损失不大，同时酸性除油后的清洗水也没有回收价值，所以这一工序所产生的清洗水或废弃的旧液都要经过废水处理后才能回用或达标排放。其水洗可在除油槽旁边单独加一个水洗槽，然后在酸洗前和其他工序共用一套三级逆流间隙式清洗系统。除油工序的水洗方案示意见图 10-1。

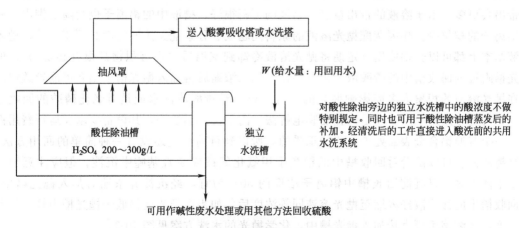

对酸性除油旁边的独立水洗槽中的酸浓度不做特别规定。同时也可用于酸性除油槽蒸发后的补加。经清洗后的工件直接进入酸洗前的共用水洗系统

图 10-1 酸性除油清洗方案示意图

### ➡ 2. 碱蚀工序的清洁生产

碱蚀是所有氧化厂的标配工序，其主要成分是氢氧化钠，工作温度在 $50℃$ 左右。由于

碱蚀在生产中会产生大量的碱雾，因此碱蚀槽边上会安装强力抽风装置，所以溶液的蒸发较快。碱蚀溶液中的最大副产物是铝离子，铝离子可以采用化学沉淀的方法从溶液中清除而使溶液获得再生，因此碱蚀液一般不会被废弃而长期使用。其水洗可采用三级逆流间隙式回收系统，在通常情况下直接用回收槽中的清洗水补充因蒸发而损失的碱蚀溶液，多余的部分则可经浓缩后再加入碱蚀槽中。

在对碱蚀清洗水中的溶质浓度进行计算时，不能只考虑氢氧化钠的浓度，随着生产的进行，溶液中会有大量的铝离子存在，如果配方选择得当再加上平时碱蚀溶液中铝离子的清除，可以按氢氧化钠浓度的二倍来作为原液中溶质浓度的计算依据。也可直接按氢氧化钠浓度来控制第3回收槽中溶质的量，见图10-2。

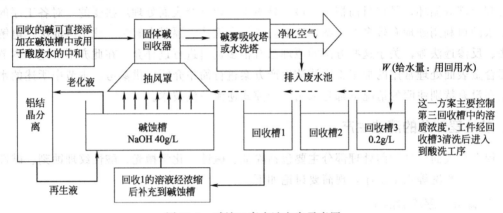

图10-2　碱蚀工序水洗方案示意图

### 3. 化学抛光工序的清洁生产

化学抛光的目的是获得光亮的表面效果，在化学抛光工艺中磷酸是主要成分，三酸抛光中的磷酸含量都在1000g/L以上，磷酸-硫酸抛光中的磷酸含量也在600g/L左右。在抛光过程中由于温度高反应剧烈，当工件离开抛光溶液后，如不及时将工件移至清洗槽中会使抛光质量降低甚至还会有印迹、花斑等，因此化学抛光带出量多，同时化学抛光溶液的黏稠性大带出会更多。由于溶液的带出量多，槽液的更新很好，槽液中的铝离子也会随之带出，所以铝离子的积累少。除因调配抛光溶液的原料问题或成分紊乱无法调整而必须废弃外，抛光溶液基本上都可以长期使用（定期将抛光溶液冷却到室温后清理沉积物是很有必要的）。但抛光槽附近的回收槽中的磷酸浓度积累很快，如果浓缩后再加入抛光槽中则有可能导致铝离子在抛光溶液的积累太多而影响抛光的正常进行。对磷酸清洗水或是对老化磷酸的回收方法，不管是专用的吸附法还是陶瓷隔膜电解法、离子交换膜法等，其设备要求及运行费用都不是一个普通铝合金表面处理厂所能承受的，所以到目前为止还没有一种简单的回用方法，有兴趣的读者可以试着对回收槽中的铝离子用氟化氢铵或8-羟基喹啉沉淀，但应注意加入的量不能太多，以沉淀回收槽中铝离子浓度的50%为宜，经沉淀并浓缩后加入抛光槽中。当回收槽中的稀溶液经浓缩至抛光溶液同等浓度后，如铝离子浓度仍低于抛光槽中规定的参考浓度，经浓缩后可直接加入抛光槽中，化学抛光的水洗方案见图10-3。

### 4. 酸性纹理蚀刻工序的清洁生产

酸性纹理蚀刻的主要成分是氟化氢铵、氟化钠、氟硼酸盐、硼酸等。在处理过程中所溶解的铝及铝合金中的杂质离子大多会以氟化物的形式沉淀，清理沉淀再补充新的溶液就

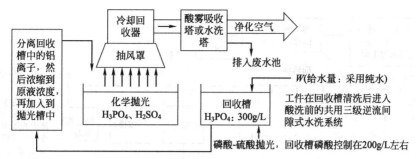

图 10-3　化学抛光工序水洗方案示意图

使溶液得到再生，所以在一般情况下也不会存在旧液的废弃问题。水洗方案采用三级逆流间隙清洗方案，如果溶液是在加温的情况下进行，蒸发掉的溶液可用第一清洗槽中的水进行补加，由于第三级清洗水控制浓度较高，所以第一级清洗水中的氟化氢铵浓度是很高的，这时可浓缩过滤后直接补加到原液中，过多的清洗水也可直接作为废水加以处理。如果酸性纹理蚀刻使用的概率低，则可在酸性纹理蚀刻槽旁边增加一个回收槽，然后与酸洗前面的水洗共用。酸性纹理蚀刻水洗方案见图 10-4。

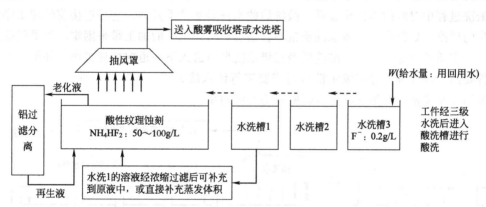

图 10-4　酸性纹理蚀刻工序水洗方案示意图

### 5. 碱性纹理蚀刻工序的清洁生产

碱性纹理蚀刻主要成分是氢氧化钠、硝酸钠、碳酸钠、亚硝酸钠等，在处理过程中除了铝离子以外其他的副产物很少，可以通过分析补加消耗的成分而长期使用，所以碱性纹理蚀刻也不存在旧液废弃问题。由于碱性纹理蚀刻是强碱性溶液同时温度大多在 55℃左右，溶液的蒸发较快，采用三级逆流间隙式回收槽，并用第一回收槽的溶液进行补加，多余部分则浓缩后加入溶液中。碱性纹理蚀刻的水洗方案和碱蚀基本一样，如果碱性纹理蚀刻使用不多可在碱性纹理蚀刻槽旁边增设一个回收槽，然后和碱蚀第 2 和第 3 回收槽共用。图 10-5 中第 3 回收槽所控制的溶质浓度是以氢氧化钠为对象。

### 6. 酸洗工序的清洁生产

酸洗是前处理中用得最多的一个工序，几乎每个工序处理完后都要进行酸洗。酸洗被用得最多的是硝酸，或硝酸中添加少量铬酐。这一步的选择很关键，它直接关系到后面废水处理后的溶质浓度或达标排放的稀释倍率。在整个铝合金阳极氧化工艺中使用得最多的无机酸是磷酸、硫酸、硝酸。在这三种酸中硝酸根离子是最难用简单的化学方法除去的，所以应尽量避免过多使用硝酸。在酸洗中可以采用硫酸-过氧化氢工艺、硫酸-高锰酸钾工艺等，这样

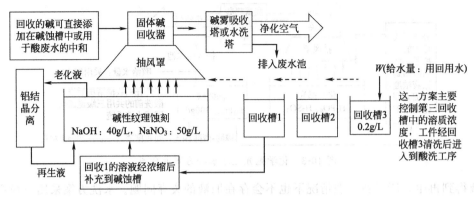

图 10-5　碱蚀工序水洗方案示意图

就避免了过多的硝酸和铬酐进入废水处理系统，如果是在市场上购买的除灰剂，则需要供应商提供真实的化学成分，因为作为清洁生产的废水处理，每一种溶液所用的化学原料必须真实完整，否则就无法知道该处理什么。

酸洗前的水洗是一套共用水洗系统，由于在酸洗前的多个工序所采用的溶液都呈酸性，所以酸洗过程中对酸的消耗比较低。酸洗后的水洗是非常重要的，它是连接前处理工序和后续工序的桥梁，如果在这一步水洗质量不合格会给后续工序的加工带来困难，如果经酸洗的工件只是在前处理之间循环，酸洗后经三级水洗即可进入下一道前处理工序。如果经酸洗后的工件要离开前处理，经三级水洗后还需要进行纯水洗方可进入下一工序。图 10-6 所示酸洗后的第 3 水洗槽中的溶质浓度以硫酸作为参考对象。

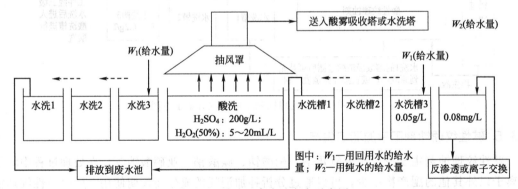

图 10-6　酸洗工序水洗方案示意图

铝合金表面处理前处理工序的水洗方案总图见图 10-7（图中酸洗为不含铬酐或高锰酸盐的方案，否则应设有独立的废水排放管和相应的废水贮池）。

## 二、阳极氧化及后处理工序的清洁生产

就目前而言，阳极氧化以硫酸法应用最为普遍，所以在这里也以硫酸法的清洁生产作为讨论对象，其他阳极氧化方法的清洁生产有兴趣的读者可以参阅其他相关资料。

### 1. 硫酸阳极氧化工序的清洁生产

阳极氧化的硫酸浓度为 200g/L 左右，是强酸，氧化后必须将工件表面清洗干净，所以通常需要大量的清洗水。在阳极氧化过程中由于溶解铝的积累，而铝离子在硫酸电解液中的宽容度是比较低的，同时也不能采用简单的自沉淀方式将铝离子从硫酸中除去，所以不能像

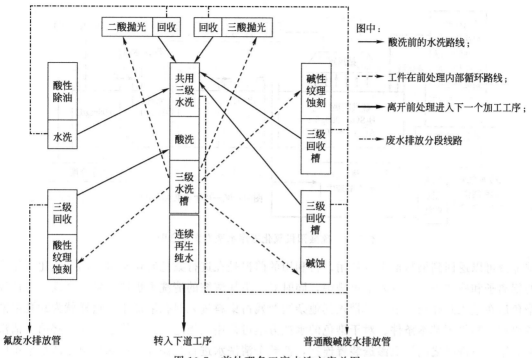

图 10-7　前处理各工序水洗方案总图

其他工序那样可以将第 1 级清洗水返回到槽液中形成局部封闭循环。因此制定阳极氧化最节省的清洗方案就显得非常重要。由于硫酸是强酸，在最后一级纯水清洗中采用反渗透法会受到限制，只能采用阳离子和阴离子交换法来进行。通常的做法是在最后的清洗槽中加装纯水型离子交换柱，从第 3 清洗槽带到离子交换循环槽中所含的铝离子和硫酸根离子分别被阳离子交换柱和阴离子交换柱吸附，如果离子交换循环槽的体积与从第 3 清洗槽的带出量相比足够大，就能始终保持处于纯水状态，就可以使下面的染色工序或封孔工序中基本上不会带入由阳极氧化槽而来的硫酸根离子和铝离子，这对于提高染色和封孔的质量及溶液的使用寿命都是非常有益的。

　　第 1 清洗槽中的清洗水和老化后的硫酸电解液，对其中的硫酸进行回收以及对铝离子进行清理和化学抛光的磷酸回收一样，就目前而言在技术上并不存在有什么问题，而关键是这些方法所需的综合成本较高，其回收所获得的利益并不足以完全抵消重新配制新液的成本，所以在实际生产中还是以节水型为主，同时将第 1 清洗槽的水用于碱性废水处理，对于老化液一方面可用于酸性除油同时也用于碱性废水的处理。有条件的企业可以在加热的情况下用硫酸铵或硫酸钾进行沉淀或采用 8-羟基喹啉进行沉淀（但应考虑残留成分对阳极氧化的影响）。在采用沉淀法处理之前要进行成本核算并制定详细的处理流程（其相关数据必须预先经过实验获得后方可进行），其处理综合成本在低于新配溶液成本再加上处理这些酸的成本时就有采用价值。硫酸阳极氧化的水洗方案见图 10-8。

### 2. 染色工序的清洁生产

　　在染色工序中由清洗所排出的染料使废水变成有色废水，虽然这种有色废水的处理并不存在技术及成本问题，但会影响环境并使废水经处理后的总溶质浓度增大。由于染色溶液大多都是弱酸性，这就为反渗透处理提供了条件。如果对染色后的清洗水进行反渗透处理，其

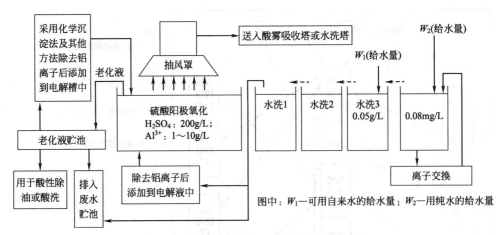

图 10-8　硫酸阳极氧化工序水洗方案示意图

浓缩液可以返回到染料槽中再利用，再利用的前提是在进行染色时切不可将阳极氧化工序中的铝离子和硫酸根离子带入染色槽中，同时对于更加浓缩的清洗水也便于集中处理。工件经染色后在进入封孔槽之前不可带入其他杂质及残留染料进入封孔溶液中，这样就为封孔溶液的再回收提供了基本条件。对于染色的水洗方案可采用四级逆流连续给水方式，将第 1 清洗槽和第 4 清洗槽之间用反渗透装置连接，使整个清洗水进行自循环，以保持第 4 清洗槽中的水为无透明即为合格。但是这种方法只对单个或数量少的染色槽才是有用的，当有多个染色槽时，如果都这样设置水洗方案势必造成水洗系统过于庞大，这时可采用部分循环方式进行，即在每个染色槽旁边设一个一级或二级逆流连续给水式清洗槽，先进行预先清洗，然后再设置一套共用的三级逆流连续给水清洗槽，这一共用清洗系统也可直接设置在封孔槽的前端以便于操作。染色工序的清洗方案见图 10-9 和图 10-10。

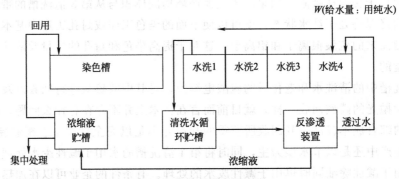

图 10-9　染色工序水洗方案一

### 3. 封闭工序的清洁生产

目前被普遍采用的水解盐封孔工艺或冷封孔工艺都是以镍离子为主要成分，如果无外来杂质影响，封孔溶液可以通过分析补加的方式得到再生，当然最后作为旧液也是必然的结局。旧液的处理有两个可以选用的方案，一是采用离子交换法回收旧液或清洗水中的镍；二是直接作为废水进行中和沉淀处理。第 1 清洗槽中的清洗水可采用反渗透技术浓缩后回用或采用离子交换法回收镍或直接作为废水进行处理。经离子交换处理后的溶液还有醋酸盐，经浓缩后可用于前处理相关工序。封闭工序水洗方案见图 10-11。

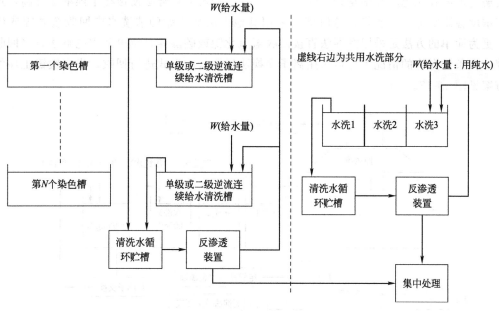

图 10-10　染色工序水洗方案二

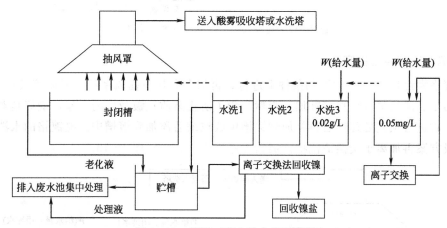

图 10-11　封闭工序水洗方案示意图

## 三、电镀镍及电镀铬的清洁生产

### 1. 光亮镀镍的清洁生产

光亮镀镍大都是在 40～50℃ 的条件下进行，在有强力抽风的情况下，溶液的挥发很快（挥发速度与溶液表面积有关），采用三级清洗方案，第 1 清洗槽的清洗水可直接用于补充槽液。采用三级清洗方案在其后还应再加一级离子交换清洗以保证工件表面的清洁度。对第 1 清洗槽的回用应注意杂质的带入，如果采用纯水作为清洗水，则杂质浓度的影响会降到最低。对于不能完全补加的第 1 槽清洗水可用贮槽存放，经浓缩并采用低电流电解及活性炭处理除去金属杂质及有机杂质后方可用于镀镍槽的添加。采用完全循环添加的方式对镀镍清洗水的处理看起来几乎是可行的，但对于大规模生产会存在镀槽中镍浓度过高的问题，现代镀镍工艺采用钛网作为阳极袋，镍阳极的溶解可达 100%，即电镀过程中镍的消耗速度和镍阳极溶解对镍的补充速度几乎是相等的，如果采用完全再循环势必使镀槽中镍浓度升高，过高的镍浓度会影响电镀的质量，这时就要采用其他方法从浓缩的清洗水中回收金属镍或硫酸镍，更为简单的方法是采用沉淀法直接回收氢氧化镍或碳酸镍，也可采用电解法直接回收金属镍，在条件允许的情况下也可采用离子交换法以镍盐的形式进行回收。光亮镀镍工序的水洗方案见图10-12。

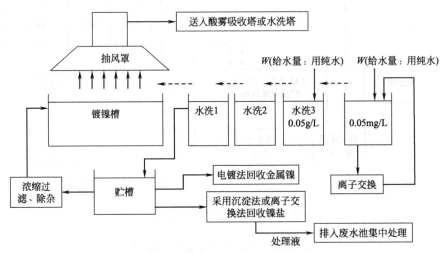

图 10-12　光亮镀镍工序水洗方案示意图

### ➋ 2. 电镀铬的清洁生产

电镀铬大都是在 45～60℃ 的条件下进行，再加上有强力抽风系统，所以溶液挥发很快，可以用第 1 级清洗水进行直接补加。当然，为了防止杂质在镀液中的积累，最好是对第 1 清洗槽的杂质进行预先处理然后再补加到镀槽中或浓缩后添加到镀槽中。电镀铬的水洗一般都采用 4 级方案再加离子交换清洗槽。镀铬工序的水洗方案见图10-13。

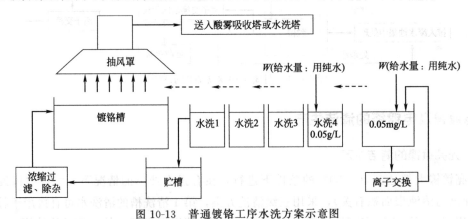

图 10-13　普通镀铬工序水洗方案示意图

## 四、铝合金表面处理废水处理简介

以上简要介绍了铝合金表面处理部分工艺的清洁生产方案，但不管采用什么样的清洁生产方案最终都同样有废水处理问题，关于废水处理相关专著已有详细介绍，在此只对几个方面作一下说明。

铝合金表面处理需要处理的废水大体上可分为普通酸碱废水、含铬废水、含镍废水、染色废水及含氟废水等。

染色废水来自染色工序，可采用臭氧法或加入其他氧化剂进行脱色处理，然后再送入酸碱废水池，统一进行中和与沉淀处理。

含氟废水主要来自酸性纹理蚀刻工序，对于含氟废水，先滤去沉淀，然后再用氧化钙或氢氧化钙对氟进行沉淀而得到纯度较高的氟化钙，经钙剂处理后的废水可排入酸碱废水池中进行统一处理。

镍废水来自化学镀镍、电镀镍以及封孔等工序，镍废水可先采用离子交换法对镍进行回收，然后再排入酸碱废水池中统一进行中和与沉淀处理。单独的化学镀镍废水如果还要对络合剂进行回收则需另外的处理方法，读者可自行参考相关资料。

由于六价铬的毒性大，处理较为复杂，其处理方法放在后面单独进行讨论。

普通酸碱废水即除上面以外的所有废水的总和。如果在生产中没有电镀镍或化学镀镍，封孔工序的废水也可和普通酸碱废水池共用，但最好先经过离子交换法对镍进行回收后再排入酸碱废水池。单独的含镍废水经对镍的回收处理后同样也可排入酸碱废水池进行统一处理。

酸碱废水中各种金属离子的处理方法主要是对沉淀剂的选择，如果采用氢氧化钠作为沉淀剂，废水中的金属离子基本上都可以沉淀出来，同时沉淀量少。但对于铝合金表面处理来说，其酸碱废水中含有的硫酸根离子和磷酸根离子浓度较高，不管是回用还是达标排放都需要进行大量的稀释，必然会造成排入水体的磷酸根离子和硫酸根离子的总量增加，特别是磷酸根离子大量排入水体会使水体富营养化而带来对环境的二次污染。当然，对于这种情况也可以采用反渗透法来回收磷酸盐和硫酸盐等，但回收的费用需要仔细计算。如果采用氧化钙作为沉淀剂，不仅酸碱废水中的金属杂质会沉淀出来，同时磷酸根离子和硫酸根离子都会沉淀出来，这样水中的溶质浓度就较低，不经大量稀释就能达到排放要求，经过超滤或反渗透后即可用于前处理的清洗或前处理中碱蚀、碱性纹理刻等溶液的配制。但经钙剂处理后的水硬性大，同时沉淀量大（沉淀物中会有大量的磷酸钙和硫酸钙），这两种沉淀方法各有利弊，企业需对综合成本进行仔细核算后采取社会效益最佳和成本最优的方案。铝合金表面处理废水综合处理见图10-14。

如果条件允许也可采用二次沉淀的方法来进行，即先用氢氧化钠进行沉淀用于除去废水中的各种金属离子，经过滤后再用钙剂对磷酸根离子和硫酸根离子进行第二次沉淀。二次沉淀虽然工艺变得复杂，同时废水处理厂的建设费用增加，但可以使沉淀得到分类，至少将硫酸钙、磷酸钙沉淀物和其他金属沉淀物分开，这样就便于对沉淀物的分类管理及废物利用。

要获得分类更为细致的沉淀物则应根据各工序产生废水的金属离子种类进行分别沉淀和过滤，这样做会使废水处理的前期投入成本增加，同时对各种沉淀物的管理难度和成本增加。如果对这些沉淀物能找到再利用的途径，所产生的利润就可以部分或全部抵消其处理费用，同时在大范围上也实现了"零排放"，这对于保证可持续发展战略的推广和实施是非常重要的。

## 五、含铬废水水合肼处理简介

含铬废水来自电镀铬（也包括可能采用酸洗、铬酸阳极氧化、化学氧化等），含铬废水需要先对六价铬进行还原，然后可用离子交换法回收三价铬或采用沉淀法将三价铬沉淀出

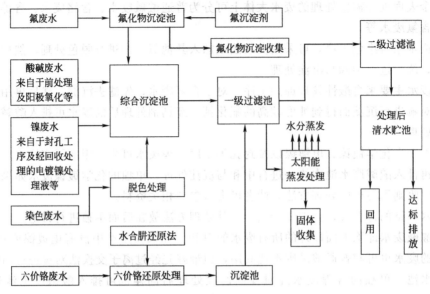

图 10-14　铝合金表面处理废水综合处理示意图

来。六价铬的还原采用亚硫酸氢钠的较多，但亚硫酸氢钠法在进行还原处理时一则 pH 值较低，如控制不好易于有刺激性很强的二氧化硫气体产生，恶化操作环境，同时这种气体排入大气会对环境产生二次污染。二则投药量大，污泥量较大，增大污泥处理的难度和成本。而水合肼法和亚硫酸氢钠相比，水合肼不会在处理过程中因 pH 值控制不当而产生对环境和操作人员有害的二氧化硫气体，同时水合肼处理后的污泥量较亚硫酸氢钠少，降低了污泥处理的难度和成本。下面即对水合肼法的化学原理及工艺过程作一简要介绍。

### 1. 水合肼还原法的化学原理

水合肼的化学式为 $N_2H_4 \cdot H_2O$，呈弱碱性，具有强的还原性。而六价铬具有强的氧化性，其相关的一些标准电极电势如下：

$$N_2 + 5H^+ + 4e^- \longrightarrow N_2H_5^+ \qquad E = -0.23V \qquad (10-1)$$

$$Cr_2O_7^{2-} + 14H^+ + 6e^- \longrightarrow 2Cr^{3+} + 7H_2O \qquad E = +1.33V \qquad (10-2)$$

水合肼还原六价铬的反应式为：

$$N_2H_4 \cdot H_2O + H^+ \longrightarrow N_2H_5^+ + H_2O \qquad (10-3)$$

$$2Cr_2O_7^{2-} + 3N_2H_5^+ + 13H^+ \longrightarrow 4Cr^{3+} + 14H_2O + 3N_2 \uparrow \qquad (10-4)$$

将以上两式相加得：

$$3N_2H_4 \cdot H_2O + 2Cr_2O_7^{2-} + 16H^+ \longrightarrow 4Cr^{3+} + 17H_2O + 3N_2 \uparrow \qquad (10-5)$$

从以上反应可知，水合肼还原六价铬的反应需要在酸性情况下才能进行，随着反应的进行，要消耗酸，使 pH 值升高。在采用这种方法时和亚硫酸氢钠法一样要采用硫酸来调节废水的 pH 值（也可采用其他酸性废水来调节），并维持在还原反应所需的最佳范围。从以上反应过程可知，理论上 2mol 重铬酸要消耗 3mol 水合肼，但在实际处理过程水合肼和六价铬的摩尔比为 1.5～1.75 为宜，过高的水合肼也会使处理水中残留量增大而带来新的环境问题。六价铬还原后的沉淀剂的选择及 pH 值的控制和亚硫酸氢钠法相同，在此亦不赘述。

### 2. 水合肼法的工艺简介

水合肼法处理铬废水是先将铬废水从车间引流至铬废水贮池中，在进行还原处理时将铬废水用泵打入还原反应槽中进行还原反应，然后打入沉淀池进行中和沉淀。其工艺流程见图10-15。

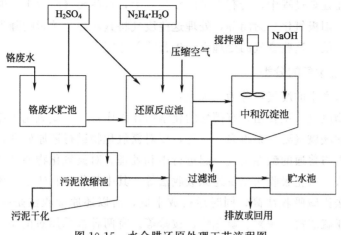

图 10-15 水合肼还原处理工艺流程图

### 3. 水合肼还原法工艺流程

（1）分析六价铬浓度 当铬废水贮池到规定体积后，取样分析铬废水池的六价铬含量，如六价铬含量超过 0.5g/L，应用处理过的铬废水或酸碱废水稀释，在稀释时应开动搅拌器使其水质均衡。

（2）中和 在不断搅拌的条件下用工业硫酸调 pH 值小于 2.5。

以上两步在铬废水贮槽中进行。

（3）开动废水提升泵将铬废水提升至还原反应池中。

（4）还原 按水合肼：六价铬＝（1.5～1.6）：1 的摩尔比投加工业水合肼，在投加水合肼时要注意 pH 值的变化，始终保持 pH 值小于 2.5。在投加过程中要开动压缩空气搅拌，投加完毕后继续搅拌 15min 左右，使废水颜色由黄变蓝，然后取液分析六价铬浓度，符合排放标准后即可对废水进行中和处理，还原处理时间 20～25min。

（5）中和沉淀 为了节约场地，将中和与沉淀放在同一个反应池中进行，在每一次集中处理时，将铬废水全部还原处理后，在中和沉淀池统一进行。

经还原处理后的铬废水中的三价铬还处于溶解状态，这时还不能直接排放到受纳水体或回用于生产线，还需要经过沉淀处理将三价铬以氢氧化铬的形式沉淀出来，在沉淀过程中常采用 20% 的氢氧化钠溶液。在投加氢氧化钠溶液的过程中要边加边搅拌，将溶液 pH 值调至 6.7～7.5 后，继续搅拌 15min。经中和后的铬废水中的氢氧化铬还处于分散状态，这时要采用静置的方式使氢氧化铬沉降，与水分离。这种非连续处理的方法有充分的时间进行沉淀，过夜后即可将上层清水排入过滤池中进行过滤。

（6）过滤 经沉淀处理后的废水已经变得清澈，但为了更进一步地滤除处理水中的悬浮颗粒物，还需要进行过滤处理以进一步提高水质。经过滤池过滤的清水排入贮水池中回用或排放。

（7）污泥收集与干化 沉淀池中的清水排入过滤池后，将底部的污泥排入污泥浓缩池中进行进一步的沉降处理，浓缩池中的污泥需要定期排放。排放的污泥经压滤后存放在污泥池中进行集中处理。

## 六、废气处理简介

在铝合金表面处理过程中，会有大量的废气产生，这些废气产生于：碱蚀、除油、化学抛光、电解抛光、阳极氧化、封闭等，处理这些废气将其对环境的影响降到最低是废气处理的重要内容，下面就对这些废气的处理方法进行简单介绍。

### 1. 铝表面处理废气的分类

铝表面处理所产生的废气可分为两大类：

（1）氮氧化物废气 主要由含有硝酸的化学抛光工序带来，氮氧化物特别二氧化氮的无害化处理比普通的酸碱气要复杂得多。首先，要对氮氧化物进行还原处理，使其被还原为无害的氮气，然后再与普通的酸碱废气一起进行中和处理。对氮氧化物的处理方法主要有水吸收法、碱液吸收法、氧化吸收法以及还原吸收法等。其中氧化吸收法净化率高，但运行成本也高，还原吸收法比碱吸收法高，同时运行成本低，所以还原吸收法是一种容易采用的方法，还原剂可用亚硫酸盐、尿素、硫化物、铵盐等。有两种被采用过的组合配方是 0.5％氨水＋1％硫化钠、8％氢氧化钠＋10％硫化钠。也有的先采用二级氢氧化钠吸收再经第三级硫化钠还原吸收，其吸收率可达 90％以上。但是硫化物和氨水如果管理不当容易造成环境事故，在此，可以采用碳酸铵作为还原剂进行处理，其反应式如下：

$$NO + NO_2 + (NH_4)_2CO_3 \longrightarrow 2N_2 + CO_2 + 4H_2O$$

在处理时，可采用二级进行，每一级废气行程时间不应低于 8s，这就需要处理塔要有足够的行程，否则会使吸收率下降达不到处理的要求。

（2）酸碱废气 主要由碱蚀、除油、无硝酸的化学抛光、电解抛光、阳极氧化及封孔工序产生，这些酸碱废气通过中和处理即可排放。

### 2. 废气处理方案

为节约篇幅，对废气处理只对一种简单的方案的进行简介：

（1）废气混合碱吸收塔 如将所有废气分开处理，会增加设备投入成本并占有更大的安装场地。根据铝氧化处理的废气性质可以采用将废气混合后统一处理的方式进行。在这一级处理塔中其吸收液采用 8％左右的氢氧化钠溶液进行，废气行程时间以不低于 10s 为宜。废气需采用二级碱吸收塔进行处理，经碱吸收塔处理的废气 pH 值应在 6 左右。

（2）碳酸铵还原吸收塔 经第一级处理后的废气进入本级进行还原处理，其处理级数依氮氧化物的量而定，量少可采用一级处理，量大则应采用二级处理。当采用二级处理时，每级的废气行程时间应不低于 7s；当采用一级处理时，废气行程时间不应低于 12s，吸收液为 10％左右的碳酸铵溶液。经还原处理后的废气 pH 值应在 7 左右。

（3）水洗塔 经碱吸收和还原处理后的废气中还有很多的残留物，还要进行水洗，使废气更进一步净化，一般采用一级水洗即可，废气在水洗塔中的行程时间以不低于 10s 为宜。

（4）废气排放塔 废气排放塔即废气排放烟囱，按要求，排放烟囱的高度不应低于周边半径 2km 以内的最高建筑物，如周边无高大建筑，则不应低于园区最高建筑物的二倍以上。如果处理后的废气能达到无色无味，则可以降低其排放高度。

废气经过各种处理塔后，其气流速度是递减的，这个递减的过程是通过大直径的处理塔及长路径的处理行程来实现的。废气处理的关键并不在于处理剂的优劣，而在于废气在处理塔或处理管道中的反应时间！反应时间越长，处理得越充分，对周边环境影响就越小，否则就只能是"浓烟滚滚"地排出去，然后再抱怨废气不好处理。

　　废气塔和废气管道的铺设可因地制宜，以最小的场地表面占有面积达到最大的处理指标为最好。新建的园区，可将废水及废气处理建在半阴负一层，如果靠小山建园区，则可将山坡用作废气处理的地下管道路径，而在山顶建废气排放烟囱。

　　目前，很多的氧化工业园区都对废气的处理想了很多办法但都不能取得满意的结果，所以给人们就造成了一种错觉，认为氧化工业园区的废气很难处理。其实并不是这样，其根本原因在于经营这些园区的主人并没有把怎样来让废气达到无害化处理放在首位，只要选择的方案合理并适当增加其投入，氧化工业园区的废气处理是完全可以达标的。

# 参 考 文 献

[1]    沈宁一，胡小琴，洪九德 . 表面处理工艺手册 . 上海：上海科学技术出版社，1991.

[2]    电镀手册编写组 . 电镀手册：上、下册 . 北京：国防工业出版社，1986.

[3]    杨丁 . 铝合金纹理蚀刻技术 . 北京：化学工业出版社，2007.

[4]    伍学高，李铭华，黄渭成 . 化学镀技术 . 成都：四川科学技术出版社，1983.

[5]    [加拿大] 施莱辛格，[美国] 庞诺威奇 . 现代电镀 . 范宏义，等译 . 北京：化学工业出版社，2006.

[6]    黄渭澄，袁华，袁诗璞，李铭华，刘远辉，颜其贵 . 电镀三废处理 . 成都：四川科学技术出版社，1983.

[7]    徐新阳 . 环境评价教程 . 北京：化学工业出版社，2004.

[8]    [日] 小久保定次朗 . 铝的表面处理制造加工实用技术 . 赖耿阳，译 . 台南：复汉出版社，1994.

[9]    东青，等 . 铝及其合金的微弧氧化技术 . 中国表面工程，2005，18（6）：12.

[10]   姜海波，等 . 阳极氧化电压对多孔氧化膜生长过程的影响 . 过程工程学报，2007，7（2）：4.

[11]   蔡建平，等 . 阳极化对航空铝合金疲劳性能的影响 . 航空材料学报，2007，27（2）：4.

[12]   杨燕，等 . 铝合金硫酸-硼酸阳极氧化工艺 . 电镀与环保，2007，27（5）：9.

[13]   严志军，等 . 影响铝合金微弧氧化成膜效率的因素分析 . 大连海事大学学报，2007，33（4）：11.

[14]   李康宁，等 . 阳极氧化法构建纳米结构制备铝超疏水表面 . 纳米科技，2008（5）：10.

[15]   于美，等 . 己二酸对铝合金硫酸阳极氧化疲劳性能的影响 . 金属热处理，2011，36（6）：6.